21世纪高职高专土建类专业规划教材

建筑工程质量与安全管理

主　编　⊙　王作成　郭宏伟

主　审　⊙　赵　研

中国建材工业出版社

图书在版编目（CIP）数据

建筑工程质量与安全管理/王作成，郭宏伟主编.
—北京：中国建材工业出版社，2015.9（2023.8 重印）
21 世纪高职高专土建类专业规划教材
ISBN 978-7-5160-1272-7

Ⅰ.①建…　Ⅱ.①王…②郭…　Ⅲ.①建筑工程-工
程质量-质量管理-高等职业教育-教材②建筑工程-安
全管理-高等职业教育-教材　Ⅳ.①TU71

中国版本图书馆 CIP 数据核字（2015）第 199893 号

内　容　简　介

　　本书根据最新的法律、法规、标准和规范编写，全书分上下两篇。上篇包括建筑工程质量管理基本知识，建筑工程质量管理法规，建筑工程施工质量控制，地基与基础工程质量控制与检验，主体结构工程质量控制与检验，建筑屋面工程质量控制与检验，建筑装饰装修工程质量控制与检验，建筑工程质量验收，建筑工程施工质量事故处理等内容。下篇包括安全管理基本常识，建设工程安全生产法律法规，施工过程安全控制，施工现场消防安全，施工安全事故处理及应急救援等内容。

　　本书可作为高职高专相关专业的教材，也可作为建筑企业施工现场人员的培训教材。

建筑工程质量与安全管理

主编　王作成　郭宏伟

出版发行：中国建材工业出版社
地　　址：北京市海淀区三里河路 11 号
邮　　编：100831
经　　销：全国各地新华书店
印　　刷：北京雁林吉兆印刷有限公司
开　　本：787mm×1092mm　1/16
印　　张：19.5
字　　数：484 千字
版　　次：2015 年 9 月第 1 版
印　　次：2023 年 8 月第 3 次
定　　价：59.00 元

本社网址：www.jccbs.com　　微信公众号：zgjcgycbs
本书如出现印装质量问题，由我社市场营销部负责调换。联系电话：（010）57811387

前　言

　　随着城市化进程的加快、建设领域的科技进步、市场竞争的日趋激烈，建筑企业的管理人员需要很高的管理能力。建筑工程质量与安全问题在建筑活动中占有重要地位，它对提高工程项目的经济效益和社会效益具有重大意义，它直接关系到企业财产和人民生命安全，关系着社会主义现代化建设。加强工程质量与安全管理是市场竞争的需要，是提高企业综合素质和管理水平的有力保证。

　　本书根据最新的法律、法规、标准和规范进行编写，针对人才培养目标，以知识够用、内容实用为准，结构清晰，力求做到知识系统性和实践操作性完美结合。本书既能够满足高等职业教育建筑工程技术和建筑工程管理等相关专业的要求，也可满足建筑企业施工现场人员培训的需要。

　　本书由黑龙江建筑职业技术学院王作成、郭宏伟主编。全书分上下两篇，共计十四章，第一章、第六章、第七章由王作成编写，第二章、第九章、第十一章由云亮编写，第三章、第四章由陆萌编写，第五章、第八章由高银地产（天津）有限公司仇畅、王琳琳编写，第十章、第十二章、第十三章、第十四章由郭宏伟编写，全书由王作成统稿。

　　本书由黑龙江建筑职业技术学院赵研教授担任主审。在审稿过程中，赵研教授提出了大量修改建议，编者在此深表谢意。

　　此外，本书在编写过程中参阅大量资料，在此对原作者表示由衷感谢。

　　由于编者水平有限和编写时间仓促，书中不足之处在所难免，敬请广大师生和读者批评指正。

编者

2015 年 8 月

目　　录

上篇　建筑工程质量管理

下篇　建筑工程安全管理

上　篇

建筑工程质量管理

第一章 建筑工程质量管理基本知识

第一节 概 述

一、质量管理的概念

1. 质量

根据国家标准《质量管理体系 基础和术语》（GB/T 19000－2008/ISO 9000：2005）的定义，质量是指一组固有特性满足要求的程度。就工程质量而言，其固有特性通常包括建筑工程使用功能、寿命、可靠性、安全性、经济性等特性，这些特性满足要求的程度越高，质量就越好。其中的要求是指明示的、通常隐含的或必须履行的需求或期望，要求又随着时间和地点的变化而不断变化。

建筑工程作为一种特殊的产品，除了具有一般产品的质量特性，还具有特定的内涵。建筑工程质量的特性主要体现在以下几方面：

（1）适用性。也称为功能，是指建筑工程满足使用目的的各种性能，包括理化性能、结构性能、使用性能、外观性能等。

（2）耐久性。也称为寿命，是指工程在规定的条件下满足规定功能的使用年限，也就是工程竣工后的合理使用寿命周期。

（3）可靠性。是指工程在规定的时间和规定的条件下完成规定功能的能力，也就是工程在一定的使用时期内应保持应有的正常功能。

（4）安全性。是指工程建成后在使用过程中保证结构安全、保证人身和环境免受危害的程度。

（5）经济性。是指工程从规划、勘察、设计、施工到整个产品使用寿命周期内的成本和消耗费用，包括设计成本、施工成本和使用成本。

（6）与环境的协调性。是指工程与周围生态环境协调，与周围已建工程协调，与所在地经济环境协调，以适应可持续发展的要求。

2. 质量管理

质量管理是在质量方面指挥和控制组织的协调的活动。这些活动通常包括制定质量方针和质量目标，以及质量策划、质量控制、质量保证和质量改进等一系列的工作。组织必须通过建立质量管理体系实施质量管理。其中的质量方针是组织最高管理者的质量宗旨、经营理念和价值观的反映；在质量方针的指导下，制定组织的质量手册、程序性管理文件和质量记录；进而落实组织制度，合理配置各种资源，明确各级管理人员在质量活动中的职责与权限等，形成组织质量管理体系的运行机制，保证整个管理体系的有效运行，不断地进行持续改进，从而实现质量目标。

二、工程质量管理的重要性

随着改革开放的不断深入和发展，我国建筑行业的工程质量和服务质量的总体水平不断提高。多年来，我国一直强调必须贯彻"百年大计，质量第一"的方针，这对保证建筑工程质量发挥了重要作用。质量管理工作已经越来越为人们所重视，企业领导清醒地认识到了高质量的产品和服务是市场竞争的有效手段，是争取用户、占领国内外市场和发展企业的根本保证。

工程项目的质量管理是项目建设的核心，是决定工程建设成败的关键，是实现质量、投资、进度三大控制目标的重点。它对提高工程项目的经济效益、社会效益和环境效益均具有重大意义，它直接关系着国家财产和人民生命的安全，关系着社会主义现代化建设。但是与国民经济发展水平和国际水平相比，我国工程建设的质量仍有很大差距。工程质量的优劣，直接影响国家经济建设的速度。工程质量不好，其本身就是一种浪费，低劣的质量需要大幅度增加返修、加固、补强等各种资源的消耗，甚至还将给使用者增加使用过程中的维修或改造费用。同时，低劣的质量必将缩短工程的使用寿命，使使用者遭受经济损失。此外，质量低劣还会给使用者带来其他的间接损失（如减产等），给国家和使用者造成的损失将会不可估量。

作为建设工程产品的工程项目，投资和耗费的资源都相当大，投资者付出巨大的投资，要求获得理想的、满足适用要求的工程产品，以期在预定时间内能发挥作用，以获得经济效益和社会效益。如果工程质量差，不但不能发挥应有的效用，而且还会因质量等问题影响国计民生和社会环境的安全。因为施工质量低劣，造成工程质量事故或产生安全隐患，其后果是不堪设想的。因此，在工程建设过程中，要加强质量管理，确保国家、人民生命财产安全和确保环境保护。

三、全面质量管理的思想

全面质量管理（TQC）是 20 世纪中期在欧美和日本广泛应用的质量管理理念和方法。我国从 20 世纪 80 年代开始引进和推广全面质量管理方法。这种方法的基本原理就是强调在企业或组织最高管理者的质量方针指引下，实行全面、全过程和全员参与的"三全"质量管理。

全面质量管理的主要特点是以顾客满意为宗旨；领导参与质量方针和目标的制定；提倡预防为主、科学管理、用数据说话等。在当今世界标准化组织颁布的 ISO 9000：2005 质量管理体系标准中，处处都体现了这些重要特点和思想。建设工程项目的质量管理，同样应贯彻"三全"管理的思想和方法。

1. 全面质量管理

建设工程项目的全面质量管理，是指建设工程项目参与各方所进行的工程项目质量管理的总称，其中包括工程（产品）质量和工作质量的全面管理。工作质量是产品质量的保证，工作质量直接影响产品质量的形成。建设单位、监理单位、勘察单位、设计单位、施工总承包单位、施工分包单位、材料设备供应商等，任何一方、任何一个环节的怠慢疏忽或质量责任落实不到位都会对建设工程质量造成不利影响。

2. 全过程质量管理

全过程质量管理，是指根据工程质量的形成规律，从源头抓起，全过程推进。GB/T

19000—2008 强调质量管理的"过程方法"管理原则，要求应用"过程方法"进行全过程质量控制。工程项目要控制的主要过程有：项目策划与决策过程；勘察设计过程；施工采购过程；施工组织与准备过程；检测设备控制与计量过程；施工生产的检验试验过程；工程质量的评定过程；工程竣工验收与交付过程；工程回访维修服务过程等。

3. 全员参与质量管理

按照全面质量管理的思想，组织内部的每个部门和工作岗位都承担着相应的质量职能，组织的最高管理者确定了质量方针和目标，就应组织和动员全体员工参与到实施质量方针的系统活动中去，发挥各自的角色作用。开展全员参与质量管理的重要手段就是运用目标管理方法，将组织的质量总目标逐级进行分解，使之形成自上而下的质量目标分解体系和自下而上的质量目标保证体系，发挥组织系统内部每个工作岗位、部门或团队在实现质量总目标过程中的作用。

四、质量管理的 PDCA 循环方法

在长期的生产实践和理论研究中形成的 PDCA 循环，是建立质量体系和进行质量管理的基本方法。从某种意义上说，管理就是确定任务目标，并通过 PDCA 循环来实现预期目标。每一循环都围绕着实现预期的目标，进行计划、实施、检查和处置活动，随着对存在问题的解决和改进，在一次又一次的滚动循环中逐步上升，不断增强质量能力，不断提高质量水平。每一个循环的四大职能活动相互联系，共同构成了质量管理的系统过程。

1. 计划 P（Plan）

计划由目标和实现目标的手段组成，所以说计划是一条"目标—手段链"。质量管理的计划职能，包括确定质量目标和制定实现质量目标的行动方案两方面。实践表明，质量计划的严谨周密、经济合理和切实可行，是保证工作质量、产品质量和服务质量的前提条件。

建设工程项目的质量计划，是由项目参与各方根据其在项目实施中所承担的任务、责任范围和质量目标，分别制定质量计划而形成的质量计划体系。其中，建设单位的工程项目质量计划，包括确定和论证项目总体的质量目标，提出项目质量管理的组织、制度、工作程序、方法和要求。项目其他各参与方，则根据工程合同规定的质量标准和责任，在明确各自质量目标的基础上，制定实施相应范围质量管理的行动方案，包括技术方法、业务流程、资源配置、检验试验要求、质量记录方案、不合格处理、管理措施等具体内容和做法的质量管理文件，同时也须对其实现预期目标的可行性、有效性、经济合理性进行分析论证，并按照规定的程序与权限，经过审批后执行。

2. 实施 D（Do）

实施职能在于将质量的目标值，通过生产要素的投入、作业技术活动和产出过程，转换为质量的实际值。为保证工程质量的产出或形成过程能够达到预期的结果，在各项质量活动实施前，要根据质量管理计划进行行动方案的部署和交底；交底的目的在于使具体的作业者和管理者明确计划的意图和要求，掌握质量标准及其实现的程序与方法。在质量活动的实施过程中，则要求严格执行计划的行动方案，规范行为，把质量管理计划的各项规定和安排落实到具体的资源配置和作业技术活动中去。

3. 检查 C（Check）

指对计划实施过程进行各种检查，包括作业者的自检、互检和专职管理者专检。各类检

查也都包含两大方面：一是检查是否严格执行了计划的行动方案，实际条件是否发生了变化，不执行计划的原因；二是检查计划执行的结果，即产出品的质量是否达到标准的要求，对此进行确认和评价。

4. 处置 A（Action）

对于质量检查所发现的质量问题或质量不合格，及时进行原因分析，采取必要的措施，予以纠正，保持工程质量形成过程的受控状态。处置分为纠偏和预防改进两个方面。纠偏是采取有效措施，解决当前的质量偏差、问题或事故。预防改进是将目前质量状况信息反馈到相关管理部门，反思问题症结或计划时的不周，确定改进目标和措施，为今后类似质量问题的预防提供借鉴。

第二节　建设工程质量的形成过程

建设工程质量的形成过程，贯穿于整个建设项目决策过程和实施过程。工程建设的不同阶段，对工程项目质量的形成起着不同的作用影响。对工程项目质量的管理，就要严格执行工程建设程序，对工程建设过程中各个阶段的质量进行控制。

1. 项目可行性研究阶段

项目可行性研究是在项目建议书和项目策划的基础上，运用技术经济学原理对投资项目有关的技术、经济、社会、环境等所有方面进行调查研究，对各种可能的拟建方案和建成投产后的经济效益、社会效益和环境效益等进行技术经济分析、预测和论证，确定项目建设的可行性，并在可行的情况下提出最佳的建设方案，作为项目决策和设计的依据。在此阶段需要识别建设意图和需求，因此，项目的可行性研究直接影响项目决策质量和设计质量。

2. 项目决策阶段

项目决策阶段是通过项目可行性研究和项目评估，对项目的建设方案做出决策。对于工程项目建设，需要控制的是投资、质量和进度，三者之间是相互制约的。要做到投资、质量、进度三者协调统一，则应通过可行性研究和多方案论证来确定。因此，项目决策阶段应有效地控制投资规模，以确定工程项目最佳的投资方案、质量目标和建设周期，使工程项目的预定质量标准，在投资、进度目标下能顺利实现。项目决策阶段主要是确定工程项目应达到的质量目标及水平。

3. 工程设计阶段

工程项目设计阶段，是根据项目决策阶段已确定的质量目标和水平，通过工程设计使其具体化。通过建设工程各设计阶段的设计，对建设工程各细部的质量特性指标进行明确描述，为施工安装作业提供依据。设计在技术上是否可行、工艺是否先进、经济是否合理、设备是否配套、结构是否安全可靠等，都将决定着工程项目建设后的使用价值和功能。因此，设计阶段是影响工程项目质量的决定性环节。

4. 工程施工阶段

工程项目施工阶段，是根据设计文件和图纸要求，通过施工过程把工程投入品转化为符合质量标准的建筑工程产品。这一阶段包括施工准备阶段和施工作业技术活动过程。工程施工活动决定设计意图是否实现，直接关系到工程的安全可靠和使用功能。因此，施工阶段是工程质量目标实现的关键阶段。

5. 工程竣工验收阶段

工程项目竣工验收就是对项目施工阶段的质量进行检查评定、试车运转，考核项目质量目标是否达到设计要求，是否符合项目决策阶段确定的质量目标和水平。这一阶段是工程建设项目通过验收确保工程项目的质量得以实现。工程竣工验收对质量的影响是保证最终产品的质量。

综上所述，工程项目质量的形成是一个系统的过程，即工程质量是可行性研究、项目决策、工程设计、工程施工和竣工验收各个阶段质量的综合反映。

第三节　质量管理体系

1987 年 3 月，国际标准化组织（ISO）正式发布 ISO 9000《质量管理和质量保证》系列标准，现已采用 ISO 9000：2005。我国于 2008 年发布了等同采用国际标准的 GB/T 19000 系列标准。该标准从市场经济出发，提出并阐述了企业质量体系的原理、原则和一般应包括的质量要素，是企业质量管理和质量体系的通用参考模式。实施 ISO 9000 质量管理体系标准有利于打破国际贸易的非关税壁垒，促进企业管理与国际惯例接轨，提高企业管理水平，并有利于企业开拓市场。ISO 9000 质量管理体系标准与全面质量管理一起构成了当代质量管理科学的主要内容。

质量管理体系标准由四个标准组成，具体包括：

——GB/T 19000 表述质量管理体系基础知识并规定质量管理体系术语；

——GB/T 19001 规定质量管理体系要求，用于证实组织具有能力提供满足顾客要求和适用的法规要求的产品，目的在于增进顾客满意度；

——GB/T 19004 提供考虑质量管理体系的有效性和效率两方面的指南。该标准的目的是改进组织业绩并达到顾客及其他相关方满意；

——GB/T 19011 提供质量和环境管理体系审核指南。

上述标准共同构成了一组密切相关的质量管理体系标准，在国内和国际贸易中促进相互理解。

一、质量管理八项原则

成功地领导和运作一个组织，需要采用系统和透明的方式进行管理。针对所有相关方的需求，实施并保持持续改进其业绩的管理体系，可使组织获得成功。质量管理是组织各项管理的内容之一。八项质量管理原则形成了 GB/T 19000 族质量管理体系标准的基础，是世界各国质量管理成功经验的科学总结。

质量管理八项原则被确定为最高管理者用于领导组织进行业绩改进的指导原则。

1. 以顾客为关注焦点

组织依存于顾客。因此，组织应当理解顾客当前和未来的需求，满足顾客要求并争取超越顾客的期望。

2. 领导作用

领导者应确保组织的目的与方向的一致。他们应当创造并保持良好的内部环境，使员工能充分参与实现组织目标的各项活动。领导在企业的管理中起着决定性作用，只有领导重视质量，各项质量活动才能有效地开展。

3. 全员参与

各级人员都是组织之本，唯有其充分参与，才能使他们为组织的利益发挥才干。产品质量是产品形成过程中全体人员共同努力的结果，领导者应对员工进行质量等各方面的教育，增强他们的质量意识与责任感，激发他们的积极性，鼓励持续改进，使全员都能够积极参与，制造让顾客满意的产品。

4. 过程方法

将活动和相关的资源作为过程进行管理，可以更高效地得到期望的结果。任何使用资源的生产活动和将输入转化为输出的一组相关联的活动都可视为过程。为使组织有效运行，必须识别和管理许多相互关联和相互作用的过程。通常一个过程的输出将直接成为下一个过程的输入。系统地识别和管理组织所应用的过程，特别是这些过程之间的相互作用，称为过程方法。GB/T 19000 族标准鼓励采用过程方法管理组织，建立以过程为基础的质量管理体系模式。在向组织提供输入方面，相关方都起到重要作用，监视相关方满意程度需要评价有关相关方感受的信息，这种信息可以表明其需求和期望已得到满足的程度。

5. 管理的系统方法

将相互关联的过程作为体系来看待、理解和管理，有助于组织提高实现目标的有效性和效率。不同企业根据自己的特点，建立资源管理、过程实现、测量分析改进等方面的关联关系，并加以控制。企业采用过程网络的方法建立质量管理体系，实施系统管理。建立和实施质量管理体系的方法包括以下步骤：

1）确定顾客和其他相关方的需求和期望；

2）建立组织的质量方针和质量目标；

3）确定实现质量目标必需的过程和职责；

4）确定和提供实现质量目标必需的资源；

5）规定测量每个过程的有效性和效率的方法；

6）应用这些测量方法确定每个过程的有效性和效率；

7）确定防止不合格并消除其产生原因的措施；

8）建立和应用持续改进质量管理体系的过程。

6. 持续改进

持续改进总体业绩应当是组织的永恒目标，其作用在于增强企业满足质量要求的能力，包括产品质量、过程及体系的有效性和效率的提高。改进是一种持续的活动，顾客和其他相关方的反馈以及质量管理体系的审核和评审均能用于识别改进的机会。

7. 基于事实的决策方法

有效决策建立在数据和信息分析的基础上，数据和信息分析是事实的高度提炼。数据的统计分析能为更好地理解变异的性质、程度和原因提供帮助，从而有助于解决，甚至防止由变异引起的问题，并促进持续改进。以事实为依据做出决策，可以防止决策失误。为此领导者应重视数据信息的收集、汇总和分析，以便为决策提供依据。

8. 与供方互利的关系

组织与供方相互依存，互利的关系可增强双方创造价值的能力。供方提供的产品是企业制造产品的重要组成，处理好与供方的关系，是企业持续稳定提供顾客满意产品的重要保障。因此对供方要讲合作互赢，建立良好的互利关系。

二、质量管理体系文件

文件是指信息及其承载媒介。文件可采用任何形式或类型的媒介，媒介可以是纸张、磁性的、电子的、光学的计算机盘片、照片或标准样品，或者它们的组合。

（一）文件的价值

文件能够沟通意图、统一行动，其使用有助于：

1）满足顾客要求和质量改进；

2）提供适宜的培训；

3）重复性和可追溯性；

4）提供客观证据；

5）评价质量管理体系的有效性和持续适宜性。

文件的形成本身并不是目的，它应当是一项增值的活动。

（二）文件的类型

在质量管理体系中使用下述几种类型的文件：

1. 质量手册

向组织内部和外部提供关于质量管理体系符合性信息的文件，称为质量手册。为了适应组织的规模和复杂程度，质量手册在其详略程度和编排格式方面可以不同。质量手册包括：

1）质量管理体系的范围，包括任何删减的细节和正当的理由；

2）为质量管理体系编制的形成文件的程序或对其引用；

3）质量管理体系过程之间的相互作用的表述。

2. 质量计划

表述质量管理体系如何应用于特定产品、项目或合同的文件，称为质量计划。质量计划通常是质量策划的结果之一。质量计划引用质量手册的部分内容或程序文件。

3. 规范

阐明要求的文件，称为规范。规范可能与活动有关，如程序文件、工艺规范和试验说明书；或与产品有关，如产品规范、性能规范和图样。

4. 指南

阐明推荐的方法或建议的文件，称为指南。

5. 形成文件的程序、作业指导书和图样

提供使过程能始终如一完成的信息的文件，这类文件包括形成文件的程序、作业指导书和图样。

6. 记录

为完成的活动或得到的结果提供客观证据的文件，称为记录。记录可用于文件的可追溯性活动，并为验证、预防措施和纠正措施提供证据。通常记录不需要控制版本。记录应保持清晰、易于识别和检索。

每个组织确定其所需文件的多少和详略程度及采用的媒介。取决于下述因素，诸如组织的类型和规模、过程的复杂性和相互作用、产品的复杂性、顾客要求、适用的法规要求、经证实的人员能力以及满足质量管理体系要求所需证实的程度。

（三）文件的控制

质量管理体系所要求的文件应予以控制。组织应编制形成文件的程序，以规定以下方面所需的控制：

1）为使文件是充分与适宜的，文件发布前得到批准；

2）必要时对文件进行评审与更新，并再次批准；

3）确保文件的更改和现行修订状态得到识别；

4）确保在使用处可获得适用文件的有关版本；

5）确保文件保持清晰、易于识别；

6）确保组织所确定的策划和运行质量管理体系所需的外来文件得到识别，并控制其分发；

7）防止作废文件的非预期使用，如果出于某种目的而保留作废文件，对这些文件进行适当地标识。

三、质量管理体系的建立与运行

（一）企业质量管理体系的建立

企业质量管理体系的建立是在确定市场及顾客需求的前提下，企业按照八项质量管理原则制定企业的质量方针、质量目标、质量手册、程序文件及质量记录等体系文件，并将质量目标分解落实到相关层次、相关岗位的职能和职责中，形成企业质量管理体系的执行系统。

企业质量管理体系的建立还包含组织企业不同层次的员工进行培训，使体系的工作内容和执行要求为员工所了解，为形成全员参与的企业质量管理体系的运行创造必要条件。

企业质量管理体系的建立需识别并提供实现质量目标和持续改进所需的资源，包括人员、基础设施、环境、信息等。

（二）企业质量管理体系的运行

企业质量管理体系的运行是在生产及服务的全过程，按质量管理体系文件所制定的程序、标准、工作要求及目标分解的岗位职责进行运作。

在企业质量管理体系运行的过程中，按各类体系文件的要求，监视、测量和分析过程的有效性和效率，做好文件规定的质量记录，持续收集、记录并分析过程的数据和信息，全面反映产品质量和过程符合要求，并且有可追溯的效能。

按文件规定的办法进行质量管理评审和考核。对过程运行的评审考核工作，应针对发现的主要问题，采取必要的改进措施，使这些过程达到所策划的结果并实现对过程的持续改进。

落实质量质量体系的内部审核程序，再有计划地组织开展内部质量审核活动，其主要目的是：评价质量管理程序的执行情况及适用性；揭露过程中存在的问题，为质量改进提供依据；检查质量体系运行的信息；向外部审核单位提供体系有效的证据。

为确保系统内部审核的效果，企业领导应发挥决策领导作用，制定审核政策和计划，组织内审人员队伍，落实内审条件，并对审核发现的问题采取纠正措施和提供人、财、物等方面的具体支持。

四、企业质量管理体系的认证与监督

质量认证是由公正的第三方依据程序对产品、过程或服务符合规定的要求给予书面保证。质量认证包括产品质量认证和质量管理体系认证两方面。企业质量管理体系认证是围绕企业的质量管理体系要求的符合性和满足质量要求与目标的有效性进行，认证合格标志只能用于宣传，而不能用于具体的产品上。

（一）企业质量管理体系的认证程序

1. 申请和受理

企业具有法人资格，并已按 GB/T 19000—2008 系统标准或其他国际公认的质量体系规范建立了文件化的质量管理体系，并在生产经营全过程贯彻执行的可提出申请。申请单位须按要求填写申请书。认证机构经审查符合要求后接受申请，如不符合要求则不接受申请，接受或不接受均予发出书面通知书。

2. 审核

认证机构派出审核组对申请方的质量管理体系进行检查和评定，包括文件审查、现场审核，并提出审核报告。

3. 审批与注册发证

认证机构对审核组提出的审核报告进行全面审查，对符合标准者予以批准并注册，发给认证证书。认证证书内容包括证书号、注册企业名称地址、认证和质量管理体系覆盖产品的范围、评价依据及质量保证模式标准及说明、发证机构、签发人和签发日期。

（二）企业质量管理体系的监督管理

企业质量管理体系获准认证的有效期为 3 年。获准认证后，企业应通过经常性的内部审核，维持质量管理体系的有效性，并接受认证机构对企业质量管理体系实施监督管理。获准认证后的质量管理体系，监督管理内容如下：

1. 企业通报

认证合格的企业质量管理体系在运行中出现较大变化时，需向认证机构通报。认证机构接到通报后，视情况采取必要的监督检查措施。

2. 监督检查

认证机构对认证合格单位质量管理体系维持情况进行监督性的现场检查，包括定期和不定期的监督检查。定期检查通常是每年一次，不定期检查视需要临时安排。

3. 认证注销

注销是企业的自愿行为。在企业质量管理体系发生变化或证书有效期届满未提出重新申请等情况下，认证持证者提出注销的，认证机构予以注销，收回该体系认证证书。

4. 认证暂停

认证暂停是认证机构对获证企业质量管理体系发生不符合认证要求情况时采取的警告措施。认证暂停期间，企业不得使用质量管理体系认证证书做宣传。企业在规定期间采取纠正措施满足规定条件后，认证机构撤销认证暂停；否则将撤销认证注册，收回合格证书。

5. 认证撤销

当获证企业发生质量管理体系存在严重不符合规定，或在认证暂停的规定期限未予整改，或发生其他构成撤销体系认证资格情况时，认证机构做出撤销认证的决定。企业不服可提出申诉。撤销认证的企业一年后可重新提出认证申请。

6. 复评

认证合格有效期满前，如企业愿继续延长，可向认证机构提出复评申请。

7. 重新换证

在认证证书有效期内，出现体系认证标准变更、体系认证范围变更、体系认证证书持有者变更，可按规定重新换证。

复习思考题

1-1　质量的定义是什么？

1-2　建筑工程质量的特性有哪些？

1-3　质量管理的含义是什么？

1-4　"三全"质量管理是指什么？

1-5　质量管理的八项原则是什么？

1-6　质量管理体系的文件类型有哪些？

第二章 建筑工程质量管理法规

我国的建筑业是国民经济的支柱产业，在国民经济建设中发挥着重要的作用。建筑工程是一项量大面广的社会系统工程，其质量的优劣直接关系到国民经济的发展和人民生命的安全。对于建设工程质量，我们应从坚持依法管理、以法治约束，不断提高建设工程各方主体的质量意识、细化建设工程质量法律制度和加强建设工程质量全过程监管等方面着手，进而促进我国建筑行业的有序健康发展。

第一节 建设工程法律体系

一、法律体系和法律部门

法律体系也称法的体系，通常指由一个国家现行的各个部门法构成的有机联系的统一整体。在我国的法律体系中，根据所调整的社会关系性质不同，可以划分为不同的部门法。

部门法又称法律部门，是根据一定标准、原则所制定的同类法律规范的总称。

二、建设工程法律体系

建设工程法律具有综合性的特点，虽然主要是经济法的组成部分，但还包括了行政法、民法商法等内容。建设工程法律同时又具有一定的独立性和完整性，具有自己的完整体系。建设工程法律体系，是指把已经制定的和需要制定的建设工程方面的法律、行政法规、部门规章和地方法规、地方规章有机结合起来，形成的一个相互联系、相互补充、相互协调的完整统一的体系。

与建设工程联系较为密切的法律、行政法规及地方政府规章主要有：

（一）法律

1）中华人民共和国民法通则；

2）中华人民共和国合同法；

3）中华人民共和国招标投标法；

4）中华人民共和国政府采购法；

5）中华人民共和国建筑法；

6）中华人民共和国城市房地产管理法；

7）中华人民共和国土地管理法；

8）中华人民共和国安全生产法；

9）中华人民共和国民事诉讼法；

10）中华人民共和国仲裁法。

（二）行政法规

1）建设工程质量管理条例；

2）建设工程安全生产管理条例；

3）建设工程勘察设计管理条例；

4）工程建设项目招标范围和规模标准规定。

（三）政府规章

1）工程建设项目施工招标投标办法；

2）关于禁止串通招标投标行为的暂行规定；

3）招标拍卖挂牌出让国有土地使用权规定；

4）工程建设项目勘察设计招标投标办法；

5）建筑工程项目设计招标投管理办法；

6）工程建设项目招标投标活动投诉处理办法；

7）招标公告发布暂行办法；

8）工程建设项目自行招标试行办法；

9）国家计委关于指定发布依法必须招标目招标公告的媒介；

10）评标专家和评标专家库管理暂行办法；

11）关于做好外商投资建筑工业企业资源管理工作有关问题。

第二节　建设工程质量法律、法规

为加强对建设工程质量的管理，保证建设工程质量，保护人民的生命和财产安全，国家制定了由法律、法规、规章所共同构成的工程质量法律体系。建筑工程质量法律体系包括以《中华人民共和国建筑法》、《建设工程质量管理条例》为核心的一系列法律、法规、部门规章等。

一、中华人民共和国建筑法

《中华人民共和国建筑法》（1998 年 3 月 1 日实施，以下简称《建筑法》）。作为建设工程方面专门的法律，建筑法在我国的法律体系中对于规范建筑行业行为、确立建筑行业标准具有纲领性意义。

《建筑法》主要包括如下内容：①建筑许可；②建筑工程发包和承包；③建筑工程监理；④建筑安全生产管理；⑤建筑工程质量管理；⑥法律责任；⑦附则。现将《建筑法》中与建筑质量管理相关的条款，简要介绍如下：

第六条　国务院建设行政主管部门对全国的建筑活动实施统一监督管理。

第五十二条　建筑工程勘察、设计、施工的质量必须符合国家有关建筑工程安全标准的要求，具体管理办法由国务院规定。

有关建筑工程安全的国家标准不能适应确保建筑安全的要求时，应当及时修订。

第五十三条　国家对从事建筑活动的单位推行质量体系认证制度。从事建筑活动的单位根据自愿原则可以向国务院产品质量监督管理部门或者国务院产品质量监督管理部门授权的部门认可的认证机构申请质量体系认证。经认证合格的，由认证机构颁发质量体系认证证书。

第五十四条　建设单位不得以任何理由，要求建筑设计单位或者建筑施工企业在工程设计或者施工作业中，违反法律、行政法规和建筑工程质量、安全标准，降低工程质量。

建筑设计单位和建筑施工企业对建设单位违反前款规定提出的降低工程质量的要求，应当予以拒绝。

第五十五条　建筑工程实行总承包的，工程质量由工程总承包单位负责，总承包单位将建筑工程分包给其他单位的，应当对分包工程的质量与分包单位承担连带责任。分包单位应当接受总承包单位的质量管理。

第五十六条　建筑工程的勘察、设计单位必须对其勘察、设计的质量负责。勘察、设计文件应当符合有关法律、行政法规的规定和建筑工程质量、安全标准、建筑工程勘察、设计技术规范以及合同的约定。设计文件选用的建筑材料、建筑构配件和设备，应当注明其规格、型号、性能等技术指标，其质量要求必须符合国家规定的标准。

第五十七条　建筑设计单位对设计文件选用的建筑材料、建筑构配件和设备，不得指定生产厂、供应商。

第五十八条　建筑施工企业对工程的施工质量负责。

建筑施工企业必须按照工程设计图纸和施工技术标准施工，不得偷工减料。工程设计的修改由原设计单位负责，建筑施工企业不得擅自修改工程设计。

第五十九条　建筑施工企业必须按照工程设计要求、施工技术标准和合同的约定，对建筑材料、建筑构配件和设备进行检验，不合格的不得使用。

第六十条　建筑物在合理使用寿命内，必须确保地基基础工程和主体结构的质量。

建筑工程竣工时，屋顶、墙面不得留有渗漏、开裂等质量缺陷；对已发现的质量缺陷，建筑施工企业应当修复。

第六十一条　交付竣工验收的建筑工程，必须符合规定的建筑工程质量标准，有完整的工程技术经济资料和经签署的工程保修书，并具备国家规定的其他竣工条件。建筑工程竣工经验收合格后，方可交付使用；未经验收或者验收不合格的，不得交付使用。

第六十二条　建筑工程实行质量保修制度。

建筑工程的保修范围应当包括地基基础工程、主体结构工程、屋面防水工程和其他土建工程，以及电气管线、上下水管线的安装工程，供热、供冷系统工程等项目；保修的期限应当按照保证建筑物合理寿命年限内正常使用，维护使用者合法权益的原则确定。具体的保修范围和最低保修期限由国务院规定。

第六十三条　任何单位和个人对建筑工程的质量事故、质量缺陷都有权向建设行政主管部门或者其他有关部门进行检举、控告、投诉。

二、建设工程质量管理条例

《建设工程质量管理条例》于 2000 年 1 月 10 日国务院第 25 次常务会议通过，2000 年 1 月 30 日起施行。《建设工程质量管理条例》共九章 82 条，分为总则和分则。分则部分对建设单位、施工单位、监理单位、勘察设计单位的质量责任和义务做出了规定，并明确了违反法律规定所应承担的责任。

（一）总则

第一条　为了加强对建设工程质量的管理，保证建设工程质量，保护人民生命和财产安全，根据《中华人民共和国建筑法》，制定本条例。

第二条　凡在中华人民共和国境内从事建设工程的新建、扩建、改建等有关活动及实施对建设工程质量监督管理的，必须遵守本条例。本条例所称建设工程，是指土木工程、建筑工程、线路管道和设备安装工程及装修工程。

第三条　建设单位、勘察单位、设计单位、施工单位、工程监理单位依法对建设工程质量负责。

第四条　县级以上人民政府建设行政主管部门和其他有关部门应当加强对建设工程质量的监督管理。

第五条　从事建设工程活动，必须严格执行基本建设程序，坚持先勘察、后设计、再施工的原则。

县级以上人民政府及其有关部门不得超越权限审批建设项目或者擅自简化基本建设程序。

第六条　国家鼓励采用先进的科学技术和管理方法，提高建设工程质量。

（二）建设单位的质量责任和义务

第七条　建设单位应当将工程发包给具有相应资质等级的单位。建设单位不得将建设工程肢解发包。

第八条　建设单位应当依法对工程建设项目的勘察、设计、施工、监理以及与工程建设有关的重要设备、材料等的采购进行招标。

第九条　建设单位必须向有关的勘察、设计、施工、工程监理等单位提供与建设工程有关的原始资料。

原始资料必须真实、准确、齐全。

第十条　建设工程发包单位不得迫使承包方以低于成本的价格竞标，不得任意压缩合理工期。

建设单位不得明示或者暗示设计单位或者施工单位违反工程建设强制性标准，降低建设工程质量。

第十一条　建设单位应当将施工图设计文件报县级以上人民政府建设行政主管部门或者其他有关部门审查。施工图设计文件审查的具体办法，由国务院建设行政主管部门会同国务院其他有关部门制定。

施工图设计文件未经审查批准的，不得使用。

第十二条　实行监理的建设工程，建设单位应当委托具有相应资质等级的工程监理单位进行监理，也可以委托具有工程监理相应资质等级并与被监理工程的施工承包单位没有隶属关系或者其他利害关系的该工程的设计单位进行监理。

下列建设工程必须实行监理：

1. 国家重点建设工程；

2. 大中型公用事业工程；

3. 成片开发建设的住宅小区工程；

4. 利用外国政府或者国际组织贷款、援助资金的工程；

5. 国家规定必须实行监理的其他工程。

第十三条　建设单位在领取施工许可证或者开工报告前，应当按照国家有关规定办理工程质量监督手续。

第十四条 按照合同约定，由建设单位采购建筑材料、建筑构配件和设备的，建设单位应当保证建筑材料、建筑构配件和设备符合设计文件和合同要求。

建设单位不得明示或者暗示施工单位使用不合格的建筑材料、建筑构配件和设备。

第十五条 涉及建筑主体和承重结构变动的装修工程，建设单位应当在施工前委托原设计单位或者具有相应资质等级的设计单位提出设计方案；没有设计方案的，不得施工。

房屋建筑使用者在装修过程中，不得擅自变动房屋建筑主体和承重结构。

第十六条 建设单位收到建设工程竣工报告后，应当组织设计、施工、工程监理等有关单位进行竣工验收。

建设工程竣工验收应当具备下列条件：

1. 完成建设工程设计和合同约定的各项内容；

2. 有完整的技术档案和施工管理资料；

3. 有工程使用的主要建筑材料、建筑构配件和设备的进场试验报告；

4. 有勘察、设计、施工、工程监理等单位分别签署的质量合格文件；

5. 有施工单位签署的工程保修书。

建设工程经验收合格的，方可交付使用。

第十七条 建设单位应当严格按照国家有关档案管理的规定，及时收集、整理建设项目各环节的文件资料，建立、健全建设项目档案，并在建设工程竣工验收后，及时向建设行政主管部门或者其他有关部门移交建设项目档案。

（三）勘察、设计单位的质量责任和义务

第十八条 从事建设工程勘察、设计的单位应当依法取得相应等级的资质证书，并在其资质等级许可的范围内承揽工程。

禁止勘察、设计单位超越其资质等级许可的范围或者以其他勘察、设计单位的名义承揽工程。禁止勘察、设计单位允许其他单位或者个人以本单位的名义承揽工程。

勘察、设计单位不得转包或者违法分包所承揽的工程。

第十九条 勘察、设计单位必须按照工程建设强制性标准进行勘察、设计，并对其勘察、设计的质量负责。

注册建筑师、注册结构工程师等注册执业人员应当在设计文件上签字，对设计文件负责。

第二十条 勘察单位提供的地质、测量、水文等勘察成果必须真实、准确。

第二十一条 设计单位应当根据勘察成果文件进行建设工程设计。

设计文件应当符合国家规定的设计深度要求，注明工程合理使用年限。

第二十二条 设计单位在设计文件中选用的建筑材料、建筑构配件和设备，应当注明规格、型号、性能等技术指标，其质量要求必须符合国家规定的标准。

除有特殊要求的建筑材料、专用设备、工艺生产线等外，设计单位不得指定生产厂、供应商。

第二十三条 设计单位应当就审查合格的施工图设计文件向施工单位做出详细说明。

第二十四条 设计单位应当参与建设工程质量事故分析，并对因设计造成的质量事故，提出相应的技术处理方案。

（四）施工单位的质量责任和义务

第二十五条 施工单位应当依法取得相应等级的资质证书，并在其资质等级许可的范围内承揽工程。

禁止施工单位超越本单位资质等级许可的业务范围或者以其他施工单位的名义承揽工程。禁止施工单位允许其他单位或者个人以本单位的名义承揽工程。

施工单位不得转包或者违法分包工程。

第二十六条　施工单位对建设工程的施工质量负责。

施工单位应当建立质量责任制，确定工程项目的项目经理、技术负责人和施工管理负责人。

建设工程实行总承包的，总承包单位应当对全部建设工程质量负责；建设工程勘察、设计、施工、设备采购的一项或者多项实行总承包的，总承包单位应当对其承包的建设工程或者采购的设备的质量负责。

第二十七条　总承包单位依法将建设工程分包给其他单位的，分包单位应当按照分包合同的约定对其分包工程的质量向总承包单位负责，总承包单位与分包单位对分包工程的质量承担连带责任。

第二十八条　施工单位必须按照工程设计图纸和施工技术标准施工，不得擅自修改工程设计，不得偷工减料。

施工单位在施工过程中发现设计文件和图纸有差错的，应当及时提出意见和建议。

第二十九条　施工单位必须按照工程设计要求、施工技术标准和合同约定，对建筑材料、建筑构配件、设备和商品混凝土进行检验，检验应当有书面记录和专人签字；未经检验或者检验不合格的，不得使用。

第三十条　施工单位必须建立、健全施工质量的检验制度，严格工序管理，做好隐蔽工程的质量检查和记录。隐蔽工程在隐蔽前，施工单位应当通知建设单位和建设工程质量监督机构。

第三十一条　施工人员对涉及结构安全的试块、试件以及有关材料，应当在建设单位或者工程监理单位监督下现场取样，并送具有相应资质等级的质量检测单位进行检测。

第三十二条　施工单位对施工中出现质量问题的建设工程或者竣工验收不合格的建设工程，应当负责返修。

第三十三条　施工单位应当建立、健全教育培训制度，加强对职工的教育培训；未经教育培训或者考核不合格的人员，不得上岗作业。

（五）工程监理单位的质量责任和义务

第三十四条　工程监理单位应当依法取得相应等级的资质证书，并在其资质等级许可的范围内承担工程监理业务。

禁止工程监理单位超越本单位资质等级许可的范围或者以其他工程监理单位的名义承担工程监理业务。禁止工程监理单位允许其他单位或者个人以本单位的名义承担工程监理业务。

工程监理单位不得转让工程监理业务。

第三十五条　工程监理单位与被监理工程的施工承包单位以及建筑材料、建筑构配件和设备供应单位有隶属关系或者其他利害关系的，不得承担该项建设工程的监理业务。

第三十六条　工程监理单位应当依照法律、法规以及有关技术标准、设计文件和建设工程承包合同，代表建设单位对施工质量实施监理，并对施工质量承担监理责任。

第三十七条　工程监理单位应当选派具备相应资格的总监理工程师和监理工程师进驻施工现场。

未经监理工程师签字，建筑材料、建筑构配件和设备不得在工程上使用或者安装，施工单位不得进行下一道工序的施工。未经总监理工程师签字，建设单位不拨付工程款，不进行竣工验收。

第三十八条　监理工程师应当按照工程监理规范的要求，采取旁站、巡视和平行检验等形式，对建设工程实施监理。

（六）监督管理

第四十三条　国家实行建设工程质量监督管理制度。

国务院建设行政主管部门对全国的建设工程质量实施统一监督管理。国务院铁路、交通、水利等有关部门按照国务院规定的职责分工，负责对全国的有关专业建设工程质量的监督管理。

县级以上地方人民政府建设行政主管部门对本行政区域内的建设工程质量实施监督管理。县级以上地方人民政府交通、水利等有关部门在各自的职责范围内，负责对本行政区域内的专业建设工程质量的监督管理。

第四十四条　国务院建设行政主管部门和国务院铁路、交通、水利等有关部门应当加强对有关建设工程质量的法律、法规和强制性标准执行情况的监督检查。

第四十五条　国务院发展计划部门按照国务院规定的职责，组织稽查特派员，对国家出资的重大建设项目实施监督检查。

国务院经济贸易主管部门按照国务院规定的职责，对国家重大技术改造项目实施监督检查。

第四十六条　建设工程质量监督管理，可以由建设行政主管部门或者其他有关部门委托的建设工程质量监督机构具体实施。

从事房屋建筑工程和市政基础设施工程质量监督的机构，必须按照国家有关规定经国务院建设行政主管部门或者省、自治区、直辖市人民政府建设行政主管部门考核；从事专业建设工程质量监督的机构，必须按照国家有关规定经国务院有关部门或者省、自治区、直辖市人民政府有关部门考核。经考核合格后，方可实施质量监督。

第四十七条　县级以上地方人民政府建设行政主管部门和其他有关部门应当加强对有关建设工程质量的法律、法规和强制性标准执行情况的监督检查。

第四十八条　县级以上人民政府建设行政主管部门和其他有关部门履行监督检查职责时，有权采取下列措施：

（1）要求被检查的单位提供有关工程质量的文件和资料；

（2）进入被检查单位的施工现场进行检查；

（3）发现有影响工程质量的问题时，责令改正。

第四十九条　建设单位应当自建设工程竣工验收合格之日起 15 日内，将建设工程竣工验收报告和规划、公安消防、环保等部门出具的认可文件或者准许使用文件报建设行政主管部门或者其他有关部门备案。

建设行政主管部门或者其他有关部门发现建设单位在竣工验收过程中有违反国家有关建设工程质量管理规定行为的，责令停止使用，重新组织竣工验收。

第五十条　有关单位和个人对县级以上人民政府建设行政主管部门和其他有关部门进行的监督检查应当支持与配合，不得拒绝或者阻碍建设工程质量监督检查人员依法执行职务。

第五十一条　供水、供电、供气、公安消防等部门或者单位不得明示或者暗示建设单位、施工单位购买其指定的生产供应单位的建筑材料、建筑构配件和设备。

第五十二条　建设工程发生质量事故，有关单位应当在24h内向当地建设行政主管部门和其他有关部门报告。对重大质量事故，事故发生地的建设行政主管部门和其他有关部门应当按照事故类别和等级向当地人民政府和上级建设行政主管部门和其他有关部门报告。

特别重大质量事故的调查程序按照国务院有关规定办理。

第五十三条　任何单位和个人对建设工程的质量事故、质量缺陷都有权检举、控告、投诉。

第三节　建设工程质量保修与保证金管理

一、房屋建筑工程质量保修办法

2000年6月30日起施行的《房屋建筑工程质量保修办法》适用于在中华人民共和国境内新建、扩建、改建各类房屋建筑工程（包括装修工程）的质量保修活动。

《房屋建筑工程质量保修办法》旨在保护建设单位、施工单位、房屋建筑所有人和使用人的合法权益，维护公共安全和公众利益，根据《中华人民共和国建筑法》和《建设工程质量管理条例》而制定。共计22条。

（一）质量保修的范围

质量保修适用在我国境内新建、扩建、改建各类房屋建筑工程（包括装修工程）。房屋建筑工程在保修范围和保修期限内出现质量缺陷，施工单位应当履行保修义务。建设单位和施工单位应当在工程质量保修书中约定保修范围、保修期限和保修责任等，双方约定的保修范围、保修期限必须符合国家有关规定。

下列情况不属于保修办法规定的保修范围：

1. 因使用不当或者第三方造成的质量缺陷；

2. 不可抗力造成的质量缺陷。

（二）质量保修的期限

在正常使用下，房屋建筑工程的最低保修期限为：

1. 地基基础和主体结构工程，为设计文件规定的该工程的合理使用年限；

2. 屋面防水工程、有防水要求的卫生间、房间和外墙面的防渗漏，为5年；

3. 供热与供冷系统，为2个采暖期、供冷期；

4. 电气系统、给排水管道、设备安装为2年；

5. 装修工程为2年。

6. 其他项目的保修期限由建设单位和施工单位约定。

房屋建筑工程保修期从工程竣工验收合格之日起计算。

（三）质量保修的实施

房屋建筑工程在保修期限内出现质量缺陷，建设单位或者房屋建筑所有人应当向施工单位发出保修通知。

施工单位接到保修通知后，应当到现场核查情况，在保修书约定的时间内予以保修。发生涉及结构安全或者严重影响使用功能的紧急抢修事故，施工单位接到保修通知后，应当立即到达现场抢修。

发生涉及结构安全的质量缺陷，建设单位或者房屋建筑所有人应当立即向当地建设行政主管部门报告，采取安全防范措施；由原设计单位或者具有相应资质等级的设计单位提出保修方案，施工单位实施保修，原工程质量监督机构负责监督。

保修完成后，由建设单位或者房屋建筑所有人组织验收。涉及结构安全的，应当报当地建设行政主管部门备案。

施工单位不按工程质量保修书约定保修的，建设单位可以另行委托其他单位保修，由原施工单位承担相应责任。保修费用由质量缺陷的责任方承担。

在保修期内，因房屋建筑工程质量缺陷造成房屋所有人、使用人或者第三方人身、财产损害的，房屋所有人、使用人或者第三方可以向建设单位提出赔偿要求。建设单位向造成房屋建筑工程质量缺陷的责任方追偿。

因保修不及时造成新的人身、财产损害，由造成拖延的责任方承担赔偿责任。

二、建设工程质量保证金

2005 年 1 月 12 日，建设部、财政部联合颁发了《建设工程质量保证金管理暂行办法》，该《办法》的实施，将有助于进一步规范质量保修制度的经济保障措施。

（一）质量保证金的含义

建设工程质量保证金（保修金）（以下简称保证金）是指发包人与承包人在建设工程承包合同制约定，从应付的工程款中预留，用以保证承包人在缺陷责任期内对建设工程出现的缺陷进行维修的资金。缺陷是指建设工程质量不符合工程建设强制性标准、设计文件及承包合同的约定。

（二）缺陷责任期

缺陷责任期从工程通过竣（交）工验收之日起计，由于承包人原因导致工程无法按规定期限进行竣（交）工验收的，缺陷责任期从实际通过竣（交）工验收之日起计。由于发包人原因导致工程无法按规定期限进行竣（交）工验收的，在承包人提交竣（交）工验收报告 90 日后，工程自动进入缺陷责任期。

缺陷责任期一般为 6 个月、12 个月或 24 个月，具体可由发、承包双方在合同中约定。缺陷责任期内，由承包人原因造成的缺陷，承包人应负责维修，并承担鉴定及维修费用。如承包人不维修也不承担费用，发包人可按合同约定扣除保留金，并由承包人承担违约责任。承包人维修并承担相应费用后，并不免除对工程的一般损失赔偿责任。由他人原因造成的缺陷，发包人负责组织维修，承包人不承担费用，且发包人不得从保证金中扣除费用。

（三）质量保证金的管理

发包人应当在招标文件中明确保证金预留、返还等内容，并与承包人在合同条款中对涉及保证金的下列事项进行约定：保证金预留、返还方式；保证金预留比例、期限；保证金是否计付利息，如计付利息需说明利息的计算方式；缺陷责任期的期限及计算方式；保证金预留、返还及工程维修质量、费用等争议的处理程序；缺陷责任期内出现缺陷的索赔方式。

建设工程竣工结算后，发包人应按照合同约定及时向承包人支付工程结算价款并预留保证金。全部或者部分使用政府投资的建设项目，按工程价款结算总额5％左右的比例预留保证金。社会投资项目采用预留保证金方式的，预留保证金的比例可参照执行。采用工程质量保证担保、工程质量保险等其他保证方式的，发包人不得再预留保证金。

缺陷责任期内，承包人认真履行合同约定的责任，到期后承包人向发包人申请返还保证金。发包人在接到承包人返还保证金申请后，应于14日内会同承包人按照合同约定的内容进行核实。如无异议，发包人应当在核实后14日内将保证金返还给承包人。逾期支付的，从逾期之日起，按照同期银行贷款利率计付利息，并承担违约责任。发包人在接到承包人返还保证金申请后14日内不予答复，经催告后14日内仍不予答复，视同认可承包人的返还保证金申请。

复习思考题

2-1　建设单位的质量责任和义务有哪些？

2-2　设计单位的质量责任和义务有哪些？

2-3　施工单位的质量责任和义务有哪些？

2-4　工程监理单位的质量责任和义务有哪些？

2-5　工程质量保修期限如何规定？

第三章 建筑工程施工质量控制

第一节 概 述

施工是形成施工项目产品的过程，也是形成最终产品质量的重要阶段。所以，施工阶段的质量控制是施工项目质量控制的重点。

一、质量控制的概念

根据国家标准《质量管理体系 基础和术语》（GB/T 19000—2008/ISO 9000：2005）的定义，质量控制是质量管理的一部分，致力于满足质量要求。

1）质量控制是通过一系列活动对各个过程实施控制的，这些活动主要包括：

（1）设定标准：即规定要求，确定需要控制的区间、范围、区域；

（2）测量结果：测量满足所设定标准的程度；

（3）评价：即评价控制的能力和效果；

（4）纠偏：对不满足设定标准的偏差，及时纠偏，保持控制能力的稳定性。

2）由于建设工程项目的质量要求是由业主（或投资者、项目法人）提出的。也就是说建设工程项目的质量总目标，是业主的建设意图通过项目策划，包括项目的定义及建设规模、系统构成、使用功能和价值、规格档次标准等的定位策划和目标决策来确定的。因此，建设工程项目质量控制，在工程勘察设计、招标采购、施工安装、竣工验收等各个阶段，项目参与各方均应围绕着致力于满足业主要求的质量总目标而进行努力。

3）质量控制是质量管理的一部分而不是全部。质量控制是在明确的质量目标和具体的条件下，通过行动方案和资源配置的计划、实施、检查和监督，进行质量目标的事前预控、事中控制和事后纠偏控制，实现预期质量目标的系统过程。

二、施工项目质量控制的特点

由于项目施工是一个极其复杂的综合过程，再加上产品位置固定、生产流动、体型大、建设周期长、受自然条件影响大、结构类型不一、质量要求不一、施工方法不一等特点，因此，施工项目的质量比一般产品的质量更难以控制，主要表现在以下几方面：

1. 影响质量的因素多

建筑工程质量受到多种因素的影响，如决策、设计、材料、机械、环境、施工方法和工艺、技术措施、管理制度、工期、工程造价等，这些因素直接或间接地影响施工项目的质量，施工项目质量控制要进行多因素综合考虑。

2. 质量波动大

由于建筑产品的单件性和生产的流动性，不像一般工业产品生产，有固定的流水线，有规范化的生产工艺和完善的检测技术，有成套的生产设备和稳定的生产环境，所以工程质量容易产生波动。同时由于影响施工质量的偶然性因素和系统性因素都比较多，其中某一因素发生变动，都会产生质量变异，甚至发生工程质量事故。系统性因素的特点是易于识别、易于消除，是可以避免的。因此，在施工中要严防或杜绝由系统性因素引起的质量变异，要把质量波动控制在偶然性因素范围内。

3. 质量隐蔽性

工程项目在施工过程中，由于工序交接多、中间产品多、隐蔽工程多，因此工程质量存在隐蔽性。工程施工时若不及时检查验收，事后再看表面，就容易产生第二类判断错误，即将不合格的产品，认为是合格的产品。因此对产品质量的检查，应转向对工作质量的检查、对工序质量的检查、对中间产品的质量检查。

4. 终检局限性

工程项目建成后，无法拆卸或解体检查内在的质量，发现质量问题，也就是工程竣工验收时已经很难发现内部质量缺陷。因此，由于工程项目终检存在一定的局限性，工程质量控制应以预防为主，防患于未然。对工程质量控制的事后检查把关，转向对质量的事前预控和事中控制。

三、工程质量控制的原则

在质量控制过程中，应遵循以下几条原则：

1. 坚持质量第一的原则

建设工程质量不仅关系工程的适用性和建设项目投资效果，而且关系到人民群众生命财产的安全。所以，工程项目在进行投资、进度、质量三大目标控制时，在处理三者关系统一基础上，应坚持"百年大计，质量第一"的思想，在工程建设中自始至终把"质量第一"作为工程质量控制的基本原则。

2. 坚持以人为核心的原则

人是工程建设的决策者、组织者、管理者和操作者。工程建设中各单位、各部门、各岗位人员的工作质量水平和综合素质，都直接或间接地影响工程质量。所以在工程质量控制中，始终要以人为核心，重点控制人的素质和人的行为，充分发挥人的积极性和创造性，增强人的质量观和责任感，以人的工作质量保证工程质量。

3. 坚持以预防为主的原则

以预防为主，防患于未然，把质量问题消灭于萌芽状态，这是现代化管理的观念。工程质量控制应该是积极主动的，应事先对影响质量的各种因素加以控制，而不能是消极被动的，等出现质量问题再进行处理，已经造成不必要的损失。所以要重点做好质量的事先控制和事中控制，以预防为主，加强过程和中间产品的质量检查和控制。

4. 坚持质量标准的原则

质量标准是评价产品质量的尺度，工程质量是否符合合同规定的质量标准要求，应通过质量检验并和质量标准对照，符合质量标准要求的才是合格，不符合质量标准要求的就是不合格，必须返工或返修处理。工程质量必须坚持质量标准，严格检查。

5. 坚持以事实为依据的原则

在工程质量控制中，要尊重科学，尊重事实，以数据资料为依据，客观、公正地进行处理质量问题。一切用数据说话，避免出现第一、第二类判断失误。

四、施工质量控制的依据

施工质量控制的依据，大体上有以下四类：

1. 法律、法规性文件

国家及建设主管部门所颁发的有关质量管理方面的法律法规性文件都是建设行业质量管理方面所应遵循的基本法规文件。此外，其他各行业如交通、能源、水利、冶金、化工等的政府主管部门和省、市、自治区的有关主管部门，也均根据本行业及地方的特点，制定和颁发了有关的法规性文件。

2. 工程合同文件

工程施工承包合同文件、委托监理合同文件、勘察设计合同文件中分别规定了参与建设各方在质量控制方面的权利和义务，有关各方必须履行在合同中的承诺。

3. 设计文件

经过批准的设计图纸和技术说明书等设计文件，无疑是质量控制的重要依据。有关单位应参加设计交底及图纸会审工作，以达到了解设计意图和质量要求，施工过程中按图施工，减少质量隐患。设计变更不论哪方提出都必须征得建设单位同意并办理书面变更手续。

4. 专门技术法规性文件

有关质量检验与控制的专门技术法规性文件一般是针对不同行业、不同的质量控制对象而制定的技术法规性的文件，包括各种有关的标准、规范、规程或规定。技术标准分为国际标准、国家标准、行业标准、地方标准和企业标准等。凡采用新材料、新工艺、新技术、新设备的工程，事先应进行试验，并应有相关部门的技术鉴定书和有关技术指标，以此作为质量控制的依据。

五、施工项目质量控制的过程

由于施工阶段是根据设计文件和图纸的要求，通过施工形成工程实体的阶段。这一阶段直接影响工程的最终质量，因此应加强工程质量控制。施工项目质量控制按工程施工层次、工程实体形成过程、工程施工时间先后等划分为不同的系统过程。

（一）按工程施工层次划分的系统过程

任何工程都是由检验批、分项工程、分部工程和单位工程所组成。所以施工项目的质量控制是从检验批质量到分项工程质量、分部工程质量、单位工程质量组成的系统控制过程（图3-1）。

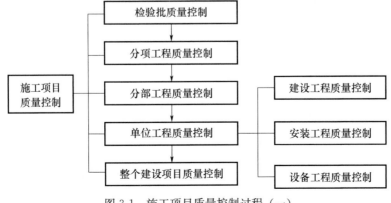

图 3-1　施工项目质量控制过程（一）

（二）按工程实体形成过程划分的系统过程

由于工程施工是一项物质生产活动，也是一个由投入原材料开始，直到完成工程产出品为止的过程。所以施工阶段的质量控制是由对投入的物质资源的控制，进而对物质资源转化为工程产品的过程中及各环节质量进行控制，直到对完成的工程产出品的质量验收为止的全过程进行控制（图 3-2）。

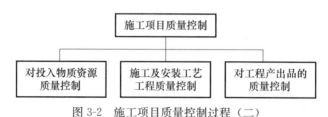

图 3-2　施工项目质量控制过程（二）

（三）按工程施工时间划分的系统过程

施工阶段的质量控制按工程施工时间划分以下三个阶段（图 3-3）。

图 3-3　施工项目质量控制过程（三）

1. 事前质量控制

即在正式施工前进行的事前主动质量控制，通过编制施工质量计划，明确质量目标，制定施工方案，落实质量责任，分析可能导致质量目标偏离的各种影响因素，针对这些影响因素制定有效的预防措施，防患于未然。事前质量预控必须充分发挥组织的技术和管理方面的整体优势，把长期形成的先进技术、管理方法和经验智慧，创造性地应用于工程项目中。

2. 事中质量控制

指在施工质量形成过程中，对影响施工质量的各种因素进行全面的动态控制。事中质量控制也称作业活动过程质量控制，包括质量活动主体的自我控制和他人监控的控制方式。自我控制是第一位的，即作业者在作业过程对自己质量活动行为的约束和技术能力的发挥，以完成符合预定质量目标的作业任务；他人监控是指作业者的质量活动过程和结果，接受来自企业内部管理者和企业外部有关方面的检查检验。如工程监理机构、政府质量监督部门等的监控。

事中质量控制的目标是确保工序质量合格，杜绝质量事故发生；控制的关键是坚持质量标准；控制的重点是工序质量、工作质量和质量控制点的控制。

3. 事后质量控制

事后质量控制也称为事后质量把关，以使不合格的工序不流入下道工序或最终产品，使不合格工程不进入市场。事后控制包括对质量活动结果的评价、认定；对工序质量偏差的纠正；对不合格产品进行整改和处理。控制的重点是发现施工质量方面的缺陷，并通过分析提出施工质量改进的措施，保持质量处于受控状态。

以上三个阶段不是互相孤立和截然分开的，它们共同构成有机的系统过程，实质上也就是质量管理 PDCA 循环的具体化，在每一次滚动循环中不断提高，达到质量管理和质量控制的持续改进。

第二节　施工生产要素质量控制

施工生产要素是施工质量形成的物质基础，包括劳动主体、劳动对象、劳动手段、劳动方法和施工环境。也就是影响施工质量的五大因素，即 4MIE，指人（Man）、材料（Material）、机械（Machine）、方法（Method）和环境（Environment）。事前对这五方面的因素严加控制，是保证施工项目质量的关键。

一、劳动主体的控制

作为劳动主体的施工人员，即直接参与施工的管理者、作业者的素质及其组织效果要加以控制。施工人员的质量具体包括参与工程施工各类人员的施工技能、文化素养、生理体能、心理行为等方面的个体素质及经过合理组织和激励发挥个体潜能综合形成的群体素质。因此，企业应通过择优录用、加强思想教育及技能方面的教育培训，合理组织、严格考核，并辅以必要的激励机制，使企业员工的潜在能力得到充分的发挥和最好的组合，使施工人员在质量控制系统中发挥主体自控作用。在使用人的问题上，应从政治素质、思想素质、业务素质和身体素质等方面综合考虑，全面控制。

施工企业必须坚持执业资格注册制度和作业人员持证上岗制度，应严格禁止无技术资质的人上岗操作；对所选派的施工项目领导者、组织者进行教育和培训，使其质量意识和组织管理能力能满足施工质量控制的要求；对所属施工队伍进行全员培训，加强质量意识的教育和技术训练，提高每个作业者的质量活动能力和自控能力；对分包单位进行严格的资质考核和施工人员的资格考核，其资质、资格必须符合相关法规的规定，与其分包的工程相适应。

二、劳动对象的控制

作为劳动对象的建筑材料、半成品、工程用品、设备等的质量是工程项目实体质量的基础。工程材料选用是否合理、产品是否合格、材质是否经过检验、保管使用是否得当等，都将直接影响建设工程的结构，影响工程的使用功能，影响工程的使用安全。加强材料的质量控制，不仅是提高工程质量的必要条件，也是实现工程项目投资目标和进度目标的前提。

材料控制包括原材料、成品、半成品、构配件、设备等的控制，主要是严格检查验收，正确合理地使用，建立管理台账，进行收、发、储、运等各环节的管理，避免混用和将不合格的原材料使用到工程上。

（一）材料质量控制的要点

1.掌握材料信息，优选供货厂家

掌握材料质量、价格、供货能力等方面的信息，选择好供货厂家，就可获得质量好、价格低的材料资源，从而确保工程质量，降低工程造价。这是企业获得良好社会效益和经济效益、提高市场竞争力的重要因素。

对于材料、设备、构配件的订货、采购，其质量要满足有关标准和设计要求；交货期应满足施工要求及安装进度计划的要求。对于大型的或重要设备，以及大宗材料的采购，应当实行招标采购的方式；对某些材料，如瓷砖等装饰材料，订货时最好一次就订全和备足货源，以免由于分批订货而出现颜色差异、质量不一样等问题。

材料订货时，要求厂方向订货方提供质量文件，用以表明提供的货物能够完全达到需方提出的质量要求。同时质量文件也是承包单位将来在工程竣工验收时提供的文件组成部分。

2. 合理组织材料供应，确保施工正常进行

合理地、科学地组织材料的采购、加工、储备、运输，建立严密的计划、调度体系，加快材料的周转，减少材料的占用量。按质、按量、如期地满足建设需要，乃是提高供应保证，确保正常施工的关键环节。

3. 合理地组织材料使用，减少材料损失

正确按定额计量使用材料，加强运输、仓库、保管工作，加强材料限额管理和发放工作，健全现场材料管理制度，避免材料损失、变质，乃是确保材料质量、节约材料的重要措施。

4. 加强材料检查验收，严把材料质量关

材料进场时必须具备出厂合格证和材质化验单，重要的材料应按规定的方法进行抽样检查，对于进口的材料设备和重要工程所用的材料则应进行全部检验。

5. 要重视材料的使用认证，以防错用或使用不合格的材料

材料使用时必须仔细的核对、认证，其材料的品种、规格、型号、性能有无错误，是否适合工程特点和满足设计要求。代用材料必须通过计算和充分的论证，并要符合结构构造的要求。材料认证不合格时，不能用于工程中。

（二）材料质量控制的内容

材料质量控制的内容主要有：控制材料设备的性能、标准、技术参数与设计文件的相符性；控制材料、设备各项技术性能指标、检验测试指标与标准规范要求的相符性；控制材料、设备进场验收程序的正确性及质量文件资料的完备性；控制优先采用节能低碳的新型建筑材料和设备，禁止使用国家明令禁用或淘汰的建筑材料和设备等。

1. 材料质量标准

材料质量标准是用以衡量材料质量的尺度，也是作为验收、检验材料质量的依据。不同的材料有不同的质量标准，掌握材料的质量标准，就便于可靠地控制材料和工程的质量。如水泥颗粒越细，水化作用就越充分，强度就越高；初凝时间过短，不能满足施工有足够的操作时间，初凝时间过长，影响施工进度；安定性不良，会影响水泥石开裂，造成质量事故；强度达不到等级要求，直接危害结构的安全。为此，对水泥的质量控制，就是要检验水泥是否符合质量标准。

2. 材料质量的检验

1）材料质量检验的目的

材料质量检验的目的，是通过一系列的检测手段，将所取得的材料数据与材料的质量标准相比较，借以判断材料质量的可靠性，能否使用于工程中；同时材料质量检验还有利于掌握材料的信息。

2）材料质量的检验方法

材料质量检验方法有书面检验、外观检验、理化检验和无损检验等四种。

（1）书面检验，是通过对提供的材料质量保证资料、试验报告等进行审核，取得认可方使用。

（2）外观检验，是对材料从品种、规格、标志、外形尺寸等进行直观检查，看其有无质量问题。

（3）理化检验，是借助实验设备和仪器对材料样品的化学成分、机械性能等进行科学的鉴定。

（4）无损检验，是在不破坏材料样品的前提下，利用超声波、X射线、表面探伤仪等进行检测。

3）材料质量检验程度

根据材料信息和保证资料的具体情况，其质量检验程度分免检、抽检和全部检查三种。

（1）免检就是免去质量检验的过程。对有足够质量保证的一般材料，以及实践证明质量的长期稳定且质量保证资料齐全的材料，可予免检。

（2）抽检就是按随机抽样的方法对材料进行抽样检验。对材料的性能不清楚，或对质量保证资料有怀疑，或对成批生产的构配件，均按一定比例进行抽样检验。

（3）全检验。凡对进口的材料、设备和重要工程部位的材料，以及贵重的材料，应进行全部检验，以确保材料和工程质量。

3. 材料的进场验收

材料进场验收是保证进入现场的材料满足工程质量标准、满足用户使用功能、确保用户使用安全的重要管理环节。凡运到施工现场的原材料、半成品或构配件，进场前应向项目监理机构提交《工程材料/构配件/设备报审表》，同时附有产品出厂合格证及技术说明书，由施工承包单位按规定要求进行检验的检验或试验报告，经监理工程师审查并确认其质量合格后，方准进场。凡是没有产品出厂合格证明及检验不合格者，不得进场。如果监理工程师认为承包单位提交的有关产品合格证明的文件以及施工承包单位提交的检验和试验报告，仍不足以说明到场产品的质量符合要求时，监理工程师可以再行组织复检或见证取样试验，确认其质量合格后方允许进场。

进口材料的检查、验收，应会同国家商检部门进行。如在检验中发现质量问题或数量不符合规定要求时，应取得供货方及商检人员签署的商务记录，在规定的索赔期内进行索赔。

4. 新材料的使用

新材料通常指新研制成功或新生产出来的未曾在工程上使用过的材料。建筑工程使用新材料时，由于缺乏相对成熟和使用经验，对新材料的某些性能不熟悉，因此必须贯彻"严格"、"稳妥"的原则，我国许多地区和城市，对建筑工程使用新型材料，都有明确和严格的规定。探索节约材料、研究代用材料以降低材料的使用成本。通常新材料的使用应该满足以下三条要求：

1）新材料必须是生产或研制单位的正式产品，有产品质量标准，产品质量应达到合格等级。任何新材料，生产研制单位除了应有开发研制的各种技术资料外，还必须具有产品标准。如果没有国家标准、行业标准或地方标准，则应该制定企业标准，企业标准应按规定履行备案手续。材料的质量，应该达到合格等级。没有质量标准的，或不能证明质量达到合格的材料，不允许在建筑工程上使用。

2）新材料必须通过试验和鉴定

新材料的各项性能指标，应通过试验确定。试验单位应具备相应的资质。为了确保新材料的可靠性与耐久性，在新材料用于工程前，应通过一定级别的技术论证与鉴定。对涉及地基基础、主体结构安全及环境保护、防火性能以及影响重要建筑功能的材料，应经过有关管理部门批准。

3）使用新材料，应经过设计单位和建设单位的认可，并办理书面认可手续。

三、劳动手段的控制

作为劳动手段的施工机械、设备、工具、模具等的技术性能要满足要求。施工机械设备是实现施工方案和工法的重要物质基础，对施工项目的进度、质量均有直接影响。为此，施工机械设备等控制，要根据不同工艺特点和技术要求，选用合适的机械设备；正确使用、管理和保养好机械设备。为此要健全"人机固定"制度、操作上岗证制度、岗位责任制度、交接班制度、技术保养制度、安全使用制度、机械设备检查制度等，确保机械设备处于最佳使用状态。

（一）施工机械设备的选择

机械设备的选择，应本着因地制宜、因工程制宜、按照技术上先进、经济上合理、生产上适用、性能上可靠、使用上安全、操作方便和维修方便的原则，综合考虑施工现场的条件、建筑结构类型、机械设备性能、施工工艺和方法、施工组织与管理、建筑技术经济等各种因素，以充分发挥机械设备的效能，力求获得较好的综合经济效益。

对施工所用的机械设备，应考虑设备的类型、主要性能参数等方面进行选择。对于施工所用模具、脚手架等施工设备，除按适用的标准定型选用外，一般需要进行专项设计。施工机械设备的选择还要考虑数量配置对施工质量和进度的影响。

（二）施工机械设备的使用

施工机械设备进场要检查类型、型号、数量、设备状况、进场时间等。施工过程中应随时检查施工机械设备的工作状况，防止带病运行。发现问题，及时修理，以保持机械设备良好的作业状态。应贯彻"人机固定"的原则，实行定机、定人、定岗位责任的"三定"制度。操作人员必须认真执行各项规章制度，严格遵守操作规程，防止出现安全质量事故。

工程所用的施工机械、模板、脚手架，特别是危险性较大的现场安装的起重机械设备，不仅要对其设计方案进行审批，而且安装完毕交付使用前必须经专业管理部门的验收，合格后方可使用。

四、劳动方法的控制

劳动方法控制包括施工方案、施工工艺、施工组织设计、施工技术措施等的控制，主要应切合工程实际、能解决施工难题、技术可行、经济合理，有利于保证质量、加快进度、降低成本。

施工工艺的先进合理是直接影响施工项目的进度控制、质量控制、投资控制三大目标能否顺利实现的关键，施工工艺的合理可靠也直接影响到工程施工安全。因此，在工程项目质量控制系统中，制定和采用技术先进、经济合理、安全可靠的施工技术工艺方案，是工程质量控制的重要环节。对施工工艺方案的质量控制主要包括以下内容：

（1）全面正确地分析工程特征、技术关键及环境条件等资料，明确质量目标、验收标准、控制的重点和难点；

（2）制定合理有效的、有针对性的施工技术方案和组织方案，施工技术方案包括施工工艺、施工方法，组织方案包括施工区段划分、施工流向及劳动组织等；

（3）合理选用施工机械设备和施工临时设施，合理布置施工总平面图和各阶段施工现场平面图；

（4）选用和设计保证质量和安全的模具、脚手架等施工设备；

（5）编制工程所采用的新材料、新技术、新工艺、新设备的专项技术方案和质量管理方案；

（6）为确保工程质量，应针对工程具体情况，分析气象、地质等环境因素对施工的影响，制定应对措施。

五、施工环境的控制

环境的因素主要包括施工现场自然环境因素、施工现场作业环境因素和施工质量管理环境因素等。环境因素对工程质量的影响，具有复杂多变性和不确定性，要消除其对施工质量的不利影响，主要是采取预防的方法。

（一）施工现场自然环境的控制

台风、暴雨等自然环境条件可能对施工作业产生不利影响，在施工方案中应制定专项预案，明确在不利条件下的施工措施，落实人员、器材等方面的准备以紧急应对。

在冬期、雨期、风季、炎热季节施工中，还应针对工程的特点，必须拟定季节性施工保证质量和安全的有效措施，以免工程质量受到冻害、干裂、冲刷、坍塌的危害。

对地质、水文等方面影响因素，应根据设计要求，分析地质资料，预测不利因素，制定相应措施，采取降水、加固等预防措施。

（二）施工现场作业环境的控制

施工现场作业环境主要是指施工现场的给水排水条件、施工照明、通风、各种资源供应、交通运输、安全防护等因素。要认真实施经过审批的施工组织设计和施工方案，落实保证措施，严格执行相关制度，保证施工现场作业环境良好，使施工得以顺利进行和保证施工质量。组织多工种施工时，一定要有严密的施工组织和足够的工作面，避免相互干扰而影响工程质量。当一个施工现场有多个承包单位同时施工时，应注意避免他们在空间上相互干扰，影响施工效率、质量和安全。

（三）施工质量管理环境的控制

施工质量管理环境主要是指施工单位质量保证体系、质量管理制度、质量责任制等方面因素。要根据工程的合同结构，理顺管理关系，建立统一的现场施工组织系统和质量管理的运行机制，确保质量保证体系处于良好状态，创造良好的质量管理环境和氛围，使施工顺利进行，以保证施工质量。

第三节　工程施工质量控制

一、施工准备工作的质量控制

施工准备工作的质量控制指在正式施工前进行的质量控制，其控制重点是做好施工准备工作，且施工准备工作要贯穿于施工全过程中。

1. 施工准备范围

（1）全场性施工准备，是以整个项目施工现场为对象而进行的各项施工准备。

（2）单位工程施工准备，是以一个建筑物或构筑物为对象而进行的施工准备。

（3）分部分项工程施工准备，是以单位工程中的一个分部分项工程为对象而进行的施工准备。

（4）季节性的施工准备，是以冬期、雨期施工为对象而进行的施工准备。

2. 施工准备的内容

施工准备主要包括组织准备、技术准备、物质准备、施工现场准备等内容。

1）组织准备

组织准备是为实施施工项目建立组织机构，组织机构为了实现施工目标进行的各项组织工作。主要包括组织设计、组织运行、组织调整等环节，具体内容包括：建立项目组织机构；建立必要的规章制度；做好人员配置；加强教育与培训等。

2）技术准备

技术准备是根据设计图纸、施工地区调查研究收集的资料，结合工程特点，为施工建立必要的技术条件而做的准备工作。包括：熟悉和会审图纸；项目建设地点的自然条件、技术经济条件调查分析；编制项目施工图预算和施工预算；编制项目施工组织设计等。

3）物质准备

物资准备是项目施工必需的物质基础。在施工项目开工之前，必须根据各项资源需要量制订计划，分别落实货源，组织运输和安排好现场储备，使其满足项目连续施工的需要。包括建筑材料准备、构配件和制品加工准备、施工机具准备、模板和脚手架的准备等。

4）施工现场准备

施工现场的准备即通常所说的室外准备。它是按照施工组织设计的要求进行的施工现场具体条件的准备工作，主要内容有：清除障碍物、七通一平、测量放线、搭设临时设施等。

二、质量控制点的设置

施工质量控制点是施工质量控制的重点对象。设置质量控制点，是对工程质量进行预控的有力措施。在设置质量控制点时，首先要对施工的工程对象进行全面分析、比较，以明确质量控制点；然后进一步分析设置的质量控制点在施工中可能出现的质量问题或造成质量隐患的原因，针对隐患的原因，相应地提出对策措施予以预防。

（一）质量控制点的设置

质量控制点是指为了保证作业过程质量而确定的重点控制对象、关键部位或薄弱环节。可作为质量控制点的对象涉及面广，它可能是技术要求高、施工难度大的结构部位，也可能是影响质量的关键工序、操作或某一环节。总之，不论是结构部位、影响质量的关键工序、操作、施工顺序、技术、材料、机械、自然条件、施工环境等均可作为质量控制点来控制。概括地说，应当选择那些保证质量难度大的、对质量影响大的或者是发生质量问题时危害大的对象作为质量控制点。

质量控制点设置的原则，是根据工程的重要程度，即质量特性值对整个工程质量的影响程度来确定。

（1）施工过程中对质量产生直接影响的关键部位、工序或环节以及隐蔽工程；

（2）施工中的薄弱环节，或质量不稳定的工序、部位、对象；

（3）对后续工序质量或安全有重大影响的工序；

（4）施工上无足够把握的、施工条件困难的或技术难度大的工序或环节；

（5）采用新技术、新工艺、新材料、新设备的部位或环节。

显然是否设置为质量控制点，主要是视其对质量特性影响的大小、危害程度以及其质量保证的难度大小而定。建筑工程质量控制点的设置可参考表 3-1。

表 3-1　质量控制点的设置

分项工程	质量控制点
工程测量定位	标准轴线桩、水平桩、龙门板、定位轴线、标高
地基、基础 （含设备基础）	基坑（槽）尺寸、标高、土质、地基承载力、基础垫层标高，基础位置、尺寸、标高，预留洞孔、预埋件位置、规格、数量，基础标高、杯底弹线
砌体	砌体轴线，皮数杆，砂浆配合比，预留孔洞、预埋件位置、数量，砌块排列
模板	位置、尺寸、标高，预埋件位置，预留孔洞尺寸、位置，模板承载力、刚度及稳定性，模板内部清理及润湿情况
钢筋混凝土	水泥品种、强度等级，砂石质量，混凝土配合比，外加剂比例，混凝土振捣，钢筋品种、规格、尺寸、搭接长度，钢筋焊接，预留洞、孔及预埋件规格、数量、尺寸、位置，预制构件吊装或出场（脱模）强度，吊装位置、标高、支撑长度、焊缝长度
吊装	吊装设备起重能力、吊具、索具、地锚
钢结构	翻样图、放大样
焊接	焊接条件、焊接工艺
装修	视具体情况而定

（二）质量控制点的控制对象

质量控制点的涉及面较广，根据工程特点，视其重要性、复杂性、精确性、质量标准和要求来进行选择。总之，无论是操作、材料、机械设备、施工顺序、技术参数、自然条件、工程环境等，均可作为质量控制点来设置，主要是视其对质量特征影响的大小及危害程度而定。主要包括以下几方面：

1）人的行为

某些工序或操作重点应控制人的行为，应以人为重点控制对象。如对高空作业、高温作业、水下作业、危险作业等，都应从人的生理缺陷、心理活动、技术能力、思想素质等方面对操作者进行全面考核。事前还必须反复交底，提醒注意事项，以免产生错误行为和违纪违章现象。

2）材料的质量和性能

材料的质量和性能是直接影响工程质量的重要因素。在某些工序，应将材料的质量和性能作为控制的重点。如预应力筋加工，就要求钢筋匀质、弹性模量一致，硫（S）含量和磷（P）含量不能过大，以免产生热脆或冷脆现象。

3）关键的操作

某些直接影响质量的关键操作施工要重点控制。如预应力筋张拉，在张拉时，超张拉的目的是为了减少混凝土弹性模量压缩和徐变，减少钢筋的松弛、孔道摩擦阻力、锚具变形等原因所引起的应力损失。如果不进行超张拉，就不能可靠地建立预应力值，这会严重影响预应力构件的质量。

4）技术参数

有些技术参数与质量密切相关，必须严格控制。如外加剂的掺量、混凝土的水灰比、防水混凝土的抗渗等级等，都将直接影响混凝土强度、密实度和耐久性，应作为施工质量控制重点对象。又如砖墙砌筑后，应有足够的技术间歇时间，然后才能抹灰。

5）施工顺序

有些工序或操作，必须严格控制先后的施工顺序。如冷拉钢筋，一定要先对焊后冷拉，否则，就会失去冷强。又如屋架的固定，一定要采取对角同时施焊，以免焊接应力使已校正好的屋架发生倾斜。

6）新材料、新工艺、新技术的应用

新材料、新工艺、新技术虽然已经通过鉴定或试验，但施工操作人员缺乏经验，施工时必须对其进行重点控制。

7）质量不稳定、质量问题较多和常见的质量通病

通过质量数据统计，表明质量波动大、不合格率较高的工序，还有常见的质量通病，都应事先研究对策，提出预防措施，作为重点控制对象。

8）特殊地基和特种结构

对于湿陷性黄土、膨胀土等特殊土地基的处理，以及大跨结构、高耸结构等技术难度较大的施工环节和重要地位，均应特别重视。

（三）施工项目质量预控

施工项目质量的预控，是事先对要进行施工的项目，分析在施工中可能或最易出现的质量问题，分项可能产生的原因，从而提出相应的对策，采取有效的措施予以预防，以防在施工中发生质量问题。

质量预控的表达方式主要有文字表达，用表格形式表达，用解析图形式表达。下面举例说明：

1. 模板质量预控——文字表达

1）可能出现的质量问题

（1）轴线、标高偏差；

（2）模板断面、尺寸偏差；

（3）模板刚度不够、支撑不牢或沉陷；

（4）预留孔中心线位移、尺寸不准；

（5）预埋件中心线位移。

2）质量预控措施

（1）绘制关键性轴线控制图，每层复查轴线标高一次，垂直度以经纬仪检查控制；

（2）绘制预留孔、预埋件图，在自检基础上进行抽查，看预留孔、预埋件位置等是否符合要求；

（3）回填土分层夯实，支撑下面应根据荷载大小进行地基验算、加设垫块等；

（4）重要模板要经设计计算，保证有足够的刚度和强度；

（5）模板尺寸偏差按规范要求检查验收。

2. 混凝土灌注桩质量预控——用表格形式表达

用表格形式分析其在施工中可能发生的主要质量问题和隐患，并针对各种可能发生的质量问题，提出相应的预控措施，如表 3-2 所示为混凝土灌注桩质量预控表。

表 3-2　混凝土灌注桩质量预控表

可能发生的质量问题	质量预控措施
孔斜	督促承包单位在钻孔前对钻机认真整平，调整垂直度
混凝土强度达不到要求	随时抽查原材料质量；混凝土配合比经监理工程师审批确认；评定混凝土强度；按月向监理报送评定结果
缩颈、堵管	督促承包单位每桩测定混凝土坍落度 2 次，每 30～50cm 测定一次混凝土浇筑高度，随时处理
断桩	准备足够数量的混凝土供应机械（搅拌机等），保证连续不断地灌注
钢筋笼上浮	掌握泥浆相对密度和灌注速度，灌注前做好钢筋笼固定

3. 土方回填工程质量预控——用解析图形式表达

用解析图的形式表示质量预控及措施对策，图 3-4 为土方回填工程质量预控措施图。

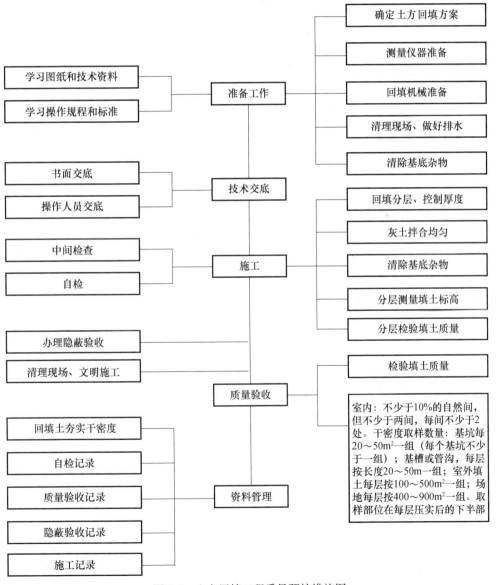

图 3-4　土方回填工程质量预控措施图

三、施工工序的质量控制

工程项目的施工过程，是由一系列相互关联、相互制约的工序所构成，工序质量是基础，直接影响工程项目的整体质量。要控制工程项目施工过程的质量，首先必须控制施工工序的质量。

1. 工序质量控制的概念

工序是人、材料、机械、施工方法和环境因素对工程质量综合起作用的过程，所以对施工过程的质量控制，必须以工序作业质量控制为基础和核心。

工序质量包含两个方面的内容：一是工序活动条件的质量；二是工序活动效果的质量。工序质量的控制，就是对工序活动条件的质量控制和工序活动效果的质量控制，据此来达到整个施工过程的质量控制。

从质量控制的角度来看，这两者是相互关联的，一方面要控制工序活动条件的质量，即每道工序投入品的质量（即人、材料、机械、方法和环境的质量）是否符合要求；另一方面又要控制工序活动效果的质量，即每道工序施工完成的工程产品是否达到有关质量标准。

2. 工序质量控制的内容

1）主动控制工序活动条件的质量

工序活动条件包括的内容较多，主要是指影响质量的五大因素：施工操作者、材料、施工机械设备、施工方法和施工环境等。只要将这些因素切实有效地控制起来，使它们处于被控制状态，就能保证每道工序质量正常、稳定。控制的手段主要有检查、测试、试验、跟踪监督等。

2）及时检查工序活动效果的质量

工序活动效果主要反映工序产品的质量特性和特性指标，是评价工序质量是否符合标准的尺度。工序活动效果的控制就是控制工序活动效果的质量始终满足规范和标准的要求。

工序质量控制的原理是，采用数理统计方法，通过对工序一部分（子样）检验的数据，进行统计、分析，来判断整道工序的质量是否稳定、正常；若产生异常情况，必须及时采取对策和措施予以改善，从而实现对工序质量的控制。其控制步骤如下：

（1）实测：采取必要的检测工具和手段，对抽出的工序子样进行质量检验。

（2）分析：对检验所得的数据通过直方图法、排列图法或管理图法等进行分析。

（3）判断与纠偏：根据数据分布规律的结果，对整个工序的质量予以判断，从而确定该道工序是否达到质量标准。若出现异常情况，即可寻找原因，采取对策和措施加以预防，这样便可达到控制工序质量的目的。

四、隐蔽工程验收

隐蔽工程是指将被其后工程施工所隐蔽的分项、分部工程，在隐蔽前所进行的检查验收，如地基基础工程、钢筋工程、预埋管线等均属隐蔽工程。加强隐蔽工程质量验收，是施工质量控制的重要环节。它是对一些已完分项、分部工程质量进行的最后一道检查，由于检查对象要被其他工程覆盖，给以后的检查整改造成障碍，因此显得尤为重要。

隐蔽验收程序是要求施工方首先应完成自检并合格，然后填写专用的《隐蔽工程验收单》。验收单所列的验收内容应与已完的隐蔽工程实物一致，并事先通知监理机构及有关方面，按约定时间到现场进行验收。验收合格的隐蔽工程由各方共同签署验收记录；验收不合格的隐蔽工程，应按验收整改意见进行整改后重新验收。严格隐蔽工程验收的程序和记录，对于预防工程质量隐患，提供可追溯质量记录具有重要作用。

五、成品保护

在施工过程中，有些工程已经完成，其他工程尚在施工；或者某些部位已经完成，其他部位正在施工。如果对已完成的成品，不采取妥善的措施加以保护，就会造成损伤，影响质量。这样不仅会增加修补工作量，浪费资源，拖延工期，严重的将成为永久性的缺陷。因此，搞好成品保护，是一项关系到确保工程质量、降低工程成本、按期竣工的重要环节。

合理安排施工顺序，按正确的施工流程组织施工，是进行成品保护的有效途径之一。除合理安排施工顺序以外，成品保护还可采取防护、包裹、覆盖、封闭等措施。

复习思考题

3-1　质量控制的概念是什么？

3-2　工程质量控制的特点是什么？

3-3　工程质量控制的原则是什么？

3-4　工程质量控制的依据是什么？

3-5　影响工程质量的五大因素是什么？

3-6　材料质量检验的方法有哪些？

3-7　施工准备主要包括哪些内容？

3-8　质量控制点的设置原则是什么？

3-9　质量预控的表达方式有哪些？

3-10　工序质量控制的内容包括哪些？

3-11　成品保护的措施有哪些？

第四章 地基与基础工程质量控制与检验

第一节 土方工程质量控制与检验

一、土方开挖工程质量控制与检验

（一）土方开挖工程质量控制

1. 土方开挖前的控制工作

1）土方的平衡与调配

土方的平衡与调配是土方工程施工的一项重要工作。一般先由设计单位提出基本平衡数据，然后由施工单位根据实际情况进行平衡计算。在平衡计算中，应综合考虑土的松散率、压缩率、沉陷量等影响土方量变化的各种因素，综合考虑土方运距最短、运程合理和各个工程项目的合理施工程序等，做好土方平衡调配，减少重复挖运，尽可能降低施工费用。

为配合城乡建设的发展，减少土方运输费用，土方平衡调配应尽可能与城市规划和农田水利相结合，将余土一次性运到指定弃土场，做到文明施工。

2）编制土方施工方案

土方工程施工前，应根据工程特点、现场情况、建设单位的要求和企业情况等，制定切实可行的土方施工方案。凡深度超过5m的基坑或深度未超过5m，但地质情况和周围环境复杂的基坑，开挖前需要经过专家论证。

3）土方定位放线

施工单位对建设单位提供的坐标点进行复核，并将其引到施工现场。按照施工测量有关标准规范的规定设置基准点，并采取相应的保护措施。对建筑物做出定位轴线的测量与校核，然后进行土方工程的定位放线工作。经过校核无误后，方可进行土方工程施工。

4）地面排水和降低地下水位

在挖方前，应做好地面排水和降低地下水位工作。平整场地的表面坡度应符合设计要求，设计无要求时，排水沟方向的坡度不应小于2‰。山坡地区应设置截水沟、挡水坝等，阻止坡顶雨水流入施工区域。为了避免出现土壁坍塌等情况，应做好降低地下水位工作。

2. 土方工程施工中的质量控制

土方工程施工过程中，应经常测量和校核其平面位置、水平标高和边坡坡度。平面控制桩和水准控制点应采取可靠的保护措施，定期复测和检查。施工过程中应随时观测周围的环境变化。为了防止基底土被扰动，机械挖土不直接挖到基底，在基底标高以上留出200～300mm，待基础施工前用人工修整。

当土方工程挖方较深时，施工单位应采取措施，防止基坑底部土的隆起并避免危害周边环境，尤其当周边有地下管线、建（构）筑物、永久性道路时更应密切注意。深基坑开挖必须遵循"开槽支撑，先撑后挖，分层开挖，严禁超挖"的原则。

对雨期施工应编写专项施工方案并认真落实，冬期施工时可按照《建筑工程冬期施工规程》（JGJ/T 104）规定执行。

（二）土方开挖工程质量检验

土方开挖都是一次完成的，然后进行验槽，基坑（槽）和管沟基底的土质条件（包括工程地质和水文地质条件等），必须符合设计要求，否则对整个建筑物或管道的稳定性与耐久性会造成严重影响。应由施工单位会同设计单位、建设单位等在现场进行检查，合格后做出验槽记录。土方开挖工程的质量检验标准和检验方法应符合表 4-1 的规定。

表 4-1　土方开挖工程质量检验标准

项目	序号	检验项目	检验标准或允许偏差（mm）					检验方法	检查数量
			柱基基坑基槽	挖方场地平整		管沟	地（路）面基层		
				人工	机械				
主控项目	1	标高	−50	±30	±50	−50	−50	水准仪	柱基按总数抽查 10%，但不少于 5 个，每个不少于 2 点；基坑每 20m² 取 1 点，每坑不少于 2 点；基槽、管沟、排水沟、路基基层每 20m 取 1 点，但不少于 5 点；挖方每 30～50m² 取 1 点，但不少于 5 点
	2	长度、宽度（由设计中心线向两边量）	+200 −50	+300 −100	+500 −150	+100	—	经纬仪，用钢尺量	每 20m 取 1 点，每边不少于 1 点
	3	边坡	设计要求					观察或用坡度尺检查	每 20m 取 1 点，每边不少于 1 点
一般项目	1	表面平整度	20	20	50	20	20	用 2m 靠尺和楔形塞尺检查	每 30～50m² 取 1 点
	2	基底土性	设计要求					观察或土样分析	全数观察检查

注：地（路）面基层的偏差只适用于直接在挖、填方上做地（路）面的基层。

二、土方回填工程质量控制与检验

（一）土方回填工程质量控制

1. 土方回填前的控制工作

1）基底处理

土方回填前应清除基底的垃圾、树根等杂物，抽除坑穴积水、淤泥，检验基底标高。如在耕植土或松土上填方，应在基底压实后再进行。

2）填方土料

填方土料要符合设计要求，含水量要满足压实要求。对填土压实要求不高的填料，可根据设计要求或施工规范的规定，按土的野外鉴别进行判断；对填土压实要求较高的填料，应先按照野外鉴别法做初步判别，然后取有代表性的土样进行试验。

2. 土方工程回填过程中的质量控制

填方施工过程中应检查排水措施，每层填筑厚度、含水量控制、压实程度。填筑厚度及压实遍数应根据土质、压实系数及所用机具确定。如无试验依据，应符合表 4-2 的规定。重要工程应根据土质和所选用的压实机械在施工现场进行压实试验，再确定相关参数。

表 4-2　填土施工时的分层厚度及压实遍数

压实方式	分层厚度（mm）	每层压实遍数
平碾	250～300	6～8
振动压实机	250～350	3～4
柴油打夯机	200～250	3～4
人工打夯	＜200	3～4

对有密实度要求的填方，在夯实或压实之后，要对每层填土的质量进行检验。一般采用环刀取样法测定土的干密度和密实度或用轻型触探仪直接通过锤击度来检验干密度和密实度，符合实际要求后才能填筑上层土。

（二）土方回填工程质量检验

填方施工结束后，应检查标高、边坡坡度、压实程度等，质量检验标准应符合表 4-3 的规定。

表 4-3　土方回填工程质量检验标准

项目	序号	检验项目	检验标准或允许偏差（mm）					检验方法	检查数量
			柱基基坑基槽	场地平整		管沟	地（路）面基层		
				人工	机械				
主控项目	1	标高	−50	±30	±50	−50	−50	水准仪	柱基按总数抽查 10%，但不少于 5 个，每个不少于 2 点；基坑每 20m² 取 1 点，每坑不少于 2 点；基槽、管沟、排水沟、路面基层每 20m² 取 1 点，但不少于 5 点；场地平整每 100～400m² 取 1 点，但不少于 10 点
	2	分层压实系数	设计要求					按规定方法	密实度控制基坑和室内填土，每层按照 100～500m² 取样 1 组；场地平整填方，每层按 400～900m² 取样 1 组；基坑和管沟回填每 20～50m² 取样 1 组，但每层均不少于 1 组，取样部位在每层压实后的下半部

续表

项目	序号	检验项目	检验标准或允许偏差（mm）					检验方法	检查数量
			柱基基坑基槽	场地平整		管沟	地（路）面基层		
				人工	机械				
一般项目	1	回填土料	设计要求					取样检查或直观鉴别	同一土场不少于1组
	2	分层厚度及含水量	设计要求					水准仪及抽样检查	分层铺土厚度检查每10～20m或100～200m² 设置1处；回填料实测含水量与最佳含水量之差，黏性土控制在－4％～＋2％范围内，每层填料均应抽样检查1次，由于气候因素使含水量发生较大变化时应再抽样检查
	3	表面平整度	20	20	30	20	20	用靠尺或水准仪	每30～50m² 取1点

第二节　桩基础工程质量控制与检验

桩基础是深基础，由桩身和承台组成，将上部结构所受荷载传入土层。桩基础工程是地基基础分部工程中的子分部工程，包括静力压桩、先张法预应力管桩、混凝土预制桩、钢桩和混凝土灌注桩等分项工程。

一、桩基工程施工质量控制与检验

1）桩位的放样允许偏差为：群桩20mm；单排桩10mm。

2）桩基工程的桩位验收，除设计有规定外，应按下述要求进行：

（1）当桩顶设计标高与施工场地标高相同时，或桩基施工结束后，有可能对桩位进行检查时，桩基工程的验收应在施工结束后进行。

（2）当桩设计标高低于施工场地标高，送桩后无法对桩位进行检查时，对打入桩可在每根桩桩顶沉至场地标高时，进行中间验收，待全部桩施工结束，承台或底板开挖到设计标高后，再做最终验收。灌注桩可对护筒位置做中间验收。

3）打（压）入桩（预制混凝土方桩、先张法预应力管桩、钢桩）的桩位偏差，必须符合表4-4的规定。斜桩倾斜度的偏差不得大于倾斜角正切值的15％（倾斜角系桩的纵向中心线与铅垂线间夹角）。必须在施工中考虑合适的顺序及打桩速率。布桩密集的基础工程应有必要的措施来减少沉桩的挤土影响。

4）灌注桩的桩位偏差必须符合表4-5的规定，桩顶标高至少要比设计标高高出0.5m，桩底清孔质量按不同的成桩工艺有不同的要求，应按具体要求执行。每浇筑50m³ 必须有1组试件，小于50m³ 的桩，每根桩必须有1组试件。

表 4-4　预制桩（钢柱）桩位的允许偏差

序号	项目	允许偏差（mm）
1	盖有基础梁的桩： （1）垂直基础梁的中心线 （2）沿基础梁的中心线	100+0.01H 150+0.01H
2	桩数为 1～3 根桩基中的桩	100
3	桩数为 4～16 根桩基中的桩	1/2 桩径或边长
4	桩数大于 16 根桩基中的桩： （1）最外边的桩 （2）中间桩	1/3 桩径或边长 1/2 桩径或边长

注：H 为施工现场地面标高与桩顶设计标高的距离。

表 4-5　灌注桩的平面位置和垂直度的允许偏差

序号	成孔方法		桩径允许偏差（mm）	垂直度允许偏差（%）	桩位允许偏差（mm）	
					1～3 根、单排桩基垂直于中心线方向和群桩基础的边桩	条形桩基沿中心线方向和群桩基础的中间桩
1	泥浆护壁钻孔桩	$D \leqslant 1000mm$	±50	<1	$D/6$，且不大于 100	$D/4$，且不大于 150
		$D > 1000mm$	±50		100+0.01H	150+0.01H
2	套管成孔灌注桩	$D \leqslant 500mm$	−20	<1	70	150
		$D > 500mm$			100	150
3	干成孔灌注桩		−20	<1	70	150
4	人工挖孔桩	混凝土护壁	+50	<0.5	50	150
		钢套管护壁	+50	<1	100	200

注：1. 桩径允许偏差的负值是指个别断面。
　　2. 采用复打、反插法施工的桩，其桩径允许偏差不受上表限制。
　　3. H 为施工现场地面标高与桩顶设计标高的距离，D 为设计桩径。

5）对砂、石子、钢材、水泥等原材料的质量、检验项目、批量和检验方法，应符合国家现行标准的规定。

6）摩擦型桩以设计桩长控制成孔深度；端承摩擦型桩以设计桩长控制成孔深度为主，贯入度为辅。端承桩当采用钻（冲）、挖掘成孔时，以设计桩长为主；当采用锤击沉管法成孔时，以贯入度为主。孔深如果不满足要求，对于桩承载力影响较大。

7）混凝土灌注桩应控制沉渣厚度。沉渣厚度应在钢筋笼放入后，混凝土浇筑前测定，成孔结束后，放钢筋笼、混凝土导管都会造成土体跌落，增加沉渣厚度，因此沉渣厚度应是二次清孔后的结果。沉渣厚度的检查目前均采用重锤，但因人为因素影响很大，应专人负责，用专一的重锤，有些地方用较先进的沉渣仪，这种仪器应预先做标定。人工挖孔桩一般对持力层有要求，而且到孔底查看土性是有条件的。沉渣厚度影响桩承载力，尤其对于端承桩影响更甚。

8）桩身质量应进行检验，可按国家现行行业标准《建筑基桩检测技术规范》（JGJ 106）

所规定的方法执行。对设计等级为甲级或地质条件复杂，成桩质量可靠性低的灌注桩，抽检数量不应少于总数的 30%，且不应少于 20 根；其他桩基工程的抽检数量不应少于总数的 20%，且不应少于 10 根；对混凝土预制桩及地下水位以上且终孔后经过核验的灌注桩，检查数量不应少于总桩数的 10%，且不得少于 10 根。每个柱子承台下不得少于 1 根。

9）工程桩应进行承载力检验。对于地基基础设计等级为甲级或地质条件复杂，成桩质量可靠性低的灌注桩，应采用静载荷试验的方法进行检验，检验桩数不应少于总数的 1%，且不应少于 3 根，当总桩数少于 50 根时，不应少于 2 根。承载力检验不仅是检验施工的质量，而且也能检验设计是否达到工程的要求。因此，施工前的试桩如没有破坏又用于实际工程中，应可作为验收的依据。非静载荷试验桩的数量，可按国家现行行业标准《建筑基桩检测技术规范》（JGJ 106）的规定执行。

二、混凝土灌注桩工程质量控制与检验

混凝土灌注桩是一种在施工现场使用机械或人工的方法进行成孔，然后安放钢筋笼，浇筑混凝土而形成的桩。按其成孔方法的不同，可分为泥浆护壁成孔灌注桩、套管成孔灌注桩、干成孔灌注桩、人工挖孔灌注桩等。

（一）混凝土灌注桩的质量控制

（1）施工前应对水泥、砂、石子（如现场搅拌）、钢材等原材料进行检查，对施工组织设计中制定的施工顺序、监测手段（包括仪器、方法）也应检查。

混凝土灌注桩的质量检验应比其他桩严格，这是工艺本身要求的，再则工程事故也较多，因此对监测手段要事先落实。

（2）施工中应对成孔、清渣、放置钢筋笼、灌注混凝土等进行全过程检查，人工挖孔桩还应复验孔底持力层土（岩）性。嵌岩桩必须有桩端持力层的岩性报告。

（二）混凝土灌注桩分项工程检验批的质量检验

在实际施工中，混凝土灌注桩是由钢筋笼和混凝土桩身两个部分组成，混凝土灌注桩的质量检验包括钢筋笼和混凝土桩身两个部分，各自形成一个检验批。

1. 混凝土灌注桩钢筋笼的质量检验

混凝土灌注桩钢筋笼的质量检验标准和检验方法应符合表 4-6 的规定。

表 4-6　混凝土灌注桩钢筋笼的质量检验标准

项目	序号	检验项目	检验标准或允许偏差（mm）	检查方法	检查数量
主控项目	1	主筋间距	±10	用钢尺量	全数检查
	2	长度	±100	用钢尺量	全数检查
一般项目	1	钢筋材质检验	设计要求	抽样送检	按进场的批次和产品的抽样检验方案确定
	2	箍筋间距	±20	用钢尺量	全数检查
	3	直径	±10	用钢尺量	全数检查

2. 混凝土灌注桩的质量检验

混凝土灌注桩的质量检验标准和检验方法应符合表 4-7 的规定。

表 4-7　混凝土灌注桩质量检验标准

项目	序号	检验项目	检验标准或允许偏差		检验方法	检查数量
			单位	数值		
主控项目	1	桩位	见表 4-5		基坑开挖前量护筒，开挖后量桩中心	全数检查
	2	孔深	mm	+300	只深不浅，用重锤测，或测钻杆、套管长度，嵌岩桩应确保进入设计要求的嵌岩深度	全数检查
	3	桩体质量检验	按基桩检测技术规范，如钻芯取样，大直径嵌岩桩应钻至桩尖下 50cm		按基桩检测技术规范	按设计要求
	4	混凝土强度	设计要求		试件报告或钻芯取样送检	每浇筑 50m³ 必须有 1 组试件，小于 50m³ 的桩，每根或每台班必须有 1 组试件
	5	承载力	按基桩检测技术规范		按基桩检测技术规范	按设计要求
一般项目	1	垂直度	见表 4-5		测套管或钻杆，或用超声波探测，干施工时吊垂球	全数检查
	2	桩径	见表 4-5		井径仪或超声波检测，干施工时用钢尺量，人工挖孔桩不包括内衬厚度	全数检查
	3	泥浆相对密度（黏土或砂性土中）	1.15～1.20		用比重计测，清孔后在距孔底 50cm 处取样	全数检查
	4	泥浆面标高（高于地下水位）	m	0.5～1.0	目测	全数检查
	5	沉渣厚度：端承桩 摩擦桩	mm mm	≤50 ≤150	用沉渣仪或重锤测量	全数检查
	6	混凝土坍落度：水下灌注 干施工	mm mm	160～220 70～100	坍落度仪	每 50m³ 或每根桩或每台班不少于 1 次
	7	钢筋笼安装深度	mm	±100	用钢尺量	全数检查
	8	混凝土充盈系数	>1		检查每根桩的实际灌注量	全数检查
	9	桩顶标高	mm	+30 −50	水准仪，需扣除桩顶浮浆层及劣质桩体	全数检查

第三节　地下防水工程质量控制与检验

地下防水工程是指对房屋建筑、防护工程、市政隧道、地下铁道等地下工程进行防水设计、防水施工和维护管理等各项技术工作的工程实体。地下防水工程作为地基基础分部工程的子分部工程，包括主体结构防水、细部构造防水、特殊施工法结构防水、排水、注浆等子分部工程。

一、防水混凝土工程质量控制与检验

防水混凝土工程是以结构本身的密实性达到防水要求的工程，其质量的优劣除了取决于合理的设计、材料的质量、配合比设计外，还跟混凝土施工质量的好坏有关，因此防水混凝土的施工应满足以下要求。

（一）防水混凝土工程的质量控制

1. 防水混凝土所用材料的质量控制

1）水泥的选择应符合下列规定：

（1）宜采用普通硅酸盐水泥或硅酸盐水泥，采用其他品种水泥时应经试验确定。

（2）在受侵蚀性介质作用时，应按介质的性质选用相应的水泥品种。

（3）防水混凝土不应使用过期水泥或由于受潮而成团块的水泥，否则将由于水化不完全而大大影响混凝土的抗渗性和强度，同时不同品种或强度等级的水泥也不能混合使用。

2）砂、石的选择应符合下列规定：

（1）砂宜选用中粗砂，含泥量不应大于 3.0%，泥块含量不宜大于 1.0%。

（2）不宜使用海砂；在没有使用河砂的条件时，应对海砂进行处理后才能使用，且控制氯离子含量不得大于干砂质量的 0.06%。

（3）碎石或卵石的粒径宜为 5～40mm，含泥量不应大于 1.0%，泥块含量不应大于 0.5%。

（4）对长期处于潮湿环境的重要结构混凝土用砂、石，应进行碱活性检验。以免发生碱骨料反应，影响结构的耐久性。

3）矿物掺合料的选择应符合下列规定：

（1）粉煤灰的级别不应低于 II 级，烧失量不应大于 5%；粉煤灰的质量要求应符合现行国家标准《用于水泥和混凝土中的粉煤灰》（GB/T 1596）的有关规定。

（2）硅粉的比表面积不应小于 $15000 m^2 / kg$，SiO_2 含量不应小于 85%；硅粉的质量要求应符合现行国家标准《高强高性能混凝土用矿物外加剂》（GB/T 18736）的有关规定。

（3）粒化高炉矿渣粉的品质要求应符合现行国家标准《用于水泥和混凝土中的粒化高炉矿渣粉》（GB/T 18046）的有关规定。

4）混凝土拌合用水，应符合现行行业标准《混凝土用水标准》（JGJ 63）的有关规定。

5）外加剂的选择应符合下列规定：

（1）外加剂的品种和用量应经试验确定，所用外加剂应符合现行国家标准《混凝土外加剂应用技术规范》（GB 50119）的质量规定。

（2）对于耐久性要求较高或寒冷地区的地下工程，防水混凝土宜选用引气剂或引气型减水剂，改善混凝土拌合物的和易性，减少分层离析和泌水现象，提高混凝土的耐久性能。掺加引气剂或引气型减水剂的混凝土，其含气量宜控制在 3%～5%。

（3）考虑外加剂对硬化混凝土收缩性能的影响，选用收缩率更低的外加剂。

（4）严禁使用对人体产生危害、对环境产生污染的外加剂。

2. 防水混凝土的配合比

防水混凝土的配合比应经试验确定，并应符合下列规定：

（1）试配要求的抗渗水压值应比设计值提高 0.2MPa，以保证施工质量和混凝土的防水性。

（2）随着混凝土技术的发展，现在尽可能减少水泥用量，而掺以一定数量的粉煤灰、硅粉、粒化高炉矿渣粉等矿物活性掺合料。它们的加入可改善砂子级配，减少水泥用量，降低水化热，防止和减少混凝土裂缝的产生，使混凝土获得良好的耐久性。混凝土胶凝材料总量不宜小于 320kg/m³，其中水泥用量不宜少于 260kg/m³，粉煤灰掺量宜为胶凝材料总量的 20%～30%，硅粉的掺量宜为胶凝材料总量的 2%～5%。

（3）水胶比不得大于 0.50，有侵蚀性介质时水胶比不宜大于 0.45。

（4）砂率宜为 35%～40%，泵送时可增至 45%。

（5）灰砂比宜为 1∶1.5～1∶2.5。

（6）混凝土拌合物的氯离子含量不应超过胶凝材料总量的 0.1%；混凝土中各类材料的总碱量即 Na_2O 当量不得大于 3 kg/m³。

3. 防水混凝土采用预拌混凝土的要求

目前，在地下工程中大量采用预拌混凝土泵送施工，泵送混凝土的坍落度是按《混凝土泵送施工技术规程》（JGJ/T 10）选用的。防水混凝土采用预拌混凝土时，入泵坍落度宜控制在 120～160mm，坍落度每小时损失不应大于 20mm，坍落度总损失值不应大于 40mm。

4. 混凝土拌制和浇筑

混凝土拌制和浇筑过程控制应符合下列规定：

（1）拌制混凝土所用材料的品种、规格和用量，每工作班检查不应少于两次。每盘混凝土组成材料计量结果的允许偏差应符合表 4-8 的规定，以确保混凝土的和易性、强度和耐久性。

表 4-8　混凝土组成材料计量结果的允许偏差

混凝土组成材料	每盘计量（%）	累计计量（%）
水泥、掺合料	±2	±1
粗、细骨料	±3	±2
水、外加剂	±2	±1

注：累计计量仅适用于微机控制计量的搅拌站。

（2）混凝土在浇筑地点的坍落度，每工作班至少检查两次。坍落度试验应符合现行国家标准《普通混凝土拌合物性能试验方法标准》（GB/T 50080）的有关规定。混凝土坍落度允许偏差应符合表 4-9 的规定。

表 4-9　混凝土坍落度允许偏差

规定坍落度（mm）	允许偏差（mm）
≤40	±10
50～90	±15
>90	±20

（3）泵送混凝土在交货地点的入泵坍落度，每工作班至少检查两次。混凝土入泵时的坍落度允许偏差应符合表 4-10 的规定。

表 4-10 混凝土入泵时的坍落度允许偏差

所需坍落度（mm）	允许偏差（mm）
≤100	±20
>100	±30

（4）当防水混凝土拌合物在运输后出现离析时，必须进行二次搅拌。当坍落度损失后不能满足施工要求时，应加入原水胶比的水泥浆或掺加同品种的减水剂进行搅拌，严禁直接加水。

5. 防水混凝土抗压强度试件

防水混凝土抗压强度试件应在混凝土浇筑地点随机取样后制作，并应符合下列规定：

（1）同一工程、同一配合比的混凝土，取样频率与试件留置组数应符合现行国家标准《混凝土结构工程施工质量验收规范》（GB 50204）的有关规定。

（2）混凝土抗压强度试验应符合现行国家标准《普通混凝土力学性能试验方法标准》（GB/T 50081）的有关规定。

（3）结构构件的混凝土强度评定应符合现行国家标准《混凝土强度检验评定标准》（GB/T 50107）的有关规定。

6. 防水混凝土抗渗性能

防水混凝土抗渗性能应采用标准条件下养护混凝土抗渗试件的试验结果评定，试件应在混凝土浇筑地点随机取样后制作，并应符合下列规定：

（1）连续浇筑混凝土每 500m³ 应留置一组 6 个抗渗试件，且每项工程不得少于两组；采用预拌混凝土的抗渗试件，留置组数应视结构的规模和要求而定。

（2）抗渗性能试验应符合现行国家标准《普通混凝土长期性能和耐久性能试验方法标准》（GB/T 50082）的有关规定。

7. 大体积防水混凝土的施工

大体积防水混凝土内部热量比表面热量散发慢，容易造成内外温差过大，所产生的温度应力可使混凝土开裂。大体积防水混凝土的施工应采取材料选择、温度控制、保温保湿等技术措施。由于粉煤灰的水化反应慢，在设计许可的情况下，掺粉煤灰混凝土设计强度等级的龄期宜为 60d 或 90d。

8. 细部做法

（1）防水混凝土的施工应连续浇筑，不留或少留施工缝，以减少渗漏水现象。墙体上垂直施工缝宜与变形缝相结合。墙体最低水平施工缝距底板表面应不小于 300mm，距墙孔边缘应不小于 300mm，并避免设在墙板承受弯矩或剪力最大的部位。

（2）变形缝应考虑工程结构的沉降、伸缩的可变性，并保证其在变化中的密闭性，不产生渗漏现象。变形缝处混凝土结构的厚度不应小于 300mm，变形缝的宽度宜为 20～30mm。全埋式地下防水工程的变形缝应为环状；半地下防水工程的变形缝应为 U 字形，U 字形变形缝的设计高度应超出室外地坪 500mm 以上。

（3）后浇带是一种混凝土刚性接缝，适用于不宜设置柔性变形缝以及后期变形趋于稳定的结构。后浇带应采用补偿收缩混凝土、遇水膨胀止水条或止水胶等防水措施，补偿收缩混凝土的强度等级和抗渗等级均不得低于两侧混凝土。

（4）穿墙管道应在浇筑混凝土前预埋。当结构变形或管道伸缩量较小时，穿墙管可采用主管直接埋入混凝土内的固定式防水法；当结构变形或管道伸缩量较大或有更换要求时，应采用套管式防水法。穿墙管较多时宜相对集中，采用封口钢板式防水法。

（5）埋设件端部或预留孔、槽底部的混凝土厚度不得小于 250mm；当厚度小于 250mm 时，应采取局部加厚或加焊止水钢板的防水措施。

（二）防水混凝土工程的质量检验

防水混凝土工程的质量检验标准和检验方法均应符合表 4-11 的规定。

表 4-11　防水混凝土分项工程检验批的质量检验标准

项目	序号	检验项目	质量标准	检验方法	检查数量
主控项目	1	原材料、配合比、坍落度	防水混凝土的原材料、配合比及坍落度必须符合设计要求	检查产品合格证、产品性能检测报告、计量措施和材料进场检验报告	按混凝土外露面积 100m² 抽查 1 处，每处 10m²，且不得少于 3 处
	2	抗压强度、抗渗性能	防水混凝土的抗压强度和抗渗性能必须符合设计要求	检查混凝土抗压强度、抗渗性能检验报告	按混凝土外露面积每 100m² 抽查 1 处，每处 10m²，且不得少于 3 处
	3	细部做法	防水混凝土结构的施工缝、变形缝、后浇带、穿墙管、埋设件等设置和构造必须符合设计要求	观察检查和检查隐蔽工程验收记录	全数检查
一般项目	1	表面质量	防水混凝土结构表面应坚实、平整，不得有露筋、蜂窝等缺陷；埋设件位置应准确	观察检查	按混凝土外露面积每 100m² 抽查 1 处，每处 10m²，且不得少于 3 处
	2	裂缝宽度	防水混凝土结构表面的裂缝宽度不应大于 0.2mm，且不得贯通	用刻度放大镜检查	按混凝土外露面积每 100m² 抽查 1 处，每处 10m²，且不得少于 3 处
	3	结构厚度及迎水面钢筋保护层	防水混凝土结构厚度不应小于 250mm，其允许偏差应为 + 8mm、−5mm；主体结构迎水面钢筋保护层厚度不应小于 50mm，其允许偏差为 ±5mm	尺量检查和检查隐蔽工程验收记录	按混凝土外露面积每 100m² 抽查 1 处，每处 10m²，且不得少于 3 处

二、地下卷材防水层工程质量控制与检验

卷材防水层属于柔性防水层，其特点是具有良好的韧性和延伸性，能适应一定的结构振动和变形，具有良好的耐腐蚀性，是地下防水工程常用的施工方法。卷材防水层施工时要满足以下一般要求。

（一）卷材防水层工程的质量控制

1）卷材防水层应铺设在主体结构的迎水面。地下工程卷材防水层一般采用外防外贴和外防内贴两种施工方法。由于外防外贴法的防水效果优于外防内贴法，所以在施工场地和条件不受限制时一般均采用外防外贴法。

2）卷材防水层应采用高聚物改性沥青类防水卷材和合成高分子类防水卷材。材料是保证防水工程的基础，防水材料必须质量合格。所选用的基层处理剂、胶粘剂、密封材料等均

应与铺贴的卷材相匹配。在进场材料检验的同时，按其用途将主材和辅材共同送检，检验接缝粘接质量，包括胶粘剂的剪切性能、胶粘剂的剥离性能、胶粘带的剪切性能、胶粘带的剥离性能等方面。

3）铺贴防水卷材前，基面应干净、干燥，并涂刷基层处理剂。基层处理剂施工时应做到均匀一致、不漏底，待表面干燥后方可铺贴卷材。当基面潮湿时，应涂刷湿固化型胶粘剂或潮湿界面隔离剂。

4）基层阴阳角应做成圆弧或45°坡角，其尺寸应根据卷材品种确定；在转角处、变形缝、施工缝、穿墙管等部位应铺贴卷材加强层，加强层宽度不应小于500mm。

5）为了保证卷材防水层的搭接缝粘结牢固和封闭严密，防水卷材的搭接宽度应符合表4-12的要求。为防止在同一处形成透水通路，导致防水层渗漏水，铺贴双层卷材时，上下两层和相邻两幅卷材的接缝应错开1/3～1/2幅宽，且两层卷材不得相互垂直铺贴。

表4-12　防水卷材的搭接宽度

卷材品种	搭接宽度（mm）
弹性体改性沥青防水卷材	100
改性沥青聚乙烯胎防水卷材	100
自粘聚合物改性沥青防水卷材	80
三元乙丙橡胶防水卷材	100/60（胶粘剂/胶粘带）
聚氯乙烯防水卷材	60/80（单焊缝/双焊缝）
	100（胶粘剂）
聚乙烯丙纶复合防水卷材	100（胶结料）
高分子自粘胶膜防水卷材	70/80（自粘胶/胶粘带）

6）冷粘法铺贴卷材应符合下列规定：

（1）胶粘剂应涂刷均匀，不得露底、堆积；

（2）根据胶粘剂的性能，应控制胶粘剂涂刷与卷材铺贴的间隔时间；

（3）铺贴时不得用力拉伸卷材，排除卷材下面的空气，辊压粘贴牢固；

（4）铺贴卷材应平整、顺直，搭接尺寸准确，不得扭曲、皱折；

（5）卷材接缝部位应采用专用胶粘剂或胶粘带满粘，接缝口应用密封材料封严，其宽度不应小于10mm，以提高防水层的密封抗渗性能。

7）热熔法铺贴卷材应符合下列规定：

（1）火焰加热器加热卷材应均匀，不得加热不足或烧穿卷材；

（2）卷材表面热熔后应立即滚铺，排除卷材下面的空气，并粘结牢固；

（3）铺贴卷材应平整、顺直，搭接尺寸准确，不得扭曲、皱折；

（4）卷材接缝部位应溢出热熔的改性沥青胶料，并粘贴牢固，封闭严密。

8）自粘法铺贴卷材应符合下列规定：

（1）首先应将隔离层全部撕净，铺贴卷材时，应将有黏性的一面朝向主体结构；

（2）外墙、顶板铺贴时，排除卷材下面的空气，辊压粘贴牢固；

（3）铺贴卷材应平整、顺直，搭接尺寸准确，不得扭曲、皱折和起泡；

（4）立面卷材铺贴完成后，应将卷材端头固定，并应用密封材料封严；

（5）低温施工时，宜对卷材和基面采用热风适当加热，然后铺贴卷材。

9）卷材接缝采用焊接法施工应符合下列规定：

（1）焊接前卷材应铺放平整，搭接尺寸准确，焊接缝的结合面应清扫干净；

（2）焊接时应先焊长边搭接缝，后焊短边搭接缝；

（3）控制热风加热温度和时间，焊接处不得漏焊、跳焊或焊接不牢；

（4）焊接时不得损害非焊接部位的卷材。

10）铺贴聚乙烯丙纶复合防水卷材应符合下列规定，施工时还应符合《聚乙烯丙纶卷材复合防水工程技术规程》（CECS 199）的规定。

（1）应采用配套的聚合物水泥防水粘结材料，不得使用水泥原浆或水泥与聚乙烯醇缩合物混合的材料；

（2）卷材与基层粘贴应采用满粘法，粘结面积不应小于90%，刮涂粘结料应均匀，不得露底、堆积、流淌；

（3）固化后的粘结料厚度不应小于1.3mm；

（4）卷材接缝部位应挤出粘结料，接缝表面处应涂刮1.3mm厚、50mm宽聚合物水泥粘结料封边；

（5）聚合物水泥粘结料固化前，不得在其上行走或进行后续作业。

11）高分子自粘胶膜防水卷材宜采用预铺反粘法施工，并应符合下列规定：

（1）卷材宜单层铺设；

（2）在潮湿基面铺设时，基面应平整、坚固、无明水；

（3）卷材长边应采用自粘边搭接，短边应采用胶粘带搭接，卷材端部搭接区应相互错开；

（4）立面施工时，在自粘边位置距离卷材边缘10～20mm内，每隔400～600mm应进行机械固定，并应保证固定位置被卷材完全覆盖；

（5）浇筑结构混凝土时不得损伤防水层。

12）卷材防水层完工并经验收合格后应及时做保护层。高分子自粘胶膜防水卷材采用预铺反粘法施工时，可不做保护层。保护层应符合下列规定：

（1）顶板的细石混凝土保护层与防水层之间宜设置隔离层。细石混凝土保护层厚度：机械回填时不宜小于70mm，人工回填时不宜小于50mm；

（2）底板的细石混凝土保护层厚度不应小于50mm；

（3）侧墙宜采用聚苯乙烯泡沫塑料板、发泡聚乙烯、塑料排水板等软质保护材料或铺抹20mm厚1：2.5水泥砂浆。

（二）卷材防水层工程的质量检验

为保证防水的整体效果，卷材防水层的质量检验标准和检验方法应符合表4-13的规定。

表4-13　卷材防水层工程的质量标准

项目	序号	检验项目	质量标准	检验方法	检查数量
主控项目	1	材料要求	卷材防水层所用卷材及其配套材料必须符合设计要求	检查产品合格证、产品性能检测报告和材料进场检验报告	按铺贴面积每100m² 抽查1处，每处10m²，且不得少于3处
	2	细部做法	卷材防水层在转角处、变形缝、施工缝、穿墙管等部位做法必须符合设计要求	观察检查和检查隐蔽工程验收记录	

项目	序号	检验项目	质量标准	检验方法	检查数量
一般项目	1	搭接缝	卷材防水层的搭接缝应粘贴或焊接牢固，密封严密，不得有扭曲、皱折、翘边和起泡等缺陷	观察检查	按铺贴面积每100m²抽查1处，每处10m²，且不得少于3处
	2	搭接宽度	采用外防外贴法铺贴卷材防水层时，立面卷材接槎的搭接宽度，高聚物改性沥青类卷材应为150mm，合成高分子类卷材应为100mm，且上层卷材应盖过下层卷材	观察和尺量检查	
	3	保护层	侧墙卷材防水层的保护层与防水层应结合紧密，保护层厚度应符合设计要求	观察和尺量检查	
	4	卷材搭接宽度的允许偏差	卷材搭接宽度的允许偏差为－10mm	观察和尺量检查	

三、地下防水工程细部构造质量控制与检验

1. 施工缝

防水混凝土应连续浇筑，尽量不留施工缝。必须留设施工缝时，施工缝留设位置应正确，防水构造应符合设计要求。现行国家标准《地下工程防水技术规范》（GB 50108）中按设计要求采用止水带、遇水膨胀止水条或止水胶、水泥基渗透结晶型防水涂料和预埋注浆管等防水设防，使施工缝处不产生渗漏。施工缝的质量检验标准和检验方法应符合表 4-14 的规定。

表 4-14　施工缝的质量检验标准

项目	序号	检验项目	质量标准	检验方法	检查数量
主控项目	1	材料要求	施工缝用止水带、遇水膨胀止水条或止水胶、水泥基渗透结晶型防水涂料和预埋注浆管必须符合设计要求	检查产品合格证、产品性能检测报告和材料进场检验报告	全数检查
	2	防水构造	施工缝防水构造必须符合设计要求	观察检查和检查隐蔽工程验收记录	
一般项目	1	留设位置	墙体水平施工缝应留设在高出底板表面不小于300mm的墙体上。拱、板与墙结合的水平施工缝，宜留在拱、板与墙交接处以下150～300mm处；垂直施工缝应避开地下水和裂隙水较多的地段，并宜与变形缝相结合	观察检查和检查隐蔽工程验收记录	全数检查
	2	继续施工的强度要求	在施工缝处继续浇筑混凝土时，已浇筑的混凝土抗压强度不应小于1.2MPa	观察检查和检查隐蔽工程验收记录	
	3	水平施工缝施工前的处理	水平施工缝浇筑混凝土前，应将其表面浮浆和杂物清除，然后铺设净浆、涂刷混凝土界面处理剂或水泥基渗透结晶型防水涂料，再铺30～50mm厚的1∶1水泥砂浆，并及时浇筑混凝土	观察检查和检查隐蔽工程验收记录	

续表

项目	序号	检验项目	质量标准	检验方法	检查数量
一般项目	4	垂直施工缝施工前的处理	垂直施工缝浇筑混凝土前，应将其表面清理干净，再涂刷混凝土界面处理剂或水泥基渗透结晶型防水涂料，并及时浇筑混凝土	观察检查和检查隐蔽工程验收记录	全数检查
	5	止水带埋设	中埋式止水带及外贴式止水带埋设位置应准确，固定应牢靠	观察检查和检查隐蔽工程验收记录	
	6	遇水膨胀止水条施工要求	遇水膨胀止水条应具有缓膨胀性能；止水条与施工缝基面应密贴，中间不得有空鼓、脱离等现象；止水条应牢固地安装在缝表面或预留凹槽内；止水条采用搭接时，搭接宽度不得小于30mm	观察检查和检查隐蔽工程验收记录	
	7	遇水膨胀止水胶施工要求	遇水膨胀止水胶应采用专用注胶器挤出粘结在施工缝表面，并做到连续、均匀、饱满、无气泡和孔洞，挤出宽度及厚度应符合设计要求；止水胶挤出成形后，固化期内应采取临时保护措施；止水胶固化前不得浇筑混凝土	观察检查和检查隐蔽工程验收记录	
	8	预埋注浆管施工要求	预埋注浆管应设置在施工缝断面中部，注浆管与施工缝基面应密贴并固定牢靠，固定间距宜为200～300mm；注浆导管与注浆管的连接应牢固、严密，导管埋入混凝土内的部分应与结构钢筋绑扎牢固，导管的末端应临时封堵严密	观察检查和检查隐蔽工程验收记录	

2. 变形缝

变形缝是防水工程的薄弱环节，施工质量直接影响地下工程的正常使用和寿命。变形缝处混凝土结构的厚度不应小于300mm，变形缝的宽度宜为20～30mm。全埋式地下防水工程的变形缝应为环状；半地下防水工程的变形缝应为U字形，U字形变形缝的高度应超出室外地坪500mm以上。变形缝的质量检验标准和检验方法应符合表4-15的规定。

表4-15　变形缝的质量检验标准

项目	序号	检验项目	质量标准	检验方法	检查数量
主控项目	1	材料要求	变形缝用止水带、填缝材料和密封材料必须符合设计要求	检查产品合格证、产品性能检测报告和材料进场检验报告	全数检查
	2	防水构造	变形缝防水构造必须符合设计要求	观察检查和检查隐蔽工程验收记录	
	3	中埋式止水带埋设位置	中埋式止水带埋设位置应准确，其中间空心圆环与变形缝的中心线应重合	观察检查和检查隐蔽工程验收记录	
一般项目	1	中埋式止水带的接缝	中埋式止水带的接缝应设在边墙较高位置上，不得设在结构转角处；接头宜采用热压焊接，接缝应平整、牢固，不得有裂口和脱胶现象	观察检查和检查隐蔽工程验收记录	全数检查
	2	中埋式止水带特殊部位做法	中埋式止水带在转角处应做成圆弧形；顶板、底板内止水带应安装成盆状，并宜采用专用钢筋套或扁钢固定	观察检查和检查隐蔽工程验收记录	

续表

项目	序号	检验项目	质量标准	检验方法	检查数量
一般项目	3	外贴式止水带施工要求	外贴式止水带在变形缝与施工缝相交部位宜采用十字配件；外贴式止水带在变形缝转角部位宜采用直角配件。止水带埋设位置应准确，固定应牢靠，并与固定止水带的基层密贴，不得出现空鼓、翘边等现象	观察检查和检查隐蔽工程验收记录	全数检查
	4	可卸式止水带的要求	安设于结构内侧的可卸式止水带所需配件应一次配齐，转角处应做成45°坡角，并增加紧固件的数量	观察检查和检查隐蔽工程验收记录	
	5	密封材料嵌填的要求	嵌填密封材料的缝内两侧基面应平整、洁净、干燥，并应涂刷基层处理剂；嵌缝底部应设置背衬材料；密封材料嵌填应严密、连续、饱满，粘结牢固	观察检查和检查隐蔽工程验收记录	
	6	隔离层和加强层要求	变形缝处表面粘贴卷材或涂刷涂料前，应在缝上设置隔离层和加强层	观察检查和检查隐蔽工程验收记录	

3. 后浇带

后浇带是对不允许留设变形缝的防水混凝土结构工程采用的一种刚性接缝，如果处理不当容易影响防水效果。后浇带应设在受力和变形较小的部位，其间距和位置应按结构设计要求确定，宽度宜为700～1000mm；后浇带可做成平直缝或阶梯缝。后浇带两侧的接缝处理应符合施工缝处理的规定。后浇带需超前止水时，后浇带部位的混凝土应局部加厚，并应增设外贴式或中埋式止水带。后浇带的质量检验标准和检验方法应符合表4-16的规定。

表4-16 后浇带的质量检验标准

项目	序号	检验项目	质量标准	检验方法	检查数量
主控项目	1	材料要求	后浇带用遇水膨胀止水条或止水胶、预埋注浆管、外贴式止水带必须符合设计要求	检查产品合格证、产品性能检测报告和材料进场检验报告	全数检查
	2	补偿收缩混凝土的原材料及配合比	补偿收缩混凝土的原材料及配合比必须符合设计要求	检查产品合格证、产品性能检测报告、计量措施和材料进场检验报告	
	3	防水构造	后浇带防水构造必须符合设计要求	观察检查和检查隐蔽工程验收记录	
	4	掺膨胀剂的补偿收缩混凝土	采用掺膨胀剂的补偿收缩混凝土，其抗压强度、抗渗性能和限制膨胀率必须符合设计要求	检查混凝土抗压强度、抗渗性能和水中养护14d后的限制膨胀率检验报告	
一般项目	1	补偿收缩混凝土浇筑前保护	补偿收缩混凝土浇筑前，后浇带部位和外贴式止水带应采取保护措施	观察检查	全数检查
	2	后浇带表面处理和浇筑时间	后浇带两侧的接缝表面应先清理干净，再涂刷混凝土界面处理剂或水泥基渗透结晶型防水涂料；后浇混凝土的浇筑时间应符合设计要求	观察检查和检查隐蔽工程验收记录	

续表

项目	序号	检验项目	质量标准	检验方法	检查数量
一般项目	3	遇水膨胀止水条、遇水膨胀止水胶、预埋注浆管、外贴式止水带的施工要求	遇水膨胀止水条的施工应符合表4-20内的规定；遇水膨胀止水胶的施工应符合表4-20内的规定；预埋注浆管的施工应符合表4-20内的规定；外贴式止水带的施工应符合表4-21内的规定	观察检查和检查隐蔽工程验收记录	全数检查
	4	后浇带混凝土的浇筑和养护	后浇带混凝土应一次浇筑，不得留设施工缝；混凝土浇筑后应及时养护，养护时间不得少于28d	观察检查和检查隐蔽工程验收记录	

4. 穿墙管

结构变形或管道伸缩量较小时，穿墙管可采用固定式防水构造；结构变形或管道伸缩量较大或有更换要求时，应采用套管式防水构造；穿墙管线较多时，宜相对集中，并应采用穿墙盒防水构造。穿墙管的质量检验标准和检验方法应符合表4-17的规定。

表 4-17　穿墙管的质量检验标准

项目	序号	检验项目	质量标准	检验方法	检查数量
主控项目	1	材料要求	穿墙管用遇水膨胀止水条和密封材料必须符合设计要求	检查产品合格证、产品性能检测报告和材料进场检验报告	全数检查
	2	防水构造	穿墙管防水构造必须符合设计要求	观察检查和检查隐蔽工程验收记录	
一般项目	1	固定式穿墙管做法	固定式穿墙管应加焊止水环或环绕遇水膨胀止水圈，并做好防腐处理；穿墙管应在主体结构迎水面预留凹槽，槽内应用密封材料嵌填密实	观察检查和检查隐蔽工程验收记录	全数检查
	2	套管式穿墙管的做法	套管式穿墙管的套管与止水环及翼环应连续满焊，并做好防腐处理；套管内表面应清理干净，穿墙管与套管之间应用密封材料和橡胶密封圈进行密封处理，并采用法兰盘及螺栓进行固定	观察检查和检查隐蔽工程验收记录	
	3	穿墙盒的做法	穿墙盒的封口钢板与混凝土结构墙上预埋的角钢应焊严，并从钢板上的预留浇注孔注入改性沥青密封材料或细石混凝土，封填后将浇注孔口用钢板焊接封闭	观察检查和检查隐蔽工程验收记录	
	4	加强层	当主体结构迎水面有柔性防水层时，防水层与穿墙管连接处应增设加强层	观察检查和检查隐蔽工程验收记录	
	5	密封材料嵌填	密封材料嵌填应密实、连续、饱满，粘结牢固	观察检查和检查隐蔽工程验收记录	

5. 埋设件

结构上的埋设件应采用预埋或预留孔、槽。固定设备用的锚栓等预埋件，应在浇筑混凝土前埋入。如果必须在混凝土预留孔、槽时，孔、槽底部需保留至少250mm厚的混凝土；

若确实没有预埋条件或埋设件遗漏或埋设件位置不准确的，后置埋件必须采用有效的防水措施。埋设件的质量检验标准和检验方法应符合表 4-18 的规定。

表 4-18　埋设件的质量检验标准

项目	序号	检验项目	质量标准	检验方法	检查数量
主控项目	1	材料要求	埋设件用密封材料必须符合设计要求	检查产品合格证、产品性能检测报告和材料进场检验报告	全数检查
	2	防水构造	埋设件防水构造必须符合设计要求	观察检查和检查隐蔽工程验收记录	
一般项目	1	埋设件做法	埋设件应位置准确，固定牢靠；埋设件应进行防腐处理	观察、尺量和手板检查	全数检查
	2	混凝土厚度的要求	埋设件端部或预留孔、槽底部的混凝土厚度不得小于 250mm；当混凝土厚度小于 250mm 时，应局部加厚或采取其他防水措施	尺量检查和检查隐蔽工程验收记录	
	3	结构迎水面的埋设件的做法	结构迎水面的埋设件周围应预留凹槽，凹槽内应用密封材料填实	观察检查和检查隐蔽工程验收记录	
	4	固定模板的螺栓做法	用于固定模板的螺栓必须穿过混凝土结构时，可采用工具式螺栓或螺栓加堵头，螺栓上应加焊止水环。拆模后留下的凹槽应用密封材料封堵密实，并用聚合物水泥砂浆抹平	观察检查和检查隐蔽工程验收记录	
	5	预留孔、槽内的防水层	预留孔、槽内的防水层应与主体防水层保持连续	观察检查和检查隐蔽工程验收记录	
	6	密封材料嵌填	密封材料嵌填应密实、连续、饱满，粘结牢固	观察检查和检查隐蔽工程验收记录	

复习思考题

4-1　土方开挖工程质量检验的主控项目有哪些？用什么方法进行检测？

4-2　土方回填标高检测方法和检查数量有何规定？

4-3　工程桩进行承载力检验时的数量如何规定的？

4-4　混凝土灌注桩施工质量检验的内容有哪些？

4-5　地下工程的防水混凝土配合比有哪些规定？

4-6　防水混凝土的抗渗性能应符合哪些规定？

4-7　后浇带的质量检验内容有哪些？

第五章　主体结构工程质量控制与检验

第一节　砌体工程质量控制与检验

砌体工程在建筑主体结构中占有重要的位置，除了采用质量合格的原材料外，还应有良好的砌筑质量，以使砌体具有良好的整体性、稳定性和良好的受力性能，从而满足承重、分隔、隔热、保温、隔声等作用。砌体工程是一个子分部工程，包括砖砌体工程、混凝土小型空心砌块砌体工程、石砌体工程、配筋砌体工程、填充墙砌体工程等分项工程。砌体工程大多数为手工操作，人为因素对施工质量影响很大。

一、材料质量控制

在砌体结构工程中，应用合格的材料才可能建造出符合质量要求的工程。砌体结构工程所用的材料应有产品合格证书、产品性能型式检验报告，质量应符合国家现行有关标准的要求。块体、水泥、钢筋、外加剂尚应有材料主要性能的进场复验报告，并应符合设计要求。严禁使用国家明令淘汰的材料。

（一）砂浆原材料质量要求

1. 水泥

水泥使用应符合下列规定：

（1）水泥进场使用时应对其品种、等级、包装或散装仓号、出厂日期等进行检查，并应对其强度、安定性进行复检，其质量必须符合现行国家标准《通用硅酸盐水泥》（GB 175）的有关规定。

（2）当在使用中对水泥质量有怀疑或水泥出厂超过 3 个月（快硬硅酸盐水泥超过 1 个月）时，应复查试验，并按复验结果使用。

（3）不同品种的水泥，不得混合使用。

2. 砂

砂浆用砂宜采用过筛中砂，并应满足下列要求：

（1）砂中不应混有草根、树叶、树枝、塑料、煤块、炉渣等杂物。

（2）砂中含泥量、泥块含量、石粉含量、云母、轻物质、有机物、硫化物、硫酸盐及氯盐含量（配筋砌体砌筑用砂）等应符合现行行业标准《普通混凝土用砂、石质量及检验方法标准》（JGJ 52）的有关规定。

（3）人工砂、山砂及特细砂，由于其中的含泥量、石粉含量过大，应经试配后能满足砌筑砂浆技术条件要求。

3. 外掺料

拌制水泥混合砂浆的粉煤灰、建筑生石灰、建筑生石灰粉及石灰膏应符合下列规定：

（1）粉煤灰、建筑生石灰的品质指标应符合现行标准《用于水泥和混凝土中的粉煤灰》（GB/T 1596）《建筑生石灰》（JC/T 479）的有关规定。

（2）建筑生石灰、建筑生石灰粉熟化为石灰膏，其熟化时间分别不得少于 7d 和 2d；沉淀池中储存的石灰膏，应防止干燥、冻结和污染，严禁采用脱水硬化的石灰膏；建筑生石灰粉、消石灰粉不得替代石灰膏配制水泥石灰砂浆。

（3）石灰膏的用量，应按稠度 120mm±5mm 计量，现场施工中石灰膏不同稠度的换算系数，可按表 5-1 确定。

表 5-1　石灰膏不同稠度的换算系数

稠度（mm）	120	110	100	90	80	70	60	50	40	30
换算系数	1.00	0.99	0.97	0.95	0.93	0.92	0.90	0.88	0.87	0.86

4. 水

拌制砂浆用水的水质，应符合现行行业标准《混凝土用水标准》（JGJ 63）的有关规定。

5. 外加剂

在砂浆中掺入的砌筑砂浆增塑剂、早强剂、缓凝剂、防冻剂、防水剂等砂浆外加剂，其品种和用量应经有资质的检测单位检验和试配确定。所用外加剂的技术性能应符合现行有关标准《砌筑砂浆增塑剂》（JG/T 164）、《混凝土外加剂》（GB 8076）、《砂浆、混凝土防水剂》（JC 474）的质量要求。

（二）钢筋的要求

1）钢筋的品种、规格要符合设计要求，检查钢筋的合格证书、钢筋性能复试试验报告。

2）砌体结构中钢筋（包括夹心复合墙内外叶墙间的拉结件或钢筋）的防腐，应符合设计规定。

（三）砖和砌块的要求

1）砌体砌筑时，混凝土多孔砖、混凝土实心砖、蒸压灰砂砖、蒸压粉煤灰砖等块体的产品龄期不应小于 28d。

2）有冻胀环境和条件的地区，地面以下或防潮层以下的砌体，不应采用多孔砖。

3）不同品种的砖不得在同一楼层混砌，为避免质量问题的发生。

4）砌筑烧结普通砖、烧结多孔砖、蒸压灰砂砖、蒸压粉煤灰砖砌体时，砖应提前 1～2d 适度湿润，严禁采用干砖或处于吸水饱和状态的砖砌筑，块体湿润程度宜符合下列规定：

（1）烧结类块体的相对含水率 60%～70%。

（2）混凝土多孔砖及混凝土实心砖不需浇水湿润，但在气候干燥炎热的情况下，宜在砌筑前对其喷水湿润。其他非烧结类块体的相对含水率 40%～50%。

5）施工采用的小砌块的产品龄期不应小于 28d。

6）砌筑小砌块时，应清除表面污物，剔除外观质量不合格的小砌块。

7）承重墙体使用的小砌块应完整、无破损、无裂缝。

8）砌筑普通混凝土小型空心砌块砌体，不需对小砌块浇水湿润，如遇天气干燥炎热，宜在砌筑前对其喷水湿润；对轻骨料混凝土小砌块，可提前浇水湿润，块体的相对含水率宜为 40%～50%。

（四）砂浆的要求

1）砌筑砂浆应进行配合比设计。当砌筑砂浆的组成材料有变更时，其配合比应重新确定。砌筑砂浆的稠度宜按表 5-2 的规定采用。

表 5-2　砌筑砂浆的稠度

砌体种类	砂浆稠度（mm）
烧结普通砖砌体 蒸压粉煤灰砖砌体	70～90
混凝土实心砖、混凝土多孔砖砌体 普通混凝土小型空心砌块砌体 蒸压灰砂砖砌体	50～70
烧结多孔砖、空心砖砌体 轻骨料小型空心砌块砌体 蒸压加气混凝土砌块砌体	60～80
石砌体	30～50

注：1. 采用薄灰砌筑法砌筑蒸压加气混凝土砌块砌体时，加气混凝土粘结砂浆的加水量按照其产品说明书控制。

2. 当砌筑其他块体时，其砌筑砂浆的稠度可根据块体吸水特性及气候条件确定。

2）配制砌筑砂浆时，各组分材料应采用质量计量，水泥及各种外加剂配料的允许偏差为±2％；砂、粉煤灰、石灰膏等配料的允许偏差为±5％。

3）施工中不应采用强度等级小于 M5 水泥砂浆替代同强度等级水泥混合砂浆，如需替代，应将水泥砂浆提高一个强度等级。

4）砌筑砂浆应采用机械搅拌，搅拌时间自投料完起算应符合下列规定：

（1）水泥砂浆和水泥混合砂浆不得少于 120s。

（2）水泥粉煤灰砂浆和掺用外加剂的砂浆不得少于 180s。

（3）掺增塑剂的砂浆，其搅拌方式、搅拌时间应符合现行行业标准《砌筑砂浆增塑剂》（JG/T 164）的有关规定。

（4）干混砂浆及加气混凝土砌块专用砂浆宜按掺用外加剂的砂浆确定搅拌时间或按产品说明书采用。

5）现场拌制的砂浆应随拌随用，拌制的砂浆应在 3h 内使用完毕；当施工期间最高气温超过 30℃时，应在 2h 内使用完毕。预拌砂浆及蒸压加气混凝土砌块专用砂浆的使用时间应按照厂方提供的说明书确定。

6）砌体结构工程使用的湿拌砂浆，除直接使用外必须储存在不吸水的专用容器内，并根据气候条件采取遮阳、保温、防雨雪等措施，砂浆在储存过程中严禁随意加水。

7）砌筑砂浆试块强度验收时其强度合格标准应符合下列规定：

（1）同一验收批砂浆试块强度平均值应大于或等于设计强度等级值的 1.10 倍。

（2）同一验收批砂浆试块抗压强度的最小一组平均值应大于或等于设计强度等级值的 85％。

注：1. 砌筑砂浆的验收批，同一类型、强度等级的砂浆试块不应少于 3 组；同一验收批只有 1 组或 2 组试块时，每组试块抗压强度平均值应大于或等于设计强度等级值的 1.10 倍；对于建筑结构的安全等级为一级或设计使用年限为 50 年及以上的房屋，同一验收批砂浆试块的数量不得少于 3 组。

2. 砂浆强度应以标准养护、28d 龄期的试块抗压强度为准。

3. 制作砂浆试块的砂浆稠度应与配合比设计一致。

8）当施工中或验收时出现下列情况时，可采用现场检验方法对砂浆或砌体强度进行实体检测，并判定其强度：

（1）砂浆试块缺乏代表性或试块数量不足。

（2）对砂浆试块的试验结果有怀疑或有争议。

（3）砂浆试块的试验结果，不能满足设计要求。

（4）发生工程事故，需要进一步分析事故原因。

二、砌体工程施工过程质量控制

1. 施工准备

1）砌体结构工程施工前，应编制砌体结构工程施工方案。

2）砌体结构的标高、轴线，应引自基准控制点。

3）砌筑基础前，应校核放线尺寸，允许偏差应符合表 5-3 的规定。

表 5-3　放线尺寸的允许偏差

长度 L、宽度 B（m）	允许偏差（mm）	长度 L、宽度 B（m）	允许偏差（mm）
L（或 B）≤30	±5	60＜（或 B）≤90	±15
30＜L（或 B）≤60	±10	L（或 B）＞90	±20

4）伸缩缝、沉降缝、防震缝中的模板应拆除干净，不得夹有砂浆、块体及碎渣等杂物。

2. 砌筑顺序的规定

砌筑工程砌筑顺序应符合下列规定：

（1）基底标高不同时，应从低处砌起，并应由高处向低处搭砌。当设计无要求时，搭接长度 L 不应小于基础底的高差 H，搭接长度范围内下层基础应扩大砌筑。

（2）砌体的转角处和交接处应同时砌筑。当不能同时砌筑时，应按规定留槎、接槎。

3. 临时施工洞口的留设

在墙上留置临时洞口，其侧边离交接处墙面不应小于 500mm，洞口净宽度不应超过 1m。抗震设防烈度为 9 度地区建筑物的临时施工洞口位置，应会同设计单位确定。临时洞口应做好补砌。

4. 脚手眼的留设与补砌

1）不得在下列墙体或部位设置脚手眼：

（1）120mm 厚墙、清水墙、料石墙、独立柱和附墙柱。

（2）过梁上与过梁成 60°角的三角形范围及过梁净跨度 1/2 的高度范围内。

（3）宽度小于 1m 的窗间墙。

（4）门窗洞口两侧石砌体 300mm，其他砌体 200mm 范围内；转角处石砌体为 600mm，其他砌体 450mm 范围内。

（5）梁或梁垫下及其左右 500mm 范围内。

（6）设计不允许设置脚手眼的部位。

（7）轻质墙体。

（8）夹心复合墙外叶墙。

2）脚手眼补砌时，应清除脚手眼内掉落的砂浆、灰尘；脚手眼处砖及填塞用砖应湿润，并应填实砂浆。

5. 洞口、沟槽、管道的规定

设计要求的洞口、沟槽、管道应于砌筑时正确留出或预埋，未经设计同意，不得打凿墙体和在墙体上开凿水平沟槽。宽度超过 300mm 的洞口上部，应设置钢筋混凝土过梁。不应在截面长边小于 500mm 的承重墙体、独立柱内埋设管线。

6. 墙或柱自由高度、每日砌筑高度的规定

1）尚未施工楼板或屋面的墙或柱，其抗风允许自由高度不得超过表 5-4 的规定。如超过表中限值时，必须采用临时支撑等有效措施。

表 5-4　墙和柱的允许自由高度（m）

墙（柱）厚（mm）	砌体密度＞1600（kg/m³）			砌体密度 1300～1600（kg/m³）		
	风载（kN/m²）			风载（kN/m²）		
	0.3（约7级风）	0.4（约八级风）	0.5（约九级风）	0.3（约7级风）	0.4（约八级风）	0.5（约九级风）
190	—	—	—	1.4	1.1	0.7
240	2.8	2.1	1.4	2.2	1.7	1.1
370	5.2	3.9	2.6	4.2	3.2	2.1
490	8.6	6.5	4.3	7.0	5.2	3.5
620	14.0	10.5	7.0	11.4	8.6	5.7

注：1. 本表适用于施工处相对标高（H）在 10m 范围内的情况。如 10m＜H≤15m，15m＜H≤20m 时，表中的允许自由高度应分别乘以 0.9、0.8 的系数；如 H＞20m 时，应通过抗倾覆验算确定其允许自由高度。
　　2. 当所砌筑的墙有横墙或其他结构与其连接，而且间距小于表中相应墙、柱的允许自由高度的 2 倍时，砌筑高度可不受本表的限制。
　　3. 当砌体密度小于 1300kg/m³ 时，墙和柱的允许自由高度应另行验算确定。

2）正常施工条件下，砖砌体、小砌块砌体每日砌筑高度宜控制在 1.5m 或一步脚手架高度内；石砌体不宜超过 1.2m。

7. 砌体施工和质量管理的其他要求

1）砌筑墙体应设置皮数杆。皮数杆一般立在房屋的四大角以及纵横墙的交接处，如果墙面过长应每隔 10～15m 立一根。

2）砌筑完基础或每一楼层后，应校核砌体的轴线和标高。在允许偏差范围内，轴线偏差可在基础顶面或楼面上校正，标高偏差宜通过调整上部砌体灰缝厚度较正。

3）搁置预制梁、板的砌体顶面应平整，标高一致。

4）雨天不宜在露天砌筑墙体，对下雨当日砌筑的墙体应进行遮盖。继续施工时，应复核墙体的垂直度，如果垂直度超过允许偏差，应拆除重新砌筑。

5）砌体施工时，楼面和屋面堆载不得超过楼板的允许荷载值。当施工层进料口处施工荷载较大时，楼板下宜采取临时支撑措施。

6）在墙体砌筑过程中，当砌筑砂浆初凝后，块体被撞动或需移动时，应将砂浆清除后再重新铺浆砌筑。

7）砌体施工宜采用"三一砌砖法"，采用铺浆法砌筑砌体，铺浆长度不得超过 750mm；当施工期间气温超过 30℃时，铺浆长度不得超过 500mm。竖向灰缝不应出现瞎缝、透明缝和假缝。

8）240mm 厚承重墙的每层墙的最上一皮砖，砖砌体的阶台水平面上及挑出层的外皮砖，应整砖丁砌。

9）小砌块应将生产时的底面朝上反砌于墙上。小砌块墙体应对孔、肋对肋错缝搭砌。单排孔小砌块的搭接长度应为块体长度的 1/2；多排孔小砌块的搭接长度可适当调整，但不

宜小于小砌块长度的 1/3，且不应小于 90mm。墙体的个别部位不能满足上述要求时，应在灰缝中设置拉结钢筋或钢筋网片，但竖向通缝仍不得超过两皮小砌块。

10）在厨房、卫生间、浴室等处采用轻骨料混凝土小型空心砌块、蒸压加气混凝土砌块砌筑墙体时，墙底部宜现浇混凝土坎台，其高度宜为 150mm。

三、砖砌体工程的质量检验

砖砌体工程的质量检验标准、检验方法和检查数量见表 5-5。

表 5-5　砖砌体工程的质量检验标准

项目	序号	检验项目	质量标准	检验方法	检查数量
主控项目	1	砖和砂浆的强度等级	砖和砂浆的强度等级必须符合设计要求	检查砖和砂浆试块的试验报告	每一生产厂家，烧结普通砖、混凝土实心砖每 15 万块，烧结多孔砖、混凝土多孔砖、蒸压灰砂砖及蒸压粉煤灰砖每 10 万块各为 1 验收批，不足上述数量时按 1 批计，抽检数量为 1 组。砂浆试块的抽检数量执行规范的有关规定
	2	砂浆饱满度	砌体灰缝砂浆应密实饱满，砖墙水平灰缝的砂浆饱满度不得低于 80%；砖柱水平灰缝和竖向灰缝饱满度不得低于 90%	用百格网检查砖底面与砂浆的粘结痕迹面积，每处检测 3 块砖，取其平均值	每检验批抽查不应少于 5 处
	3	转角处和交接处斜槎	砖砌体的转角处和交接处应同时砌筑，严禁无可靠措施的内外墙分砌施工。在抗震设防烈度为 8 度及 8 度以上地区，对不能同时砌筑而又必须留置的临时间断处应砌成斜槎，普通砖砌体斜槎水平投影长度不应小于高度的 2/3，多孔砖砌体的斜槎长高比不应小于 1/2。斜槎高度不得超过一步脚手架的高度	观察检查	每检验批抽查不应少于 5 处
	4	直槎拉结钢筋	非抗震设防及抗震设防烈度为 6 度、7 度地区的临时间断处，当不能留斜槎时，除转角处外，可留直槎，但直槎必须做成凸槎，且应加设拉结钢筋，拉结钢筋应符合下列规定：（1）每 120mm 墙厚放置 1Φ6 拉结钢筋（120mm 厚墙应放置 2Φ6 拉结钢筋）；（2）间距沿墙高不应超过 500mm，且竖向间距偏差不应超过 100mm；（3）埋入长度从留槎处算起每边均不应小于 500mm，对抗震设防烈度 6 度、7 度的地区，不应小于 1000mm；（4）末端应有 90° 弯钩（图 5-1）	观察和尺量检查	每检验批抽查不应少于 5 处

续表

项目	序号	检验项目	质量标准	检验方法	检查数量
一般项目	1	组砌方法	砖砌体组砌方法应正确，内外搭砌，上、下错缝。清水墙、窗间墙无通缝；混水墙中不得有长度大于300mm的通缝，长度200～300mm的通缝每间不超过3处，且不得位于同一面墙体上。砖柱不得采用包心砌法	观察检查	每检验批抽查不应少于5处，砌体组砌方法抽检每处为3～5m
	2	水平灰缝厚度及竖向灰缝宽度	砖砌体的灰缝应横平竖直，厚薄均匀，水平灰缝厚度及竖向灰缝宽度宜为10mm，但不应小于8mm，也不应大于12mm	水平灰缝厚度用尺量10皮砖砌体高度折算；竖向灰缝宽度用尺量2m砌体长度折算	每检验批抽查不应少于5处
	3	尺寸、位置的允许偏差	砖砌体尺寸、位置的允许偏差及检验应符合表5-6的规定	见表5-6	见表5-6

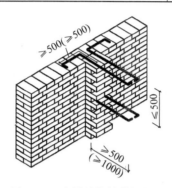

图5-1 直槎处拉结筋的留设

表5-6 砖砌体尺寸、位置的允许偏差及检验

项次	项目			允许偏差（mm）	检验方法	抽检数量
1	轴线偏移			10	用经纬仪和尺或用其他测量仪器检查	承重墙、柱全数检查
2	基础、墙、柱顶面标高			±15	用水准仪和尺检查	不应少于5处
3	墙面垂直度	每层		5	用2m托线板检查	不应少于5处
		全高	≤10m	10	用经纬仪、吊线和尺或用其他测量仪器检查	外墙全部阳角
			>10m	20		
4	表面平整度	清水墙、柱		5	用2m靠尺和楔形塞尺检查	不应少于5处
		混水墙、柱		8		
5	水平灰缝平直度	清水墙		7	拉5m线和尺检查	不应少于5处
		混水墙		10		
6	门窗洞口高、宽（后塞口）			±10	用尺检查	不应少于5处
7	外墙上下窗口偏移			20	以底层窗口为准，用经纬仪或吊线检查	不应少于5处
8	清水墙游丁走缝			20	以每层第一皮砖为准，吊线和尺检查	不应少于5处

四、填充墙砌体工程的质量检验

填充墙砌体工程的检验标准、检验方法和检查数量见表 5-7。

表 5-7　填充墙砌体工程的质量检验标准

项目	序号	检验项目	质量标准	检验方法	检查数量
主控项目	1	烧结空心砖、小砌块和砌筑砂浆的强度等级	烧结空心砖、小砌块和砌筑砂浆的强度等级应符合设计要求	检查砖、小砌块的进场复验报告和砂浆试块试验报告	烧结空心砖每 10 万块为 1 验收批，小砌块每 1 万块为 1 验收批，不足上述数量时按 1 批计，抽检数量为 1 组。砂浆试块的抽检数量见有关规定
	2	与主体结构连接	填充墙砌体应与主体结构可靠连接，其连接构造应符合设计要求，未经设计同意，不得随意改变连接构造方法。每一填充墙与柱的拉结筋的位置超过一皮块体高度的数量不得多于 1 处	观察检查	每检验批抽查不应少于 5 处
	3	植筋实体检测	填充墙与承重墙、柱、梁的连接钢筋，当采用化学植筋的连接方式时，应进行实体检测。锚固钢筋拉拔试验的轴向受拉非破坏承载力检验值应为 6.0kN。抽检钢筋在检验值作用下应基材无裂缝、钢筋无滑移宏观裂损现象；持荷 2min 期间荷载值降低不大于 5%。检验批验收可按《砌体结构工程施工质量验收规范》（GB 50203）表 B.0.1 通过正常检验一次、二次抽样判定。填充墙砌体植筋固力检测记录可按《砌体结构工程施工质量验收规范》（GB 50203）表 C.0.1 填写	原位试验检查	按表 5-8 确定
一般项目	1	尺寸、位置的允许偏差	填充墙砌体尺寸、位置的允许偏差及检验方法应符合表 5-9 的规定	见表 5-9	每检验批抽查不应少于 5 处
	2	砂浆饱满度	填充墙砌体的砂浆饱满度及检验方法应符合表 5-10 的规定	见表 5-10	每检验批抽查不应少于 5 处
	3	拉结钢筋或网片	填充墙留置的拉结钢筋或网片的位置应与块体皮数相符合。拉结钢筋或网片位置于灰缝中，埋置长度应符合设计要求，竖向位置偏差不应超过一皮的高度	观察和用尺量检查	每检验批抽查不应少于 5 处

续表

项目	序号	检验项目	质量标准	检验方法	检查数量
一般项目	4	搭砌长度	砌筑填充墙时应错缝搭砌，蒸压加气混凝土砌块搭砌长度不应小于砌块长度的1/3；轻骨料混凝土小型空心砌块搭砌长度不应小于90mm；竖向通缝不应大于2皮	观察检查	每检验批抽查不应少于5处
	5	水平灰缝厚度和竖向灰缝宽度	填充墙的水平灰缝厚度和竖向灰缝宽度应正确，烧结空心砖、轻骨料混凝土小型空心砌块砌体的灰缝应为8～12mm；蒸压加气混凝土砌块砌体当采用水泥砂浆、水泥混合砂浆或蒸压加气混凝土砌块砌筑砂浆时，水平灰缝厚度和竖向灰缝宽度不应超过15mm；当蒸压加气混凝土砌块砌体采用蒸压加气混凝土砌块粘结砂浆时，水平灰缝厚度和竖向灰缝宽度宜为3～4mm	水平灰缝厚度用尺量5皮小砌块的高度折算；竖向灰缝宽度用尺量2m砌体长度折算	每检验批抽查不应少于5处

表 5-8 检验批抽检锚固钢筋样本最小容量

检验批的容量	样本最小容量	检验批的容量	样本最小容量
≤90	5	281～500	20
91～150	8	501～1200	32
151～280	13	1201～3200	50

表 5-9 填充墙砌体一般尺寸允许偏差

项次	项目		允许偏差	检验方法
1	轴线位移		10	用尺检查
2	垂直度	≤3m	5	用2m托线板或吊线、尺检查
		>3m	10	
3	表面平整度		8	用2m靠尺和楔形塞尺检查
4	门窗洞口高、宽（后塞口）		±10	用尺检查
5	外墙上、下窗口偏移		20	用经纬仪或吊线检查

表 5-10 填充墙砌体的砂浆饱满度及检验方法

砌体分类	灰缝	饱满度及要求	检验方法
空心砖砌体	水平	≥80%	采用百格网检查块体底面或侧面砂浆的粘结痕迹面积
	垂直	填满砂浆，不得有透明缝、瞎缝、假缝	
蒸压加气混凝土砌块、轻骨料混凝土小型空心砌块砌体	水平	≥80%	
	垂直	≥80%	

第二节　混凝土工程质量控制与检验

混凝土结构是指混凝土为主制成的结构，包括素混凝土结构、钢筋混凝土结构和预应力混凝土结构等。混凝土结构工程的施工质量应满足现行国家标准《混凝土结构设计规范》（GB 50010）和施工项目设计文件提出的各项要求。混凝土结构施工质量的验收综合性强、牵涉面广，因此验收除了执行《混凝土结构工程施工质量验收规范》（GB 50204）以外，尚应符合国家现行有关标准的规定。

混凝土结构工程是一个子分部工程，包括模板工程、钢筋工程、混凝土工程、预应力工程、现浇结构工程、装配式结构工程等分项工程。

一、模板工程质量控制与检验

模板工程是为混凝土浇筑成型用的模板及其支架的设计、安装、拆除等一系列技术工作和完成实体的总称。模板本身是混凝土结构施工过程中的工具设备。工程竣工之后，模板早已拆除，模板对混凝土结构工程有着极为重要的影响，其本身虽不是结构的一部分，但它影响着混凝土结构的质量。在混凝土结构施工过程中，荷载主要是由模板及其支架来承受的，对工程质量从结构性能到外观质量都有很大影响。此外，模板在安装、施工中还有许多关系到安全的环节。

1. 模板工程的质量控制

（1）模板及其支架应根据工程结构形式、荷载大小、地基土类别、施工设备和材料供应等条件进行设计。

（2）模板及其支架应具有足够的承载能力、刚度和稳定性，能可靠地承受浇筑混凝土的重量、侧压力以及施工荷载。

（3）为了混凝土重力及施工荷载的传递，模板及其支架安装时，要求上下层支架的立柱应对准。

（4）模板应涂刷隔离剂。涂刷时，应选取适宜的隔离剂品种。注意不要使用影响结构或妨碍装饰工程施工的油性隔离剂。

（5）对跨度较大的现浇混凝土梁、板，适度起拱有利于保证构件的形状和尺寸。设计无具体要求时，起拱高度宜为跨度的 $1/1000\sim3/1000$。

（6）在浇筑混凝土之前，应对模板工程进行验收。

（7）模板安装和浇筑混凝土时，应对模板及其支架进行观察和维护。发生异常情况时，应按施工技术方案及时进行处理。

（8）模板及其支架拆除的顺序及安全措施应按施工技术方案执行。模板及其支架拆除时，混凝土结构尚未形成设计要求的设计体系，必要时应加临时支撑。

2. 模板工程的质量检验

模板分项工程包括模板的安装和拆除两个检验批。

1）模板安装工程的检验标准

模板安装工程的检验标准和检验方法见表 5-11。

表 5-11　模板安装工程的质量检验标准

项目	序号	检验项目	质量标准	检验方法	检查数量
主控项目	1	模板及其支架承载力	安装现浇结构的上层模板及其支架时，下层楼板应具有承受上层荷载的承载能力，或加设支架；上、下层支架的立柱应对准，并铺设垫板	对照模板设计文件和施工技术方案观察	全数检查
	2	涂刷隔离剂要求	在涂刷模板隔离剂时，不得粘污钢筋和混凝土接槎处	观察	全数检查
一般项目	1	模板安装要求	模板安装应满足下列要求： （1）模板的接缝不应漏浆；在浇筑混凝土前，木模板应浇水湿润，但模板内不应有积水。 （2）模板与混凝土的接触面应清理干净并涂刷隔离剂，但不得采用影响结构性能或妨碍装饰工程施工的隔离剂。 （3）浇筑混凝土前，模板内的杂物应清理干净。 （4）对清水混凝土工程及装饰混凝土工程，应使用能达到设计效果的模板	观察	全数检查
	2	用作模板的地坪、胎模质量	用做模板的地坪、胎模等应平整光洁，不得产生影响构件质量的下沉、裂缝、起砂或起鼓	观察	全数检查
	3	模板起拱高度	对跨度不小于 4m 的现浇钢筋混凝土梁、板，其模板应按设计要求起拱；应设计无具体要求时，起拱的高度宜为跨度的 1/1000～3/1000	水准仪或拉线、钢尺检查	在同一检验批内，对梁，应抽查构件数量的 10%，且不少于 3 件；对板，应按有代表性的自然间抽查 10%，且不少于 3 间；对大空间结构，板可按纵、横轴线划分检查面，抽查 10%，且不少于 3 面
	4	预埋件、预留孔和预留洞的允许偏差	固定在模板上的预埋件、预留孔和预留洞均不得遗漏，且应安装牢固，其偏差应符合表 5-12 的规定	钢尺检查	在同一检验批内，对梁、柱和独立基础，应抽查构件数量的 10%，且不少于 3 件；对于墙和板，应按有代表性的自然间抽查 10%，且不少于 3 间；对大空间结构，墙可按相邻轴线间高度 5m 左右划分检查面，板可按纵、横轴线划分检查面，抽查 10%，且不少于 3 面
	5	现浇结构模板安装允许偏差	现浇结构模板安装的偏差应符合表 5-13 的规定	钢尺检查	
	6	预制构件模板安装的允许偏差	预制构件模板安装的偏差应符合表 5-14 的规定	钢尺检查	首次使用及大修后的模板应全数检查；使用中的模板应定期检查，并根据使用情况不定期抽查

表 5-12　预埋件和预留孔洞的允许偏差

项目		允许偏差（mm）
预埋钢板中心线位置		3
预埋管、预留孔中心线位置		3
插筋	中心线位置	5
	外露长度	+10，0
预埋螺栓	中心线位置	2
	外露长度	+10，0
预留洞	中心线位置	10
	尺寸	+10，0

注：检查中心线位置时，应沿纵、横两个方向量测，并取其中的较大值。

表 5-13　现浇结构模板安装的允许偏差

项目		允许偏差（mm）	检验方法
轴线位置		5	钢尺检查
底模上表面标高		±5	水准仪或拉线、钢尺检查
截面内部尺寸	基础	±10	钢尺检查
	柱、墙、梁	+4，−5	
层高垂直度	不大于5m	6	经纬仪或吊线、钢尺检查
	大于5m	8	
相邻两板表面高低差		2	钢尺检查
表面平整度		5	2m靠尺和塞尺检查

注：检查轴线位置时，应沿纵、横两个方向量测，并取其中的较大值。

表 5-14　预制构件模板安装的允许偏差

项目		允许偏差（mm）	检验方法
长度	板、梁	±5	钢尺量两角边，取其中较大值
	薄腹梁、桁架	±10	
	柱	0，−10	
	墙板	0，−5	
宽度	板、墙板	0，−5	钢尺量一端及中部，取其中较大值
	梁、薄腹梁、桁架、柱	+2，−5	
高（厚）度	板	+2，−3	钢尺量一端及中部，取其中较大值
	墙板	0，−5	
	梁、薄腹梁、桁架、柱	+2，−5	
侧向弯曲	梁、板、柱	$l/1000$ 且≤15	拉线、钢尺量最大弯曲处
	墙板、薄腹梁、桁架	$l/1500$ 且≤15	
板的表面平整度		3	2m靠尺和塞尺检查
相邻两板表面高低差		1	钢尺检查

续表

项目		允许偏差（mm）	检验方法
对角线差	板	7	钢尺量两个对角线
	墙板	5	
翘曲	板、墙板	$l/1500$	用调平尺在两端量测
设计起拱	薄腹梁、桁架、梁	±3	拉线、钢尺量跨中

注：l 为构件长度（mm）。

2）模板拆除工程的检验标准

模板拆除工程的检验标准和检验方法见表5-15。

表5-15　模板拆除工程的质量检验标准

项目	序号	检验项目	质量标准	检验方法	检查数量
主控项目	1	底模及其支架拆除时的混凝土强度	底模及其支架拆除时的混凝土强度应符合设计要求；当设计无具体要求时，混凝土强度应符合表5-16的规定	检查同条件养护试件强度试验报告	
	2	后张法预应力构件侧模和底模的拆除时间	对后张法预应力混凝土结构构件，侧模宜在预应力张拉前拆除；底模支架的拆除应按施工技术方案执行，当无具体要求时，不应在结构构件建立预应力前拆除	观察	全数检查
	3	后浇带拆模和支顶	后浇带模板的拆除和支顶应按施工技术方案执行	观察	
一般项目	1	侧模拆除的要求	侧模拆除时的混凝土强度应能保证其表面及棱角不受损伤	观察	全数检查
	2	模板拆除、堆放和清运	模板拆除时，不应对楼层形成冲击荷载。拆除的模板和支架宜分散堆放并及时清运	观察	

表5-16　底模拆除时的混凝土强度要求

构件类型	构件跨度	达到设计的混凝土立方体抗压强度标准值的百分率（%）
板	≤2	≥50
	>2，≤8	≥75
	>8	≥100
梁、拱、壳	≤8	≥75
	>8	≥100
悬臂构件	—	≥100

二、钢筋工程的质量控制与检验

钢筋分项工程是指普通钢筋进厂检验、钢筋加工、钢筋连接、钢筋安装等一系列技术工作和完成实体的总称。钢筋分项工程所含的检验批可根据施工工序和验收的需要确定。钢筋工程属于隐蔽工程。

（一）钢筋工程的质量控制

（1）钢筋进场时，应检查产品合格证和出厂检验报告，并按相关标准的规定进行抽样检验。

（2）受力钢筋弯钩、弯折的形状和尺寸，对于保证钢筋与混凝土协同受力非常重要。检查时，首先要明确设计所使用的钢筋规格及钢筋弯钩的要求，然后对照检查。

（3）钢筋的连接方式有很多种，用何种方法应按设计要求采用，这是保证受力钢筋应力传递及结构构件的受力性能的需要。对钢筋机械连接和焊接，除了应按相应规定进行型式、工艺检验外，还应从结构中抽取试件进行力学性能检验。

（4）《混凝土结构工程施工质量验收规范》（GB 50204）附录 B 对纵向受力钢筋的最小搭接长度提出了要求：

① 当纵向受拉钢筋的绑扎搭接接头面积百分率不大于 25％时，其最小搭接长度应符合表 5-17 的规定。

表 5-17　纵向受拉钢筋的最小搭接长度

钢筋类型		混凝土强度等级			
		C15	C20～C25	C30～C35	≥C40
光圆钢筋	HPB235 级	45d	35d	30d	25d
带肋钢筋	HRB335 级	55d	45d	35d	30d
	HRB400 级、RRB400 级	—	55d	40d	35d

注：两根直径不同钢筋的搭接长度，以较细钢筋的直径计算。

② 当纵向受拉钢筋搭接接头面积百分率大于 25％，但不大于 50％，其最小搭接长度应按表 5-17 中的数值乘以系数 1.2 取用；当接头面积百分率大于 50％时，应按表 5-17 中的数值乘以系数 1.35 取用。

③ 当符合下列条件时，纵向受拉钢筋的最小搭接长度应根据以上两条确定后，按下列规定进行修正：

• 当带肋钢筋的直径大于 25mm 时，其最小搭接长度应按相应数值乘以系数 1.1 取用。

• 对环氧树脂涂层的带肋钢筋，其最小搭接长度应按相应数值乘以系数 1.25 取用。

• 当在混凝土凝固过程中受力钢筋易受扰动（如滑模施工）时，其最小搭接长度应按相应数值乘以系数 1.1 取用。

• 对末端采用机械锚固措施的带肋钢筋，其最小搭接长度可按相应数值乘以系数 0.7 取用。

• 当带肋钢筋的混凝土保护层厚度大于搭接钢筋直径的 3 倍且配有箍筋时，其最小搭接长度可按相应数值乘以系数 0.8 取用。

• 对有抗震设防要求的结构构件，其受力钢筋的最小搭接长度对一、二级抗震等级应按相应数值乘以系数 1.15 采用；对三级抗震等级应按相应数值乘以系数 1.05 采用。

在任何情况下，受拉钢筋的搭接长度不应小于 300mm。

④ 纵向受压钢筋搭接时，其最小搭接长度应根据以上 3 条的规定确定相应数值后，乘以系数 0.7 取用。在任何情况下，受压钢筋的搭接长度不应小于 200mm。

钢筋绑扎搭接接头连接区域及接头百分率见图 5-2。

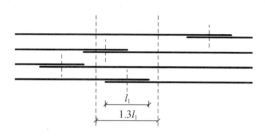

图 5-2　钢筋绑扎搭接接头连接区段及接头面积百分率

注：图中所示搭接接头同一连接区段内的搭接钢筋为 2 根。当各钢筋直径相同时，接头面积百分率为 50%。

（5）当钢筋的品种级别或规定需做变更时，应办理设计变更文件。在施工过程中，当施工单位缺乏设计所要求的钢筋品种、级别或规格时，可进行钢筋代换。钢筋代换一般同级别钢筋代换以等截面面积为原则，不同级别钢筋代换以等强度为原则，代换时还会涉及配筋率等问题，为保证对设计意图的理解不产生偏差，规定当需要做钢筋代换时应办理设计变更文件，以确保原结构设计的要求，并明确钢筋代换由设计单位负责。建设、监理、施工等单位均无权变更钢筋。

（6）在浇筑混凝土之前，应进行钢筋隐蔽工程验收，其内容包括：

① 纵向受力钢筋的品种、规格、数量、位置等；

② 钢筋的连接方式、接头位置、接头数量、接头面积百分率等；

③ 箍筋、横向钢筋的品种、规格、数量、间距等；

④ 预埋件的规格、数量、位置等。

（二）钢筋工程的质量检验

钢筋工程属于分项工程。根据钢筋工程施工工序的特点，将其质量检验划分为原材料验收、钢筋加工、钢筋连接与钢筋安装 4 个部分。

1. 钢筋原材料工程的检验

钢筋原材料工程的质量检验应符合表 5-18 的规定。

表 5-18　钢筋原材料的质量检验标准

项目	序号	检验项目	质量标准	检验方法	检查数量
主控项目	1	力学性能和重量偏差检验	钢筋进场时，应按国家现行相关标准的规定抽取试件做力学性能和重量偏差检验，检验结果必须符合有关标准的规定	检查产品合格证、出厂检验报告和进场复检报告	按进场的批次和产品的抽样检验方案确定
	2	抗震用钢筋强度和总伸长率要求	对有抗震设防要求的结构，其纵向受力钢筋的性能应满足设计要求；当设计无具体要求时，对按一、二、三级抗震等级设计的框架和斜撑构件（含梯段）中的纵向受力钢筋应采用 HRB335E、HRB400E、HRB500E、HRBF335E、HRBF400E 或 HRBF500E 钢筋，其强度和最大力下总伸长率的实测值应符合下列规定： （1）钢筋的抗拉强度实测值与屈服强度实测值的比值不应小于 1.25； （2）钢筋的屈服强度实测值与屈服强度标准值的比值不应大于 1.30； （3）钢筋的最大力下总伸长率不应小于 9%	检查进场复验报告	

项目	序号	检验项目	质量标准	检验方法	检查数量
	3	化学成分等专项检验	当发现钢筋脆断、焊接性能不良或力学性能显著不正常等现象时，应对该批钢筋进行化学成分检验或其他专项检验	检查化学成分等专项检验报告	
一般项目	1	外观质量	钢筋应平直、无损伤，表面不得有裂纹、油污、颗粒状或片状老锈	观察	全数检查

2. 钢筋加工分项工程检验批的质量检验

钢筋加工分项工程检验批的质量检验标准和检验方法见表5-19。

表 5-19　钢筋加工工程的质量检验标准

项目	序号	检验项目	质量标准	检验方法	检查数量
主控项目	1	受力钢筋的弯钩和弯折	受力钢筋的弯钩和弯折应符合下列规定： （1）HPB235 级钢筋末端应做 180° 弯钩，其弯弧内直径不应小于钢筋直径的 2.5 倍，弯钩的弯后平直部分长度不应小于钢筋直径的 3 倍； （2）当设计要求钢筋末端需做 135° 弯钩时，HRB335 级、HRB400 级钢筋的弯弧内直径不应小于钢筋直径的 4 倍，弯钩的弯后平直部分长度应符合设计要求； （3）钢筋做不大于 90° 的弯折时，弯折处的弯弧内直径不应小于钢筋直径的 5 倍	钢尺检查	按每工作班同一类型钢筋、同一加工设备抽查不应少于 3 件
	2	箍筋弯钩要求	除焊接封闭环式箍筋外，箍筋的末端应做弯钩，弯钩形式应符合设计要求；当设计无具体要求时，应符合下列规定： （1）箍筋弯钩的弯弧内直径除应满足上述项目 1 的规定外，尚应不小于受力钢筋直径； （2）箍筋弯钩的弯折角度：对一般结构，不应小于 90°；对有抗震等要求的结构，应为 135°； （3）箍筋弯后平直部分长度：对一般结构，不宜小于箍筋直径的 5 倍；对有抗震等要求的结构，不应小于箍筋直径的 10 倍	钢尺检查	
	3	钢筋调直后的检验	钢筋调直后应进行力学性能和重量偏差的检验，其强度应符合有关标准的规定。 盘卷钢筋和直条钢筋调直后的断后伸长率、重量负偏差应符合表5-20的规定。 采用无延伸功能的机械设备调直的钢筋，可不进行本条规定的检验	3 个试件先进行重量偏差检验，再取其中 2 个试件经时效处理后进行力学性能检验。检验重量偏差时，试件切口应平滑且与长度方向垂直，且长度不应小于 500mm；长度和重量的量测精度分别不应低于 1mm 和 1g	同一厂家、同一牌号、同一规格调直钢筋，重量不大于 30t 为一批；每批见证取 3 件试件

续表

项目	序号	检验项目	质量标准	检验方法	检查数量
一般项目	1	钢筋调直	钢筋宜采用无延伸功能的机械设备进行调直，也可采用冷拉方法调直。当采用冷拉方法调直时，HPB235、HPB300光圆钢筋的冷拉率不宜大于4%；HRB335、HRB400、HRB500、HRBF335、HRBF400、HRBF500及RRB400带肋钢筋的冷拉率不宜大于1%	观察、钢尺检查	每工作班同一类型钢筋、同一加工设备抽查不应少于3件
	2	钢筋加工的形状、尺寸	钢筋加工的形状、尺寸应符合设计要求，其偏差应符合表5-21的规定	钢尺检查	

表5-20　盘卷钢筋和直条钢筋调直后的断后伸长率、重量负偏差要求

钢筋牌号	断后伸长率 A（%）	重量负偏差（%）		
		直径 6～12mm	直径 14～20mm	直径 22～50mm
HPB235、HPB300	≥21	≤10	—	—
HRB335、HRBF335	≥16	≤8	≤6	≤5
HRB400、HRBF400	≥15			
RRB400	≥13			
HRB500、HRBF500	≥14			

注：1. 断后伸长率 A 的量测标距为 5 倍钢筋公称直径。

2. 重量负偏差（%）按公式 $(W_0-W_d)/W_0 \times 100$ 计算，其中 W_0 为钢筋理论重量（kg/m），W_d 为调直后钢筋的实际重量（kg/m）。

3. 对直径为 28～40mm 的带肋钢筋，表中断后伸长率可降低 1%；对直径大于 40mm 的带肋钢筋，表中断后伸长率可降低 2%。

表5-21　钢筋加工的允许偏差

项目	允许偏差（mm）
受力钢筋顺长度方向全长的净尺寸	±10
弯起钢筋的弯折位置	±20
箍筋内的净尺寸	±5

3. 钢筋连接工程的质量检验

钢筋连接工程的检验标准和检验方法见表5-22。

表5-22　钢筋连接工程的质量检验标准

项目	序号	检验项目	质量标准	检验方法	检查数量
主控项目	1	纵向受力钢筋的连接方式	纵向受力钢筋的连接方式应符合设计要求	观察	全数检查
	2	钢筋机械连接和焊接接头的力学性能	在施工现场，应按国家现行标准《钢筋机械连接技术规程》（JGJ 107）、《钢筋焊接及验收规程》（JGJ 18）的规定抽取钢筋机械连接接头、焊接接头试件做力学性能检验，其质量应符合有关规程的规定	检查产品合格证、接头力学性能试验报告	按有关规程确定

续表

项目	序号	检验项目	质量标准	检验方法	检查数量
一般项目	1	接头位置和数量	钢筋的接头宜设置在受力较小处。同一纵向受力钢筋不宜设置两个或两个以上接头。接头末端至钢筋弯起点的距离不应小于钢筋直径的10倍	观察、钢尺检查	全数检查
	2	钢筋机械连接和焊接的外观质量	在施工现场，应按国家现行标准《钢筋机械连接技术规程》（JGJ 107）、《钢筋焊接及验收规程》（JGJ 18）的规定对钢筋机械连接接头、焊接接头的外观进行检查，其质量应符合有关规程的规定	观察	全数检查
	3	纵向受力钢筋机械连接、焊接的接头面积百分率	当受力钢筋采用机械连接接头或焊接接头时，设置在同一构件内的接头宜相互错开。 纵向受力钢筋机械连接接头及焊接接头连接区段的长度为35d（d为纵向受力钢筋的较大直径）且不小于500mm，凡接头中点位于该连接区段长度内的接头均属于同一连接区段。同一连接区段内，纵向受力钢筋机械连接及焊接的接头面积百分率为该区段内有接头的纵向受力钢筋截面面积与全部纵向受力钢筋截面面积的比值。 同一连接区段内，纵向受力钢筋的接头面积百分率应符合设计要求；当设计无具体要求时，应符合下列规定： （1）在受拉区不宜大于50%。 （2）接头不宜设置在有抗震设防要求的框架梁端、柱端的箍筋加密区；当无法避开时，对等强度高质量机械连接接头，不应大于50%。 （3）直接承受动力荷载的结构构件中，不宜采用焊接接头；当采用机械连接接头时，不应大于50%	观察、钢尺检查	在同一检验批内，对梁、柱和独立基础，应抽查构件数量的10%，且不少于3件；对墙和板，应按有代表性的自然间抽查10%，且不少于3间；对大空间结构，墙可按相邻轴线间高度5m左右划分检查面，板可按纵横轴线划分检查面，抽查10%，且均不少于3面
	4	纵向受力钢筋绑扎搭接接头面积百分率	同一构件中相邻纵向受力钢筋的绑扎搭接接头宜相互错开。绑扎搭接接头中钢筋的横向净距不应小于钢筋直径，且不应小于25mm。 钢筋绑扎搭接接头连接区段的长度为1.3l_1（l_1为搭接长度），凡搭接接头中点位于该连接区段长度内的搭接接头均属于同一连接区段。同一连接区段内，纵向钢筋搭接接头面积百分率为该区段内有搭接接头的纵向受力钢筋截面面积与全部纵向受力钢筋截面面积的比值。 同一连接区段内，纵向受拉钢筋搭接接头面积百分率应符合设计要求；当设计无具体要求时，应符合下列规定： （1）对梁类、板类及墙类构件，不宜大于25%。 （2）对柱类构件，不宜大于50%。 （3）当工程中确有必要增大接头面积百分率时，对梁类构件，不应大于50%；对其他构件，可根据实际情况放宽。 纵向受力钢筋绑扎搭接接头的最小搭接长度应符合《混凝土结构工程施工质量验收规范》（GB 50204）附录B的规定。	观察、钢尺检查	
	5	纵向受力钢筋搭接长度范围内箍筋的要求	在梁、柱类构件的纵向受力钢筋搭接长度范围内，应按设计要求配置箍筋。当设计无具体要求时，应符合下列规定： （1）箍筋直径不应小于搭接钢筋较大直径的0.25倍； （2）受拉搭接区段的箍筋间距不应大于搭接钢筋较小直径的5倍，且不应大于100mm； （3）受压搭接区段的箍筋间距不应大于搭接钢筋较小直径的10倍，且不应大于200mm； （4）当柱中纵向受力钢筋直径大于25mm时，应在搭接接头2个端面外100mm范围内各设置2个箍筋，其间距宜为50mm	钢尺检查	

4. 钢筋安装工程的质量检验

钢筋安装工程的检验标准和检验方法见表 5-23。

表 5-23　钢筋安装工程的质量检验标准

项目	序号	检验项目	质量标准	检验方法	检查数量
主控项目	1	受力钢筋的品种、规格等	钢筋安装时，受力钢筋的品种、级别、规格和数量必须符合要求	观察、钢尺检查	全数检查
一般项目	1	钢筋安装允许偏差	钢筋安装位置的偏差应符合表 5-24 的规定	见表 5-24	见表 5-24

表 5-24　钢筋安装位置的偏差

项目			允许偏差（mm）	检验方法	检查数量
绑扎钢筋网	长、宽		±10	钢尺检查	在同一检验批内，对梁、柱和独立基础，应抽查构件数量的 10%，且不少于 3 件；对墙和板，应按有代表性的自然间抽查 10%，且不少于 3 间；对大空间结构，墙可按相邻轴线间高度 5m 左右划分检查面，板可按纵横轴线划分检查面，抽查 10%，且均不少于 3 面
	网眼尺寸		±20	钢尺量连续三挡，取最大值	
绑扎钢筋骨架	长		±10	钢尺检查	
	宽、高		±5	钢尺检查	
受力钢筋	间距		±10	钢尺量两端、中间各一点，取最大值	
	排距		±5		
	保护层厚度	基础	±10	钢尺检查	
		柱、梁	±5	钢尺检查	
		板、墙、壳	±3	钢尺检查	
绑扎箍筋、横向钢筋间距			±20	钢尺量连续三挡，取最大值	
钢筋弯起点位置			20	钢尺检查	
预埋件	中心线位置		5	钢尺检查	
	水平高差		＋3，0	钢尺和塞尺检查	

注：1. 检查预埋件中心线位置时，应沿纵、横两个方向量测，并取其中的较大值。

　　2. 表中梁类、板类构件上部纵向受力钢筋保护层厚度的合格点率应达到 90% 及以上，且不得有超过表中数值 1.5 倍的尺寸偏差。

三、混凝土工程的质量控制与检验

混凝土分项工程是指从水泥、砂、石、水、外加剂、矿物掺合料等原材料进厂检验、混凝土配合比设计及称量、拌制、运输、浇筑、养护、试件制作直至混凝土达到预定强度等一系列技术工作和完成实体的总称。

（一）混凝土工程的质量控制

1. 原材料的质量控制

（1）水泥进场时应进行三方面检查。第一要对其品种、级别、包装或散装仓号、出厂日期等进行检查，即对实物进行检查，检查后分类码放、加以标识；第二应检查产品合格证，出厂检验报告；第三应对其强度、安定性及其他必要的性能指标进行复验，安定性不合格的水泥严禁使用，强度指标必须符合规定。

（2）水泥的存放应干燥、通风，由于水泥保存期短，容易潮解或变质，因此，规定当使用中对水泥质量有怀疑或水泥出厂超过3个月（快硬硅酸盐水泥超过1个月）时，应进行复验，并按复验结果使用。

（3）氯盐对钢材具有很强的腐蚀性，且会改变混凝土的导电性能，对混凝土的耐久性和使用安全不利。因此，规定钢筋混凝土结构、预应力混凝土结构中，严禁使用含氯化物的水泥。

（4）混凝土外加剂种类较多，且均有相应的质量标准，使用时其质量及应用技术应符合国家现行标准《混凝土外加剂》（GB 8076）、《混凝土外加剂应用技术规范》（GB 50119）、《砂浆、混凝土防水剂》（JC 474）、《混凝土防冻剂》（JC 475）等的规定。外加剂的检验项目、方法和批量应符合相应标准的规定。若外加剂中含有氯化物，同样可能引起混凝土结构中钢筋的锈蚀，因此应严格控制。

（5）混凝土掺合料的种类主要有粉煤灰、粒化高炉矿渣、沸石粉、硅灰和复合掺合料等。对各种掺合料，均应提出相应的质量要求，并通过试验确定其掺量。工程应用时，尚应符合现行国家标准《粉煤灰混凝土应用技术规范》（GB/T 50146）等的规定。

（6）考虑到今后生产中利用工业处理水的发展趋势，除采用饮用水外，也可采用其他水源，但质量应符合国家现行标准《混凝土用水标准》（JGJ 63）的要求。

2. 混凝土配合比的质量控制

（1）配合比设计的目的是满足混凝土强度、耐久性和工作性（坍落度等）的要求，同时也应符合经济、合理的原则。对混凝土配合比的要求实际体现的是过程控制，为了保证混凝土性能符合设计要求，规范规定，混凝土应根据实际采用的原材料进行配合比设计，并按现行国家标准《普通混凝土拌合物性能试验方法标准》（GB/T 50080）等进行试验、试配。

（2）混凝土施工不得采用经验配合比。当有抗渗、抗折、抗冻融等特殊要求时，还应符合相应的专门规定。

（3）规范要求在实际施工时，对首次使用的混凝土配合比应进行开盘鉴定，并至少留置一组28d标准养护试件，以验证混凝土的实际质量与设计要求的一致性。实验室应注意积累相关资料，以利于提高配合比设计和适配水平。

（4）混凝土生产时，砂、石的实际含水率可能与配合比设计时存在差异，因此规定应测定实际含水率并相应地调整材料用量。砂、石的含水率受气候的影响不断变化，实验室出具的配合比通知单应是在原材料干燥状态下的配合比，所以要将实验配合比转换成施工配合比。实际上就是考虑砂、石中的水，增加砂、石的用量，减少水的用量，以和实验配合比相同，保证混凝土质量。

（5）混凝土试件强度的试验方法应符合普通混凝土力学性能试验方法标准的规定。混凝土试件的尺寸应根据骨料的最大粒径确定，当采用非标准尺寸的试件时，其抗压强度应乘以相应的尺寸换算系数进行换算。检验评定混凝土强度用的混凝土试件的尺寸换算系数应按表5-25取用；其标准成型方法、标准养护条件及强度试验方法应符合普通混凝土力学性能试验方法标准的规定。

表 5-25　混凝土试件尺寸及强度的尺寸换算系数

骨料最大粒径（mm）	试件尺寸（mm×mm×mm）	强度的尺寸换算系数
≤31.5	100×100×100	0.95
≤40	150×150×150	1.00
≤63	200×200×200	1.05

注：对强度等级为 C60 及以上的混凝土试件，其强度的尺寸换算系数可通过试验确定。

（6）当混凝土试件强度评定不合格时，可采用非破损或局部破损的检测方法，按国家现行有关标准的规定采用回弹法、超声回弹综合法、钻芯法、后装拔出法等对结构构件中的混凝土强度进行推定，并作为处理的依据。

3. 混凝土施工的质量控制

（1）针对不同的混凝土生产量，取样均不得少于一次，用于检查结构构件混凝土的强度。同条件养护试件的留置组数应根据实际需要确定，除应考虑用于确定施工期间结构构件的混凝土强度外，还应根据《混凝土结构工程施工质量验收规范》（GB 50204）的规定，考虑用于结构实体混凝土强度的检验。

（2）对有抗渗要求的混凝土结构应按同一工程、同一配合比取样不少于一次。由于影响试验结果的因素较多，需要时可多留置几组试块，同时应注意《地下防水工程质量验收规范》（GB 50208）对抗渗试块的留置要求。

（3）在施工过程中，各种衡器应定期检查，每次使用前应进行零点校核，保持计量准确；施工过程中应定期测定骨料的含水率，当遇雨天或含水率有显著变化时，应增加含水率检测次数，并及时调整水和骨料的用量。

（4）试验室出具的配合比是原材料干燥状态的配合比，因此实际施工时，应将试验室配合比换算成施工配合比，首先要确定砂、石的含水率，现场砂石含水率可用简易方法测定，如用炒干法，测定含水率。

（5）为了防止混凝土结构构件出现所谓的"冷缝"，混凝土运输、浇筑及间歇的全部时间不应该超过混凝土的初凝时间。混凝土的初凝时间与水泥品种、凝结条件、掺用外加剂的品种和数量等因素有关，应由试验确定。在施工中，当施工环境气温较高与试验条件不同时，还应考虑气温对混凝土初凝时间的影响。

（6）同一施工段的混凝土应连续浇筑，并应在底层混凝土初凝之前将上一层混凝土浇筑完毕。如果底层混凝土由于某种原因已经初凝，则浇筑上一层混凝土时，应按施工技术方案中对施工缝的要求进行处理。规定混凝土应连续浇筑并在初凝之前将一层浇筑完毕，主要是为了防止扰动已初凝的混凝土而出现质量缺陷。当因停电等意外原因已经造成底层混凝土初凝时，则应在继续浇筑混凝土之前，按照施工技术方案对混凝土按接槎的要求进行处理，使新旧混凝土结合紧密，保证混凝土结构的整体性。

（7）混凝土施工缝不应随意留设，其留设位置应该符合设计要求或施工技术方案。施工缝的位置宜留在结构受剪力较小且便于施工的部位，并应符合下列规定：

① 柱宜留置在基础的顶面、梁或吊车梁牛腿的下面、吊车梁的上面、无梁楼板柱帽的下面。

② 与板连成整体的大截面梁，留置在板底面以下 20～30mm 处。当板下有梁托时，留

置在梁托下部。

③ 单向板，留置在平行与板的短边的任何位置。

④ 有主次梁的楼板宜顺着次梁方向浇筑，施工缝应留在次梁跨度的中间 1/3 范围内。

⑤ 墙，留置在门洞口过梁跨中 1/3 范围内，也可以在纵横墙的交接处。

⑥ 双向受力楼板、大体积混凝土结构、拱、穹拱、薄壳、蓄水池、斗仓、多层钢价及其他结构复杂的工程，施工缝的位置应按设计要求留置。

（8）在施工缝处继续浇筑混凝土时，应符合下列规定：

① 已浇筑的混凝土，其抗压强度不应小于 $1.2N/mm^2$。

② 在已硬化混凝土表面上，应清除水泥薄膜的松动石子以及软弱混凝土层，并加以充分湿润和冲洗干净，且不得积水。

③ 在浇筑混凝土前，宜先在施工缝处铺一层水泥浆或混凝土内成分相同的水泥砂浆。

④ 混凝土应细致捣实，使新旧混凝土紧密结合。

（9）混凝土后浇带位置应按设计要求留置，后浇带混凝土的浇筑时间、处理方法等应事先在施工技术方案中确定。

（10）在施工过程中，应根据材料、配合比、浇筑部位和施工季节等具体情况，制订合理的施工技术方案，采取有效的养护措施，保证混凝土强度正常增长。

（11）混凝土浇筑完毕后，应按施工技术方案及时采取有效的养护措施。混凝土的养护除应按施工方案执行外，还应符合下列规定：

① 应在浇筑完毕后的 12h 以内对混凝土加以覆盖并保湿养护。

② 混凝土浇水养护的时间：对采用硅酸盐水泥、普通硅酸盐水泥或矿渣硅酸盐水泥拌制的混凝土，不得少于 7d，对掺用缓凝型外加剂或有抗渗要求的混凝土，不得少于 14d。

③ 混凝土强度达到 $1.2N/mm^2$ 前，不得在其上踩踏或安装模板及支架。

④ 当日平均气温低于 5℃时，不得浇水。

⑤ 浇水次数应能保持混凝土处于湿润状态。

⑥ 混凝土养护用水应与拌制用水相同。

⑦ 采用塑料布覆盖养护的混凝土，其敞露的全部表面应覆盖严密，并应保持塑料布内有凝结水。

⑧ 混凝土表面不便浇水或使用塑料布时，宜涂刷养护剂。

⑨ 当采用其他品种水泥时，混凝土的养护时间应根据所采用水泥的技术性能确定。

⑩ 对大体积混凝土的养护，应根据气候条件在施工技术方案中采取控温措施。

（12）混凝土的冬期施工应符合国家现行标准《建筑工程冬期施工规程》（JGJ/T 104）和施工技术方案的规定。室外日平均气温连续 5d 稳定低于 5℃时，混凝土工程应采取冬期施工措施，否则将影响混凝土的强度。

（二）混凝土工程的质量检验

混凝土工程包括"原材料"、"配合比设计"、"混凝土施工"等三个方面，混凝土工程所含的检验批可根据施工工序和验收需要而确定，混凝土工程检验批的划分还要考虑施工段和施工层进行。

1. 混凝土工程原材料的质量检验标准

混凝土原材料的检验标准和检验方法见表 5-26。

表 5-26 混凝土工程原材料的质量检验标准

项目	序号	检验项目	质量标准	检验方法	检查数量
主控项目	1	水泥进场检验	水泥进场时应对其品种、级别、包装或散装仓号、出厂日期等进行检查,并应对其强度、安定性及其他必要的性能指标进行复验,其质量必须符合现行国家标准《硅酸盐水泥、普通硅酸盐水泥》(GB 50175)等的规定。 当在使用中对水泥质量有怀疑或水泥出厂超过 3 个月(快硬硅酸盐水泥超过 1 个月)时,应进行复检,并按复验结果使用。 钢筋混凝土结构、预应力混凝土结构中,严禁使用含氯物的水泥	检查产品合格证、出厂检验报告和进场复检报告	按同一生产厂家、同一等级、同一品种、同一批号且连续进场的水泥,袋装的不超过 200t 为 1 批,散装的不超过 500t 为 1 批,每批抽样不少于 1 次
	2	外加剂质量及应用	混凝土中掺用外加剂的质量及应用技术应符合现行国家标准《混凝土外加剂》(GB 8076)、《混凝土外加剂应用技术规范》(GB 50119)等和有关环境保护的规定。 预应力混凝土结构中,严禁使用含氯化物的外加剂。钢筋混凝土结构中,当使用含氯化物的外加剂时,混凝土中氯化物的总含量应符合现行国家标准《混凝土质量控制标准》(GB 50164)的规定	检查产品合格证、出厂检验报告和进场复验报告	按进场的批次和产品的抽样检验方案确定
	3	混凝土中氯化物、碱的总含量控制	混凝土中氯化物和碱的总含量应符合现行国家标准《混凝土结构设计规范》(GB 50010)和设计的要求	检查原材料试验报告和氯化物、碱的总含量计算书	全数检查
一般项目	1	矿物掺合料质量及掺量	混凝土中掺用矿物掺合料的质量应符合现行国家标准《用于水泥和混凝土中的粉煤灰》(GB 1596)等的规定。矿物掺合料的掺量应通过试验确定	检查出厂合格证和进场复验报告	按进场的批次和产品的抽样检验方案确定
	2	粗细骨料的质量	普通混凝土所用的粗、细骨料的质量应符合国家现行标准《普通混凝土用砂、石质量及检验方法标准》(JGJ 52)的规定。 注:1. 混凝土用的粗骨料,其最大颗粒粒径不得超过构件截面最小尺寸的1/4,且不得超过钢筋最小净间距的3/4。 2. 对混凝土实心板,骨料的最大粒径不宜超过板厚的1/3,且不得超过40mm	检查进场复验报告	按进场的批次和产品的抽样检验方案确定
	3	拌制混凝土用水	拌制混凝土宜采用饮用水;当采用其他水源时,水质应符合国家现行标准《混凝土用水标准》(JGJ 63)的规定	检查水质试验报告	同一水源检查应不少于 1 次

2.混凝土工程配合比的质量检验

混凝土配合比的检验标准和检验方法见表 5-27。

表 5-27　混凝土工程配合比的质量检验标准

项目	序号	检验项目	质量标准	检验方法	检查数量
主控项目	1	配合比设计	混凝土应按国家现行标准《普通混凝土配合比设计规程》（JGJ 55）的有关规定，根据混凝土强度等级、耐久性和工作性等要求进行配合比设计。 对有特殊要求的混凝土，其配合比设计尚应符合国家现行有关标准的专门规定	检查配合比设计资料	全数检查
一般项目	1	配合比开盘鉴定	首次使用的混凝土配合比应进行开盘鉴定，其工作性应满足设计配合比的要求。开始生产时应至少留置一组标准养护试件，作为验证配合比的依据	检查开盘鉴定资料和试件强度试验报告	按配合比设计要求确定
	2	配合比调整	混凝土拌制前，应测定砂、石含水率并根据测试结果调整材料用量，提出施工配合比	检查含水率测试结果和施工配合比通知单	每工作班检查 1 次

3. 混凝土工程施工的质量检验

混凝土工程施工的质量检验标准和检验方法见表 5-28。

表 5-28　混凝土工程施工的质量检验标准

项目	序号	检验项目	质量标准	检验方法	检查数量
主控项目	1	混凝土强度等级、试件的取样和留置	结构混凝土的强度等级必须符合设计要求。用于检查结构构件混凝土强度的试件，应在混凝土的浇筑地点随机抽取。取样与试件留置应符合下列规定： （1）每拌制 100 盘且不超过 100m³ 的同配合比的混凝土，取样不得少于 1 次。 （2）每工作班拌制的同一配合比的混凝土不足 100 盘时，取样不得少于 1 次。 （3）当 1 次连续浇筑超过 1000m³ 时，同一配合比的混凝土每 200m³ 取样不得少于 1 次。 （4）每一楼层、同一配合比的混凝土，取样不得少于 1 次。 （5）每次取样应至少留置一组标准养护试件，同条件养护试件的留置组数应根据实际需要确定	检查施工记录及试件强度试验报告	全数检查
	2	混凝土抗渗试件取样和留置	对有抗渗要求的混凝土结构，其混凝土试件应在浇筑地点随机取样。同一工程、同一配合比的混凝土，取样不应少于 1 次，留置组数可根据实际需要确定	检查试件抗渗试验报告	全数检查
	3	原材料的允许偏差	混凝土原材料每盘称量的偏差应符合表 5-29 的规定	复称	每工作班抽查不应少于 1 次
	4	混凝土浇筑时间控制	混凝土运输、浇筑及间歇的全部时间不应超过混凝土的初凝时间。同一施工段的混凝土应连续浇筑，并应在底层混凝土初凝之前将上一层混凝土浇筑完毕。 当底层混凝土初凝后浇筑上一层混凝土时，应按施工技术方案中对施工缝的要求进行处理	观察，检查施工记录	全数检查

续表

项目	序号	检验项目	质量标准	检验方法	检查数量
一般项目	1	施工缝的位置及处理	施工缝的位置应在混凝土浇筑前按设计要求和施工技术方案确定。施工缝的处理应按施工技术方案执行	观察，检查施工记录	全数检查
	2	后浇带的位置及处理	后浇带的留置位置应按设计要求和施工技术方案确定。后浇带混凝土浇筑应按施工技术方案进行	观察，检查施工记录	全数检查
	3	混凝土养护	混凝土浇筑完毕后，应按施工技术方案及时采取有效的养护措施，并应符合下列规定： （1）应在浇筑完毕后的12h以内对混凝土加以覆盖并保湿养护。 （2）混凝土浇水养护的时间：对采用硅酸盐水泥、普通硅酸盐水泥或矿渣硅酸盐水泥拌制的混凝土，不得少于7d；对掺用缓凝型外加剂或有抗渗要求的混凝土，不得少于14d。 （3）浇水次数应能保持混凝土处于湿润状态；混凝土养护用水应与拌制用水相同。 （4）采用塑料布覆盖养护的混凝土，其敞露的全部表面应覆盖严密，并应保持塑料布内有结露水。 （5）混凝土强度达到1.2N/mm² 前，不得在其上踩踏或安装模板及支架。 注：1. 当日平均气温低于5℃时，不得浇水。 　　2. 当采用其他品种水泥时，混凝土的养护时间应根据所采用水泥的技术性能确定。 　　3. 混凝土表面不便浇水或使用塑料布时，宜涂刷养护剂。 　　4. 对大体积混凝土的养护，应根据气候条件按施工技术方案采取控温措施	观察，检查施工记录	全数检查

表 5-29　混凝土原材料每盘称重的偏差

材料名称	允许偏差	材料名称	允许误差
水泥、掺合料	±2%	水、外加剂	±2%
粗、细骨料	±3%		

注：1. 各种衡器应定期检查，每次使用前应进行零点校核，保持计量准确。
　　2. 当遇到雨天或含水率有显著变化时，应增加含水率检测次数，并及时调整水和骨料的用料。

四、现浇结构工程的质量控制与检验

现浇筑结构分项工程以模板、钢筋、预应力、混凝土四个分项工程为依托，是拆除模板后的混凝土结构实物外观质量、几何尺寸检验等一系列技术工作的总称。现行混凝土结构施工质量验收规范将混凝土工程和现浇结构两个分项工程分开，主要区别是混凝土工程主要是对混凝土拌合物的质量及施工过程进行控制，而现浇结构分项工程主要是已经浇筑完成的混凝土结构的构件进行验收。

1. 现浇结构工程的质量控制

建筑工程施工质量中不符合规定要求的检验项或检验点，按其程度分为严重缺陷、一般缺陷。严重缺陷是对结构构件的受力性能或安装使用性能有决定性影响的缺陷。一般缺陷是对结构构件的受力性能或安装使用性能无决定性影响的缺陷。

1）对现浇结构外观质量的验收，采用检查缺陷，并对缺陷的性质和数量加以限制的方法进行。现浇结构的外观质量缺陷，应由监理（建设）单位、施工单位等各方根据其对结构性能和使用功能影响的严重程度，按表 5-30 确定。

表 5-30　现浇结构外观质量缺陷

名称	现象	严重缺陷	一般缺陷
露筋	构件内钢筋未被混凝土包裹而外露	纵向受力钢筋有露筋	其他钢筋有少量露筋
蜂窝	混凝土表面缺少水泥砂浆而形成石子外露	构件主要受力部位有蜂窝	其他部位有少量蜂窝
孔洞	混凝土中孔穴深度和长度均超过保护层厚度	构件主要受力部位有孔洞	其他部位有少量孔洞
夹渣	混凝土中夹有杂物且深度超过保护层厚度	构件主要受力部位有夹渣	其他部位有少量夹渣
疏松	混凝土中局部不密实	构件主要受力部位有疏松	其他部位有少量疏松
裂缝	缝隙从混凝土表面延伸至混凝土内部	构件主要受力部位有影响结构性能或使用功能的裂缝	其他部位有少量不影响结构性能或使用功能的裂缝
连接部位缺陷	构件连接处混凝土缺陷及连接钢筋、连接松动	连接部位有影响结构传力性能的缺陷	连接部位有基本不影响结构传力性能的缺陷
外形缺陷	缺棱掉角、棱角不直、翘曲不平、飞边凸肋等	清水混凝土构件有影响使用功能或装饰效果的外形缺陷	其他混凝土构件有不影响使用功能的外形缺陷
外表缺陷	构件表面麻面、掉皮、起砂、沾污等	具有重要装饰效果的清水混凝土构件有外表缺陷	其他混凝土构件有不影响使用功能的外表缺陷

2）外观质量的严重缺陷通常会影响到结构性能，使用功能或耐久性。对已出现的严重缺陷，应由施工单位根据施工缺陷的具体情况提出具体处理方案，经监理（建设）单位认可后进行处理，并重新检查验收。

3）过大的尺寸偏差可能影响结构构件的受力性能、使用功能，可能影响设备在基础上的安装和使用。验收时应根据现浇结构、混凝土设备基础尺寸偏差的具体情况，由监理（建设）单位、施工单位等各方共同确定尺寸偏差对结构性能和安装使用功能的影响程度。对超过尺寸允许偏差且影响结构性能和安装、使用功能的部位，应由施工单位根据尺寸偏差的具体情况提出技术处理方案，经监理（建设）单位认可后再进行处理，并重新检查验收。

4）外观质量的一般缺陷通常不会影响到结构性能、使用功能，但有碍观瞻。因此，对已经出现的一般缺陷，也应及时处理，并重新检查验收。

5）现浇结构拆模后，应由监理（建设）单位、施工单位对外观质量和尺寸偏差进行检查，做出记录。

2. 现浇结构工程的质量检验

现浇结构工程外观质量和尺寸偏差的检验标准和检验方法见表 5-31。

表 5-31 现浇结构外观质量和尺寸偏差的检验标准

项目	序号	检验项目	质量标准	检验方法	检查数量
主控项目	1	外观质量	现浇结构的外观质量不应有严重缺陷。对已经出现的严重缺陷，应由施工单位提出技术处理方案，并由监理（建设）单位认可后处理。对经处理的部位，应重新检查验收	观察，检查技术处理方案	全数检查
	2	过大尺寸偏差处理及验收	现浇结构不应有影响结构性能和使用功能的尺寸偏差。混凝土设备基础不应有影响结构性能和设备安装的尺寸偏差。对超过尺寸允许偏差且影响结构性能和安装、使用功能的部位，应由施工单位提出技术处理方案，并由监理（建设）单位认可后进行处理。对经处理的部位，应重新检查验收	量测，检查技术处理方案	
一般项目	1	外观质量一般缺陷	现浇结构的外观质量不宜有一般缺陷。对已经出现的一般缺陷，应由施工单位按技术处理方案进行处理，并重新检查验收	观察，检查技术处理方案	全数检查
	2	现浇结构和混凝土设备基础尺寸的允许偏差及检验方法	现浇结构和混凝土设备基础拆模后的尺寸偏差应符合表 5-32 和表 5-33 的规定	见表 5-32 和表 5-33	现浇结构见表 5-32，设备基础全数检查

现浇结构尺寸允许偏差的检查方法见表 5-32 的规定，混凝土设备基础检查方法见表 5-33 的规定。

表 5-32 现浇结构尺寸允许偏差和检验方法

项目			允许偏差（mm）	检验方法	检查数量
轴线位置	基础		15	钢尺检查	在同一检验批内，对梁、柱和独立基础，应抽查构件数量的10%，且不少于3件；对墙和板，应按有代表性的自然间抽查10%，且不少于3间；对大空间结构，墙可按相邻轴线间高度5m左右划分检查面，板可按纵横轴线划分检查面，抽查10%，且均不少于3面；对电梯井，应全数检查
	独立基础		10		
	墙、柱、梁		8		
	剪力墙		5		
垂直度	层高	≤5m	8	经纬仪或吊线、钢尺检查	
		>5m	10	经纬仪或吊线、钢尺检查	
	全高（H）		$H/1000$ 且 ≤30	经纬仪、钢尺检查	
标高	层高		±10	水准仪或拉线、钢尺检查	
	全高		±30		
截面尺寸			+8，−5	钢尺检查	

项目		允许偏差（mm）	检验方法	检查数量
电梯井	井筒长、宽对定位中心线	+25，0	钢尺检查	
	井筒全高（H）垂直度	H/1000 且≤30	经纬仪、钢尺检查	
表面平整度		8	2m靠尺和塞尺检查	
预埋设施中心线位置	预埋件	10	钢尺检查	
	预埋螺栓	5		
	预埋管	5		
预留洞中心线位置		15	钢尺检查	

注：检查轴线、中心线位置时，应沿纵、横两个方向量测，并取其中的较大值。

表 5-33　混凝土设备基础尺寸允许偏差和检验方法

项目		允许偏差（mm）	检验方法
坐标位置		20	钢尺检查
不同平面的标高		0，−20	水准仪或拉线、钢尺检查
平面外形尺寸		±20	钢尺检查
凸台上平面外形尺寸		0，−20	钢尺检查
凹穴尺寸		+20，0	钢尺检查
平面水平度	每米	5	水平尺、塞尺检查
	全长	10	水准仪或拉线、钢尺检查
垂直度	每米	5	经纬仪或吊线、钢尺检查
	全高	10	
预埋地脚螺栓	标高（顶部）	+20，0	水准仪或拉线、钢尺检查
	中心距	±2	钢尺检查
预埋地脚螺栓孔	中心线位置	10	钢尺检查
	深度	+20，0	钢尺检查
	孔垂直度	10	吊线、钢尺检查
预埋活动地脚螺栓锚板	标高	+20，0	水准仪或拉线、钢尺检查
	中心线位置	5	钢尺检查
	带槽锚板平整度	5	钢尺、塞尺检查
	带螺纹孔锚板平整度	2	钢尺、塞尺检查

注：检查坐标、中心线位置时，应沿纵、横两个方向量测，并取其中的较大值。

3. 结构实体检验

对混凝土结构子分部工程的质量验收，应在钢筋、预应力、混凝土、现浇结构或装配式结构等相关分项工程验收合格的基础上，进行质量控制资料检查及观感质量验收，并应对涉及结构安全的材料、试件、施工工艺和结构的重要部位进行见证检测或结构实体检验。

1）结构实体检验

结构实体检验应满足以下规定：

（1）对涉及混凝土结构安全的重要部位应进行结构实体检验。结构实体检验应在监理工程师（建设单位项目专业技术负责人）见证下，由施工项目技术负责人组织实施。承担结构验收的试验室应具有相应的资质。

（2）结构实体的检验内容应包括混凝土强度、钢筋保护层厚度以及工程合同约定的项目；必要时可检验其他项目。

（3）对混凝土强度的检验，应以在混凝土浇筑地点制备并与结构实体同条件养护的试件强度为依据。混凝土强度检验用同条件养护试件的留置、养护和强度代表值应符合规范《混凝土结构工程施工质量验收规范》（GB 50204）附录 D 的规定，具体要求见下面第 2）项。

对混凝土强度的检验，也可根据合同的约定，采用非破坏或局部破损的检测方法，按国家现行有关标准的规定进行。

（4）当同条件养护试件强度的检验结果符合现行国家标准《混凝土强度检验评定标准》（GB/T 50107）的有关规定时，混凝土强度应判为合格。

（5）对钢筋保护层厚度的检验，抽取数量、检验方法、允许偏差与合格条件应符合规范《混凝土结构工程施工质量验收规范》（GB 50204）附录 E 的规定，具体要求见下面第 3）项。

（6）当未能取得同条件养护试件强度、同条件养护试件强度被判为不合格或钢筋保护层厚度不满足要求时，应委托具有相应资质等级的检测机构按国家有关标准的规定进行检测。

2）结构实体检验用同条件养护试件强度检验

混凝土结构中的混凝土强度，除按标准养护试块的强度检查验收外，在子分部工程验收之前，又增加了作为实体检验的结构混凝土强度检验。因为标准养护强度与实际结构中的混凝土，除了组成成分相同以外，成型工艺、养护条件都有很大差别，两者之间可能存在较大差异。因此增加这一层次的检验对控制工程质量是必要的。

《混凝土结构工程施工质量验收规范》（GB 50204）附录 D "结构实体检验用同条件养护试件强度检验" 内容如下：

D.0.1 同条件养护试件的留置方式和取样数量，应符合下列要求：

（1）同条件养护试件所对应的结构构件或结构部位，应由监理（建设）、施工等各方共同选定。

（2）对混凝土结构工程中的各混凝土强度等级，均应留置同条件养护试件。

（3）同一强度等级的同条件养护试件，其留置的数量应根据混凝土工程量和重要性确定，不宜少于 10 组，且不应少于 3 组。

（4）同条件养护试件拆模后，应放置在靠近相应结构试件或结构部位的适当位置，并应采取相同的养护方法。

D.0.2 同条件养护试件应在达到等效养护龄期时进行强度试验。

等效养护龄期应根据同条件养护试件强度与在标准养护条件下 28d 龄期试件强度相等的原则确定。

D.0.3 同条件自然养护试件的等效养护龄期及相应的试件强度代表值，宜根据当地的气温和养护条件，按下列规定确定：

（1）等效养护龄期可取按日平均气温逐日累计达到 600℃·d 时所对应的龄期，0℃ 及以下的龄期不计入；等效养护龄期不应小于 14d，也不宜大于 60d。

（2）同条件养护试件强度代表值应根据强度试验结果按现行国家标准《混凝土强度检验评定标准》（GB/T 50107）的规定确定后，乘折算系数取用；折算系数宜取为 1.10，也可根据当地的试验统计结果做适当调整。

D.0.4 冬期施工、人工加热养护的结构构件，其同条件养护试件的等效养护龄期可按结构构件的实际养护条件，由监理（建设）、施工等各方根据第 D.0.2 条的规定共同确定。

3）结构实体钢筋保护层厚度检验

钢筋的混凝土保护层厚度对其粘结、锚固性能及结构的耐久性和承载能力都有重大的影响。特别是受力钢筋的位移，往往减小内力臂而严重影响结构的承载能力。因此，对结构中的钢筋保护层厚度进行实体检验是保证结构安全的需要。

《混凝土结构工程施工质量验收规范》（GB 50204）附录 E "结构实体钢筋保护层厚度检验" 内容如下：

E.0.1 钢筋保护层厚度检验的结构部位和构件数量，应符合下列要求：

（1）钢筋保护层厚度检验的结构部位，应由监理（建设）、施工等各方根据结构构件的重要性共同选定。

（2）对梁类、板类构件，应各抽取构件数量的 2% 且不少于 5 个构件进行检验；当有悬挑构件时，抽取的构件中悬挑梁类、板类构件所占比例不宜小于 50%。

E.0.2 对选定的梁类构件，应对全部纵向受力钢筋的保护层厚度进行检验；对选定的板类构件，应抽查不少于 6 根纵向受力钢筋的保护层厚度进行检验。对每根钢筋，应在有代表性的部位测量 1 点。

E.0.3 钢筋保护厚度的检验，可采用非破损或局部破损的方法，也可采用非破损方法并同局部破损方法进行校准。当采用非破损方法检验时，所使用的检验仪器应该经过计量检验，检测操作应符合相应规程的规定。

钢筋保护层厚度检验的检测误差不应大于 1mm。

E.0.4 钢筋保护层厚度检验时，纵向受力钢筋保护层厚度的允许偏差，对梁类构件为 +10mm，−7mm；对板类构件为 +8mm，−5mm。

E.0.5 对梁类、板类构件纵向受力钢筋的保护层厚度应分别进行验收。结构实体钢筋保护层厚度验收合格应符合下列规定：

（1）当全部钢筋保护层厚度检验的合格点率为 90% 及以上时，钢筋保护层厚度的检验结果应判为合格。

（2）当全部钢筋保护层厚度检验的合格点率小于 90% 但不小于 80%，可再抽取相同数量的构件进行检验；当按两次抽样总和计算的合格点率为 90% 及以上时，钢筋保护层厚度的检验结果仍应判为合格。

（3）每次抽样检验结果中不合格点的最大偏差均不应大于附录 E.0.4 条规定允许偏差的 1.5 倍。

对涉及结构安全的材料、试件、施工工艺和结构的重要部位进行见证检测或结构实体检验，是为了确保混凝土结构的安全。

复习思考题

5-1 砌筑的砂浆对原材料质量有什么要求？

5-2 砂浆拌制和使用有何要求？

5-3　脚手眼的留设有什么要求？

5-4　砌体每日砌筑高度的规定是什么？

5-5　砖砌体分项工程检验批的检验项目有哪些？

5-6　模板安装分项工程中主要检查哪些项目？

5-7　什么情况下需要对模板起拱？其作用是什么？

5-8　简要分析选择"模板支撑"、"立柱位置和垫板"作为模板安装分项工程主控项目的原因。

5-9　现浇结构模板安装的允许偏差分别是多少？如果在检查中发现某工程某层模板安装的轴线偏差达到了 7mm，能否确认为是合格的？如果某根柱子模板的轴线偏差达到 8mm，如何处理？

5-10　模板的拆除时间如何确定？

5-11　钢筋原材料进场需要进行复验，复验的内容有哪些？

5-12　纵向受力钢筋机械连接和焊接的接头有什么要求？

5-13　钢筋安装的允许偏差有什么规定？

5-14　水泥进场需要检查哪些项目？如何取样？

5-15　混凝土强度等级的试件取样和留置有什么规定？

5-16　混凝土养护应符合哪些规定？

5-17　施工缝如何留设？如何处理？

5-18　严重缺陷和一般缺陷是如何定义的？

第六章　建筑屋面工程质量控制与检验

屋面工程的主要功能是防水、保温和隔热。屋面防水工程应根据建筑物的类别、重要程度、使用功能要求确定防水等级，并应按相应等级进行防水设防；对防水有特殊要求的建筑屋面，应进行专项防水设计。屋面防水等级和设防要求应符合表 6-1 的规定。

表 6-1　屋面防水等级和设防要求

防水等级	建筑类别	设防要求
Ⅰ	重要建筑和高层建筑	两道防水设防
Ⅱ	一般建筑	一道防水设防

屋面工程施工前应通过图纸会审，施工单位应掌握施工图中的细部构造及有关技术要求。施工单位应编制屋面工程专项施工方案，并应经监理单位或建设单位审查确认后执行。施工单位应取得建筑防水和保温工程相应等级的资质证书，作业人员应持证上岗。施工单位应建立、健全施工质量的检验制度，严格工序管理，做好隐蔽工程的质量检查和记录。施工单位应对新的或首次采用的新技术进行工艺评价，并应制定相应技术质量标准。

屋面工程每道工序施工完成后，应经监理单位或建设单位检查验收，并应在合格后再进行下道工序的施工。当下道工序或相邻工程施工时，应对屋面已完成的部分采取保护措施。伸出屋面的管道、设备或预埋件等，应在保温层和防水层施工前安设完毕。屋面保温层和防水层完工后，不得进行凿孔、打洞或重物冲击等有损屋面的作业。

屋面工程是一个分部工程，又划分为基层与保护、保温与隔热、防水与密封、瓦面与板面、细部构造等 5 个子分部工程。

第一节　基层与保护工程质量控制与检验

基层与保护工程作为一个子分部工程，包括找坡层和找平层、隔汽层、隔离层、保护层等分项工程。

一、基层与保护工程的质量控制

1）屋面混凝土结构层的施工，应符合现行国家标准《混凝土结构工程施工质量验收规范》（GB 50204）的有关规定。

2）屋面找坡应满足设计排水坡度要求，结构找坡不应小于 3‰，材料找坡宜为 2‰；檐沟、天沟纵向找坡不应小于 1‰，沟底水落差不得超过 200mm。

3）找坡层宜采用轻骨料混凝土；找坡材料应分层铺设和适当压实，表面应平整。

4）找平层宜采用水泥砂浆或细石混凝土；找平层的抹平工序应在初凝前完成，压光工序应在终凝前完成，终凝后应进行养护。

5）找平层的厚度和技术要求按照《屋面工程技术规范》（GB 50345）中的规定，应符合表 6-2 的要求。

表 6-2　找平层的厚度和技术要求

找平层分类	适用的基层	厚度（mm）	技术要求
水泥砂浆	整体现浇混凝土板	15～20	1：2.5 水泥砂浆
水泥砂浆	整体材料保温层	20～25	1：2.5 水泥砂浆
细石混凝土	装配式混凝土板	30～35	C20 混凝土，宜加钢筋网片
细石混凝土	板状材料保温层	30～35	C20 混凝土

6）找平层分格缝纵横间距不宜大于 6m，分格缝的宽度宜为 5～20mm。

7）隔汽层的基层应平整、干净、干燥。隔汽层施工前，应将基层表面清扫干净，并使其充分干燥，基层的干燥程度的简易检验方法，是将 1m² 卷材平坦地干铺在找平层上，静置 3～4h 后掀开检查，找平层覆盖部位与卷材上未见水印即可铺设。

8）隔汽层应设置在结构层与保温层之间；隔汽层应选用气密性、水密性好的材料。

9）在屋面与墙的连接处，隔汽层应沿墙面向上连续铺设，高出保温层上表面不得小于 150mm，以防止水蒸气因温差结露而导致水珠回落在周边的保温层上。

10）隔汽层采用卷材时宜空铺，卷材搭接缝应满粘，其搭接宽度不应小于 80mm；隔汽层采用涂料时，应涂刷均匀，涂料应涂两遍，且前后两遍的涂刷方向应相互垂直。

11）穿过隔汽层的管线周围应封严，转角处应无折损；隔汽层凡有缺陷或破损的部位，均应进行返修。

12）块体材料、水泥砂浆或细石混凝土保护层与卷材、涂膜防水层之间，应设置隔离层。隔离层可采用干铺塑料膜、土工布、卷材或铺抹低强度等级砂浆。

13）防水层上的保护层施工，应待卷材铺贴完成或涂料固化成膜，并经检验合格后进行。

14）刚性保护层施工应满足下列规定：

（1）用块体材料做保护层时，宜设置分格缝，分格缝纵横间距不应大于 10m，分格缝宽度宜为 20mm。

（2）用水泥砂浆做保护层时，为减少水泥砂浆自身的干缩或温度变化影响，表面应抹平压光，并应设表面分格缝，分格面积宜为 1m²。

（3）用细石混凝土做保护层时，混凝土应振捣密实，表面应抹平压光，分格缝纵横间距不应大于 6m，分格缝的宽度宜为 10～20mm。

（4）块体材料、水泥砂浆或细石混凝土保护层与女儿墙和山墙之间，应预留宽度为 30mm 的缝隙，缝内宜填塞聚苯乙烯泡沫塑料，并应用密封材料嵌填严密。

二、基层与保护工程的质量检验

1. 找坡层和找平层工程的质量检验

找坡层和找平层的质量检验标准、检验方法和检查数量见表 6-3。

表 6-3　找坡层和找平层检验批的质量检验标准

项目	序号	检验项目	质量标准	检验方法	检查数量
主控项目	1	材料质量及配合比	找坡层和找平层所用材料的质量及配合比，应符合设计要求	检查出厂合格证、质量检验报告和计量措施	按屋面面积每100m² 抽 1 处，每处应为 10m²，且不得少于 3 处
	2	排水坡度	找坡层和找平层的排水坡度，应符合设计要求	坡度尺检查	
一般项目	1	表面质量	找平层应抹平、压光，不得有酥松、起砂、起皮现象	观察检查	
	2	交接处和转角处	卷材防水层的基层与突出屋面结构的交接处以及基层的转角处，找平层应做成圆弧形，且应整齐平顺	观察检查	
	3	分格缝	找平层分格缝的宽度和间距，均应符合设计要求	观察和尺量检查	
	4	表面平整度	找坡层表面平整度的允许偏差为 7mm，找平层表面平整度的允许偏差为 5mm	2m 靠尺和塞尺检查	

2. 隔汽层工程的质量检验

隔汽层的质量检验标准、检验方法和检查数量见表 6-4。

表 6-4　隔汽层检验批的质量检验标准

项目	序号	检验项目	质量标准	检验方法	检查数量
主控项目	1	材料质量	隔汽层所用材料的质量，应符合设计要求	检查出厂合格证、质量检验报告和进场检验报告	按屋面面积每100m² 抽 1 处，每处应为 10m²，且不得少于 3 处
	2	隔汽层质量	隔汽层不得有破损现象	观察检查	
一般项目	1	卷材隔汽层表面质量	卷材隔汽层应铺设平整，卷材搭接缝应粘结牢固，密封应严密，不得有扭曲、皱折和起泡等缺陷	观察检查	
	2	涂膜隔汽层表面质量	涂膜隔汽层应粘结牢固，表面平整，涂布均匀，不得有堆积、起泡和露底等缺陷	观察检查	

3. 隔离层工程的质量检验

隔离层的质量检验标准、检验方法和检查数量见表 6-5。

表 6-5　隔离层检验批的质量检验标准

项目	序号	检验项目	质量标准	检验方法	检查数量
主控项目	1	材料质量及配合比	隔离层所用材料的质量及配合比，应符合设计要求	检查出厂合格证和计量措施	按屋面面积每100m² 抽 1 处，每处应为 10m²，且不得少于 3 处
	2	隔离层质量	隔离层不得有破损和漏铺现象	观察检查	
一般项目	1	塑料膜、土工布、卷材	塑料膜、土工布、卷材应铺设平整，其搭接宽度不应小于 50mm，不得有皱折	观察和尺量检查	
	2	砂浆表面	低强度等级砂浆表面应压实、平整，不得有起壳、起砂现象	观察检查	

4. 保护层工程的质量检验

保护层的质量检验标准、检验方法和检查数量见表 6-6。保护层的允许偏差和检验方法见表 6-7。

表 6-6　保护层检验批的质量检验标准

项目	序号	检验项目	质量标准	检验方法	检查数量
主控项目	1	材料质量及配合比	保护层所用材料的质量及配合比，应符合设计要求	检查出厂合格证、质量检验报告和计量措施	按屋面面积每100m² 抽 1 处，每处应为 10m²，且不得少于 3 处
主控项目	2	强度等级	块体材料、水泥砂浆或细石混凝土保护层的强度等级，应符合设计要求	检查块体材料、水泥砂浆或混凝土抗压强度试验报告	按屋面面积每100m² 抽 1 处，每处应为 10m²，且不得少于 3 处
一般项目	3	排水坡度	保护层的排水坡度，应符合设计要求	坡度尺检查	按屋面面积每100m² 抽 1 处，每处应为 10m²，且不得少于 3 处
一般项目	1	块体材料表面质量	块体材料保护层表面应干净，接缝应平整，周边应顺直，镶嵌应正确，应无空鼓现象	小锤轻击和观察检查	按屋面面积每100m² 抽 1 处，每处应为 10m²，且不得少于 3 处
一般项目	2	水泥砂浆、细石混凝土保护层	水泥砂浆、细石混凝土保护层不得有裂纹、脱皮、麻面和起砂等现象	观察检查	按屋面面积每100m² 抽 1 处，每处应为 10m²，且不得少于 3 处
一般项目	3	浅色涂料	浅色涂料应与防水层粘结牢固，厚薄应均匀，不得漏涂	观察检查	按屋面面积每100m² 抽 1 处，每处应为 10m²，且不得少于 3 处
一般项目	4	允许偏差	保护层的允许偏差和检验方法应符合表 6-7 的规定	见表 6-7	按屋面面积每100m² 抽 1 处，每处应为 10m²，且不得少于 3 处

表 6-7　保护层的允许偏差和检验方法

项目	允许偏差（mm）			检验方法
	块体材料	水泥砂浆	细石混凝土	
表面平整度	4.0	4.0	5.0	2m 靠尺和塞尺检查
缝格平直	3.0	3.0	3.0	拉线和尺量检查
接缝高低差	1.5	—	—	直尺和塞尺检查
板块间隙宽度	2.0	—	—	尺量检查
保护层厚度	设计厚度的 10%，且不得大于 5mm			钢针插入和尺量检查

第二节　保温与隔热工程质量控制与检验

保温与隔热工程是一个子分部工程，包括板状材料保温层、纤维材料保温层、喷涂硬泡聚氨酯保温层、现浇泡沫混凝土保温层和种植隔热层、架空隔热层、蓄水隔热层等分项工程。

一、保温与隔热工程的质量控制

1）铺设保温层的基层应平整、干燥和干净。

2）保温材料在施工过程中应采取防潮、防水和防火等措施。

3）屋面保温与隔热工程应根据建筑物的使用要求、屋面结构形式、环境条件、防水处理方法、施工条件等因素进行确定。

4）屋面保温材料应采用吸水率低、表观密度和导热系数较小的材料，板状材料还应有一定的强度。保温材料的品种、规格和性能等应符合现行产品标准和设计要求。

5）屋面保温与隔热工程要按国家和地区民用建筑节能设计标准进行设计和施工，才能实现建筑节能目标，同时还应符合现行国家标准《建筑节能工程施工质量验收规范》（GB 50411）的有关规定。

6）保温材料使用时的含水率，应相当于该材料在当地自然风干状态下的平衡含水率。

7）保温材料的导热系数、表观密度或干密度、抗压强度或压缩强度、燃烧性能，必须符合设计要求。

8）板状材料保温层施工时应符合下列规定：

（1）采用干铺法施工时，板状保温材料应紧靠在基层表面上，应铺平垫稳；分层铺设的板块上下层接缝应相互错开，板间缝隙应采用同类材料的碎屑嵌填密实，避免产生热桥。

（2）采用粘贴法施工时，胶粘剂应与保温材料的材性相容，并应贴严、粘牢；板状材料保温层的平面接缝应挤紧拼严，不得在板块侧面涂抹胶粘剂，超过 2mm 的缝隙应采用相同材料板条或片填塞严密。

（3）采用机械固定法施工时，应选择专用螺钉和垫片；固定件与结构层之间应连接牢固。

9）架空隔热层施工时的要求：

（1）架空隔热层的高度应按屋面宽度或坡度大小确定。设计无要求时，架空隔热层的高度宜为 180～300mm。

（2）为了保证通风效果，当屋面宽度大于 10m 时，应在屋面中部设置通风屋脊，通风口处应设置通风算子。

（3）架空隔热制品支座底面的卷材、涂膜防水层，应采取加强措施。

10）防水层经验收合格后，方可进行种植、架空、蓄水隔热层施工。施工时必须采取有效保护措施，否则损坏了防水层而产生渗漏，既不容易查找渗漏部位，也不容易维修。

二、保温与隔热工程的质量检验

1. 板状材料保温层的质量检验

板状材料保温层的质量检验标准、检验方法和检查数量见表 6-8。

表 6-8　板状材料保温层检验批的质量检验标准

项目	序号	检验项目	质量标准	检验方法	检查数量
主控项目	1	材料质量	板状保温材料的质量应符合设计要求	检查出厂合格证、质量检验报告和进场检验报告	按屋面面积每 100m² 抽 1 处，每处应为 10m²，且不得少于 3 处
	2	厚度	板状材料保温层的厚度应符合设计要求，其正偏差应不限，负偏差应为 5%，且不得大于 4mm	钢针插入和尺量检查	
	3	热桥部位	屋面热桥部位处理应符合设计要求	观察检查	

续表

项目	序号	检验项目	质量标准	检验方法	检查数量
一般项目	1	铺设质量	板状保温材料铺设应紧贴基层，应铺平垫稳，拼缝应严密，粘贴应牢固	观察检查	按屋面面积每100m² 抽 1 处，每处应为 10m²，且不得少于 3 处
	2	固定件	固定件的规格、数量和位置均应符合设计要求；垫片应与保温层表面齐平	观察检查	
	3	表面平整度	板状材料保温层表面平整度的允许偏差为 5mm	2m靠尺和塞尺检查	
	4	接缝高低差	板状材料保温层接缝高低差的允许偏差为 2mm	直尺和塞尺检查	

2. 架空隔热层工程的质量检验

架空隔热层的质量检验标准、检验方法和检查数量见表 6-9。

表 6-9　架空隔热层检验批的质量检验标准

项目	序号	检验项目	质量标准	检验方法	检查数量
主控项目	1	材料质量	架空隔热制品的质量应符合设计要求	检查材料或构件合格证和质量检验报告	按屋面面积每100m² 抽 1 处，每处应为 10m²，且不得少于 3 处
	2	铺设质量	架空隔热制品的铺设应平整、稳固，缝隙勾填应密实	观察检查	
一般项目	1	距山墙或女儿墙距离	架空隔热制品距离山墙或女儿墙不得小于 250mm	观察和尺量检查	
	2	构造做法	架空隔热层的高度及通风屋脊、变形缝做法，应符合设计要求	观察和尺量检查	
	3	接缝高低差	架空隔热制品接缝高低差的允许偏差为 3mm	直尺和塞尺检查	

第三节　防水与密封工程质量控制与检验

防水与密封工程是一个子分部工程，包括卷材防水层、涂膜防水层、复合防水层和接缝密封防水等分项工程。

一、防水与密封工程的质量控制

1) 防水层施工前，基层应坚实、平整、干净、干燥。

2) 基层处理剂应配比准确，并应搅拌均匀；喷涂或涂刷基层处理剂应均匀一致，待其干燥后应及时进行卷材防水层、涂膜防水层和接缝密封防水施工。

3) 屋面坡度大于 25% 时，卷材应采取满粘和钉压固定措施。

4) 卷材铺贴方向应符合下列规定：

(1) 卷材宜平行屋脊铺贴；

(2) 上下层卷材不得相互垂直铺贴。

5）卷材搭接缝应符合下列规定：

（1）平行屋脊的卷材搭接缝应顺流水方向，卷材搭接宽度应符合表 6-10 的规定；

（2）相邻两幅卷材短边搭接缝应错开，且不得小于 500mm；

（3）上下层卷材长边搭接缝应错开，且不得小于幅宽的 1/3。

表 6-10　卷材搭接宽度

卷材类别		搭接宽度（mm）
合成高分子防水卷材	胶粘剂	80
	胶粘带	50
	单缝焊	60，有效焊接宽度不小于 25
	双缝焊	80，有效焊接宽度 10×2＋空腔宽
高聚物改性沥青防水卷材	胶粘剂	100
	自粘	80

6）冷粘法铺贴卷材应符合下列规定：

（1）胶粘剂涂刷应均匀，不应露底，不应堆积；

（2）根据胶粘剂的性能和施工环境条件不同，应控制胶粘剂涂刷与卷材铺贴的间隔时间；

（3）卷材下面的空气应排尽，并应辊压粘贴牢固；

（4）卷材铺贴应平整顺直，搭接尺寸应准确，不得扭曲、皱折；

（5）接缝口应用密封材料封严，宽度不应小于 10mm。

7）热粘法铺贴卷材应符合下列规定：

（1）熔化热熔型改性沥青胶结料时，宜采用专用导热油炉加热，加热温度不应高于 200℃，使用温度不应低于 180℃；

（2）粘贴卷材的热熔型改性沥青胶结料厚度宜为 1.0～1.5mm；

（3）采用热熔型改性沥青胶结料粘贴卷材时，应随刮随铺，并应展平压实。

8）热熔法铺贴卷材应符合下列规定：

（1）火焰加热器加热卷材应均匀，要求火焰加热器的喷嘴与卷材的距离应适当，不得加热不足或烧穿卷材；

（2）卷材表面热熔后应立即滚铺，卷材下面的空气应排尽，并应辊压粘结牢固；

（3）卷材接缝部位应溢出热熔的改性沥青胶，溢出的改性沥青胶宽度宜为 8mm；

（4）铺贴的卷材应平整顺直，搭接尺寸应准确，不得扭曲、皱折；

（5）厚度小于 3mm 的高聚物改性沥青防水卷材，严禁采用热熔法施工。

9）自粘法铺贴卷材应符合下列规定：

（1）铺贴卷材时，应将自粘胶底面的隔离纸全部撕净，否则不能实现完全粘贴；

（2）卷材下面的空气应排尽，并应辊压粘结牢固；

（3）铺贴的卷材应平整顺直，搭接尺寸应准确，不得扭曲、皱折；

（4）接缝口应用密封材料封严，宽度不应小于 10mm；

（5）低温施工时，接缝部位宜采用热风加热，并应随即粘贴牢固。

10）焊接法铺贴卷材应符合下列规定：

（1）焊接前卷材应铺设平整、顺直，搭接尺寸应准确，不得扭曲、皱折；

（2）卷材焊接缝的结合面应干净、干燥，不得有水滴、油污及附着物；

（3）焊接时应先焊长边搭接缝，后焊短边搭接缝；

（4）控制加热温度和时间，焊接施工时必须严格控制，焊接缝不得有漏焊、跳焊、焊焦或焊接不牢现象；

（5）焊接时不得损害非焊接部位的卷材。

11）机械固定法铺贴卷材应符合下列规定：

（1）卷材应采用专用固定件进行机械固定；

（2）固定件应设置在卷材搭接缝内，外露固定件应用卷材封严；

（3）固定件应垂直钉入结构层有效固定，固定件数量和位置应符合设计要求；

（4）卷材搭接缝应粘结或焊接牢固，密封应严密；

（5）卷材周边 800mm 范围内应满粘。

12）涂膜防水层防水涂料应多遍涂布，并应待前一遍涂布的涂料干燥成膜后，再涂后一遍涂料，且前后两遍涂料的涂布方向应相互垂直。

13）涂膜防水层铺设胎体增强材料应符合下列规定：

（1）胎体增强材料宜采用聚酯无纺布或化纤无纺布；

（2）胎体增强材料长边搭接宽度不应小于 50mm，短边搭接宽度不应小于 70mm；

（3）上下层胎体增强材料的长边搭接缝应错开，且不得小于幅宽的 1/3；

（4）上下层胎体增强材料不得相互垂直铺设。

14）涂膜防水层多组分防水涂料应按配合比准确计量，搅拌应均匀，并应根据有效时间确定每次配制的数量。

15）防水层完工并经验收合格后，应及时做好成品保护。防水层验收可在雨后或持续淋水 2h 以后进行观察，有可能做蓄水试验的屋面，其蓄水时间不应少于 24h。

16）密封防水部位的基层应符合下列要求：

（1）基层应牢固，表面应平整、密实，不得有裂缝、蜂窝、麻面、起皮和起砂现象；

（2）基层应清洁、干燥，并应无油污、无灰尘；

（3）背衬材料应填塞在接缝处的密封材料底部，嵌入的背衬材料与接缝壁间不得留有空隙；

（4）密封防水部位的基层宜涂刷基层处理剂，涂刷应均匀，不得漏涂。

17）密封材料嵌填完成后，一般应养护 2～3d，在固化前应避免灰尘、破损及污染，且不得踩踏。

二、防水与密封工程的质量检验

1. 卷材防水层工程的质量检验

卷材防水层的质量检验标准、检验方法和检查数量见表 6-11。

2. 涂膜防水层工程的质量检验

涂膜防水层的质量检验标准、检验方法和检查数量见表 6-12。

表 6-11　卷材防水层检验批的质量检验标准

项目	序号	检验项目	质量标准	检验方法	检查数量
主控项目	1	卷材及其配套材料	防水卷材及其配套材料的质量，应符合设计要求	检查出厂合格证、质量检验报告和进场检验报告	按屋面面积每100m²抽查1处，每处应为10m²，且不得少于3处
	2	防水层施工质量	卷材防水层不得有渗漏和积水现象	雨后观察或淋水、蓄水试验	
	3	细部构造	卷材防水层在檐口、檐沟、天沟、水落口、泛水、变形缝和伸出屋面管道的防水构造，应符合设计要求	观察检查	
一般项目	1	搭接缝	卷材的搭接缝应粘结或焊接牢固，密封应严密，不得扭曲、皱折和翘边	观察检查	按屋面面积每100m²抽查1处，每处应为10m²，且不得少于3处
	2	收头	卷材防水层的收头应与基层粘结，钉压应牢固，密封应严密	观察检查	
	3	卷材铺贴与搭接	卷材防水层的铺贴方向应正确，卷材搭接宽度的允许偏差为－10mm	观察和尺量检查	
	4	排汽屋面	屋面排汽构造的排汽道应纵横贯通，不得堵塞；排汽管应安装牢固，位置应正确，封闭应严密	观察检查	

表 6-12　涂膜防水层检验批的质量检验标准

项目	序号	检验项目	质量标准	检验方法	检查数量
主控项目	1	防水涂料和胎体增强材料	防水涂料和胎体增强材料的质量应符合设计要求	检查出厂合格证、质量检验报告和进场检验报告	按屋面面积每100m²抽查1处，每处应为10m²，且不得少于3处
	2	防水层施工质量	涂膜防水层不得有渗漏和积水现象	雨后观察或淋水、蓄水试验	
	3	细部构造	涂膜防水层在檐口、檐沟、天沟、水落口、泛水、变形缝和伸出屋面管道的防水构造，应符合设计要求	观察检查和检查隐蔽工程验收记录	
	4	涂膜厚度	涂膜防水层的平均厚度应符合设计要求，且最小厚度不得小于设计厚度的80%	针测法或取样量测	
一般项目	1	涂膜施工	涂膜防水层与基层应粘结牢固，表面应平整，涂布应均匀，不得有流淌、皱折、起泡和露胎体等缺陷	观察检查	按屋面面积每100m²抽查1处，每处应为10m²，且不得少于3处
	2	收头	涂膜防水层的收头应用防水涂料多遍涂刷	观察检查	
	3	胎体增强材料	铺贴胎体增强材料应平整顺直，搭接尺寸应准确，应排除气泡，并与涂料粘结牢固；胎体增强材料搭接宽度的允许偏差为－10mm	观察和尺量检查	

3. 接缝密封防水工程的质量检验

接缝密封防水工程的质量检验标准、检验方法和检查数量见表 6-13。

表 6-13　接缝密封防水检验批的质量检验标准

项目	序号	检验项目	质量标准	检验方法	检查数量
主控项目	1	材料质量	密封材料及其配套材料的质量应符合设计要求	检查出厂合格证、质量检验报告和进场检验报告	每50m应抽查1处，每处应为5m，且不得少于3处
	2	嵌填质量	密封材料嵌填应密实、连续、饱满，粘结牢固，不得有气泡、开裂、脱落等缺陷	观察检查	
一般项目	1	基层处理	密封防水部位的基层应符合基层相关规定	观察检查	
	2	接缝允许偏差	接缝宽度和密封材料的嵌填深度应符合设计要求，接缝宽度的允许偏差为±10%	尺量检查	
	3	表面质量	嵌填的密封材料表面应平滑，缝边应顺直，应无明显不平和周边污染现象	观察检查	

第四节　细部构造工程质量控制与检验

细部构造工程是一个子分部工程，包括檐口、檐沟和天沟、女儿墙和山墙、水落口、变形缝、伸出屋面管道、屋面出入口、反梁过水孔、设施基座、屋脊、屋顶窗等分项工程。

一、细部构造工程的质量控制

1）细部构造所使用卷材、涂料和密封材料的质量应符合设计要求，两种材料之间应具有相容性。必要时应做两种材料的相容性试验。

2）屋面细部构造热桥部位的保温处理应符合设计要求。

3）卷材或涂膜防水屋面在檐沟和天沟的防水层下应增设附加层，防水层伸入屋面的宽度不应小于 250mm；防水层应由沟底翻上至外侧顶部，卷材的收头应用金属压条钉压固定，并用密封材料封严；涂膜收头应用防水涂料多遍涂刷，檐沟外侧下端做成鹰嘴或滴水槽。瓦屋面檐沟和天沟防水层下应增设附加层，附加层伸入屋面的宽度不应小于 500mm；檐沟和天沟防水层伸入瓦内的宽度不应小于 150mm，并应与屋面防水层顺水流方向搭接。烧结瓦、混凝土瓦伸入檐沟和天沟的长度为 50～70mm，沥青瓦伸入檐沟和天沟的长度为 10～20mm。

4）砌筑女儿墙和山墙应用现浇混凝土或预制混凝土压顶，压顶形成向内不小于 5% 的排水坡度，其内侧下端应做成鹰嘴或滴水槽防止倒水；混凝土压顶必须设分格缝并嵌填密封材料。泛水部位做附加层防水增强处理，泛水收头处理不当易产生翘边现象。

5）水落口杯的安装高度应充分考虑水落口部位增加的附加层和排水坡度的尺寸，保证水落口杯上口在排水沟的最低处，以免水落口杯周围积水。水落口的数量和位置要满足设计要求。水落口杯应用细石混凝土与基层固定牢固。

6）伸出屋面管道通常采用金属或 PVC 管材，由于温差变化引起的材料收缩会使管壁四周产生裂纹，所以在管壁四周应设附加层做防水增强处理。卷材防水层收头处应用管箍或镀锌铁丝扎紧后用密封材料封严。

二、细部构造工程的质量检验

1. 檐沟和天沟细部构造的质量检验

檐沟和天沟的质量检验标准、检验方法和检查数量见表 6-14。

表 6-14　檐沟、天沟细部构造的质量检验标准

项目	序号	检验项目	质量标准	检验方法	检查数量
主控项目	1	防水构造	檐沟、天沟的防水构造应符合设计要求	观察检查	全数检查
	2	排水坡度	檐沟、天沟的排水坡度应符合设计要求；沟内不得有渗漏和积水现象	坡度尺检查和雨后观察或淋水、蓄水试验	
一般项目	1	附加层铺设	檐沟、天沟附加层铺设应符合设计要求	观察和尺量检查	全数检查
	2	收头处理	檐沟防水层应由沟底翻上至外侧顶部，卷材收头应用金属压条钉压固定，并应用密封材料封严；涂膜收头应用防水涂料多遍涂刷	观察检查	
	3	外侧顶部及侧面做法	檐沟外侧顶部及侧面均应抹聚合物水泥砂浆，其下端应做成鹰嘴或滴水槽	观察检查	

2. 女儿墙和山墙细部构造的质量检验

女儿墙和山墙的质量检验标准、检验方法和检查数量见表 6-15。

表 6-15　女儿墙和山墙细部构造的质量检验标准

项目	序号	检验项目	质量标准	检验方法	检查数量
主控项目	1	防水构造	女儿墙和山墙的防水构造应符合设计要求	观察检查	全数检查
	2	压顶做法	女儿墙和山墙的压顶向内排水坡度不应小于5%，压顶内侧下端应做成鹰嘴或滴水槽	观察和坡度尺检查	
	3	根部质量	女儿墙和山墙的根部不得有渗漏和积水现象	雨后观察或淋水试验	
一般项目	1	泛水做法	女儿墙和山墙的泛水高度及附加层铺设应符合设计要求	观察和尺量检查	全数检查
	2	卷材施工	女儿墙和山墙的卷材应满粘，卷材收头应用金属压条钉压固定，并应用密封材料封严	观察检查	
	3	涂膜施工	女儿墙和山墙的涂膜应直接涂刷至压顶下，涂膜收头应用防水涂料多遍涂刷	观察检查	

3. 水落口细部构造的质量检验

水落口细部构造的质量检验标准、检验方法和检查数量见表 6-16。

表 6-16　水落口细部构造的质量检验标准

项目	序号	检验项目	质量标准	检验方法	检查数量
主控项目	1	防水构造	水落口的防水构造应符合设计要求	观察检查	全数检查
	2	水落口杯施工质量	水落口杯上口应设在沟底的最低处；水落口处不得有渗漏和积水现象	雨后观察或淋水、蓄水试验	
一般项目	1	水落口数量和位置	水落口的数量和位置应符合设计要求；水落口杯应安装牢固	观察和手扳检查	全数检查
	2	水落口周围坡度	水落口周围直径 500mm 范围内坡度不应小于 5%，水落口周围的附加层铺设应符合设计要求	观察和尺量检查	
	3	防水层及附加层	防水层及附加层伸入水落口杯内不应小于 50mm，并应粘结牢固	观察和尺量检查	

4. 伸出屋面管道细部构造的质量检验

伸出屋面管道细部构造的质量检验标准、检验方法和检查数量见表 6-17。

表 6-17　伸出屋面管道细部构造的质量检验标准

项目	序号	检验项目	质量标准	检验方法	检查数量
主控项目	1	防水构造	伸出屋面管道的防水构造应符合设计要求	观察检查	全数检查
	2	伸出屋面管道根部质量	伸出屋面管道根部不得有渗漏和积水现象	雨后观察或淋水试验	
一般项目	1	泛水高度及附加层铺设	伸出屋面管道的泛水高度及附加层铺设，应符合设计要求	观察和尺量检查	全数检查
	2	伸出屋面管道周围坡度	伸出屋面管道周围的找平层应抹出高度不小于 30mm 的排水坡	观察和尺量检查	
	3	收头处理	卷材防水层收头处应用金属箍紧固，并用密封材料封严；涂膜防水层收头应用防水涂料多遍涂刷	观察检查	

复习思考题

6-1　屋面分部工程划分为哪些子分部工程？

6-2　基层与保护工程包括哪些分项工程？

6-3　隔离层的一般要求是什么？

6-4　在卷材防水施工中卷材铺贴的方向是如何规定的？

6-5　对冷粘法铺贴卷材有何规定？

6-6　对热熔法铺贴卷材有何规定？

6-7　涂膜防水层铺设胎体增强材料应符合哪些规定？

6-8　屋面细部构造包括哪些分项工程？

第七章 建筑装饰装修工程质量控制与检验

建筑装饰装修的定义是：为保护建筑物的主体结构、完善建筑物的使用功能和美化建筑物，采用装饰装修材料或饰物，对建筑物的内外表面及空间进行的各种处理过程。建筑装饰装修工程作为一个分部工程，其又划分为地面、抹灰、门窗、吊顶、轻质隔墙、饰面板（砖）、幕墙、涂饰、裱糊与软包、细部等子分部工程。

第一节 地面工程质量控制与检验

地面子分部工程包括整体面层、板块面层、木竹面层三个部分，每个部分又有基层和面层分项工程。下面主要介绍基层铺设、整体面层铺设、板块面层铺设等内容。

一、基层铺设工程质量控制与检验

（一）基层铺设工程的质量控制

基层是面层下的构造层，包括填充层、隔离层、绝热层、找平层、垫层和基土等。填充层是在建筑地面中具有隔声、找坡等作用和暗敷管线的构造层；隔离层是防止建筑地面上各种液体或地下水、潮气渗透地面等作用的构造层；绝热层是指地面阻挡热量传递的构造层；找平层是在垫层、楼板上或填充层上起整平、找坡或加强作用的构造层；垫层是承受并传递地面荷载于基土上的构造层；基土是底层地面的地基土层。

1. 原材料的质量控制

（1）基土不应用淤泥、腐殖土、冻土、耕植土、膨胀土和建筑杂物作为填土，填土土块的粒径不应大于 50mm。

（2）灰土垫层应采用熟化石灰与黏土（或粉质黏土、粉土）的拌合料铺设，熟化石灰粉可采用磨细生石灰，亦可用粉煤灰代替。熟化石灰颗粒粒径不应大于 5mm；黏土（或粉质黏土、粉土）内不得含有有机物质，颗粒粒径不应大于 16mm。

（3）砂垫层和砂石垫层中砂石应选用天然级配材料，砂和砂石不应含有草根等有机杂质；砂应采用中砂；石子最大粒径不应大于垫层厚度的 2/3。

（4）碎石垫层和碎砖垫层碎石的强度应均匀，最大粒径不应大于垫层厚度的 2/3；碎砖不应采用风化、酥松、夹有有机杂质的砖料，颗粒粒径不应大于 60mm。

（5）三合土垫层采用石灰、砂（可掺入少量黏土）与碎砖的拌合料铺设；四合土垫层应采用水泥、石灰、砂（可掺入少量黏土）与碎砖的拌合料铺设，水泥宜采用硅酸盐水泥、普通硅酸盐水泥；熟化石灰颗粒粒径不应大于 5mm；砂应用中砂，并不得含有草根等有机物质；碎砖不应采用风化、酥松、夹有有机杂质的砖料，颗粒粒径不应大于 60mm。

（6）炉渣垫层采用炉渣或水泥与炉渣或水泥、石灰与炉渣的拌合料铺设。炉渣或水泥渣垫层的炉渣，使用前应浇水闷透；水泥石灰炉渣垫层的炉渣，使用前应用石灰浆或用熟化石灰浇水拌合闷透；闷透时间均不得少于 5d。炉渣内不应含有有机杂质和未燃尽的煤块，颗粒粒径不应大于 40mm，且颗粒粒径在 5mm 及其以下的颗粒，不得超过总体积的 40%；熟化石灰颗粒粒径不应大于 5mm。

（7）水泥混凝土垫层和陶粒混凝土垫层采用的粗骨料，其最大粒径不应大于垫层厚度的 2/3，含泥量不应大于 3%；砂为中粗砂，其含泥量不应大于 3%。陶粒中粒径小于 5mm 的颗粒含量应小于 10%；粉煤灰陶粒中大于 15mm 的颗粒含量不应大于 5%；陶粒中不得混夹杂物或黏土块。陶粒宜选用粉煤灰陶粒、页岩陶粒等。水泥混凝土和陶粒混凝土的强度等级应符合设计要求。陶粒混凝土的密度应在 800～1400kg/m³ 之间。

（8）找平层采用碎石或卵石的粒径不应大于其厚度的 2/3，含泥量不应大于 2%；砂为中粗砂，其含泥量不应大于 3%。水泥砂浆体积比、水泥混凝土强度等级应符合设计要求，且水泥砂浆体积比不应小于 1：3（或相应强度等级）；水泥混凝土强度等级不应小于 C15。

2. 基土和垫层施工的质量控制

（1）地面应铺设在均匀密实的基土上。土层结构被扰动的基土应进行换填，并予以压实，压实系数应符合设计要求。

（2）对软弱土层应按设计要求进行处理。

（3）填土应分层摊铺、分层压（夯）实、分层检验其密实度。填土质量应符合现行国家标准《建筑地基基础工程施工质量验收规范》（GB 50202）的有关规定。

（4）填土时应为最优含水量。重要工程或大面积的地面填土前，应取土样，按击实试验确定最优含水量与相应的最大干密度。

（5）基层铺设前，其下一层表面应干净、无积水。

（6）垫层分段施工时，接槎处应做成阶梯形，每层接槎处的水平距离应错开 0.5～1.0m。接槎处不应设在地面荷载较大的部位。

（7）灰土垫层应铺设在不受地下水浸泡的基土上。施工后应有防止水浸泡的措施。

（8）灰土垫层应分层夯实，经湿润养护、晾干后方可进行下一道工序施工。

（9）灰土垫层不宜在冬期施工。当必须在冬期施工时，应采取可靠措施。

（10）砂垫层和砂石垫层铺设时不应有粗细颗粒分离现象，压（夯）至不松动为止。

（11）炉渣垫层在垫层铺设前，其下一层应湿润；铺设时应分层压实，表面不得有泌水现象。铺设后应养护，待其凝结后方可进行下一道工序施工。

（12）炉渣垫层施工过程中不宜留施工缝。当必须留缝时，应留直槎，并保证间隙处密实，接槎时应先刷水泥浆，再铺炉渣拌合料。

（13）水泥混凝土垫层和陶粒混凝土垫层应铺设在基土上。当气温长期处于 0℃ 以下，设计无要求时，垫层应设置缩缝，缝的位置、嵌缝做法等应与面层伸、缩缝相一致，并应符合基本规定的要求。

（14）垫层铺设前，当为水泥类基层时，其下一层表面应湿润。

（15）室内地面的水泥混凝土垫层和陶粒混凝土垫层，应设置纵向缩缝和横向缩缝；纵向缩缝、横向缩缝的间距均不得大于 6m。垫层的纵向缩缝应做平头缝或加肋板平头缝。当垫层厚度大于 150mm 时，可做企口缝。横向缩缝应做假缝。平头缝和企口缝的缝间不得放置隔离材料，浇筑时应互相紧贴。企口缝尺寸应符合设计要求，假缝宽度宜为 5～20mm，深度为垫层厚度的 1/3，填缝材料应与地面变形缝的填缝材料相一致。

（16）工业厂房、礼堂、门厅等大面积水泥混凝土垫层、陶粒混凝土垫层应分区段浇筑。分区段应结合变形缝位置、不同类型的建筑地面连接处和设备基础的位置进行划分，并应与设置的纵向、横向缩缝的间距相一致。

3. 找平层施工的质量控制

（1）找平层宜采用水泥砂浆或水泥混凝土铺设。当找平层厚度小于 30mm 时，宜用水泥砂浆做找平层；当找平层厚度不小于 30mm 时，宜用细石混凝土做找平层。

（2）找平层铺设前，当其下一层有松散填充料时，应予铺平振实。

（3）有防水要求的建筑地面工程，铺设前必须对立管、套管和地漏与楼板节点之间进行密封处理，并应进行隐蔽验收；排水坡度应符合设计要求。

（4）在预制钢筋混凝土板上铺设找平层前，板缝填嵌的施工应符合下列要求：

① 预制钢筋混凝土板相邻缝底宽不应小于 20mm；

② 填嵌时，板缝内应清理干净，保持湿润；

③ 填缝采用细石混凝土，其强度等级不得小于 C20。填缝高度应低于板面 10～20mm，且振捣密实；填缝后应养护。当填缝混凝土的强度等级达到 C15 后方可继续施工。

④ 当板缝底宽大于 40mm 时，应按设计要求配置钢筋。

（5）在预制钢筋混凝土板上铺设找平层时，其板端应按设计要求做防裂的构造措施。

4. 隔离层施工的质量控制

（1）隔离层材料的防水、防油渗性能应符合设计要求。

（2）隔离层的铺设层数（或道数）、上翻高度应符合设计要求。有种植要求的地面隔离层的防根穿刺等应符合现行行业标准《种植屋面工程技术规程》（JGJ 155）的有关规定。

（3）在水泥类找平层上铺设卷材类、涂料类防水、防油渗隔离层时，其表面应坚固、洁净、干燥。铺设前，应涂刷基层处理剂。基层处理剂应采用与卷材性能相容的配套材料或采用与涂料性能相容的同类涂料的底子油。

（4）当采用掺有防渗外加剂的水泥类隔离层时，其配合比、强度等级、外加剂的复合掺量等应符合设计要求。

（5）铺设隔离层时，在管道穿过楼板面四周，防水、防油渗材料应向上铺涂，并超过套管的上口；在靠近柱、墙处，应高出面层 200～300mm 或按设计要求的高度铺涂。阴阳角和管道穿过楼板面的根部应增加铺涂附加防水、防油渗隔离层。

（6）隔离层兼作面层时，其材料不得对人体及环境产生不利影响，并应符合现行国家标准《食品安全性毒理学评价程序》（GB 15193.1）和《生活饮用水卫生标准》（GB 5749）的有关规定。

（7）防水隔离层铺设后，应进行蓄水检验。蓄水深度最浅处不得小于 10mm，蓄水时间不得少于 24h，并做记录。

（8）隔离层施工质量检验应符合现行国家标准《屋面工程质量验收规范》（GB 50207）的有关规定。

5. 填充层施工的质量控制

（1）填充层材料的密度应符合设计要求。

（2）填充层的下一层表面应平整。当为水泥类时，应洁净、干燥，并不得有空鼓、裂缝和起砂等缺陷。

（3）采用松散材料铺设填充层时，应分层铺平拍实；采用板、块状材料铺设填充层时，应分层错缝铺贴。

（4）有隔声要求的楼面，隔声垫在柱、墙面的上翻高度应超出楼面 20mm，且应收口于踢脚线内。地面上有竖向管道时，隔声垫应包裹管道四周，高度同卷向柱、墙面的高度。隔声垫保护膜之间应错缝搭接，搭接长度应大于 100mm，并用胶带等封闭。

（5）隔声垫上部应设置保护层，其构造做法应符合设计要求。当设计无要求时，混凝土保护层厚度不应小于 30mm，内配间距不大于 200mm×200mm 的 $\phi6mm$ 钢筋网片。

（6）有隔声要求的建筑地面工程还应符合现行国家标准《建筑隔声评价标准》（GB/T 50121）、《民用建筑隔声设计规范》（GB 50118）的有关要求。

6. 绝热层施工的质量控制

（1）绝热层材料的性能、品种、厚度、构造做法应符合设计要求和国家现行有关标准的规定。

（2）建筑物室内接触基土的首层地面应增设水泥混凝土垫层后方可铺设绝热层，垫层的厚度及强度等级应符合设计要求。首层地面及楼层楼板铺设绝热层前，表面平整度宜控制在 3mm 以内。

（3）有防水、防潮要求的地面，宜在防水、防潮隔离层施工完毕并验收合格后再铺设绝热层。

（4）穿越地面进入非采暖保温区域的金属管道应采取隔断热桥的措施。

（5）绝热层与地面面层之间应设有水泥混凝土结合层，构造做法及强度等级应符合设计要求。设计无要求时，水泥混凝土结合层的厚度不应小于 30mm，层内应设置间距不大于 200mm×200mm 的 $\phi6mm$ 钢筋网片。

（6）有地下室的建筑，地上、地下交界部位楼板的绝热层应采用外保温做法，绝热层表面应设有外保护层。外保护层应安全、耐候，表面应平整、无裂纹。

（7）建筑物勒脚处绝热层的铺设应符合设计要求。设计无要求时，应符合下列规定：

① 当地区冻土深度不大于 500mm 时，应采用外保温做法；

② 当地区冻土深度大于 500mm 且不大于 1000mm 时，宜采用内保温做法；

③ 当地区冻土深度大于 1000mm 时，应采用内保温做法；

④ 当建筑物的基础有防水要求时，宜采用内保温做法。

⑤ 采用外保温做法的绝热层，宜在建筑物主体结构完成后再施工。

（8）绝热层的材料不应采用松散型材料或抹灰浆料。

（9）绝热层施工质量检验应符合现行国家标准《建筑节能工程施工质量验收规范》（GB 50411）的有关规定。

（二）基层铺设工程的质量检验

1. 基层表面的允许偏差

基层表面应平整，其允许偏差和检验方法应符合表 7-1 的规定。

2. 找平层工程的质量检验

找平层工程的质量检验标准、检验方法和检查数量见表 7-2。

表7-1　基层表面的允许偏差和检验方法

允许偏差（mm）

项次	项目	基层·基土 土	垫层 砂、砂石、碎石、碎砖	垫层 灰土、三合土、四合土、炉渣、水泥混凝土、陶粒混凝土	垫层 木搁栅	垫层地板 拼花实木地板、拼花实木复合地板、软木类地板面层	垫层地板 其他种类面层	找平层 用胶结料做结合层铺设板块面层	找平层 用水泥砂浆做结合层铺设板块面层	找平层 用胶粘剂做结合层铺设拼花木板、浸渍纸层压木质地板、实木复合地板、竹地板、软木地板面层	填充层 金属板面层	填充层 松散材料	填充层 板、块材料	隔离层 防水、防潮、防油渗	绝热层 板块材料、浇筑材料、喷涂材料	检验方法
1	表面平整度	15	15	10	3	3	5	3	5	2	3	7	5	3	4	用2m靠尺和楔形塞尺检查
2	标高	0～50	±20	±10	±5	±5	±8	±5	±8	±4	±4	±4	±4	±4	±4	用水准仪检查
3	坡度	不大于房间相应尺寸的2/1000，且不大于30														用坡度尺检查
4	厚度	在个别地方不大于设计厚度的1/10，且不大于20														用钢尺检查

表 7-2　找平层分项工程检验批的质量检验标准

项目	序号	检验项目	质量标准	检验方法	检查数量
主控项目	1	材料质量	找平层采用碎石或卵石的粒径不应大于其厚度的 2/3，含泥量不应大于 2%；砂为中粗砂，其含泥量不应大于 3%	观察检查和检查质量合格证明文件	同一工程、同一强度等级、同一配合比检查 1 次
	2	体积比或强度等级	水泥砂浆体积比、水泥混凝土强度等级应符合设计要求，且水泥砂浆体积比不应小于 1:3（或相应强度等级）；水泥混凝土强度等级不应小于 C15	观察检查和检查配合比试验报告、强度等级检测报告	配合比试验报告按同一工程、同一强度等级、同一配合比检查 1 次；强度等级检测报告按基本规定的要求
	3	有防水要求的地面	有防水要求的建筑地面工程的立管、套管、地漏处不应渗漏，坡向应正确、无积水	观察检查和蓄水、泼水检验及坡度尺检查	抽查数量应随机检验不应少于 3 间；不足 3 间，应全数检查；其中走廊（过道）应以 10 延长米为 1 间，工业厂房（按单跨计）、礼堂、门厅应以 2 个轴线为 1 间计算；有防水要求的建筑地面子分部工程的分项工程施工质量每检验批抽查数量应按其房间总数随机检验不应少于 4 间，不足 4 间，应全数检查
	4	有防静电要求的地面	有防静电要求的整体面层的找平层施工前，其下敷设的导电地网系统应与接地引下线和地下接地体有可靠连接，经电性能检测且符合相关要求后进行隐蔽工程验收	观察检查和检查质量合格证明文件	
一般项目	1	找平层与下一层结合	找平层与其下一层结合牢固，不应有空鼓	用小锤轻击检查	抽查数量应随机检验不应少于 3 间；不足 3 间，应全数检查；其中走廊（过道）应以 10 延长米为 1 间，工业厂房（按单跨计）、礼堂、门厅应以 2 个轴线为 1 间计算；有防水要求的建筑地面子分部工程的分项工程施工质量每检验批抽查数量应按其房间总数随机检验不应少于 4 间，不足 4 间，应全数检查
	2	表面质量	找平层表面应密实，不应有起砂、蜂窝和裂缝等缺陷	观察检查	
	3	表面允许偏差	找平层的表面允许偏差应符合表 7-1 的规定	见表 7-1	

3. 隔离层工程的质量检验

隔离层工程的质量检验标准、检验方法和检查数量见表 7-3。

表 7-3　隔离层分项工程检验批的质量检验标准

项目	序号	检验项目	质量标准	检验方法	检查数量
主控项目	1	材料质量	隔离层材质应符合设计要求和国家现行有关标准的规定	观察检查和检查型式检验报告、出厂检验报告、出厂合格证	同一工程、同一材料、同一生产厂家、同一型号、同一规格、同一批号检查 1 次

续表

项目	序号	检验项目	质量标准	检验方法	检查数量
主控项目	2	材料进场复验	卷材类、涂料类隔离层材料进入施工现场，应对材料的主要物理性能指标进行复验	检查复验报告	执行现行国家标准《屋面工程质量验收规范》（GB 50207）的有关规定
	3	隔离层构造	厕浴间和有防水要求的建筑地面必须设置防水隔离层。楼层结构必须采用现浇混凝土或整块预制混凝土板，混凝土强度等级不应小于C20；房间的楼板四周除门洞外应做混凝土翻边，高度不应小于200mm，宽同墙厚，混凝土强度等级不应小于C20。施工时结构层标高和预留孔洞位置应准确，严禁乱凿洞	观察和钢尺检查	有防水要求的建筑地面子分部工程的分项工程施工质量每检验批抽查数量应按其房间总数随机检验不应少于4间，不足4间，应全数检查
	4	防水等级和强度等级	水泥类防水隔离层的防水等级和强度等级应符合设计要求	观察检查和检查防水等级检测报告、强度等级检测报告	防水等级检测报告、强度等级检测报告均按基本规定要求检查
	5	隔离层坡度	防水隔离层严禁渗漏，排水的坡向应正确、排水通畅	观察检查和蓄水、泼水检验、坡度尺检查及检查验收记录	抽查数量应随机检验不应少于3间；不足3间，应全数检查；其中走廊（过道）应以10延长米为1间，工业厂房（按单跨计）、礼堂、门厅应以2个轴线为1间计算；有防水要求的建筑地面子分部工程的分项工程施工质量每检验批抽查数量应按其房间总数随机检验不应少于4间，不足4间，应全数检查
一般项目	1	隔离层厚度	隔离层厚度应符合设计要求	观察检查和用钢尺、卡尺检查	
	2	隔离层施工质量	隔离层与其下一层应粘结牢固，不得有空鼓；防水涂层应平整、均匀，无脱皮、起壳、裂缝、鼓泡等缺陷	用小锤轻击检查和观察检查	
	3	表面的允许偏差	隔离层表面的允许偏差应符合表7-1的规定	见表7-1	

4. 填充层工程的质量检验

填充层工程的质量检验标准、检验方法和检查数量见表7-4。

表7-4 填充层分项工程检验批的质量检验标准

项目	序号	检验项目	质量标准	检验方法	检查数量
主控项目	1	材料质量	填充层材料应符合设计要求和国家现行有关标准的规定	观察检查和检查质量合格证明文件	同一工程、同一材料、同一生产厂家、同一型号、同一规格、同一批号检查1次
	2	厚度、配合比	填充层的厚度、配合比应符合设计要求	用钢尺检查和检查配合比试验报告	抽查数量应随机检验不应少于3间；不足3间，应全数检查；其中走廊（过道）应以10延长米为1间，工业厂房（按单跨计）、礼堂、门厅应以2个轴线为1间计算
	3	有密闭要求的接缝	对填充材料接缝有密闭要求的应密封良好	观察检查	

续表

项目	序号	检验项目	质量标准	检验方法	检查数量
一般项目	1	填充层铺设	松散材料填充层铺设应密实；板块状材料填充层应压实、无翘曲	观察检查	抽查数量应随机检验不应少于3间；不足3间，应全数检查；其中走廊（过道）应以10延长米为1间，工业厂房（按单跨计）、礼堂、门厅应以2个轴线为1间计算
	2	坡度	填充层的坡度应符合设计要求，不应有倒泛水和积水现象	观察和采用泼水或用坡度尺检查	
	3	表面的允许偏差	填充层表面的允许偏差应符合表7-1的规定	见表7-1	
	4	隔声的填充层	用作隔声的填充层，其表面允许偏差应符合表7-1中隔离层的规定	见表7-1	

5. 绝热层工程的质量检验

绝热层工程的质量检验标准、检验方法和检查数量见表7-5。

表 7-5　绝热层分项工程检验批的质量检验标准

项目	序号	检验项目	质量标准	检验方法	检查数量
主控项目	1	材料质量	绝热层材料应符合设计要求和国家现行有关标准的规定	观察检查和检查型式检验报告、出厂检验报告、出厂合格证	同一工程、同一材料、同一生产厂家、同一型号、同一规格、同一批号检查1次
	2	材料复验	绝热层材料进入施工现场时，应对材料的导热系数、表观密度、抗压强度或压缩强度、阻燃性进行复验	检查复验报告	同一工程、同一材料、同一生产厂家、同一型号、同一规格、同一批号复验1组
	3	板块材料铺贴	绝热层的板块材料应采用无缝铺贴法铺设，表面应平整	观察检查、楔形塞尺检查	抽查数量应随机检验不应少于3间；不足3间，应全数检查；其中走廊（过道）应以10延长米为1间，工业厂房（按单跨计）、礼堂、门厅应以2个轴线为1间计算
一般项目	1	绝热层厚度	绝热层的厚度应符合设计要求，不应出现负偏差，表面应平整	直尺或钢尺检查	抽查数量应随机检验不应少于3间；不足3间，应全数检查；其中走廊（过道）应以10延长米为1间，工业厂房（按单跨计）、礼堂、门厅应以2个轴线为1间计算
	2	表面质量	绝热层表面应无开裂	观察检查	
	3	结合层或找平层的允许偏差	绝热层与地面面层之间的水泥混凝土结合层或水泥砂浆找平层，表面应平整，允许偏差应符合表7-1中找平层的规定	见表7-1	

二、整体面层铺设质量控制与检验

整体面层包括水泥混凝土（含细石混凝土）面层、水泥砂浆面层、水磨石面层、硬化耐磨面层、防油渗面层、不发火（防爆）面层、自流平面层、涂料面层、塑胶面层、地面辐射供暖等的面层。

1. 整体面层铺设的质量控制

（1）铺设整体面层时，水泥类基层的抗压强度不得小于 1.2MPa。

（2）水泥类基层表面应粗糙、洁净、湿润并不得有积水。铺设前宜凿毛或涂刷界面处理剂。硬化耐磨面层、自流平面层的基层处理应符合设计及产品的要求。

（3）铺设整体面层时，地面变形缝的位置应符合规范基本规定的要求；大面积水泥类面层应设置分格缝。

（4）整体面层施工后，养护时间不应少于 7d；抗压强度应达到 5MPa 后方准上人行走；抗压强度应达到设计要求后，方可正常使用。

（5）当采用掺有水泥拌合料做踢脚线时，不得用石灰混合砂浆打底。

（6）水泥类整体面层的抹平工作应在水泥初凝前完成，压光工作应在水泥终凝前完成。

（7）水泥混凝土面层铺设不得留施工缝。当施工间隙超过允许时间规定时，应对接槎处进行处理。

（8）自流平面层可采用水泥基、石膏基、合成树脂基等拌合物铺设。

（9）施工过程中对楼层梯段相邻踏步高度差要加强控制，保证偏差值要能够满足要求。

（10）地面辐射供暖系统施工验收合格后，方可进行面层铺设。面层分格缝的构造做法应符合设计要求。

（11）厕浴间、厨房和有排水（或其他液体）要求的建筑地面面层与相连接各类面层的标高差应符合设计要求。

（12）厕浴间和有防滑要求的建筑地面应符合设计防滑要求。

（13）有种植要求的建筑地面，其构造做法应符合设计要求和现行行业标准《种植屋面工程技术规程》(JGJ 155) 的有关规定。设计无要求时，种植地面应低于相邻建筑地面 50mm 以上或做槛台处理。

（14）建筑地面下的沟槽、暗管、保温、隔热、隔声等工程完工后，应经检验合格并做隐蔽记录，方可进行建筑地面工程的施工。

（15）建筑地面工程完工后，应对面层采取保护措施。

2. 整体面层铺设的质量检验

1）整体面层的允许偏差

整体面层的允许偏差和检验方法应符合表 7-6 的规定。

表 7-6　整体面层的允许偏差和检验方法

项次	项目	允许偏差（mm）									检验方法
		水泥混凝土面层	水泥砂浆面层	普通水磨石面层	高级水磨石面层	硬化耐磨面层	防油渗混凝土和不发火（防爆）面层	自流平面层	涂料面层	塑胶面层	
1	表面平整度	5	4	3	2	4	5	2	2	2	用 2m 靠尺和楔形塞尺检查

续表

项次	项目	允许偏差（mm）									检验方法
		水泥混凝土面层	水泥砂浆面层	普通水磨石面层	高级水磨石面层	硬化耐磨面层	防油渗混凝土和不发火（防爆）面层	自流平面层	涂料面层	塑胶面层	
2	踢脚线上口平直	4	4	3	3	4	4	3	3	3	拉5m线和用钢尺检查
3	缝格平直	3	3	3	2	3	3	2	2	2	

2）水泥混凝土面层的质量检验

水泥混凝土面层工程的质量检验标准、检验方法和检查数量见表7-7。

表7-7　水泥混凝土面层工程的质量检验标准

项目	序号	检验项目	质量标准	检验方法	检查数量
主控项目	1	材料质量	水泥混凝土采用的粗骨料，最大粒径不应大于面层厚度的2/3，细石混凝土面层采用的石子粒径不应大于16mm	观察检查和检查质量合格证明文件	同一工程、同一强度等级、同一配合比检查1次
	2	外加剂	防水水泥混凝土中掺入的外加剂的技术性能应符合国家现行有关标准的规定，外加剂的品种和掺量应经试验确定	检查外加剂合格证明文件和配合比试验报告	同一工程、同一品种、同一掺量检查1次
	3	强度等级	面层的强度等级应符合设计要求，且强度等级不应小于C20	检查配合比试验报告和强度等级检测报告	配合比试验报告按同一工程、同一强度等级、同一配合比检查1次；强度等级检测报告按基本规定的要求检查
	4	面层与下一层的结合	面层与下一层应结合牢固，且应无空鼓和开裂。当出现空鼓时，空鼓面积不应大于400cm²，且每自然间或标准间不应多于2处	观察和用小锤轻击检查	抽查数量应随机检验不应少于3间；不足3间，应全数检查；其中走廊（过道）应以10延长米为1间，工业厂房（按单跨计）、礼堂、门厅应以2个轴线为1间计算；有防水要求的建筑地面子分部工程的分项工程施工质量每检验批抽查数量应按其房间总数随机检验不应少于4间，不足4间，应全数检查
一般项目	1	面层表面质量	面层表面应洁净，不应有裂纹、脱皮、麻面、起砂等缺陷	观察检查	
	2	面层表面的坡度	面层表面的坡度应符合设计要求，不应有倒泛水和积水现象	观察和采用泼水或用坡度尺检查	
	3	踢脚线	踢脚线与柱、墙面应紧密结合，踢脚线高度和出柱、墙厚度应符合设计要求且均匀一致。当出现空鼓时，局部空鼓长度不应大于300mm，且每自然间或标准间不应多于2处	用小锤轻击、钢尺和观察检查	

续表

项目	序号	检验项目	质量标准	检验方法	检查数量
一般项目	4	楼梯、台阶踏步	楼梯、台阶踏步的宽度、高度应符合设计要求。楼层梯段相邻踏步高度差不应大于10mm；每踏步两端宽度差不应大于10mm，旋转楼梯梯段的每踏步两端宽度的允许偏差不应大于5mm。踏步面层应做防滑处理，齿角应整齐，防滑条应顺直、牢固	观察和用钢尺检查	抽查数量应随机检验不应少于3间；不足3间，应全数检查；其中走廊（过道）应以10延长米为1间，工业厂房（按单跨计）、礼堂、门厅应以2个轴线为1间计算；有防水要求的建筑地面子分部工程的分项工程施工质量每检验批抽查数量应按其房间总数随机检验不应少于4间，不足4间，应全数检查
	5	面层的允许偏差	水泥混凝土面层的允许偏差应符合表7-6的规定	见表7-6	

3）水泥砂浆面层的质量检验

水泥砂浆面层工程的质量检验标准、检验方法和检查数量见表7-8。

表7-8　水泥砂浆面层工程的质量检验标准

项目	序号	检验项目	质量标准	检验方法	检查数量
主控项目	1	材料质量	水泥宜采用硅酸盐水泥、普通硅酸盐水泥，不同品种、不同强度等级的水泥不应混用；砂应为中粗砂，当采用石屑时，其粒径应为1～5mm，且含泥量不应大于3%；防水水泥砂浆采用的砂或石屑，其含泥量不应大于1%	观察检查和检查质量合格证明文件	同一工程、同一强度等级、同一配合比要检查1次
	2	外加剂	防水水泥砂浆中掺入的外加剂的技术性能应符合国家现行有关标准的规定，外加剂的品种和掺量应经试验确定	观察检查和检查质量合格证明文件、配合比试验报告	同一工程、同一强度等级、同一配合比、同一外加剂品种、同一掺量检查1次
	3	体积比和强度等级	水泥砂浆的体积比（强度等级）应符合设计要求；且体积比应为1∶2，强度等级不应小于M15	检查强度等级检测报告	按规范基本规定第十九条的要求
	4	排水要求的地面	有排水要求的水泥砂浆地面，坡向应正确、排水通畅；防水水泥砂浆面层不应渗漏	观察检查和蓄水、泼水检验或用坡度尺检查及检查检验记录	抽查数量应随机检验不应少于3间；不足3间，应全数检查；其中走廊（过道）应以10延长米为1间，工业厂房（按单跨计）、礼堂、门厅应以2个轴线为1间计算；有防水要求的建筑地面子分部工程的分项工程施工质量每检验批抽查数量应按其房间总数随机检验不应少于4间，不足4间，应全数检查
	5	面层与下一层的结合	面层与下一层应结合牢固，且应无空鼓和开裂。当出现空鼓时，空鼓面积不应大于400cm²，且每自然间或标准间不应多于2处	观察和用小锤轻击检查	
一般项目	1	面层表面的坡度	面层表面的坡度应符合设计要求，不应有倒泛水和积水现象	观察和采用泼水或坡度尺检查	
	2	面层表面质量	面层表面应洁净，不应有裂纹、脱皮、麻面、起砂等缺陷	观察检查	

续表

项目	序号	检验项目	质量标准	检验方法	检查数量
一般项目	3	踢脚线	踢脚线与柱、墙面应紧密结合，踢脚线高度和出柱、墙厚度应符合设计要求且均匀一致。当出现空鼓时，局部空鼓长度不应大于300mm，且每自然间或标准间不应多于2处	用小锤轻击、钢尺和观察检查	抽查数量应随机检验不应少于3间；不足3间，应全数检查；其中走廊（过道）应以10延长米为1间，工业厂房（按单跨计）、礼堂、门厅应以2个轴线为1间计算；有防水要求的建筑地面子分部工程的分项工程施工质量每检验批抽查数量应按其房间总数随机检验不应少于4间，不足4间，应全数检查
	4	楼梯、台阶踏步	楼梯、台阶踏步的宽度、高度应符合设计要求。楼层梯段相邻踏步高度差不应大于10mm；每踏步两端宽度差不应大于10mm，旋转楼梯梯段的每踏步两端宽度的允许偏差不应大于5mm。踏步面层应做防滑处理，齿角应整齐，防滑条应顺直、牢固	观察和钢尺检查	
	5	面层的允许偏差	水泥砂浆面层的允许偏差应符合表7-6的规定	见表7-6	

4）自流平面层的质量检验

自流平面层工程的质量检验标准、检验方法和检查数量见表7-9。

表7-9　自流平面层工程的质量检验标准

项目	序号	检验项目	质量标准	检验方法	检查数量
主控项目	1	材料质量	自流平面层的铺涂材料应符合设计要求和国家现行有关标准的规定	观察检查和检查型式检验报告、出厂检验报告、出厂合格证	同一工程、同一材料、同一生产厂家、同一型号、同一规格、同一批号检查1次
	2	有害物质限量	自流平面层的涂料进入施工现场时，应有以下有害物质限量合格的检测报告：（1）水性涂料中的挥发性有机化合物（VOC）和游离甲醛；（2）溶剂型涂料中的苯、甲苯＋二甲苯、挥发性有机化合物（VOC）和游离甲苯二异氰酸酯（TDI）	检查检测报告	同一工程、同一材料、同一生产厂家、同一型号、同一规格、同一批号检查1次
	3	基层的强度等级	自流平面层的基层的强度等级不应小于C20	检查强度等级检测报告	按规范基本规定第十九条的要求
	4	各构造层之间	自流平面层的各构造层之间应粘结牢固，层与层之间不应出现分离、空鼓现象	用小锤轻击检查	抽查数量应随机检验不应少于3间；不足3间，应全数检查；其中走廊（过道）应以10延长米为1间，工业厂房（按单跨计）、礼堂、门厅应以2个轴线为1间计算
	5	表面质量和坡度	自流平面层的表面不应有开裂、漏涂和倒泛水、积水等现象	观察和泼水检查	
一般项目	1	分层施工	自流平面层应分层施工，面层找平施工时不应留有抹痕	观察检查和检查施工记录	抽查数量应随机检验不应少于3间；不足3间，应全数检查；其中走廊（过道）应以10延长米为1间，工业厂房（按单跨计）、礼堂、门厅应以2个轴线为1间计算
	2	表面质量	自流平面层表面应光洁，色泽应均匀、一致，不应有起泡、泛砂等现象	观察检查	
	3	允许偏差	自流平面层的允许偏差应符合表7-6的规定	见表7-6	

三、板块面层铺设质量控制与检验

板块面层包括砖面层、大理石面层和花岗石面层、预制板块面层、料石面层、塑料板面层、活动地板面层、地毯面层、地面辐射供暖等的面层施工。

1. 板块面层铺设的质量控制

1）铺设板块面层时，其水泥类基层的抗压强度不得小于 1.2MPa。

2）铺设板块面层的结合层和板块间的填缝采用水泥砂浆时，应符合下列规定：

（1）配制水泥砂浆应采用硅酸盐水泥、普通硅酸盐水泥或矿渣硅酸盐水泥。

（2）配制水泥砂浆的砂应符合现行行业标准《普通混凝土用砂、石质量及检验方法标准》（JGJ 52）的有关规定。

（3）水泥砂浆的体积比（或强度等级）应符合设计要求。

3）结合层和板块面层填缝的胶结材料应符合国家现行有关标准的规定和设计要求。

4）铺设水泥混凝土板块、水磨石板块、人造石板块、陶瓷锦砖、陶瓷地砖、缸砖、水泥花砖、料石、大理石、花岗石等面层的结合层和填缝材料采用水泥砂浆时，在面层铺设后，表面应覆盖、湿润，养护时间不应少于 7d。当板块面层的水泥砂浆结合层的抗压强度达到设计要求后，方可正常使用。

5）在水泥砂浆结合层上铺贴缸砖、陶瓷地砖和水泥花砖面层时，应符合下列规定：

（1）在铺贴前，应对砖的规格尺寸、外观质量、色泽等进行预选；需要时，浸水湿润晾干待用。

（2）勾缝和压缝应采用同品种、同强度等级、同颜色的水泥，并做养护和保护。

6）在水泥砂浆结合层上铺贴陶瓷锦砖面层时，砖底面应洁净，每联陶瓷锦砖之间、与结合层之间以及在墙角、镶边和靠柱、墙处，应紧密贴合。在靠柱、墙处不得采用砂浆填补。

7）在胶结料结合层上铺贴缸砖面层时，缸砖应干净，铺贴时应在胶结料凝结前完成。

8）大理石、花岗石板材有裂缝、掉角、翘曲和表面有缺陷时应予剔除，品种不同的板材不得混杂使用；在铺设前，应根据石材的颜色、花纹、图案纹理等按设计要求，试拼编号。

9）铺设大理石、花岗石面层前，板材应浸湿、晾干；结合层与板材应分段同时铺设。

10）厂房、公共建筑、部分民用建筑等的大面积板块面层的伸、缩缝及分格缝应符合设计要求。

11）板块类踢脚线施工时，不得采用混合砂浆打底。

2. 板块面层铺设的质量检验

1）板块面层的允许偏差

板块面层的允许偏差和检验方法应符合表 7-10 的规定。

2）砖面层的质量检验

砖面层采用陶瓷锦砖、缸砖、陶瓷地砖和水泥花砖，应在结合层上铺设。砖面层工程的质量检验标准、检验方法和检查数量见表 7-11。

表 7-10　板、块面层的允许偏差和检验方法

项次	项目	允许偏差（mm）											检验方法
		陶瓷锦砖面层、高级水磨石板、陶瓷地砖面层	缸砖面层	水泥花砖面层	水磨石板块面层	大理石面层、花岗石面层、人造石面层、金属板面层	塑料板面层	水泥混凝土板块面层	碎拼大理石、碎拼花岗石面层	活动地板面层	条石面层	块石面层	
1	表面平整度	2.0	4.0	3.0	3.0	1.0	2.0	4.0	3.0	2.0	10	10	用2m靠尺和楔形塞尺检查
2	缝格平直	3.0	3.0	3.0	3.0	2.0	3.0	3.0	—	2.5	8.0	8.0	拉5m线和用钢尺检查
3	接缝高低差	0.5	1.5	0.5	1.0	0.5	0.5	1.5	—	0.4	2.0	—	用钢尺和楔形塞尺检查
4	踢脚线上口平直	3.0	4.0	—	4.0	1.0	2.0	4.0	1.0	—	—	—	拉5m线和用钢尺检查
5	板块间隙宽度	2.0	2.0	2.0	2.0	1.0	—	6.0	—	0.3	5.0	—	用钢尺检查

表 7-11　砖面层工程的质量检验标准

项目	序号	检验项目	质量标准	检验方法	检查数量
主控项目	1	材料质量	砖面层所用板块产品应符合设计要求和国家现行有关标准的规定	观察检查和检查型式检验报告、出厂检验报告、出厂合格证	同一工程、同一材料、同一生产厂家、同一型号、同一规格、同一批号检查1次
	2	放射性限量	砖面层所用板块产品进入施工现场时，应有放射性限量合格的检测报告	检查检测报告	同一工程、同一材料、同一生产厂家、同一型号、同一规格、同一批号检查1次
	3	面层与下一层的结合	面层与下一层的结合（粘结）应牢固，无空鼓（单块砖边角允许有局部空鼓，但每自然间或标准间的空鼓砖不应超过总数的5%）	用小锤轻击检查	抽查数量应随机检验不应少于3间；不足3间，应全数检查；其中走廊（过道）应以10延长米为1间，工业厂房（按单跨计）、礼堂、门厅应以2个轴线为1间计算；有防水要求的建筑地面子分部工程的分项工程施工质量每检验
一般项目	1	面层的表面质量	砖面层的表面应洁净、图案清晰、色泽应一致，接缝应平整，深浅应一致，周边应顺直。板块应无裂纹、掉角和缺楞等缺陷	观察检查	
	2	面层邻接处的镶边	面层邻接处的镶边用料及尺寸应符合设计要求，边角应整齐、光滑	观察和用钢尺检查	

项目	序号	检验项目	质量标准	检验方法	检查数量
一般项目	3	踢脚线	踢脚线表面应洁净，与柱、墙面的结合应牢固。踢脚线高度及出柱、墙厚度应符合设计要求，且均匀一致	观察和用小锤轻击及钢尺检查	批抽查数量应按其房间总数随机检验不应少于4间，不足4间，应全数检查
	4	楼梯、台阶踏步	楼梯、台阶踏步的宽度、高度应符合设计要求。踏步板块的缝隙宽度应一致；楼层梯段相邻踏步高度差不应大于10mm；每踏步两端宽度差不应大于10mm，旋转楼梯梯段的每踏步两端宽度的允许偏差不应大于5mm。踏步面层应做防滑处理，齿角应整齐，防滑条应顺直、牢固	观察和用钢尺检查	
	5	面层表面的坡度	面层表面的坡度应符合设计要求，不倒泛水、无积水；与地漏、管道结合处应严密牢固，无渗漏	观察、泼水或用坡度尺及蓄水检查	
	6	面层的允许偏差	砖面层的允许偏差应符合表7-10的规定	见表7-10	

3）大理石面层和花岗石面层的质量检验

大理石、花岗石面层采用天然大理石、花岗石（或碎拼大理石、碎拼花岗石）板材，应在结合层上铺设。大理石面层和花岗石面层工程的质量检验标准、检验方法和检查数量见表7-12。

表7-12 大理石面层和花岗石面层工程的质量检验标准

项目	序号	检验项目	质量标准	检验方法	检查数量
主控项目	1	材料质量	大理石、花岗石面层所用板块产品应符合设计要求和国家现行有关标准的规定	观察检查和检查质量合格证明文件	同一工程、同一材料、同一生产厂家、同一型号、同一规格、同一批号检查1次
	2	放射性限量	大理石、花岗石面层所用板块产品进入施工现场时，应有放射性限量合格的检测报告	检查检测报告	同一工程、同一材料、同一生产厂家、同一型号、同一规格、同一批号检查1次
	3	面层与下一层的结合	面层与下一层应结合牢固，无空鼓（单块砖边角允许有局部空鼓，但每自然间或标准间的空鼓板块不应超过总数的5%）	用小锤轻击检查	抽查数量应随机检验不应少于3间；不足3间，应全数检查；其中走廊（过道）应以10延长米为1间，工业厂房（按单跨计）、礼堂、门厅应以2个轴线为1间计算；有防水要求的建筑地面子分部工程的分项工程施工质量每检验批抽查数量应按其房间总数随机检验不应少于4间，不足4间，应全数检查
一般项目	1	防碱处理	大理石、花岗石面层铺设前，板块的背面和侧面应进行防碱处理	观察检查和检查施工记录	
	2	面层的表面质量	大理石、花岗石面层的表面应洁净、平整、无磨痕，且应图案清晰、色泽一致，接缝均匀，周边顺直，镶嵌正确，板块应无裂纹、掉角、缺棱等缺陷	观察检查	
	3	踢脚线	踢脚线表面应洁净，与柱、墙面的结合应牢固。踢脚线高度及出柱、墙厚度应符合设计要求，且均匀一致	观察和用小锤轻击及钢尺检查	

续表

项目	序号	检验项目	质量标准	检验方法	检查数量
一般项目	4	楼梯、台阶踏步	楼梯、台阶踏步的宽度、高度应符合设计要求。踏步板块的缝隙宽度应一致；楼层梯段相邻踏步高度差不应大于10mm；每踏步两端宽度差不应大于10mm，旋转楼梯梯段的每踏步两端宽度的允许偏差不应大于5mm。踏步面层应做防滑处理，齿角应整齐，防滑条应顺直、牢固	观察和用钢尺检查	抽查数量应随机检验不应少于3间；不足3间，应全数检查；其中走廊（过道）应以10延长米为1间，工业厂房（按单跨计）、礼堂、门厅应以2个轴线为1间计算；有防水要求的建筑地面子分部工程的分项工程施工质量每检验批抽查数量应按其房间总数随机检验不应少于4间，不足4间，应全数检查
	5	面层表面的坡度	面层表面的坡度应符合设计要求，不倒泛水、无积水；与地漏、管道结合处应严密牢固，无渗漏	观察、泼水或用坡度尺及蓄水检查	
	6	面层的允许偏差	大理石和花岗石面层（或碎拼大理石、碎拼花岗石）的允许偏差应符合表7-10的规定	见表7-10	

第二节　抹灰工程质量控制与检验

抹灰工程是一个子分部工程，包括一般抹灰、装饰抹灰和清水砌体勾缝等分项工程。下面主要介绍一般抹灰工程的质量控制与检验。

一、一般抹灰工程的质量控制

一般抹灰工程所用材料为石灰砂浆、水泥砂浆、水泥混合砂浆、聚合物水泥砂浆和麻刀石灰、纸筋石灰、石膏灰等。一般抹灰工程分为普通抹灰和高级抹灰，当设计无要求时，按普通抹灰进行验收。

1）材料质量是保证抹灰工程质量的基础，因此，抹灰工程所用材料如水泥、砂、石灰膏、石膏、有机聚合物等应符合设计要求及国家现行产品标准的规定，并应有出厂合格证；材料进场时应进行现场验收，不合格的材料不得用在抹灰工程上，对影响抹灰工程质量与安全的主要材料的某些性能如水泥的凝结时间和安定性进行现场抽样复验。

2）使用未经熟化的生石灰或过火石灰，会发生爆灰和开裂的质量问题，因此，石灰膏应在储灰池中常温熟化不少于15d，罩面用的磨细石灰粉的熟化期不应少于3d。在熟化期间，石灰膏表面应留一层水，以使其与空气隔离而避免发生碳化反应。

3）抹灰厚度过大时，容易产生起鼓、脱落等质量问题；不同材料基体交接处，由于吸水和收缩性不一致，接缝处表面的抹灰层容易开裂。抹灰总厚度大于或等于35mm时和不同材料基体交接处应采取加强措施，以切实保证抹灰工程的质量。

4）外墙和顶棚的抹灰层与基层之间及各抹灰层之间必须粘结牢固。如果粘结不牢，出现空鼓、开裂、脱落等缺陷，会降低对墙体保护作用，且影响装饰效果。主要原因是基体表面清理不干净，如基体表面尘埃及疏松物、脱模剂和油渍等影响抹灰粘结牢固的物质未彻底清除干净；基体表面光滑，抹灰前未做毛化处理；抹灰前基体表面浇水不透，抹灰后砂浆中的水分很快被基体吸收，使砂浆质量不好，使用不当；一次抹灰过厚，干缩率较大等，都会影响抹灰层与基体的粘结牢固。

5）外墙抹灰工程施工前应先安装钢木门窗框、护栏等，并应将墙上的施工孔洞堵塞密实。

6）各种砂浆抹灰层，在凝结前应防止快干、水冲、撞击、振动和受冻，在凝结后应采取措施防止玷污和损坏。水泥砂浆抹灰层应在湿润条件下养护。

7）室内墙面、柱面和门洞口的阳角做法应符合设计要求。设计无要求时，应采用 1：2 水泥砂浆做暗护角，其高度不应低于 2m，每侧宽度不应小于 50mm。

8）当要求抹灰层具有防水、防潮功能时，应采用防水砂浆。

二、一般抹灰工程的质量检验

一般抹灰工程的质量检验标准、检验方法和检查数量见表 7-13。

表 7-13　一般抹灰工程的质量检验标准

项目	序号	检验项目	质量标准	检验方法	检查数量
主控项目	1	基层处理	抹灰前基层表面的尘土、污垢、油渍等应清除干净，并应洒水润湿	检查施工记录	室内每个检验批应至少抽查10%，并不得少于3间；不足3间时应全数检查。室外每个检验批每100m² 应至少抽查1处，每处不得小于10m²
	2	材料质量	一般抹灰所用材料的品种和性能应符合设计要求。水泥的凝结时间和安定性复验应合格。砂浆的配合比应符合设计要求	检查产品合格证书、进场验收记录、复验报告和施工记录	
	3	操作要求	抹灰工程应分层进行。当抹灰总厚度大于或等于35mm时，应采取加强措施。不同材料基体交接处表面的抹灰，应采取防止开裂的加强措施，当采用加强网时，加强网与各基体的搭接宽度不应小于100mm	检查隐蔽工程验收记录和施工记录	
	4	各抹灰层质量	抹灰层与基层之间及各抹灰层之间必须粘结牢固，抹灰层应无脱层、空鼓，面层应无爆灰和裂缝	观察；用小锤轻击检查；检查施工记录	
一般项目	1	表面质量	一般抹灰工程的表面质量应符合下列规定： （1）普通抹灰表面应光滑、洁净、接槎平整，分格缝应清晰 （2）高级抹灰表面应光滑、洁净、颜色均匀、无抹纹，分格缝和灰线应清晰美观	观察；手摸检查	
	2	细部质量	护角、孔洞、槽、盒周围的抹灰表面应整齐、光滑；管道后面的抹灰表面应平整	观察	
	3	施工要求	抹灰层的总厚度应符合设计要求；水泥砂浆不得抹在石灰砂浆层上；罩面石膏灰不得抹在水泥砂浆层上	检查施工记录	
	4	分格缝	抹灰分格缝的设置应符合设计要求，宽度和深度应均匀，表面应光滑，棱角应整齐	观察；尺量检查	
	5	滴水线（槽）	有排水要求的部位应做滴水线（槽）。滴水线（槽）应整齐顺直，滴水线应内高外低，滴水槽宽度和深度均不应小于10mm	观察；尺量检查	
	6	允许偏差	一般抹灰工程质量的允许偏差和检验方法应符合表 7-14 的规定	见表 7-14	

表 7-14　一般抹灰的允许偏差和检验方法

项次	项目	允许偏差		检验方法
		普通抹灰	高级抹灰	
1	立面垂直度	4	3	用 2m 垂直检测尺检查
2	表面平整度	4	3	用 2m 靠尺和塞尺检查
3	阴阳角方正	4	3	用直角检测尺检查
4	分格条（缝）直线度	4	3	用 5m 线，不足 5m 拉通线，用钢直尺检查
5	墙裙、勒脚上口直线度	4	3	拉 5m 线，不足 5m 拉通线，用钢直尺检查

注：1. 普通抹灰，本表第 3 项阴角方正可不检查。
　　2. 顶棚抹灰，本表第 2 项表面平整度可不检查，但应平顺。

第三节　门窗工程质量控制与检验

门窗工程是一个子分部工程，包括木门窗制作与安装、金属门窗安装、塑料门窗安装、特种门安装、门窗玻璃安装等分项工程。

一、门窗工程的质量控制

1）门窗工程应对下列材料及其性能指标进行复验：

（1）人造木板的甲醛含量。

（2）建筑外墙金属窗、塑料窗的抗风压性能、空气渗透性能和雨水渗漏性能。在北方地区还要考虑保温性能的影响。

2）门窗安装前，应对门窗洞口尺寸进行检验。

3）金属门窗和塑料门窗安装应采用预留洞口的方法施工，不得采用边安装边砌口或先安装后砌口的方法施工。

4）木门窗与砖石砌体、混凝土或抹灰层接触处应进行防腐处理并应设置防潮层；埋入砌体或混凝土中的木砖应进行防腐处理。

5）当金属窗或塑料窗组合时，其拼樘料的尺寸、规格、壁厚应符合设计要求。

6）建筑外门窗的安装必须牢固。在砌体上安装门窗严禁用射钉固定。

7）门窗工程应对下列隐蔽工程项目进行验收：

（1）预埋件和锚固件。

（2）隐蔽部位的防腐、填嵌处理。

8）特种门安装除应符合设计要求和规范规定外，还应符合有关专业标准和主管部门的规定。

二、门窗工程的质量检验

1. 金属门窗安装工程的质量检验

金属门窗包括钢门窗、铝合金门窗、涂色镀锌钢板门窗等金属门窗安装工程。金属门窗安装工程的质量检验标准、检验方法和检查数量见表 7-15。

表 7-15　金属门窗安装工程的质量检验标准

项目	序号	检验项目	质量标准	检验方法	检查数量
主控项目	1	门窗质量	金属门窗的品种、类型、规格、尺寸、性能、开启方向、安装位置、连接方式及铝合金门窗的型材壁厚应符合设计要求。金属门窗的防腐处理及填嵌、密封处理应符合设计要求	观察；尺量检查；检查产品合格证书、性能检测报告、进场验收记录和复验报告；检查隐蔽工程验收记录	每个检验批应至少抽查5%，并不得少于3樘，不足3樘时应全数检查；高层建筑的外窗，每个检验批应至少抽查10%，并不得少于6樘，不足6樘时应全数检查
	2	框的安装	金属门窗框和副框的安装必须牢固。预埋件的数量、位置、埋设方式、与框的连接方式必须符合设计要求	手扳检查；检查隐蔽工程验收记录	
	3	门窗扇的安装	金属门窗扇必须安装牢固，并应开关灵活、关闭严密，无倒翘。推拉门窗必须有防脱落措施	观察；开启和关闭检查；手扳检查	
	4	门窗配件的要求	金属门窗配件的型号、规格、数量应符合设计要求，安装应牢固，位置应正确，功能应满足使用要求	观察；开启和关闭检查；手扳检查	
一般项目	1	表面质量	金属门窗表面应洁净、平整、光滑、色泽一致，无锈蚀。大面应无划痕、碰伤。漆膜或保护层应连续	观察	
	2	开关力	铝合金门窗推拉门窗扇开关力应不大于100N	用弹簧秤检查	
	3	框与墙体之间的缝隙	金属门窗框与墙体之间的缝隙应填嵌饱满，并采用密封胶密封。密封胶表面应光滑、顺直、无裂纹	观察；轻敲门窗框检查；检查隐蔽工程验收记录	
	4	密封条安装	金属门窗扇的橡胶密封条或毛毡密封条应安装完好，不得脱槽	观察；开启和关闭检查	
	5	排水孔	有排水孔的金属门窗，排水孔应畅通，位置和数量应符合设计要求	观察	
	6	允许偏差	钢门窗安装的留缝限值、允许偏差和检验方法应符合表7-16的规定；铝合金门窗安装的允许偏差和检验方法应符合表7-17的规定；涂色镀锌钢板门窗安装的允许偏差和检验方法应符合表7-18的规定	见表7-16、表7-17、表7-18	

表 7-16　钢门窗安装的留缝限值、允许偏差和检验方法

项次	项目		留缝限值（mm）	允许偏差（mm）	检验方法
1	门窗槽口宽度、高度	≤1500mm	—	2.5	用钢尺检查
		>1500mm	—	3.5	
2	门窗槽口对角线长度差	≤2000mm	—	5	用钢尺检查
		>2000mm	—	6	
3	门窗框的正、侧面垂直度		—	3	用1m垂直检测尺检查

续表

项次	项目	留缝限值（mm）	允许偏差（mm）	检验方法
4	门窗横框的水平度	—	3	用1m水平尺和塞尺检查
5	门窗横框标高	—	5	用钢尺检查
6	门窗竖向偏离中心	—	4	用钢尺检查
7	双层门窗内外框间距	—	5	用钢尺检查
8	门窗框、扇配合间隙	≤2	—	用塞尺检查
9	无下框时门扇与地面间留缝	4～8	—	用塞尺检查

表7-17　铝合金门窗安装的允许偏差和体验方法

项次	项目		允许偏差（mm）	检验方法
1	门窗槽口宽度、高度	≤1500mm	1.5	用钢尺检查
		>1500mm	2	
2	门窗槽口对角线长度差	≤2000mm	3	用钢尺检查
		>2000mm	4	
3	门窗框的正、侧面垂直度		2.5	用垂直检测尺检查
4	门窗横框的水平度		2	用1m水平尺和塞尺检查
5	门窗横框标高		5	用钢尺检查
6	门窗竖向偏离中心		5	用钢尺检查
7	双层门窗内外框间距		4	用钢尺检查
8	推拉门窗扇与框搭接量		1.5	用钢直尺检查

表7-18　涂色镀锌钢板门窗安装的允许偏差和检验方法

项次	项目		允许偏差（mm）	检验方法
1	门窗槽口宽度、高度	≤1500mm	2	用钢尺检查
		>1500mm	3	
2	门窗槽口对角线长度差	≤2000mm	4	用钢尺检查
		>2000mm	5	
3	门窗框的正、侧面垂直度		3	用垂直检测尺检查
4	门窗横框的水平度		3	用1m水平尺和塞尺检查
5	门窗横框标高		5	用钢尺检查
6	门窗竖向偏离中心		5	用钢尺检查
7	双层门窗内外框间距		4	用钢尺检查
8	推拉门窗扇与框搭接量		2	用钢直尺检查

2. 塑料门窗安装工程的质量检验

塑料门窗安装工程的质量检验标准、检验方法和检查数量见表7-19。

表 7-19 塑料门窗安装工程的质量检验标准

项目	序号	检验项目	质量标准	检验方法	检查数量
主控项目	1	门窗质量	塑料门窗的品种、类型、规格、尺寸、开启方向、安装位置、连接方式及填嵌密封处理应符合设计要求,内衬增强型钢的壁厚及设置应符合国家现行产品标准的质量要求	观察;尺量检查;检查产品合格证书、性能检测报告、进场验收记录和复验报告;检查隐蔽工程验收记录	每个检验批应至少抽查5%,并不得少于3樘,不足3樘时应全数检查;高层建筑的外窗,每个检验批应至少抽查10%,并不得少于6樘,不足6樘时应全数检查
	2	框和扇的安装	塑料门窗框、副框和扇的安装必须牢固。固定片或膨胀螺栓的数量与位置应正确,连接方式应符合设计要求。固定点应距窗角、中横框、中竖框 150～200mm,固定点间距应不大于600mm	观察;手扳检查;检查隐蔽工程验收记录	
	3	拼樘料	塑料门窗拼樘料内衬增加型钢的规格、壁厚必须符合设计要求,型钢应与型材内腔紧密吻合,其两端必须与洞口固定牢固。窗框必须与拼樘料连接紧密,固定点间距应不大于600mm	观察;手扳检查;尺量检查;检查进场验收记录	
	4	门窗扇的开关	塑料门窗扇应开关灵活、关闭严密,无倒翘。推拉门窗扇必须有防脱落措施	观察;开启和关闭检查;手扳检查	
	5	门窗配件的要求	塑料门窗配件的型号、规格、数量应符合设计要求,安装应牢固,位置应正确,功能应满足使用要求	观察;手扳检查;尺量检查	
	6	框与墙体间缝隙	塑料门窗框与墙体间缝隙应采用闭孔弹性材料填嵌饱满,表面应采用密封胶密封。密封胶应粘结牢固,表面应光滑、顺直、无裂纹	观察;检查隐蔽工程验收记录	
一般项目	1	表面质量	塑料门窗表面应洁净、平整、光滑,大面应无划痕、碰伤	观察	每个检验批应至少抽查5%,并不得少于3樘,不足3樘时应全数检查;高层建筑的外窗,每个检验批应至少抽查10%,并不得少于6樘,不足6樘时应全数检查
	2	门窗扇的安装	塑料门窗扇的密封条不得脱槽。旋转窗间隙应基本均匀	观察	
	3	开关力	塑料门窗扇的开关力应符合下列规定: (1) 平开门窗扇平铰链的开关力应不大于80N;滑撑铰链的开关力应不大于80N,并不小于30N。 (2) 推拉门窗扇的开关力不大于100N	观察;用弹簧秤检查	
	4	密封条	玻璃密封条与玻璃槽口的接缝应平整,不得卷边、脱槽	观察	
	5	排水孔	排水孔应畅通,位置和数量应符合设计要求	观察	
	6	允许偏差	塑料门窗安装的允许偏差和检验方法应符合表 7-20 的规定	见表 7-20	

表 7-20　塑料门窗安装的允许偏差和检验方法

项次	项目		允许偏差（mm）	检验方法
1	门窗槽口宽度、高度	≤1500mm	2	用钢尺检查
		>1500mm	3	
2	门窗槽口对角线长度差	≤2000mm	3	用钢尺检查
		>2000mm	5	
3	门窗框的正、侧面垂直度		3	用1m垂直检测尺检查
4	门窗横框的水平度		3	用1m水平尺和塞尺检查
5	门窗横框标高		5	用钢尺检查
6	门窗竖向偏离中心		5	用钢直尺检查
7	双层门窗内外框间距		4	用钢尺检查
8	同樘平开门窗相邻扇高度差		2	用钢尺检查
9	平开门窗铰链部位配合间隙		+2；-1	用塞尺检查
10	推拉门窗扇与框搭接量		+1.5；-2.5	用钢尺检查
11	推拉门窗扇与竖框平行度		2	用1m水平尺和塞尺检查

3. 门窗玻璃安装工程的质量检验

玻璃安装工程包括平板、吸热、反射、中空、夹层、夹丝、磨砂、钢化、压花玻璃等。门窗玻璃安装工程的质量检验标准、检验方法和检查数量见表 7-21。

表 7-21　门窗玻璃安装工程的质量检验标准

项目	序号	检验项目	质量标准	检验方法	检查数量
主控项目	1	玻璃质量	玻璃的品种、规格、尺寸、色彩、图案和涂膜朝向应符合设计要求。单块玻璃大于 1.5m² 时应使用安全玻璃	观察；检查产品合格证书、性能检测报告和进场验收记录	每个检验批应至少抽查 5%，并不得少于 3 樘，不足 3 樘时应全数检查；高层建筑的外窗，每个检验批应至少抽查 10%，并不得少于 6 樘，不足 6 樘时应全数检查
	2	裁割尺寸	门窗玻璃裁割尺寸应正确。安装后的玻璃应牢固，不得有裂纹、损伤和松动	观察；轻敲检查	
	3	安装方法	玻璃的安装方法应符合设计要求。固定玻璃的钉子或钢丝卡的数量、规格应保证玻璃安装牢固	观察；检查施工记录	
	4	木压条	镶钉木压条接触玻璃处，应与裁口边缘平齐。木压条应互相紧密连接，并与裁口边缘紧贴，割角应整齐	观察	
	5	密封条和密封胶	密封条与玻璃、玻璃槽口的接触应紧密、平整。密封胶与玻璃、玻璃槽口的边缘应粘结牢固、接缝平齐	观察	
	6	带密封条的玻璃压条	带密封条的玻璃压条，其密封条必须与玻璃全部贴紧，压条与型材之间应无明显缝隙，压条接缝应不大于 0.5mm	观察；尺量检查	

项目	序号	检验项目	质量标准	检验方法	检查数量
一般项目	1	表面质量	玻璃表面应洁净，不得有腻子、密封胶、涂料等污渍。中空玻璃内外表面均应洁净，玻璃中空层内不得有灰尘和水蒸气	观察	每个检验批应至少抽查 5%，并不得少于 3 樘，不足 3 樘时应全数检查；高层建筑的外窗，每个检验批应至少抽查 10%，并不得少于 6 樘，不足 6 樘时应全数检查
	2	玻璃安装方向	门窗玻璃不应直接接触型材。单面镀膜玻璃的镀膜层及磨砂玻璃的磨砂面应朝向室内。中空玻璃的单面镀膜玻璃应在最外层，镀膜层应朝向室内	观察	
	3	腻子	腻子应填抹饱满、粘结牢固；腻子边缘与裁口应平齐。固定玻璃的卡子不应在腻子表面显露	观察	

第四节 饰面板（砖）工程质量控制与检验

饰面板（砖）工程是一个子分部工程，包括饰面板安装、饰面砖粘贴等分项工程。

一、饰面板（砖）工程的质量控制

1）饰面板工程采用的石材有花岗石、大理石、青石板和人造石材；采用的瓷板有抛光板和磨边板两种，面积不大于 1.2m²，不小于 0.5m²；金属饰面板有钢板、铝板等品种；木材饰面板主要用于内墙裙。饰面砖粘贴包括陶瓷面砖和玻璃面砖，陶瓷面砖主要包括釉面瓷砖、外墙面砖、陶瓷锦砖、陶瓷壁画、劈裂砖等；玻璃面砖主要包括玻璃锦砖、彩色玻璃面砖、釉面玻璃等。

2）饰面板（砖）工程应对下列材料及其性能指标进行复验：

（1）室内用花岗石的放射性。

（2）粘贴用水泥的凝结时间、安定性和抗压强度。

（3）外墙陶瓷面砖的吸水率。

（4）寒冷地区外墙陶瓷面砖的抗冻性。

3）饰面板（砖）工程应在施工过程中对预埋件（或后置埋件）、连接节点、防水层等隐蔽工程项目进行质量控制。

4）外墙饰面砖粘贴前和施工过程中，均应在相同基层上做样板件，并对样板件的饰面砖粘结强度进行检验，其检验方法和结果判定应符合现行行业标准《建筑工程饰面砖粘结强度检验标准》（JGJ 110）的规定。

5）饰面板（砖）工程的抗震缝、伸缩缝、沉降缝等部位的处理应保证缝的使用功能和饰面的完整性。

二、饰面板（砖）工程的质量检验

1. 饰面板安装工程的质量检验

本部分适用于内墙饰面板安装工程和高度不大于 24 m、抗震设防烈度不大于 7 度的外墙饰面板安装工程。饰面板安装工程的质量检验标准、检验方法和检查数量见表7-22。

表 7-22　饰面板安装工程的质量检验标准

项目	序号	检验项目	质量标准	检验方法	检查数量
主控项目	1	材料质量	饰面板的品种、规格、颜色和性能应符合设计要求，木龙骨、木饰面板和塑料饰面板的燃烧性能等级应符合设计要求	观察；检查产品合格证书、进场验收记录和性能检测报告	室内每个检验批应至少抽查10%，并不得少于3间；不足3间时应全数检查。室外每个检验批每100m²应至少抽查1处，每处不得小于10m²
	2	孔、槽	饰面板孔、槽的数量、位置和尺寸应符合设计要求	检查进场验收记录和施工记录	
	3	预埋件或后置埋件	饰面板安装工程的预埋件（或后置埋件）、连接件的数量、规格、位置、连接方法和防腐处理必须符合设计要求。后置埋件的现场拉拔强度必须符合设计要求。饰面板安装必须牢固	手扳检查；检查进场验收记录、现场拉拔检测报告、隐蔽工程验收记录和施工记录	
一般项目	1	表面质量	饰面板表面应平整、洁净、色泽一致，无裂痕和缺损。石材表面应无泛碱等污染	观察	室内每个检验批应至少抽查10%，并不得少于3间；不足3间时应全数检查。室外每个检验批每100m²应至少抽查1处，每处不得小于10m²
	2	嵌缝质量	饰面板嵌缝应密实、平直，宽度和深度应符合设计要求，嵌填材料色泽应一致	观察；尺量检查	
	3	湿作业法施工质量	采用湿作业法施工的饰面板工程，石材应进行防碱背涂处理。饰面板与基体之间的灌注材料应饱满、密实	用小锤轻击检查；检查施工记录	
	4	孔洞	饰面板上的孔洞应套割吻合，边缘应整齐	观察	
	5	允许偏差	饰面板安装的允许偏差和检验方法应符合表7-23的规定	见表7-23	

表 7-23　饰面板安装的允许偏差和检验方法

项次	项目	允许偏差（mm）							检验方法
		石材			瓷板	木材	塑料	金属	
		光面	剁斧石	蘑菇石					
1	立面垂直度	2	3	3	2	1.5	2	2	用2m垂直检测尺检查
2	表面平整度	2	3	—	1.5	1	3	3	用2m靠尺和塞尺检查
3	阴阳角方正	2	4	4	2	1.5	3	3	用直角检测尺检查
4	接缝直线度	2	4	4	2	1	1	1	拉5m线，不足5m拉通线，用钢直尺检查
5	墙裙、勒脚上口直线度	2	3	3	2	2	2	2	拉5m线，不足5m拉通线，用钢直尺检查

续表

项次	项目	允许偏差（mm）							检验方法
		石材			瓷板	木材	塑料	金属	
		光面	剁斧石	蘑菇石					
6	接缝高低差	0.5	3	—	0.5	0.5	1	1	用钢直尺和塞尺检查
7	接缝宽度	1	2	2	1	1	1	1	用钢直尺检查

2. 饰面砖粘贴工程的质量检验

本部分适用于内墙饰面砖粘贴工程和高度不大于100m、抗震设防烈度不大于8度、采用满粘法施工的外墙饰面砖粘贴工程。饰面砖粘贴工程的质量检验标准、检验方法和检查数量见表7-24。

表 7-24　饰面砖粘贴工程的质量检验标准

项目	序号	检验项目	质量标准	检验方法	检查数量
主控项目	1	饰面砖质量	饰面砖的品种、规格、图案、颜色和性能应符合设计要求	观察；检查产品合格证书、进场验收记录、性能检测报告和复验报告	室内每个检验批应至少抽查10%，并不得少于3间；不足3间时应全数检查。室外每个检验批每100m²应至少抽查1处，每处不得小于10m²
	2	粘贴材料质量	饰面砖粘贴工程的找平、防水、粘结和勾缝材料及施工方法应符合设计要求及国家现行产品标准和工程技术标准的规定	检查产品合格证书、复验报告和隐蔽工程验收记录	
	3	粘贴质量	饰面砖粘贴必须牢固	检查样板件粘结强度检测报告和施工记录	
	4	满粘法施工质量	满粘法施工的饰面砖工程应无空鼓、裂缝	观察；用小锤轻击检查	
一般项目	1	表面质量	饰面砖表面应平整、洁净、色泽一致，无裂痕和缺损	观察	
	2	阴阳角处	阴阳角处搭接方式、非整砖使用部位应符合设计要求	观察	
	3	墙面突出物	墙面突出物周围的饰面砖应整砖套割吻合，边缘应整齐。墙裙、贴脸突出墙面的厚度应一致	观察；尺量检查	
	4	接缝部位	饰面砖接缝应平直、光滑，填嵌应连续、密实；宽度和深度应符合设计要求	观察；尺量检查	
	5	滴水线（槽）	有排水要求的部位应做滴水线（槽）。滴水线（槽）应顺直，流水坡向应正确，坡度应符合设计要求	观察；用水平尺检查	
	6	允许偏差	饰面砖粘贴的允许偏差和检验方法应符合表7-25的规定	见表7-25	

表 7-25　饰面砖粘贴的允许偏差和检验方法

项次	项目	允许偏差（mm）		检验方法
		外墙面砖	内墙面砖	
1	立面垂直度	3	2	用 2m 垂直检测尺检查
2	表面平整度	4	3	用 2m 靠尺和塞尺检查
3	阴阳角方正	3	3	用直角检测尺检查
4	接缝直线度	3	2	拉 5m 线，不足 5m 拉通线，用钢直尺检查
5	接缝高低差	1	0.5	用钢直尺和塞尺检查
6	接缝宽度	1	1	用钢直尺检查

第五节　涂饰工程质量控制与检验

涂饰工程是一个子分部工程，包括水性涂料涂饰、溶剂型涂料涂饰、美术涂饰等分项工程。

一、涂饰工程的质量控制

1）涂饰工程所选用的建筑涂料，其各项性能应符合下述产品标准的技术指标：

《合成树脂乳液砂壁状建筑涂料》（JG/T 24）

《合成树脂乳液外墙涂料》（GB/T 9755）

《合成树脂乳液内墙涂料》（GB/T 9756）

《溶剂型外墙涂料》（GB/T 9757）

《复层建筑涂料》（GB/T 9779）

《外墙无机建筑涂料》（JG/T 26）

《饰面型防火涂料》（GB 12441）

《水泥地板用漆》（HG/T 2004）

《水溶性内墙涂料》（JC/T 423）

《多彩内墙涂料》（JG/T 3003）

《溶剂型聚氨酯涂料（双组分）》（HG/T 2454）

2）涂饰工程的基层处理应符合下列要求：

（1）新建筑物的混凝土或抹灰层基层在涂饰涂料前应涂刷抗碱封闭底漆。

（2）旧墙面在涂饰涂料前应清除疏松的旧装修层，并涂刷界面剂。

（3）混凝土或抹灰基层涂刷溶剂型涂料时，含水率不得大于 8%；涂刷乳液型涂料时，含水率不得大于 10%。木材基层的含水率不得大于 12%。

（4）基层腻子应平整、坚实、牢固，无粉化、起皮和裂缝；内墙腻子的粘结强度应符合《建筑室内用腻子》（JG/T 298）的规定。

（5）厨房、卫生间墙面必须使用耐水腻子。

3）水性涂料涂饰工程施工的环境温度应在 5～35℃ 之间。

4）涂饰工程应在涂层养护期满后进行质量验收。

二、涂饰工程的质量检验

1. 水性涂料涂饰工程的质量检验

水性涂料涂饰工程包括乳液型涂料、无机涂料、水溶性涂料等工程。水性涂料涂饰工程的质量检验标准、检验方法和检查数量见表 7-26。

表 7-26 水性涂料涂饰工程的质量检验标准

项目	序号	检验项目	质量标准	检验方法	检查数量
主控项目	1	涂料质量	水性涂料涂饰工程所用涂料的品种、型号和性能应符合设计要求	检查产品合格证书、性能检测报告和进场验收记录	室外涂饰工程每 100m² 应至少检查 1 处，每处不得小于 10m²。室内涂饰工程每个检验应至少抽查 10%，并不得少于 3 间；不足 3 间时应全数检查
	2	颜色、图案	水性涂料涂饰工程的颜色、图案应符合设计要求	观察	
	3	涂饰质量	水性涂料涂饰工程应涂饰均匀、粘结牢固，不得漏涂、透底、起皮和掉粉	观察；手摸检查	
	4	基层处理	水性涂料涂饰工程的基层处理应符合基层处理的要求	观察；手摸检查；检查施工记录	
一般项目	1	薄涂料的涂饰质量	薄涂料的涂饰质量和检验方法应符合表 7-27 的规定	见表 7-27	
	2	厚涂料的涂饰质量	厚涂料的涂饰质量和检验方法应符合表 7-28 的规定	见表 7-28	
	3	复合涂料的涂饰质量	复合涂料的涂饰质量和检验方法应符合表 7-29 的规定	见表 7-29	
	4	与其他装修材料和设备衔接处	涂层与其他装修材料和设备衔接处应吻合，界面应清晰	观察	

表 7-27 薄涂料的涂饰质量和检验方法

项次	项目	普通涂饰	高级涂饰	检验方法
1	颜色	均匀一致	均匀一致	
2	泛碱、咬色	允许少量轻微	不允许	
3	流坠、疙瘩	允许少量轻微	不允许	观察
4	砂眼、刷纹	允许少量轻微砂眼、刷纹通顺	无砂眼，无刷纹	
5	装饰线、分色线直线度允许偏差（mm）	2	1	拉 5m 线，不足 5m 拉通线，用钢直尺检查

表 7-28　厚涂料的涂饰质量和检验方法

项次	项目	普通涂饰	高级涂饰	检验方法
1	颜色	均匀一致	均匀一致	
2	泛碱、咬色	允许少量轻微	不允许	观察
3	点状分布	—	疏密均匀	

表 7-29　复合涂料的涂饰质量和检验方法

项次	项目	质量要求	检验方法
1	颜色	均匀一致	
2	泛碱、咬色	不允许	观察
3	喷点疏密程度	均匀，不允许连片	

2. 溶剂型涂料涂饰工程的质量检验

溶剂型涂料涂饰工程包括丙烯酸酯涂料、聚氨酯丙烯酸涂料、有机硅丙烯酸涂料等工程。溶剂型涂料涂饰工程的质量检验标准、检验方法和检查数量见表 7-30。

表 7-30　溶剂型涂料涂饰工程的质量检验标准

项目	序号	检验项目	质量标准	检验方法	检查数量
主控项目	1	涂料质量	溶剂型涂料涂饰工程所选用涂料的品种、型号和性能应符合设计要求	检查产品合格证书、性能检测报告和进场验收记录	室外涂饰工程每 100m² 应至少检查 1 处，每处不得小于 10m²。室内涂饰工程每个检验应至少抽查 10%，并不得少于 3 间；不足 3 间时应全数检查
	2	颜色、光泽、图案	溶剂型涂料涂饰工程的颜色、光泽、图案应符合设计要求	观察	
	3	涂饰质量	溶剂型涂料涂饰工程应涂饰均匀、粘结牢固，不得漏涂、透底、起皮和反锈	观察；手摸检查	
	4	基层处理	溶剂型涂料涂饰工程的基层处理应符合一般规定基层处理的要求	观察；手摸检查；检查施工记录	
一般项目	1	色漆的涂饰质量	色漆的涂饰质量和检验方法应符合表 7-31 的规定	见表 7-31	室外涂饰工程每 100m² 应至少检查 1 处，每处不得小于 10m²。室内涂饰工程每个检验应至少抽查 10%，并不得少于 3 间；不足 3 间时应全数检查
	2	清漆的涂饰质量	清漆的涂饰质量和检验方法应符合表 7-32 的规定	见表 7-32	
	3	与其他装修材料和设备衔接处	涂层与其他装修材料和设备衔接处应吻合，界面应清晰	观察	

表 7-31　色漆的涂饰质量和检验方法

项次	项目	普通涂饰	高级涂饰	检验方法
1	颜色	均匀一致	均匀一致	观察
2	光泽、光滑	光泽基本均匀光滑，无挡手感	光泽均匀一致光滑	观察、手摸检查

续表

项次	项目	普通涂饰	高级涂饰	检验方法
3	刷纹	刷纹通顺	无刷纹	观察
4	裹棱、流坠、皱皮	明显处不允许	不允许	观察
5	装饰线、分色线直线度允许偏差（mm）	2	1	拉5m线，不足5m拉通线，用钢直尺检查

注：无光色漆不检查光泽。

表7-32　清漆的涂饰质量和检验方法

项次	项目	普通涂饰	高级涂饰	检验方法
1	颜色	基本一致	均匀一致	观察
2	木纹	棕眼刮平、木纹清楚	棕眼刮平、木纹清楚	观察
3	光泽、光滑	光泽基本均匀光滑，无挡手感	光泽均匀一致光滑	观察、手摸检查
4	刷纹	无刷纹	无刷纹	观察
5	裹棱、流坠、皱皮	明显处不允许	不允许	观察

复习思考题

7-1 建筑装饰装修分部工程可以分为哪些子分部工程？

7-2 地面基层包括哪些构造层？

7-3 建筑物勒脚处绝热层的铺设当设计无要求时，应符合哪些规定？

7-4 大理石和花岗岩面层检验批的质量检查内容有哪些？

7-5 门窗工程验收时应检查哪些文件和记录？

7-6 门窗工程检查数量有哪些规定？

7-7 轻质隔墙工程包括哪些分项工程？

7-8 饰面工程应对哪些材料及其性能指标进行复验？

7-9 溶剂型涂料涂饰分项工程检验批的质量检验内容有哪些？

第八章　建筑工程质量验收

第一节　概　述

一、建筑工程施工质量验收的概念

建筑工程施工质量检查是在工程施工完成后，施工单位按照有关标准对工程质量进行检查评定。

建筑工程施工质量验收是建筑工程在施工单位自行检查合格的基础上，由工程质量验收责任方负责，工程建设相关单位参加，对工程质量进行抽样检验，对技术文件进行审核，并根据设计文件和相关标准以书面形式对工程质量是否达到合格做出确认。

二、建筑工程施工质量验收的依据

建筑工程施工质量验收时应遵循以下几方面：

1）设计文件

经过批准的设计图纸和设计说明书等设计文件，包括设计变更等。

2）质量方面的法律、法规

包括《中华人民共和国建筑法》、《建设工程质量管理条例》等，还有政府主管部门和省、市、自治区的有关部门制定的文件。

3）工程合同文件

包括工程施工承包合同文件、委托监理合同文件等。

4）各种有关的标准、规范、规程或规定

概括起来有施工质量验收系列标准，材料、半成品和构配件质量方面的技术标准，材料检验或试验等方面的标准，施工作业活动的操作规程等。

三、建筑工程施工质量验收的方法

建筑工程施工质量的好坏，需要采取一定的检测手段进行检验，根据检验结果判断该工程的质量。对于现场所用原材料、半成品、设备、工作过程质量进行检验的方法，一般分为目测法、量测法以及试验法。

1. 目测法

这类方法主要是凭感官进行检查，采用看、摸、敲、照等方法进行检查。

"看"就是根据质量规范要求进行外观目测，如工人施工操作是否正确，涂料涂饰颜色和图案是否符合设计要求，地面面层表面质量等。

"摸"就是通过触摸手感进行检查，如抹灰表面是否光滑、涂料是否掉粉等。

"敲"就是用敲击方法进行音感检查，如抹灰层和饰面砖是否空鼓，玻璃安装后是否松动等。

"照"就是通过人工光源或反射光照射，仔细查看看不清或看不到的部位，如空中管道背面是否刷涂料，管道井内的管线安装质量等。

2. 量测法

这类方法主要是利用量测工具通过实测结果与规范规定的允许偏差进行对照，从而判断质量是否合格，也可以称为实测法。量测法可分为靠、吊、量、套等方法。

"靠"就是用直尺和塞尺检查墙面、地面等的平整度。

"吊"就是用托线板和线锤检查垂直度，如砌体垂直度检查、门窗的安装等。

"量"就是用量测工具或计量仪表检查偏差值，如轴线位移、截面尺寸、温度和湿度等。

"套"就是以方尺套方，辅以塞尺检查，如踢脚线的垂直度、阴阳角的方正、门窗洞口的方正等。

3. 试验法

这类方法是通过现场试验或实验室试验等手段对质量进行判断检查，有理化试验和无损试验等方法。如钢筋接头的力学性能检验、桩基的现场静载试验、超声波探伤仪检验等。

四、建筑工程施工质量验收规范体系的构成

建筑工程涉及的专业众多，工种和施工工艺相差很大，为了解决实际运用中的问题，结合我国施工管理的传统和技术发展的趋势，形成了以《建筑工程施工质量验收统一标准》（GB 50300—2013）（以下简称"统一标准"）和各专业验收规范组成的标准、规范体系，在使用中它们必须配套使用。建筑工程施工质量检查与验收现行使用的规范主要有：

《建筑工程施工质量验收统一标准》（GB 50300—2013）

《建筑地基基础工程施工质量验收规范》（GB 50202—2002）

《砌体结构工程施工质量验收规范》（GB 50203—2011）

《混凝土结构工程施工质量验收规范》（GB 50204—2002，2010 年版）

《钢结构工程施工质量验收规范》（GB 50205—2001）

《木结构工程施工质量验收规范》（GB 50206—2012）

《屋面工程质量验收规范》（GB 50207—2012）

《地下防水工程质量验收规范》（GB 50208—2011）

《建筑地面工程施工质量验收规范》（GB 50209—2010）

《建筑装饰装修工程质量验收规范》（GB 50210—2001）

以上为土建工程部分。

《建筑给水排水及采暖工程施工质量验收规范》（GB 50242—2002）

《通风与空调工程施工质量验收规范》（GB 50243—2002）

《建筑电气工程施工质量验收规范》（GB 50303—2002）

《智能建筑工程质量验收规范》（GB 50339—2013）

《电梯工程施工质量验收规范》（GB 50310—2002）

以上为建筑设备安装工程部分。

《建筑节能工程施工质量验收规范》（GB 50411—2007）

在上述的 9 个涉及土建工程的专业验收规范、5 个涉及建筑设备安装工程的专业验收规范中，凡是规范名称中没有"施工"二字的，主要内容除了施工质量方面的以外，还含有设

计质量等方面的内容。1个涉及节能工程的专业验收规范,其要单独组织验收。"统一标准"作为整个验收规范体系的指导性标准,是统一和指导其余各专业施工质量验收规范的总纲,各专业质量验收规范必须和它配套使用。

五、建筑工程施工质量验收规范体系的编制指导思想

建筑工程施工质量验收规范在编制时,贯彻了"验评分离、强化验收、完善手段、过程控制"的指导思想。

1. 验评分离

在编制时将原先验评标准中的质量检验与质量评定的内容分开,质量检验部分作为国家标准进行要求,而质量评定的内容则由协会或行业进行考虑。同时将原施工及验收规范中的施工工艺和质量验收的内容分开,将原先验评标准中的质量检验与施工规范中的质量验收相衔接,形成了工程质量验收规范。原施工及验收规范中的施工工艺部分作为企业标准或地方推荐性标准。

2. 强化验收

在规范编制时将原先验评标准中的质量检验与施工规范中的质量验收部分合并,形成新的工程质量验收规范,并作为强制的国家标准要求执行,其目的是强化验收。同时新的验收标准只规定一个合格的质量等级,要求质量指标必须达到规定的要求,不能降低标准。它是施工单位必须达到的质量标准,也是建设单位验收时必须遵守的规定。

3. 完善手段

为了减少或避免人为因素的影响,加强了质量指标的科学检测,提高了质量指标的量化程度。主要体现在:

(1) 完善了材料和设备的检测。其质量指标、检测方法、设备仪器和人员素质等都应符合有关标准的规定。获得的数据具有准确性和可比性。

(2) 改进了施工阶段的试验。施工试验要注意技术条件、试验程序和方法,保证其具有公正性。

(3) 增加了竣工时的抽测项目。竣工抽样检测要具有规范性和有效性,提高了验收的科学性,能真实反映工程的质量。

4. 过程控制

落实了《建筑法》和《建设工程质量管理条例》的规定,增加施工过程工序的验收,强调了过程控制。在"统一标准"中,设置了控制的要求,强调施工必须具有操作依据,突出中间控制、合格控制。在验收程序上也同时反映了过程控制。

六、质量验收的基本要求

"统一标准"对建筑工程质量验收提出七点基本要求,以确保质量验收。

1) 工程质量验收均应在施工单位自检合格的基础上进行。

建筑工程质量检查和验收是两个过程,施工单位应按不低于国家验收规范的企业标准来进行操作和自行检查,施工单位自行检查合格之后再报监理单位或建设单位进行验收,这是工程质量验收的程序。工程质量验收的前提条件为施工单位自检合格,验收时施工单位对自检中发现的问题已完成整改。

2）参加工程施工质量验收的各方人员应具备相应的资格。

参加工程施工质量验收的人员必须是具有资格的专业技术人员，包括监理工程师、建造师、技术负责、专业质量检查员等，这为质量验收的准确性提供了保障，能够满足验收过程的顺利实施。验收规范的落实必须由有资格的人员执行，只有具有一定的工程技术理论和工程实践经验的专业技术人员，才能保证专业验收规范的正确执行。参加工程施工质量验收的各方人员资格包括专业和职称要求，具体要求应符合国家、行业和地方有关法律、法规的规定，尚无规定时可由参加验收的单位协商确定。

3）检验批的质量应按主控项目和一般项目验收。

检验批的合格，是由主控项目和一般项目的检验质量决定的。主控项目和一般项目的检验在后面有详细介绍，此处不再赘述。主控项目和一般项目的划分应符合各专业验收规范的具体规定。

4）对涉及结构安全、节能、环境保护和主要使用功能的试块、试件及材料，应在进场时或施工中按规定进行见证检验。

见证检验的项目、内容、程序、抽样数量等应符合国家、行业和地方有关规范的规定。根据《房屋建筑工程和市政基础设施工程实施见证取样和送检的规定》（建〔2000〕211号）文件的规定：

（1）涉及结构安全的试块、试件和材料见证取样和送检的比例不得低于有关技术标准中规定应取样数量的30%。

（2）下列试块、试件和材料必须实施见证取样和送检：

① 用于承重结构的混凝土试块；

② 用于承重墙体的砌筑砂浆试块；

③ 用于承重结构的钢筋及连接接头试件；

④ 用于承重墙的砖和混凝土小型砌块；

⑤ 用于拌制混凝土和砌筑砂浆的水泥；

⑥ 用于承重结构的混凝土中使用的掺加剂；

⑦ 地下、屋面、厕浴间使用的防水材料；

⑧ 国家规定必须实行见证取样和送检的其他试块、试件和材料。

（3）见证人员应由建设单位或该工程的监理单位具备建筑施工试验知识的专业技术人员担任，并应由建设单位或该工程的监理单位书面通知施工单位，检测单位和负责该工程的质量监督机构。

（4）在施工过程中，见证人员应按照见证取样和送检计划，对施工现场的取样和送检进行见证，取样人员应在试样或其包装上做出标识、封志。标识和封志应标明工程名称、取样部位、取样日期、样品名称和样品数量，并由见证人员和取样人员签字。见证人员应制作见证记录，并将见证记录归入施工技术档案。见证人员和取样人员应对试样的代表性和真实性负责。

（5）见证取样的试块、试件和材料送检时，应由送检单位填写委托单，委托单应有见证人员和送检人员签字。检测单位应检查委托单及试样上的标识和封志，确认无误后方可进行检测。

（6）检测单位应严格按照有关管理规定和技术标准进行检测，出具公正、真实、准确的检测报告。见证取样和送检的检测报告必须加盖见证取样检测的专用章。

5）隐蔽工程在隐蔽前应由施工单位通知监理单位进行验收，并应形成验收文件，验收合格后方可继续施工。

建筑工程在施工过程中，工序之间交接多，隐蔽工程多。若在施工中不及时进行质量检查和验收，事后就很难发现内在的质量问题，这样就容易产生判断错误。因此隐蔽工程在隐蔽前要进行检查和验收，是质量控制的重要过程。施工单位通知建设、监理、勘察、设计和质量监督等有关单位的人员共同验收、共同确认，并应形成书面文件，以备后期检查。施工单位要建立隐蔽工程验收制度，并在施工组织设计中列出计划。

6）对涉及结构安全、节能、环境保护和使用功能的重要分部工程，应在验收前按规定进行抽样检验。

对有些分部工程进行抽样检测，是新的验收规范增加的内容，适当扩大抽样检验的范围，不仅包括涉及结构安全和使用功能，还包括涉及节能、环境保护等的重要分部工程，具体内容可由各专业验收规范确定。抽样检验和实体检验结果应符合有关专业验收规范的规定。尽可能采用无损或微破损检测方法进行，以减少对于结构的损害。

7）工程的观感质量应由验收人员现场检查，并应共同确认。

观感质量验收不光反映外观质量，也涉及使用功能方面的检查。这类检查往往难以定量，只能通过检查人员现场观察、触摸和必要的量测进行，并受人为因素影响较大，所以检查结果不能定为合格和不合格，而是给出好、一般和差的综合评价结果。因此要求验收人员经过现场检查，共同确认观感质量。现场检查时房屋四周尽量走到，室内重要部位和有代表性的房间尽可能看到，有关设备尽可能要运行。在听取各方面意见后，由总监理工程师为主导和监理工程师共同确认。对影响观感及使用功能或质量评价为差的项目应进行返修。

第二节 建筑工程质量验收的划分

建筑工程产品的固定性和生产的流动性，产品生产周期长，生产时受外界因素影响多，这些就决定建筑工程产品质量容易出现问题。建筑工程项目竣工后无法检查工程内在质量，因此有必要进行建筑工程施工质量验收的划分。通过过程检验和竣工验收，实施施工过程控制和终端把关，确保工程质量达到预期目标。

建筑工程竣工交付使用是把最终的产品交给用户，在交付使用前应对整个工程进行质量验收。为了方便质量管理和控制工程质量，建筑工程质量验收划分为单位工程、分部工程、分项工程和检验批，详见表8-1。

表8-1 建筑工程质量验收的划分表

序号	分部工程	子分部工程	分项工程
1	地基与基础	地基	素土、灰土地基，砂和砂石地基，土工合成材料地基，粉煤灰地基，强夯地基，注浆地基，预压地基，砂石桩复合地基，高压旋喷注浆地基，水泥土搅拌桩地基，土和灰土挤密桩复合地基，水泥粉煤灰碎石复合地基，夯实水泥土桩复合地基
		基础	无筋扩展基础，钢筋混凝土扩展基础，筏形与箱形基础，钢结构基础，钢管混凝土结构基础，型钢混凝土结构基础，钢筋混凝土预制桩基础，泥浆护壁成孔灌注桩基础，干作业成孔桩基础，长螺旋钻孔压灌桩基础，沉管灌注桩基础，钢桩基础，锚杆静压桩基础，岩石锚杆基础，沉井与沉箱基础

续表

序号	分部工程	子分部工程	分项工程
1	地基与基础	基坑支护	灌注桩排桩围护墙，板桩围护墙，咬合桩围护墙，型钢水泥土搅拌墙，土钉墙，地下连续墙，水泥土重力式挡墙，内支撑，锚杆，与主体结构相结合的基坑支护
		地下水控制	降水与排水，回灌
		土方	土方开挖，土方回填，场地平整
		边坡	喷锚支护，挡土墙，边坡开挖
		地下防水	主体结构防水，细部构造防水，特殊施工法结构防水，排水，注浆
2	主体结构	混凝土结构	模板，钢筋，混凝土，预应力，现浇结构，装配式结构
		砌体结构	砖砌体，混凝土小型空心砌块砌体，石砌体，配筋砌体，填充墙砌体
		钢结构	钢结构焊接，紧固件连接，钢零部件加工，钢构件组装及预拼装，单层钢结构安装，多层及高层钢结构安装，钢管结构安装，预应力钢索和膜结构，压型金属板，防腐涂料涂装，防火涂料涂装
		钢管混凝土结构	构件现场拼装，构件安装，钢管焊接，构件连接，钢管内钢筋骨架，混凝土
		型钢混凝土结构	型钢焊接，紧固件连接，型钢与钢筋连接，型钢构件组装及预拼装，型钢安装，模板，混凝土
		铝合金结构	铝合金焊接，紧固件连接，铝合金零部件加工，铝合金构件组装，铝合金构件预拼装，铝合金框架结构安装，铝合金空间网格结构安装，铝合金面板，铝合金幕墙结构安装，防腐处理
		木结构	方木和原木结构，胶合木结构，轻型木结构，木结构的防护
3	建筑装饰装修	建筑地面	基层铺设，整体面层铺设，板块面层铺设，木、竹面层铺设
		抹灰	一般抹灰，保温层薄抹灰，装饰抹灰，清水砌体勾缝
		外墙防水	外墙砂浆防水，涂膜防水，透气膜防水
		门窗	木门窗安装，金属门窗安装，塑料门窗安装，特种门安装，门窗玻璃安装
		吊顶	整体面层吊顶，板块面层吊顶，格栅吊顶
		轻质隔墙	板材隔墙，骨架隔墙，活动隔墙，玻璃隔墙
		饰面板	石材安装，陶瓷板安装，木板安装，金属板安装，塑料板安装
		饰面砖	外墙饰面砖粘贴，内墙饰面砖粘贴
		幕墙	玻璃幕墙安装，金属幕墙安装，石材幕墙安装，陶板幕墙安装
		涂饰	水性涂料涂饰，溶剂型涂料涂饰，美术涂饰
		裱糊与软包	裱糊，软包
		细部	橱柜制作与安装，窗帘盒和窗台板制作与安装，门窗套制作与安装，护栏和扶手制作与安装，花饰制作与安装
4	屋面	基层与保护	找坡层和找平层，隔汽层，隔离层，保护层
		保温与隔热	板状材料保温层，纤维材料保温层，喷涂硬泡聚氨酯保温层，现浇泡沫混凝土保温层，种植隔热层，架空隔热层，蓄水隔热层
		防水与密封	卷材防水层，涂膜防水层，复合防水层，接缝密封防水
		瓦面与板面	烧结瓦和混凝土瓦铺装，沥青瓦铺装，金属板铺装，玻璃采光顶铺装
		细部构造	檐口，檐沟和天沟，女儿墙和山墙，水落口，变形缝，伸出屋面管道，屋面出入口，反梁过水孔，设施基座，屋脊，屋顶窗

续表

序号	分部工程	子分部工程	分项工程
5	建筑给水排水及供暖	室内给水系统	给水管道及配件安装，给水设备安装，室内消火栓系统安装，消防喷淋系统安装，防腐，绝热，管道冲洗、消毒，试验与调试
		室内排水系统	排水管道及配件安装，雨水管道及配件安装，防腐，试验与调试
		室内热水系统	管道及配件安装，辅助设备安装，防腐，绝热，试验与调试
		卫生器具	卫生器具安装，卫生器具给水配件安装，卫生器具排水管道安装，试验与调试
		室内供暖系统	管道及配件安装，辅助设备安装，散热器安装，低温热水地板辐射供暖系统安装，电加热供暖系统安装，燃气红外辐射供暖系统安装，热风供暖系统安装，热计量及调控装置安装，试验与调试，防腐，绝热
		室外给水管网	给水管道安装，室外消火栓系统安装，试验与调试
		室外排水管网	排水管道安装，排水管沟与井池，试验与调试
		室外供热管网	管道及配件安装，系统水压试验，土建结构，防腐，绝热，试验与调试
		建筑饮用水供应系统	管道及配件安装，水处理设备及控制设施安装，防腐，绝热，试验与调试
		建筑中水系统及雨水利用系统	建筑中水系统、雨水利用系统管道及配件安装，水处理设备及控制设施安装，防腐，绝热，试验与调试
		游泳池及公共浴池水系统	管道及配件系统安装，水处理设备及控制设施安装，防腐，绝热，试验与调试
		水景喷泉系统	管道系统及配件安装，防腐，绝热，试验与调试
		热源及辅助设备	锅炉安装，辅助设备及管道安装，安全附件安装，换热站安装，防腐，绝热，试验与调试
		监测与控制仪表	检测仪器及仪表安装，试验与调试
6	通风与空调	送风系统	风管与配件制作，部件制作，风管系统安装，风机与空气处理设备安装，风管与设备防腐，旋流风口、岗位送风口、织物（布）风管安装，系统调试
		排风系统	风管与配件制作，部件制作，风管系统安装，风机与空气处理设备安装，风管与设备防腐，吸风罩及其他空气处理设备安装，厨房、卫生间排风系统安装，系统调试
		防排烟系统	风管与配件制作，部件制作，风管系统安装，风机与空气处理设备安装，风管与设备防腐，排烟风（阀）口、常闭正压风口、防火风管安装，系统调试
		除尘系统	风管与配件制作，部件制作，风管系统安装，风机与空气处理设备安装，风管与设备防腐，除尘器与排污设备安装，吸尘罩安装，高温风管绝热，系统调试
		舒适性空调系统	风管与配件制作，部件制作，风管系统安装，风机与空气处理设备安装，风管与设备防腐，组合式空调机组安装，消声器、静电除尘器、换热器、紫外线灭菌器等设备安装，风机盘管、变风量与定风量送风装置、射流喷口等末端设备安装，风管与设备绝热，系统调试
		恒温恒湿空调系统	风管与配件制作，部件制作，风管系统安装，风机与空气处理设备安装，风管与设备防腐，组合式空调机组安装，电加热器、加湿器等设备安装，精密空调机组安装，风管与设备绝热，系统调试

序号	分部工程	子分部工程	分项工程
6	通风与空调	净化空调系统	风管与配件制作，部件制作，风管系统安装，风机与空气处理设备安装，风管与设备防腐，净化空调机组安装，消声器、静电除尘器、换热器、紫外线灭菌器等设备安装，中、高效过滤器及风机过滤器单元等末端设备清洗与安装，洁净度测试，风管与设备绝热，系统调试
		地下人防通风系统	风管与配件制作，部件制作，风管系统安装，风机与空气处理设备安装，风管与设备防腐，过滤吸收器、防爆波活门、防爆超压排气活门等专用设备安装，系统调试
		真空吸尘系统	风管与配件制作，部件制作，风管系统安装，风机与空气处理设备安装，风管与设备防腐，管道安装，快速接口安装，风机与滤尘设备安装，系统压力试验及调试
		冷凝水系统	管道系统及部件安装，水泵及附属设备安装，管道冲洗，管道、设备防腐，板式热交换器，辐射板及辐射供热、供冷地埋管，热泵机组设备安装，管道、设备绝热，系统压力试验及调试
		空调（冷、热）水系统	管道系统及部件安装，水泵及附属设备安装，管道冲洗，管道、设备防腐，冷却塔与水处理设备安装，防冻伴热设备安装，管道、设备绝热，系统压力试验及调试
		冷却水系统	管道系统及部件安装，水泵及附属设备安装，管道冲洗，管道、设备防腐，系统灌水渗漏及排放试验，管道、设备绝热
		土壤源热泵换热系统	管道系统及部件安装，水泵及附属设备安装，管道冲洗，管道、设备防腐，埋地换热系统与管网安装，管道、设备绝热，系统压力试验及调试
		水源热泵换热系统	管道系统及部件安装，水泵及附属设备安装，管道冲洗，管道、设备防腐，地表水源换热管及管网安装，除垢设备安装，管道、设备绝热，系统压力试验及调试
		蓄能系统	管道系统及部件安装，水泵及附属设备安装，管道冲洗，管道、设备防腐，蓄水罐及蓄冰槽、罐安装，管道、设备绝热，系统压力试验及调试
		压缩式制冷（热）设备系统	制冷机组及附属设备安装，管道、设备防腐，制冷剂管道及部件安装，制冷剂灌注，管道、设备绝热，系统压力试验及调试
		吸收式制冷设备系统	制冷机组及附属设备安装，管道、设备防腐，系统真空试验，溴化锂溶液加灌，蒸汽管道系统安装，燃气或燃油设备安装，管道、设备绝热，试验及调试
		多联机（热泵）空调系统	室外机组安装，室内机组安装，制冷剂管路连接及控制开关安装，风管安装，冷凝水管道安装，制冷剂灌注，系统压力试验及调试
		太阳能供暖空调系统	太阳能集热器安装，其他辅助能源、换热设备安装，蓄能水箱、管道及配件安装，防腐，绝热，低温热水地板辐射采暖系统安装，系统压力试验及调试
		设备自控系统	温度、压力与流量传感器安装，执行机构安装调试，防排烟系统功能测试，自动控制及系统智能控制软件调试
7	建筑电气	室外电气	变压器、箱式变电所安装，成套配电柜、控制柜（屏、台）和动力、照明配电箱（盘）及控制柜安装，梯架、支架、托盘和槽盒安装，导管敷设，电缆敷设，管内穿线和槽盒内敷线，电缆头制作、导线连接和线路绝缘测试，普通灯具安装，专用灯具安装，建筑照明通电试运行，接地装置安装

135

续表

序号	分部工程	子分部工程	分项工程
7	建筑电气	变配电室	变压器、箱式变电所安装，成套配电柜、控制柜（屏、台）和动力、照明配电箱（盘）安装，母线槽安装，梯架、支架、托盘和槽盒安装，电缆敷设，电缆头制作、导线连接和线路绝缘测试，接地装置安装，接地干线敷设
		供电干线	电气设备试验和试运行，母线槽安装，梯架、支架、托盘和槽盒安装，导管敷设，电缆敷设，管内穿线和槽盒内敷线，电缆头制作、导线连接和线路绝缘测试，接地干线敷设
		电气动力	成套配电柜、控制柜（屏、台）和动力、照明配电箱（盘）安装，电动机、电加热器及电动执行机构检查接线，电气设备试验和试运行，梯架、支架、托盘和槽盒安装，导管敷设，电缆敷设，管内穿线和槽盒内敷线，电缆头制作、导线连接和线路绝缘测试
		电气照明	成套配电柜、控制柜（屏、台）和动力、照明配电箱（盘）安装，梯架、支架、托盘和槽盒安装，导管敷设，管内穿线和槽盒内敷线，塑料护套线直敷布线，钢索配线，电缆头制作、导线连接和线路绝缘测试，普通灯具安装，专用灯具安装，开关、插座、风扇安装，建筑照明通电试运行
		备用和不间断电源	成套配电柜、控制柜（屏、台）和动力、照明配电箱（盘）安装，柴油发电机组安装，不间断电源装置及应急电源装置安装，母线槽安装，导管敷设，电缆敷设，管内穿线和槽盒内敷线，电缆头制作、导线连接和线路绝缘测试，接地装置安装
		防雷及接地	接地装置安装，避雷引下线及接闪器安装，建筑物等电位连接，浪涌保护器安装
8	智能建筑	智能化集成系统	设备安装，软件安装，接口及系统调试，试运行
		信息接入系统	安装场地检查
		用户电话交换系统	线缆敷设，设备安装，软件安装，接口及系统调试，试运行
		信息网络系统	计算机网络设备安装，计算机网络软件安装，网络安全设备安装，网络安全软件安装，系统调试，试运行
		综合布线系统	梯架、托盘、槽盒和导管安装，线缆敷设，机柜、机架、配线架安装，信息插座安装，链路或信道测试，软件安装，系统调试，试运行
		移动通信室内信号覆盖系统	安装场地检查
		卫星通信系统	安装场地检查
		有线电视及卫星电视接收系统	梯架、托盘、槽盒和导管安装，线缆敷设，设备安装，软件安装，系统调试，试运行
		公共广播系统	梯架、托盘、槽盒和导管安装，线缆敷设，设备安装，软件安装，系统调试，试运行
		会议系统	梯架、托盘、槽盒、和导管安装，线缆敷设，设备安装，软件安装，系统调试，试运行
		信息导引及发布系统	梯架、托盘、槽盒和导管安装，线缆敷设，显示设备安装，机房设备安装，软件安装，系统调试，试运行

续表

序号	分部工程	子分部工程	分项工程
8	智能建筑	时钟系统	梯架，托盘，槽盒和导管安装，线缆敷设，设备安装，软件安装，系统调试，试运行
		信息化应用系统	梯架、托盘、槽盒和导管安装，线缆敷设，设备安装，软件安装，系统调试，试运行
		建筑设备监控系统	梯架、托盘、槽盒和导管安装，线缆敷设，传感器安装，执行器安装，控制器、箱安装，中央管理工作站和操作分站设备安装，软件安装，系统调试，试运行
		火灾自动报警系统	梯架、托盘、槽盒和导管安装，线缆敷设，探测器类设备安装，控制器类设备安装，其他设备安装，软件安装，系统调试，试运行
		安全技术防范系统	梯架、托盘、槽盒和导管安装，线缆敷设，设备安装，软件安装，系统调试，试运行
		应急响应系统	设备安装，软件安装，系统安装，试运行
		机房	供配电系统，防雷与接地系统，空气调节系统，给水排水系统，综合布线系统，监控与安装防范系统，消防系统，室内装饰装修，电磁屏蔽，系统调试，试运行
		防雷与接地	接地装置，接地线，等电位联接，屏蔽设施，电涌保护器，线缆敷设，系统调试，试运行
9	建筑节能	围护系统节能	墙体节能、幕墙节能、门窗节能、屋面节能、地面节能
		供暖空调设备及管网节能	供暖节能、通风与空调设备节能、空调与供暖系统冷热源节能、空调与供暖系统管网节能
		电气动力节能	配电节能、照明节能
		监控系统节能	监测系统节能、控制系统节能
		可再生能源	地源热泵系统节能、太阳能光热系统节能、太阳能光伏节能
10	电梯	电力驱动的曳引式或强制式电梯	设备进场验收，土建交接检验，驱动主机，导轨，门系统，轿厢，对重，安全部件，悬挂装置，随行电缆，补偿装置，电气装置，整机安装验收
		液压电梯	设备进场验收，土建交接检验，液压系统，导轨，门系统，轿厢，对重，安全部件，悬挂装置，随行电缆，电气装置，整机安装验收
		自动扶梯、自动人行道	设备进场验收，土建交接检验，整机安装验收

注：本表摘自《建筑工程施工质量验收统一标准》（GB 50300—2013）附录 B。

一、单位工程的划分

1. 单位工程的划分

具备独立施工条件并能形成独立使用功能的建筑物或构筑物为一个单位工程。例如一栋住宅楼、一个教学楼、一个变电站等即为一个单位工程。

2. 子单位工程的划分

对于规模较大的单位工程，可将其能形成独立使用功能的部分划分为一个子单位工程。

随着经济发展和施工技术进步，自改革开放以来，涌现了大量建筑规模较大的单体工程和具有综合使用功能的综合性建筑物，几万平方米的建筑物比比皆是。这些建筑物的施工周期一般较长，受多种因素的影响，诸如后期建设资金不足，部分停缓建，已建成可使用部分需投入使用，以尽早发挥投资效益等；投资者为追求最大的投资效益，在建设期间，需要将其中一部分提前建成使用；规模特别大的工程，一次性验收也不方便等等。因此可将此类工程划分为若干个子单位工程进行验收。子单位工程的划分一般可根据工程的建筑设计分区、使用功能的显著差异、结构缝的设置等实际情况，在施工前由建设、监理、施工单位自行商议确定，并据此收集整理施工技术资料和验收。比如一个公共建筑有 50 层主楼和 5 层配楼组成，作为商场的 5 层配楼施工完成后，可以作为子单位工程进行验收并先行使用。

二、分部工程的划分

1. 分部工程的划分

分部工程的划分应按专业性质、工程部位确定。在建筑工程的分部工程中，将原建筑电气安装分部工程中的强电和弱电部分独立出来各为一个分部工程，称其为建筑电气分部和建筑智能化分部。新修订标准时又增加了建筑节能分部，因此建筑工程划分为地基与基础、主体结构、建筑装饰装修、建筑屋面、建筑给水排水及采暖、建筑电气、建筑智能化、通风与空调、建筑节能、电梯等十个分部。在单位工程中，不一定都有十个分部工程，如多层住宅楼就没有电梯分部工程。

地基与基础分部工程包括±0.000 以下的结构和防水工程。有地下室的工程，其首层地面下的结构（现浇混凝土楼板或预制楼板）以下部分为地基与基础分部工程；没有地下室的工程，墙体以防潮层分界，室内以地面垫层以下分界，垫层纳入建筑装饰装修工程的建筑地面子分部工程；桩基础以承台上皮分界。

有地下室的工程，除了±0.000 以下的结构和防水工程列入地基与基础分部工程外，其他地面、装饰、门窗等工程列入建筑装饰装修分部工程；地面防水工程列入建筑装饰装修分部工程。

2. 子分部工程的划分

当分部工程较大或较复杂时，可按材料种类、施工特点、施工程序、专业系统及类别等划分为若干子分部工程。随着生产、生活条件要求的提高，建筑物的内部设施也越来越多样化；建筑物相同部位的设计也呈多样化；新型材料大量涌现；加之施工工艺和技术的发展，使分项工程越来越多，因此，按建筑物的主要部位和专业来划分分部工程已不适应要求，因此在分部工程中，按相近工作内容和系统划分若干子分部工程，这样有利于正确评价建筑工程质量，有利于进行验收。例如建筑装饰装修分部工程又划分为地面工程、抹灰工程、门窗工程、吊顶工程、轻质隔墙工程、饰面板工程、饰面砖工程、涂饰工程、裱糊与软包工程、细部工程、外墙防水工程等多个子分部工程。

三、分项工程的划分

分项工程应按主要工种、材料、施工工艺、设备类别等进行划分。

一个单位工程由施工准备工作开始到最后交付使用，要经过若干工序、若干工种的配合施工。为了便于控制、检查和验收每个工序和工种的质量，需要把工程分为分项工程。建筑与结构工程应按主要工种划分分项工程，也可按施工工艺和使用材料的不同进行划分，如混凝土结构工程按主要工种分为模板工程、钢筋工程、混凝土工程等分项工程；按施工工艺分为预应力、现浇结构、装配式结构等分项工程；砌体结构工程按材料分为砖砌体、混凝土小型砌块砌体、石砌体等分项工程。

建筑设备安装工程应按工种种类及设备类别等划分分项工程，同时也可按系统、区段来划分。如室外排水管网分为排水管道安装、排水管沟与井池等分项工程；供热锅炉及辅助设备安装分为锅炉安装、辅助设备及管道安装等分项工程。

地基基础中的土石方、基坑支护子分部工程及混凝土工程中的模板工程，虽不构成建筑工程实体，但它是建筑工程施工中不可缺少的重要环节和必要条件，其施工质量如何，不仅关系到能否施工和施工安全，也关系到建筑工程的质量，因此将其列入施工验收内容是应该的。

四、检验批的划分

检验批是指按相同的生产条件或按规定的方式汇总起来供抽样检验用的、由一定数量样本组成的检验体。检验批可根据施工、质量控制和专业验收的需要，按工程量、楼层、施工段、变形缝进行划分。

分项工程划分成检验批进行验收有利于及时纠正施工中出现的质量问题，确保工程质量，也符合施工实际需要。划分的好坏反映了工程质量管理水平，划分的太小增加工作量，划分太大返工时量太大；大小相差太悬殊时，其验收结果可比性较差。

多层及高层建筑工程中主体分部的分项工程可按楼层或施工段来划分检验批，单层建筑工程的分项工程可按变形缝等划分检验批；地基基础分部工程中的分项工程一般划分为一个检验批，有地下室的基础工程可按不同地下层划分检验批；屋面分部工程中的分项工程根据不同楼层屋面可划分为不同的检验批；其他分部工程中的分项工程，一般按楼面划分检验批；对于工程量较少的分项工程可统一划分为一个检验批。安装工程一般按一个设计系统或设备组别划分为一个检验批。室外工程统一划分为一个检验批。散水、台阶、明沟等含在地面检验批中。

五、室外工程的划分

为了加强室外工程的管理和验收，促进工程质量的提高，将室外工程根据专业类别和工程规模划分为室外设施、附属建筑及室外环境两个单位工程。室外单位工程、子单位工程、分部工程的划分可按表8-2采用。

表8-2 室外工程的划分表

单位工程	子单位工程	分部工程
室外设施	道路	路基、基层、面层、广场与停车场、人行道、人行地道、挡土墙、附属构筑物
	边坡	土石方、挡土墙、支护
附属建筑及室外环境	附属建筑	车棚，围墙，大门，挡土墙
	室外环境	建筑小品，亭台，水景，连廊，花坛，场坪绿化，景观桥

注：本表摘自《建筑工程施工质量验收统一标准》（GB 50300—2013）附录C。

第三节 建筑工程质量验收程序和组织

一、检验批及分项工程的验收程序和组织

检验批和分项工程是建筑工程质量的基础，因此，所有检验批和分项工程均应由专业监理工程师组织验收。验收前，施工单位先填好"检验批或分项工程的质量验收记录"（有关监理记录和结论不填），并由项目专业质量检验员和项目专业技术负责人分别在检验批和分项工程质量检验记录中相关栏目签字，然后由监理工程师组织，严格按规定程序进行验收。对于政策允许的建设单位自行管理的建筑工程，由建设单位项目技术负责人组织验收。

在施工过程中，监理工程师应加强对工序进行质量控制，设置质量控制点，做好旁站和巡视，未进行检查认可，不得进行下道工序施工。检验批完成后，施工单位专业质量检查员进行自检，这是企业内部质量部门的检查，能够保证企业生产合格的产品。企业的专业质量检查员必须掌握企业标准和国家质量验收规范的规定，需经过培训并持证上岗。施工单位检查评定合格后，监理工程师再组织验收。如果有的项目不能满足验收规范的要求，应及时让施工单位进行返工或返修。

分项工程所含的检验批都验收合格后，才进行分项工程验收。施工单位应在自检合格后，填写分项工程报验表。监理工程师再组织施工单位有关人员进行对分项工程验收。

二、分部工程的验收程序和组织

分部工程作为单位工程的组成部分，其质量影响单位工程的验收。因此分部工程完工后，由施工单位项目负责人组织自行检查，合格后向监理单位提出申请。工程监理实行总监理工程师负责制，因此分部工程应由总监理工程师组织施工单位的项目负责人和项目技术、质量负责人及有关人员进行验收。

由于地基与基础工程要求严格，技术性强，关系到整个工程的安全。为保证质量，严格把关，规定勘察、设计单位的项目负责人应参加地基与基础分部工程的验收。设计单位的项目负责人应参加主体结构、节能分部工程的验收。施工单位技术、质量部门的负责人也应参加地基与基础、主体结构、节能分部工程的验收。

三、单位工程的验收程序和组织

1. 单位工程完工报验

单位工程完成后，施工单位应首先依据验收规范、设计图纸等组织有关人员进行自检，对检查结果进行评定并进行必要的整改。

监理单位应根据《建设工程监理规范》的要求对工程进行竣工预验收。总监理工程师组织各专业监理工程师对竣工资料和各专业工程的质量进行检查，对于检查出来的问题，应督促施工单位及时进行整改。对于需要进行功能试验的项目（如单机试车），监理工程师应督促施工单位及时进行试验，并督促施工单位搞好成品保护和进行现场清理。经项目监理机构验收合格后，总监理工程师签署工程竣工报验单，并向建设单位提出质量评估报告。

存在施工质量问题时，应由施工单位及时整改。符合规定后由施工单位向建设单位提交

工程竣工报告和完整的质量控制资料，申请建设单位组织竣工验收。

2. 单位工程验收

1）正式验收人员

单位工程质量验收应由建设单位项目负责人组织，由于勘察、设计、施工、监理单位都是责任主体，因此各单位项目负责人应参加验收，施工单位项目技术、质量负责人和监理单位的总监理工程师也应参加验收。修订时增加了勘察单位也参加单位工程验收，对于工程地质和地下水文情况复杂的工程尤其重要。

由于《建设工程承包合同》的双方主体是建设单位和总承包单位，总承包单位应按照承包合同的权利义务对建设单位负责。分包单位对总承包单位负责，亦应对建设单位负责。因此单位工程中的分包工程完工后，分包单位对承建的项目进行检验时，总承包单位应参加，检验合格后，分包单位应将工程的有关资料整理完整后移交给总承包单位，建设单位组织单位工程质量验收时，分包单位负责人应参加验收。

由几个施工单位负责施工的单位工程，当其中的子单位工程已按设计要求完成，并经自行检验，也可按规定的程序组织正式验收，办理交工手续。在整个单位工程验收时，已验收的子单位工程验收资料应作为单位工程验收的附件。

2）正式验收条件

建设单位收到施工单位的工程竣工报告和监理单位的质量评估报告后，应组织有关单位和相关专家成立验收组，制定验收方案，组织正式验收。

《房屋建筑和市政基础设施工程竣工验收规定》（建质〔2013〕171号）规定建设工程竣工验收应当具备下列条件：

（1）完成工程设计和合同约定的各项内容。

（2）施工单位在工程完工后对工程质量进行了检查，确认工程质量符合有关法律、法规和工程建设强制性标准，符合设计文件及合同要求，并提出工程竣工报告。工程竣工报告应经项目经理和施工单位有关负责人审核签字。

（3）对于委托监理的工程项目，监理单位对工程进行了质量评估，具有完整的监理资料，并提出工程质量评估报告。工程质量评估报告应经总监理工程师和监理单位有关负责人审核签字。

（4）勘察、设计单位对勘察、设计文件及施工过程中由设计单位签署的设计变更通知书进行了检查，并提出质量检查报告。质量检查报告应经该项目勘察、设计负责人和勘察、设计单位有关负责人审核签字。

（5）有完整的技术档案和施工管理资料。

（6）有工程使用的主要建筑材料、建筑构配件和设备的进场试验报告，以及工程质量检测和功能性试验资料。

（7）建设单位已按合同约定支付工程款。

（8）有施工单位签署的工程质量保修书。

（9）对于住宅工程，进行分户验收并验收合格，建设单位按户出具《住宅工程质量分户验收表》。

（10）建设主管部门及工程质量监督机构责令整改的问题全部整改完毕。

（11）法律、法规规定的其他条件。

在竣工验收时，对于某些剩余工程和缺陷工程，在不影响交付使用的前提下，经建设单位、设计单位、监理单位和施工单位协商，施工单位应在竣工验收后的限定时间内完成。

参加验收各方对工程质量验收意见不一致时，应当尽可能协商，也可请当地建设行政主管部门或工程质量监督机构协调处理。

3）工程竣工验收备案

为了加强政府监督管理，防止不合格工程流向社会。同时为了提高建设单位的责任心，督促建设单位搞好工程建设，确保工程质量和使用安全。建设单位应当自工程竣工验收合格之日起 15 日内，依照《房屋建筑和市政基础设施工程竣工验收备案管理办法》（住房和城乡建设部令第 2 号）的规定，向工程所在地的县级以上地方人民政府建设主管部门备案。

建设单位办理工程竣工验收备案应当提交下列文件：

（1）工程竣工验收备案表。

（2）工程竣工验收报告。竣工验收报告应当包括工程报建日期，施工许可证号，施工图设计文件审查意见，勘察、设计、施工、工程监理等单位分别签署的质量合格文件及验收人员签署的竣工验收原始文件，市政基础设施的有关质量检测和功能性试验资料以及备案机关认为需要提供的有关资料。

（3）法律、行政法规规定应当由规划、环保等部门出具的认可文件或者准许使用文件。

（4）法律规定应当由公安消防部门出具的对大型的人员密集场所和其他特殊建设工程验收合格的证明文件。

（5）施工单位签署的工程质量保修书，住宅工程还应当提交《住宅质量保证书》和《住宅使用说明书》。

（6）法规、规章规定必须提供的其他文件。

备案机关发现建设单位在竣工验收过程中有违反国家有关建设工程质量管理规定行为的，应当在收讫竣工验收备案文件 15 日内，责令停止使用，重新组织竣工验收。

第四节　建筑工程质量验收标准

一、检验批的质量验收

1. 检验批合格质量的规定

检验批是工程验收的最小单位，是分项工程乃至整个建筑工程质量验收的基础。检验批是施工过程中条件相同并有一定数量的材料、构配件或安装项目，由于其质量基本均匀一致，因此可以作为检验的基础单位，并按批验收。通过对检验批的验收，能够保证分项工程的质量，能够完成对施工过程的质量控制。

检验批质量验收合格应符合下列规定：

（1）主控项目的质量经抽样检验均应合格。

（2）一般项目的质量经抽样检验合格。当采用计数抽样时，合格点率应符合有关专业验收规范的规定，且不得存在严重缺陷。对于计数抽样的一般项目，正常检验一次、二次抽样可按《建筑工程施工质量验收统一标准》（GB 50300）附录 D 判定。

（3）具有完整的施工操作依据、质量验收记录。

2. 检验批按规定进行验收

为了使检验批的质量符合安全和功能的基本要求，以达到保证建筑工程质量的目的，各专业工程质量验收规范应对各检验批的主控项目、一般项目的子项合格质量给予明确的规定。

1）主控项目的检验

主控项目是建筑工程中对安全、节能、环境保护和主要使用功能起决定性作用的检验项目，是对检验批的基本质量起决定性影响的检验项目，因此必须全部符合有关专业工程验收规范的规定。这意味着主控项目不允许有不符合要求的检验结果，即这种项目的检查具有否决权。鉴于主控项目对基本质量的决定性影响，从严要求是必需的。如果主控项目达不到规定的质量指标，就会降低工程使用功能，甚至影响结构安全。

2）一般项目的检验

一般项目是指除主控项目以外的检验项目。一般项目包括的内容有：允许有一定偏差值的项目、允许出现一定缺陷的项目、无法定量而只能采用定性的项目等。虽然允许存在一定数量的不合格点，但某些不合格点的指标与合格要求偏差较大或存在严重缺陷时，仍将影响使用功能或观感质量，对这些位置应进行维修处理。比如砌体规范中规定"一般项目应有80%及以上的抽检处符合规定，有允许偏差的项目最大超差值为允许偏差值的1.5倍"，钢结构规范中规定"一般项目其检验结果应有80%及以上的检查点符合要求，且最大值不应超过其允许偏差值的1.2倍"，因此也应该按照专业验收规范规定进行检验。

依据《计数抽样检验程序第1部分：按接收质量限（AQL）检索的逐批检验抽样计划》（GB/T 2828.1）给出了计数抽样正常检验一次抽样、正常检验二次抽样结果的判定方法。对于计数抽样的一般项目，正常检验一次抽样可按表8-3判定，正常检验二次抽样可按表8-4判定。样本容量在表8-3或表8-4给出的数值之间时，合格判定数和不合格判定数可通过插值并四舍五入取整确定。

表8-3 一般项目正常检验一次抽样判定

样本容量	合格判定数	不合格判定数	样本容量	合格判定数	不合格判定数
5	1	2	32	7	8
8	2	3	50	10	11
13	3	4	80	14	15
20	5	6	125	21	22

表8-4 一般项目正常检验二次抽样判定

抽样次数	样本容量	合格判定数	不合格判定数	抽样次数	样本容量	合格判定数	不合格判定数
（1）	3	0	2	（1）	20	3	6
（2）	6	1	2	（2）	40	9	10
（1）	5	0	3	（1）	32	5	9
（2）	10	3	4	（2）	64	12	13
（1）	8	1	3	（1）	50	7	11
（2）	16	4	5	（2）	100	18	19

抽样次数	样本容量	合格判定数	不合格判定数	抽样次数	样本容量	合格判定数	不合格判定数
（1）	13	2	5	（1）	80	11	16
（2）	26	6	7	（2）	160	26	27

注：（1）和（2）表示抽样次数，（2）对应的样本容量为二次抽样的累计数量。

举例说明表 8-3 和表 8-4 的使用方法：对于一般项目正常检验一次抽样，假设样本容量为 20，在 20 个试样中如果有 5 个或 5 个以下试样被判为不合格时，该检测批即可判定为合格；当 20 个试样中有 6 个或 6 个以上试样被判为不合格时，则该检测批可判定为不合格。对于一般项目正常检验二次抽样，假设样本容量为 20，当 20 个试样中有 3 个或 3 个以下试样被判为不合格时，该检测批可判定为合格；当有 6 个或 6 个以上试样被判为不合格时，该检测批可判定为不合格；当有 4 或 5 个试样被判为不合格时，应进行第二次抽样，样本容量也为 20 个，两次抽样的样本容量为 40，当两次不合格试样之和为 9 或小于 9 时，该检测批可判定为合格，当两次不合格试样之和为 10 或大于 10 时，该检测批可判定为不合格。

表 8-3 和表 8-4 给出的样本容量不连续，对合格判定数和不合格判定数有时需要进行取整处理。例如样本容量为 15，按表 8-3 插值得出的合格判定数为 3.571，不合格判定数为 4.571，取整可得合格判定数为 4，不合格判定数为 5。

3）资料检查

质量控制资料反映了检验批从原材料到最终验收的各施工工序的操作依据，检查情况以及保证质量所必需的管理制度等。检验批施工操作依据应满足设计和验收规范的要求，采用的企业标准不能低于国家、地方标准。对资料完整性的检查，实际是对过程控制的确认，这是检验批合格的前提。资料检查也体现过程控制，也可使过程具有可追溯性，明确各方质量责任和避免质量纠纷。

不同的分项工程检验批有不同的内容，但检验批验收记录通表格式可参见表 8-5。

通常监理人员应进行平行、旁站或巡回的方法进行监理，在施工过程中，对施工质量进行察看和测量，并参加施工单位的重要项目的检测。对新开工工程或首件产品进行全面检查，以了解质量水平和控制措施的有效性及执行情况，在整个过程中，随时可以测量。在检验批验收时，对主控项目、一般项目应逐项进行验收。对符合验收规范规定的项目，填写"合格"或"符合要求"，对不符合验收规范规定的项目，暂不填写，待处理后再验收，但应做好标记。

表 8-5　检验批质量验收记录表

单位（子单位）工程名称		分部（子分部）工程名称		分项工程名称	
施工单位		项目负责人		检验批容量	
分包单位		分包单位项目负责人		检验批部位	
施工依据			验收依据		

续表

验收项目		设计要求及规范规定	最小/实际抽样数量	检查记录	检查结果
主控项目	1				
	2				
	3				
	4				
	5				
	6				
	7				
	8				
	9				
	10				
一般项目	1				
	2				
	3				
	4				
	5				
施工单位检查结果			专业工长： 项目专业质量检查员： 　　年　月　日		
监理单位验收结论			专业监理工程师： 　　年　月　日		

二、分项工程的质量验收

1. 分项工程合格质量的规定

分项工程质量验收合格应符合下列规定：

（1）所含检验批的质量均应验收合格。

（2）所含检验批的质量验收记录应完整。

分项工程的验收在检验批的基础上进行。一般情况下，两者具有相同或相近的性质，只是批量的大小不同而已。因此，将有关的检验批汇集构成分项工程。分项工程合格质量的条件比较简单，只要构成分项工程的各检验批的验收资料文件完整，并且均已验收合格，则分项工程验收合格。

2. 分项工程按规定进行验收

一般情况下，分项工程没有新的验收内容，只是将检验批验收结果汇总进行归纳整理。在分项工程验收时应注意以下几方面：

（1）核对检验批划分是否合理，是否有遗漏部位。

（2）检验批中有试验的项目，试验结果是否已经具备，结论是否满足要求。

（3）检验批验收记录中的内容和签字是否完整、正确。

分项工程质量验收记录表格格式见表8-6。

表8-6　分项工程质量验收记录

单位（子单位）工程名称				分部（子分部）工程名称			
分项工程数量				检验批数量			
施工单位		项目负责人			项目技术负责人		
分包单位		分包单位项目负责人			分包内容		
序号	检验批名称	检验批容量	部位/区段	施工单位检查结果	监理单位验收结论		
1							
2							
3							
4							
5							
6							
7							
8							
9							
10							
11							
12							
13							
14							
15							
16							
说明：							
施工单位检查结果				项目专业技术负责人： 年　月　日			
监理单位验收结论				专业监理工程师： 年　月　日			

三、分部工程的质量验收

1. 分部工程合格质量的规定

分部工程质量验收合格应符合下列规定：

（1）所含分项工程的质量均应验收合格。

（2）质量控制资料应完整。

（3）有关安全、节能、环境保护和主要使用功能的抽样检验结果应符合相应规定。

（4）观感质量应符合要求。

分部工程是由若干个分项工程构成，因此分部工程的验收在其所含各分项工程验收的基础上进行。首先，分部工程的各分项工程必须已验收合格且相应的质量控制资料文件必须完整，这是验收的基本条件。

此外，由于各分项工程的性质不尽相同，因此作为分部工程不能简单地组合而加以验收，尚须增加以下两类检查项目。一是涉及安全、节能、环境保护和主要使用功能的地基与基础、主体结构和设备安装等分部工程应进行有关的见证检验或抽样检验。二是关于观感质量验收，这类检查往往难以定量，只能以观察、触摸或简单量测的方式进行，并由各个人的主观印象判断，检查结果并不给出"合格"或"不合格"的结论，而是综合给出质量评价。对于"差"的检查点应通过返修处理等补救。

2. 分部（子分部）工程按规定进行验收

1）分部（子分部）工程所含分项工程的质量均应验收合格。

这项工作是统计工作，做时应注意以下几方面：

（1）注意各分项工程划分是否正确，有无分项工程没有进行验收。

（2）每个分项工程是否已经完工，核对每个分项工程是否已经验收。

（3）每个分项工程的验收记录是否完整，内容是否正确，签字是否齐全等。

2）质量控制资料应完整。

在分部工程质量验收时，应根据各专业质量验收规范的规定，对质量控制资料进行详细检查。此时不光检查验收记录，还需核查其他方面材料，注意以下几点：

（1）核查的资料项目是否满足各专业验收规范的规定。

（2）核查的资料内容填写是否满足各专业验收规范的规定。

（3）质量控制资料记录表填写是否完整、正确。

（4）核对各资料是否履行签字手续，签字是否齐全。

3）有关安全、节能、环境保护和主要使用功能的抽样检验结果应符合相应规定。

这项内容是针对安全及功能方面进行的，有关检测应符合相关专业验收规范的规定。这些分部工程比较重要，影响建筑物的使用，质量达不到要求可能影响人民生命和财产损失，甚至关乎国家安全和社会稳定。有关安全及重要使用功能的分部工程应进行有关见证取样送样试验或抽样检测，满足相关规范规定。

4）观感质量验收。

观感质量是指通过观察和必要的测试所反映的工程外在质量和功能状态。原先观感质量验收需到单位工程时才进行检查，发现问题再进行修补已经晚了，因此现在在分部（子分部）工程时就进行验收。以门窗工程为例，每个窗户安装质量都没有问题，但整个门窗工程

147

施工完成后，作为门窗子分部工程验收时，就有可能发现上下层窗户竖直不在直线上，这就需要马上处理。观感质量验收并不给出"合格"或"不合格"的结论，而是综合给出"好"、"一般"、"差"质量评价，对于"差"的检查点应通过返修处理等补救。评价时由总监理工程师组织，听取现场参与验收人员的意见后，共同进行确认。

　　5）验收记录表。

　　分部工程应由施工单位将自行检查评定合格的表填写好后，由项目负责人交监理单位或建设单位。由总监理工程师组织施工单位项目经理及勘察单位项目负责人（地基基础部分）、设计单位项目负责人（地基基础、主体结构、节能工程）、施工单位质量和技术部门负责人进行验收。分部工程质量验收记录表格式见表8-7。

表8-7　分部工程验收记录表

单位（子单位）工程名称		子分部工程数量		分项工程数量	
施工单位		项目负责人		技术（质量）负责人	
分包单位		分包单位负责人		分包内容	

序号	子分部工程名称	分项工程名称	检验批数量	施工单位检查结果	监理单位验收结论
1					
2					
3					
4					
5					
6					
7					
8					
9					
10					
质量控制资料					
安全和功能检验结果					
观感质量检验结果					
综合验收结论					

施工单位项目负责人：　年　月　日	勘察单位项目负责人：　年　月　日	设计单位项目负责人：　年　月　日	监理单位总监理工程师：　年　月　日

四、单位工程的质量验收

1. 单位工程合格质量的规定

单位工程质量验收合格应符合下列规定：

（1）所含分部工程的质量均应验收合格。

（2）质量控制资料应完整。

（3）所含分部工程中有关安全、节能、环境保护和主要使用功能的检验资料应完整。

（4）主要使用功能的抽查结果应符合相关专业验收规范的规定。

（5）观感质量应符合要求。

单位工程质量验收也称质量竣工验收，是建筑工程投入使用前的最后一次验收，也是最重要的一次验收。验收合格的条件有五个：除构成单位工程的各分部工程应该合格，并且有关的资料文件应完整以外，还须进行以下三个方面的检查。

涉及安全、节能、环境保护和主要使用功能的分部工程检验资料应复查合格，这些检验资料与质量控制资料同等重要。资料复查要全面检查其完整性，不得有漏检和缺项，其次复核分部工程验收时补充进行的见证抽样检验报告，这体现了对安全和主要使用功能等的重视。

对主要使用功能应进行抽查。这是对建筑工程和设备安装工程质量的综合检验，也是用户最为关心的内容，体现了本标准完善手段、过程控制的原则，也将减少工程投入使用后的质量投诉和纠纷。因此，在分项、分部工程验收合格的基础上，竣工验收时再做全面检查。抽查项目是在检查资料文件的基础上由参加验收的各方人员商定，并用计量、计数的方法抽样检验，检验结果应符合有关专业验收规范的规定。

最后，还须由参加验收的各方人员共同进行观感质量检查，最后共同确定是否验收。

2. 单位（子单位）工程按规定进行验收

工程项目的竣工验收，是项目建设程序的最后一个环节，是全面考核项目建设成果，检查设计与施工质量，确认项目能否投入使用的重要步骤。竣工验收的顺利完成，标志着项目建设阶段的结束和生产使用阶段的开始。尽快完成竣工验收工作，对促进项目的早日投产使用，发挥投资效益，有着非常重要的意义。因此在执行中注意以下几点：

1）单位工程所含分部工程的质量均应验收合格。

本条贯彻了过程控制的原则，逐步由检验批、分项工程到分部工程，最后到单位工程进行验收。这项工作由总承包单位提前完成，把所有分部工程、子分部工程的验收记录进行整理，整理过程中注意：

（1）核查各分部工程所含子分部工程是否齐全。

（2）各分部工程所含子分部工程是否已经经过验收。

（3）各分部（子分部）工程的验收记录是否完整、正确。

（4）各分部（子分部）工程的验收记录是否履行签字手续，验收人员是否具有资格。

2）质量控制资料应完整。

质量控制资料在分部工程时已经检查过，在单位工程验收时再进行一次全面和系统性的检查很有必要。质量控制资料能够反映工程采用的材料、构配件和设备的质量，施工过程的质量控制，施工过程中的质量验收等情况。这些资料是反映工程质量的客观见证，是评价工程质量的主要依据。对质量控制资料的核查，资料完整的判定是看其能够满足工程结构安全和使用功能的需要，能够达到设计要求。验收记录表见表 8-8。

表 8-8　单位工程质量控制资料核查记录

工程名称				施工单位			
序号	项目	资料名称	份数	施工单位		监理单位	
				核查意见	核查人	核查意见	核查人
1	建筑与结构	图纸会审记录、设计变更通知单、工程洽商记录					
2		工程定位测量、放线记录					
3		原材料出厂合格证书及进场检验、试验报告					
4		施工试验报告及见证检测报告					
5		隐蔽工程验收记录					
6		施工记录					
7		地基、基础、主体结构检验及抽样检测资料					
8		分项、分部工程质量验收记录					
9		工程质量事故调查处理资料					
10		新技术论证、备案及施工记录					
1	给排水与采暖	图纸会审记录、设计变更通知单、工程洽商记录					
2		原材料出厂合格证书及进场检验、试验报告					
3		管道、设备强度试验、严密性试验记录					
4		隐蔽工程验收记录					
5		系统清洗、灌水、通水、通球试验记录					
6		施工记录					
7		分项、分部工程质量验收记录					
8		新技术论证、备案及施工记录					
1	通风与空调	图纸会审记录、设计变更通知单、工程洽商记录					
2		原材料出厂合格证书及进场检验、试验报告					
3		制冷、空调、水管道强度试验、严密性试验记录					

续表

工程名称				施工单位				
序号	项目	资料名称	份数	施工单位			监理单位	
				核查意见	核查人		核查意见	核查人
4	通风与空调	隐蔽工程验收记录						
5		制冷设备运行调试记录						
6		通风、空调系统调试记录						
7		施工记录						
8		分项、分部工程质量验收记录						
9		新技术论证、备案及施工记录						
1	建筑电气	图纸会审记录、设计变更通知单、工程洽商记录						
2		原材料出厂合格证书及进场检验、试验报告						
3		设备调试记录						
4		接地、绝缘电阻测试记录						
5		隐蔽工程验收记录						
6		施工记录						
7		分项、分部工程质量验收记录						
8		新技术论证、备案及施工记录						
1	智能建筑	图纸会审记录、设计变更通知单、工程洽商记录						
2		原材料出厂合格证书及进场检验、试验报告						
3		隐蔽工程验收记录						
4		施工记录						
5		系统功能测定及设备调试记录						
6		系统技术、操作和维护手册						
7		系统管理、操作人员培训记录						
8		系统检测报告						
9		分项、分部工程质量验收记录						
10		新技术论证、备案及施工记录						
1	建筑节能	图纸会审记录、设计变更通知单、工程洽商记录						
2		原材料出厂合格证书及进场检验、试验报告						

工程名称				施工单位				

序号	项目	资料名称	份数	施工单位		监理单位	
				核查意见	核查人	核查意见	核查人
3	建筑节能	隐蔽工程验收记录					
4		施工记录					
5		外墙、外窗节能检测报告					
6		设备系统节能检测报告					
7		分项、分部工程质量验收记录					
8		新技术论证、备案及施工记录					
9							
1	电梯	图纸会审记录、设计变更通知单、工程洽商记录					
2		设备出厂合格证书及开箱检验记录					
3		隐蔽工程验收记录					
4		施工记录					
5		接地、绝缘电阻试验记录					
6		负荷试验、安全装置检查记录					
7		分项、分部工程质量验收记录					
8		新技术论证、备案及施工记录					

结论：

施工单位项目负责人：　　　　　年　月　日　　　　　总监理工程师：　　　　　年　月　日

3）所含分部工程中有关安全、节能、环境保护和主要使用功能的检验资料应完整。

此项检查是验收规范完善手段的重要体现，也是过程控制的要求，是建筑法规的具体落实，目的是确保工程的安全和使用功能。有关安全、节能、环境保护和主要使用功能的分部工程应进行有关见证取样送样试验或抽样检测，并填写记录。在单位工程验收时，对检测资料进行核查，以此保证工程质量满足要求。检测资料是否完整，包括检测项目、检测程序、检测方法和检测报告的结果都达到规范规定的要求。验收记录表见表8-9。

4）主要使用功能项目的抽查。

主要功能项目的抽查是验收规范新增加的内容，对于用户最关心的内容进行全面抽查。虽然有些项目在分部工程、子分部工程已经检查了，但这些项目关乎安全或使用功能，是比较重要的项目，还需在单位工程验收时进行抽查。抽查项目是在检查资料文件的基础上由参加验收的各方人员商定，并由计量、计数的抽样方法确定检查部位。检查结果要符合有关专业工程施工质量验收规范的规定，使用功能的检查是对建筑工程和设备安装工程最终质量的综合检验。验收记录表见表8-9。

表 8-9 单位工程安全和功能检验资料核查及主要功能抽查记录

工程名称				施工单位			
序号	项目	安全和功能检查项目		份数	核查意见	抽查结果	核查(抽查)人
1	建筑与结构	地基承载力检验报告					
2		桩基承载力检验报告					
3		混凝土强度试验报告					
4		砂浆强度试验报告					
5		主体结构尺寸、位置抽查记录					
6		建筑物垂直度、标高、全高测量记录					
7		屋面淋水或蓄水试验记录					
8		地下室渗漏水检测记录					
9		有防水要求的地面蓄水试验记录					
10		抽气(风)道检查记录					
11		外窗气密性、水密性、耐风压检测报告					
12		幕墙气密性、水密性、耐风压检测报告					
13		建筑物沉降观测测量记录					
14		节能、保温测试记录					
15		室内环境检测报告					
16		土壤氡气浓度检测报告					
1	给排水与采暖	给水管道通水试验记录					
2		暖气管道、散热器压力试验记录					
3		卫生器具满水试验记录					
4		消防管道、燃气管道压力试验记录					
5		排水干管通球试验记录					
6		锅炉试运行、安全阀及报警联动测试记录					
1	通风与空调	通风、空调系统试运行记录					
2		风量、温度测试记录					
3		空气能量回收装置测试记录					
4		洁净室洁净度测试记录					
5		制冷机组试运行调试记录					
1	建筑电气	建筑照明通电试运行记录					
2		灯具固定装置及悬吊装置的载荷强度试验记录					
3		绝缘电阻测试记录					
4		剩余电流动作保护器测试记录					
5		应急电源装置应急持续供电记录					
6		接地电阻测试记录					
7		接地故障回路阻抗测试记录					

续表

工程名称				施工单位			
序号	项目		安全和功能检查项目	份数	核查意见	抽查结果	核查（抽查）人
1	智能建筑		系统试运行记录				
2			系统电源及接地检测报告				
3			系统接地检测报告				
1	建筑节能		外墙节能构造检查记录或热工性能检验报告				
2			设备系统节能性能检查记录				
1	电梯		运行记录				
2			安全装置检测报告				

结论：

施工单位项目负责人：　　　　年　月　日　　　　总监理工程师：　　　　年　月　日

注：抽查项目由验收组协商确定。

5）观感质量验收。

观感质量验收在分部工程时已经检查过，在单位工程验收时再进行一次全面检查。建筑工程施工期比较长，原先经过检查和验收的部位，由于各种因素的影响出现质量变异；原先抽检方案受限，抽查不到的部位或检查发现不了的缺陷，在单位工程验收时需要重新检查。观感质量验收不单纯是对工程外在质量进行检查，也是对影响工程使用功能的方面进行再次确认。观感质量验收中若发现有影响安全和功能的缺陷，或明显影响观感效果的缺陷要及时处理，以免影响工程使用。验收记录表见表8-10。

表 8-10　单位（子单位）工程观感质量检查记录

工程名称			施工单位	
序号		项目	抽查质量状况	质量评价
1	建筑与结构	主体结构外观	共检查　点，好　点，一般　点，差　点	
2		室外墙面	共检查　点，好　点，一般　点，差　点	
3		变形缝、水落管	共检查　点，好　点，一般　点，差　点	
4		屋面	共检查　点，好　点，一般　点，差　点	
5		室内墙面	共检查　点，好　点，一般　点，差　点	
6		室内顶棚	共检查　点，好　点，一般　点，差　点	
7		室内地面	共检查　点，好　点，一般　点，差　点	
8		楼梯、踏步、护栏	共检查　点，好　点，一般　点，差　点	
9		门窗	共检查　点，好　点，一般　点，差　点	
10		雨罩、台阶、坡道、散水	共检查　点，好　点，一般　点，差　点	

续表

工程名称			施工单位	
序号		项目	抽查质量状况	质量评价
1	给排水与采暖	管道接口、坡度、支架	共检查　点，好　点，一般　点，差　点	
2		卫生器具、支架、阀门	共检查　点，好　点，一般　点，差　点	
3		检查口、扫除口、地漏	共检查　点，好　点，一般　点，差　点	
4		散热器、支架	共检查　点，好　点，一般　点，差　点	
1	通风与空调	风管、支架	共检查　点，好　点，一般　点，差　点	
2		风口、风阀	共检查　点，好　点，一般　点，差　点	
3		风机、空调设备	共检查　点，好　点，一般　点，差　点	
4		管道、阀门、支架	共检查　点，好　点，一般　点，差　点	
5		水泵、冷却塔	共检查　点，好　点，一般　点，差　点	
6		绝热	共检查　点，好　点，一般　点，差　点	
1	建筑电气	配电箱、盘、板、接线盒	共检查　点，好　点，一般　点，差　点	
2		设备器具、开关、插座	共检查　点，好　点，一般　点，差　点	
3		防雷、接地、防火	共检查　点，好　点，一般　点，差　点	
1	智能建筑	机房设备安装及布局	共检查　点，好　点，一般　点，差　点	
2		现场设备安装	共检查　点，好　点，一般　点，差　点	
1	电梯	运行、平层、开关门	共检查　点，好　点，一般　点，差　点	
2		层门、信号系统	共检查　点，好　点，一般　点，差　点	
3		机房	共检查　点，好　点，一般　点，差　点	
观感质量综合评价				
结论				

施工单位项目负责人：　　　　　年　月　日　　　　　总监理工程师：　　　　　年　月　日

注：1. 对质量评价为差的项目应进行返修。

　　2. 观感质量检查的原始记录应作为本表附件。

6）单位工程质量竣工验收记录表。

单位工程质量验收也称为竣工验收，是建筑工程投入使用前的最后一次验收，是对建筑工程最终产品的终端把关。尽快完成竣工验收工作，对促进工程早日投入使用，发挥经济效益有着重要意义。单位工程质量验收有五部分内容，各部分验收后再进行填写表8-11。

表8-11 单位工程质量竣工验收记录

工程名称		结构类型		层数/建筑面积	
施工单位		技术负责人		开工日期	
项目负责人		项目技术负责人		完工日期	

序号	项目	验收记录	验收结论
1	分部工程验收	共 分部，经查 分部，符合标准及设计要求 分部	
2	质量控制资料核查	共 项，经审查符合要求 项，经核定符合规范要求 项	
3	安全和使用功能核查及抽查结果	共核查 项，符合要求 项，共抽查 项，符合要求 项，经返工处理符合要求 项	
4	观感质量验收	共抽查 项，符合要求 项，不符合要求 项	
5	综合验收结论		

参加验收单位	建设单位	监理单位	施工单位	设计单位	勘察单位
	（公章） 项目负责人： 年 月 日	（公章） 总监理工程师： 年 月 日	（公章） 项目负责人： 年 月 日	（公章） 项目负责人： 年 月 日	（公章） 项目负责人： 年 月 日

五、工程施工质量验收的特殊处理

一般情况下，不合格现象在基层的最小验收单位检验批时就应发现并及时处理，所有质量隐患必须尽快消灭在萌芽状态，否则将影响后续检验批和相关的分项工程、分部工程的验收。但非正常情况时应按下列规定进行处理：

（1）经返工或返修的检验批，应重新进行验收。

这种情况是指在检验批验收时，其主控项目不能满足验收规范或一般项目超过偏差限值的子项不符合检验规定的要求时，应及时进行处理。其中严重的缺陷应重新施工；一般的缺陷通过返修、更换予以解决，应允许施工单位在采取相应的措施后重新进行验收。如能够符合相应的专业工程质量验收规范，则应认为该检验批合格。

例如某住宅楼工程，设计采用 MU10 的混凝土小型空心砌块砌筑，但验收时发现混凝土小型空心砌块的实测强度为 9.2MPa，达不到设计要求。施工单位推倒后重新砌筑，因此应按照规范规定进行重新验收。

（2）经有资质的检测机构检测鉴定能够达到设计要求的检验批，应予以验收。

这种情况通常指个别检验批发现问题，难以确定能否验收时，应请具有资质的法定检测机构进行检测鉴定。当鉴定结果认为能够达到设计要求时，该检验批应可以通过验收。

例如出现在某检验批的材料试块强度不满足设计要求时，现浇框架柱混凝土设计强度为C25，混凝土强度检测报告结论为23MPa，没有达到设计要求。经有资质的检测单位现场进行无损试验，检测结果为26.2MPa，此结果满足强度要求，应予以验收。

（3）经有资质的检测机构检测鉴定达不到设计要求，但经原设计单位核算认可能够满足安全和使用功能的检验批，可予以验收。

这种情况是指经检测鉴定达不到设计要求，但经原设计单位核算、鉴定，仍可满足相关设计规范和使用功能要求时，该检验批可予以验收。这主要是因为一般情况下，标准、规范的规定是满足安全和功能的最低要求，而设计往往在此基础上留有一些余量。在一定范围内，会出现不满足设计要求而符合相应规范要求的情况，两者并不矛盾。

例如某现浇框架柱，混凝土设计强度为C25，混凝土强度检测报告结论为24MPa，没有达到设计要求。经有资质的检测单位现场进行无损试验，检测结果为24.2MPa，确实没有满足强度要求。但经过原设计单位验算，此柱为顶层结构，能够满足结构安全和使用功能，由设计单位出具认可证明，这种情况可以验收。

（4）经返修或加固处理的分项、分部工程，满足安全及使用功能要求时，可按技术处理方案和协商文件的要求予以验收。

这种情况是指更为严重的缺陷或者超过检验批的更大范围内的缺陷，可能影响结构的安全性和使用功能。若经法定检测机构检测鉴定后认为达不到规范的相应要求，即不能满足最低限度的安全储备和使用功能时，则必须进行加固或处理，使之能满足安全使用的基本要求。这样可能会造成一些永久性的影响，如增大结构外形尺寸，影响一些次要的使用功能。但为了避免建筑物的整体或局部拆除，避免社会财富更大的损失，在不影响安全和主要使用功能条件下，可按技术处理方案和协商文件进行验收。

例如前面所说现浇框架柱设计强度等级为C25，现场检测达不到设计要求，设计单位核算后也不能够满足结构安全和使用功能，只有采用扩大截面面积或增加立柱支撑等加固补强措施。这样就留下了永久性缺陷，甚至改变了使用用途，但经建设单位、设计单位、监理单位、施工单位等协商，避免更大的损失，可按技术处理方案和协商文件进行验收，即有条件的验收，责任方应承担经济责任，但不能作为降低质量要求、变相通过验收的一种出路，这是应该特别注意的。

（5）工程质量控制资料应齐全完整，当部分资料缺失时，应委托有资质的检测机构按有关标准进行相应的实体检验或抽样试验。

实际工程中偶尔会遇到因遗漏检验或资料丢失而导致部分施工验收资料不全的情况，使工程无法正常验收。对此可有针对性地进行工程质量检验，采取实体检测或抽样试验的方法确定工程质量状况。上述工作应由有资质的检测机构完成，检验报告可用于施工质量验收。

（6）经返修或加固处理仍不能满足安全或使用要求的分部工程及单位工程，严禁验收。

分部工程、单位工程存在严重的缺陷，经返修或加固处理仍不能满足安全使用要求的，严禁验收。为了保证人民群众的生命财产安全、社会的稳定，对于这种情况就应坚决拆除。

复习思考题

8-1　工程施工质量验收的依据是什么？

8-2　工程施工质量验收的方法有哪些？

8-3　建筑工程施工质量验收规范的制定体现了怎样的指导思想？

8-4　建筑工程施工质量验收的基本要求是什么？

8-5　建筑工程质量验收划分为哪些内容？

8-6　建筑工程分部工程划分的规则是什么？

8-7　建筑工程分项工程划分的规则是什么？

8-8　检验批合格质量的规定是什么？

8-9　分部（子分部）工程合格质量的规定是什么？

8-10　单位（子单位）工程合格质量的规定是什么？

8-11　分部工程的验收程序有哪些？

8-12　单位工程的验收程序有哪些？

8-13　如果建筑工程质量验收不合格，应如何处理？

第九章　建筑工程质量事故处理

第一节　建筑工程质量事故特点与分类

凡工程产品没有满足某个规定的要求，就称之为质量不合格。凡是工程质量不合格，影响使用功能或工程结构安全，造成永久质量缺陷或存在重大质量隐患，甚至直接导致工程倒塌或人身伤亡，按照由此造成直接经济损失的大小分为质量问题和质量事故。

工程项目由于产品的特点和生产特殊性，造成对质量影响的因素繁多，在施工过程中稍有疏忽，就容易引起质量变异，从而产生质量问题或严重的工程质量事故。为此，施工时必须采取有效措施，对常见的质量问题事先加以预防，对已经出现的质量事故应及时进行分析和处理。

一、建筑工程质量事故的特点

工程质量事故具有复杂性、可变性、严重性和多发性的特点。

1. 复杂性

工程项目由于具有产品固定而且项目多样、结构类型不一样等特点，而生产具有流动性、露天作业多、材料和设备不同、工艺与标准不统一、立体交叉施工、现场管理复杂等不同情况，因此对质量影响的因素繁多，施工现场发生质量问题的几率大。即使是同一性质的质量事故，原因却可能截然不同。引发质量事故的因素复杂，从而对质量事故的性质、危害的分析、判断和处理都增加了复杂性。

2. 可变性

许多工程发生质量事故后，其质量状态并非稳定不变的，有可能随着时间、环境等不断发展变化。有的结构刚开始发现细微的裂缝，不加以注意也可能发展成构件断裂或建筑物倒塌等重大事故。所以在分析、处理工程质量事故时，一定要特别重视质量事故的可变性，加强观测，并及时采取可靠的措施，以免事故进一步恶化。

3. 严重性

工程项目一旦发生质量事故，轻者影响施工顺利进行，拖延工期，增加工程费用；重者会给工程留下安全隐患，影响使用功能或不能使用；更严重的是引起建筑物倒塌，造成人民生命财产的巨大损失。因此对工程质量事故不能掉以轻心，加强监督检查，防患于未然，力争将事故消灭在萌芽状态。发生工程质量事故，务必及时妥善处理，以确保建筑物的安全使用。

4. 多发性

工程项目中有些质量事故，就像"常见病"、"多发病"一样经常发生，而被人们称为质量通病，如屋面漏水；墙体长毛；排水管道堵塞等。另外一些同类型的质量事故，往往一再重复发生，如雨棚倾覆，悬挑梁、板的断裂，混凝土强度不足等。因此，吸收多发性事故教训，认真总结经验，是避免事故重演的有效措施。

二、工程质量事故的分类

建筑工程的质量事故一般可按下述不同的方法分类。

1. 按事故性质及严重程度划分

按照住房和城乡建设部《关于做好房屋建筑和市政基础设施工程质量事故报告和调查处理工作的通知》（建质［2010］111号），根据工程质量事故造成的人员伤亡或者直接经济损失，工程质量事故分为4个等级；

1）特别重大事故

特别重大事故是指造成30人及以上死亡，或者100人及以上重伤，或者1亿元及以上直接经济损失的事故。

2）重大事故

重大事故是指造成10人及以上30人以下死亡，或者50人及以上100人以下重伤，或者5000万元及以上1亿元以下直接经济损失的事故。

3）较大事故

较大事故是指造成3人及以上10人以下死亡，或者10人及以上50人以下重伤，或者1000万元及以上5000万元以下直接经济损失的事故。

4）一般事故

一般事故是指造成3人以下死亡，或者10人以下重伤，或者100万元及以上1000万元以下直接经济损失的事故。

2. 按事故造成的后果区分

1）未遂事故

发现了质量问题，经及时采取措施，未造成经济损失、延误工期或其他不良后果，均属未遂事故。

2）已遂事故

凡出现不符合质量标准或设计要求，造成经济损失、工期延误或其他不良后果，就构成已遂事故。

3. 按事故责任区分

1）指导责任事故

指由于在工程实施指导或领导失误而造成的质量事故。例如，项目负责人片面追求施工进度，放松或不按质量标准进行控制和检验，或施工时降低质量标准等。

2）操作责任事故

指在施工过程中，由于实施操作者不按规程或标准实施操作，而造成的质量事故。例如，浇筑混凝土时随意加水；混凝土振捣不实；压实土方时，含水量及压实遍数未按要求进行控制操作等。

3）自然灾害事故

指由于突发的严重自然灾害等不可抗力造成的质量事故。例如地震、台风、暴雨、雷电、洪水等对工程造成破坏甚至倒塌。这类事故虽然不是人为责任直接造成，但灾害事故造成的损失程度也往往与人们是否在事前采取了有效的预防措施有关，相关责任人也可能负有一定责任。

4. 按质量事故产生的原因区分

1）技术原因引发的质量事故

指在工程项目实施中由于设计、施工在技术上的失误而造成的质量事故。例如，结构设计计算错误；盲目采用技术上不成熟、实际应用中未证实其可靠的新技术等。

2）管理原因引发的质量事故

主要是指由于管理上的不完善或失误而引发的质量事故。例如，施工单位或监理单位质量管理措施落实不力；质量控制不严格；仪器监测设备管理不善等原因产生质量问题。

3）社会、经济原因引发的质量事故

主要是指由于社会、经济因素及社会上存在的弊端引起建设中的错误行为，而导致的质量事故。例如，某些企业盲目追求利润而至工程质量于不顾，低价投标，中标后则偷工减料，或层层转包，这些因素常常是导致重大工程质量事故的主要原因，应给以充分的重视。

第二节 建筑工程质量事故处理依据和程序

一、施工质量事故处理的依据

1. 质量事故的实况资料

包括质量事故发生的时间、地点；质量事故状况的描述；质量事故发展变化的情况；有关质量事故的观测记录、事故现场状态的照片和录像；事故调查组调查研究所获得的第一手资料。

2. 有关合同及合同文件

包括工程承包合同、设计委托合同、设备与器材购销合同、监理合同及分包合同等。

3. 有关的技术文件和档案

主要是有关的设计文件（如施工图纸和技术说明）、与施工有关的技术文件、档案和资料（如施工方案、施工计划、施工记录、施工日志、有关建筑材料的质量证明资料、现场制备材料的质量证明资料、质量事故发生后对事故状况的观测记录、试验记录或试验报告等）。

4. 相关的建设法规

主要包括《建筑法》和与工程质量及质量事故处理有关的法规，以及勘察、设计、施工、监理等单位资质管理方面的法规，从业者资格管理方面的法规，建筑市场方面的法规，建筑施工方面的法规，关于标准化管理方面的法规等。

二、施工项目质量事故处理程序

施工项目质量事故处理的程序，一般可按图9-1所示的进行。

1. 事故调查

事故发生后，项目负责人应按照法定的时间和程序，及时向企业报告事故的状况，并及时组织事故调查。调查一定要力求及时、客观、全面、准确，以便为事故的分析与处理提供依据。调查结果要整理撰写成事故调查报告，其内容包括：①工程概况，重点介绍有关部分的工程情况；②事故情况，事故发生的时间、性质、现状及发展变化情况；③事故发生后采取的临时防护措施；④事故调查中的有关数据、资料；⑤事故原因的分析与初步判断；⑥事故处理的建议方案与措施；⑦事故涉及人员与主要责任者的情况等。

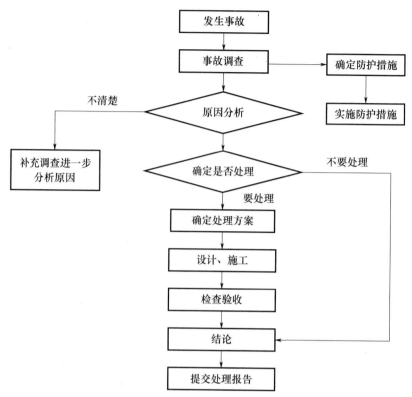

图 9-1 施工质量事故处理程序框图

2. 事故的原因分析

事故的原因分析要建立在事故情况调查的基础上，避免情况不明就主观推断事故的原因。尤其是有些事故原因错综复杂，往往涉及勘察、设计、施工、材料、管理等几方面，只有对调查所得到的数据、资料进行详细分析后，才能去伪存真，最终找到造成事故的主要原因。

3. 制定事故处理方案

事故的处理要建立在原因分析的基础上，并广泛地听取专家和有关方面的意见，经过科学论证，决定事故是否进行处理和如何进行处理。在制定事故处理方案时，应做到安全可靠，不留隐患，技术可行，经济合理，施工方便，满足建筑功能和使用要求。

4. 事故的处理

按照制定的处理方案，对质量事故进行认真的处理。处理的内容包括技术处理和责任处罚。既要解决施工的质量不合格和质量缺陷，又要根据事故的性质对事故责任人进行相应的处罚。

5. 事故的鉴定验收

在事故处理中，还必须加强质量检查和验收。质量事故处理是否达到预期的目的，是否留有隐患，需要通过检查验收来做出结论。事故处理的质量检查验收，应严格按施工验收规范和相关质量标准的有关规定进行，必要时还要通过实测、试验，仪器检测等方法来获取必要的数据，才能对事故做出鉴定结论。事故处理后，还必须提交完整的事故处理报告，其内容包括：事故调查的原始资料、测试数据；事故的原因分析、论证；事故处理的依据；事故处理方案及技术措施；检查验收记录；事故处理的结论等。

第三节　建筑工程质量事故原因分析与处理方案

一、建筑工程质量事故原因分析

建筑工程质量事故表现的形式多种多样，例如建筑结构的错位、变形、倾斜、倒塌，墙体开裂、刚度差、强度不足、断面尺寸不准，屋面渗水、漏水等等，但究其原因，可归纳如下：

1. 违背基本建设程序

如不经可行性论证，不做调查分析就盲目拍板定案；没有搞清工程地质水文条件就仓促开工；无证设计，无图施工；任意修改设计，不按图纸施工；工程竣工不进行试车运转，不经验收就交付使用等蛮干现象，致使不少工程项目留有严重隐患，房屋倒塌事故也常有发生。

2. 工程地质勘查失真

未认真进行地质勘查，提供地质资料、数据有误；地质勘察时，钻孔间距太大，不能全面反应地基的实际情况，如当基岩地面起伏变化较大时，软土层薄厚相差亦甚大；地质勘察钻孔深度不够，没查清地下地层构造；地质勘察报告不详细、不准确等，均会导致采用错误的基础方案，造成地基不均匀沉降、失稳，使上部结构及墙体开裂、破坏、倒塌。

3. 未加固处理好地基

对软弱土、冲填土、杂填土、湿陷性黄土、膨胀土、岩层出露、溶岩、土洞等不均匀地基未进行加固处理或处理不当，均是导致重大质量事故的原因。要根据不同地基的工程特性，按照地基处理应于上部结构形结合使其共同工作的原则，从地基处理、设计措施、防水措施、施工措施等方面综合考虑治理。

4. 设计计算问题

设计考虑不周，结构构造不合理，计算简图不正确，计算荷载取值过小，内力分析有误，沉降缝及伸缩缝设置不当，悬挑结构未进行抗倾覆验算等，都是诱发质量事故的隐患。

5. 建筑材料及制品不合格

钢筋物理力学性能不符合标准，水泥受潮结块、安定性不良，砂石级配不合理、有害物含量过多，混凝土配合比不准，外加剂性能、掺量不符合要求时，均会影响混凝土和易性、强度、耐久性，导致混凝土结构出现质量问题；预制构件断面尺寸不准，支承锚固长度不足，钢筋漏放、错位，板面开裂等，就会出现结构断裂、垮塌。

6. 施工和管理问题

许多工程质量问题，往往是由施工和管理所造成。例如：

（1）施工人员不熟悉图纸，盲目施工。

（2）不按有关施工检验规范施工。如现浇混凝土结构不按规定的位置和方法任意留设施工缝；不按规定的强度拆除模板；在小于1m宽的窗间墙上留设脚手眼等。

（3）不按有关操作规程施工。如用插入式振捣器捣实混凝土时，不按插点均布、快插慢拔、上下抽动、层层扣搭的操作方法，致使混凝土振捣不实，整体性差。

（4）缺乏基本结构知识，施工蛮干。如将悬臂梁的受拉钢筋放在受压区；结构构件吊点选择不合理等，均将给质量和安全造成严重的后果。

（5）施工管理紊乱。如施工方案考虑不周，施工顺序有误；技术组织措施不当，技术交底不清、违章作业；不重视质量检查和验收工作；施工中在楼面超载堆放构件和材料等，都是导致质量事故的祸根。

7. 自然条件影响

施工项目周期长，露天作业多，受自然条件影响大，高温、严寒、雷电、大风、暴雨等都能造成重大的质量事故，施工中应特别重视，做好施工技术措施和应急预案。

8. 建筑结构使用问题

建筑物使用不当也易造成质量事故。如在原有建筑物上任意加层；使用荷载超过原设计的容许荷载；装修时任意开槽、打洞、削弱承重结构的截面等。

二、质量事故处理的基本要求

（1）质量事故处理应达到安全可靠，不留隐患，满足生产、使用要求，施工方便，经济合理的目的。

（2）重视消除事故的原因，防止事故重现。

（3）注意综合治理，防止原有事故的处理引发新的事故。

（4）正确确定处理范围，正确选择处理时间和方法。

（5）加强事故处理的检查验收工作，认真复查事故处理的实际情况。

（6）确保事故处理期的安全。

三、质量事故的处理方案

根据质量事故的性质，确定合适的处理方案。例如结构裂缝，根据其所在部位和受力情况，有的只需要表面修补，有的需要同时做内部灌浆和表面封闭，有的则需要进行结构补强等。

1. 不做处理

某些工程质量问题虽已超出了标准及规范要求，但其情况不严重，可以针对工程的具体情况，经过分析、论证，法定检测单位鉴定和设计单位认可的可做出勿需处理的结论。

一般不做专门处理的质量问题常有以下几种情况：

（1）不影响结构安全，生产工艺和使用要求。例如，有的工业建筑物在施工中发生了错位，若要纠正，将造成重大经济损失。经分析论证，偏差不影响工艺和使用要求，可以不做处理。

（2）某些轻微的质量缺陷，通过后续工序可以弥补的可不处理。例如，混凝土结构出现了轻微的麻面，可通过后续工序抹灰、喷涂、刮涂等进行弥补，可不做处理。

（3）法定检测单位鉴定合格的可不做处理。例如，混凝土试块强度不足，但经法定检测单位对混凝土实体强度进行实际检测，其实际强度达到要求，就可不做处理。

（4）对出现的质量问题，经原设计单位复核验算，仍能满足结构安全和使用功能的，可不做处理。例如，某结构构件截面尺寸不足，断面被削弱后仍能满足设计的承载能力，可不做处理。但这种做法实际上在挖设计的潜力或降低设计的安全系数，因此需要特别慎重。

2. 修补处理

当工程的某些部分的质量虽未达到规定的规范、标准或设计的要求，存在一定的缺陷，但经过修补后可以达到要求的质量标准，又不影响使用功能或外观的要求时，可采取修补处理的方法。例如，某些混凝土结构表面出现蜂窝、孔洞，经调查分析，该部位经修补处理后，不会影响其使用及外观；对混凝土结构局部出现的损伤，如结构受撞击、局部未振实、冻害、火灾、酸类腐蚀、碱骨料反应等，当这些损伤仅仅在结构的表面或局部，不影响其使用和外观，可进行修补处理。

3. 加固处理

主要是针对危及承载力的质量缺陷的处理。通过对缺陷的加固处理，使建筑结构恢复或提高承载力，重新满足结构安全性与可靠性的要求，使结构能继续使用或改作其他用途。例如，对混凝土结构常用加固的方法主要有：增大截面加固法、外包角钢加固法、粘钢加固法、增设支点加固法、增设剪力墙加固法、预应力加固法等。

4. 返工处理

当工程质量缺陷经过修补处理后仍不能满足规定的质量标准要求，或不具备补救可能性，则必须采取返工处理。例如，某工厂设备基础的混凝土浇筑时掺入木质素磺酸钙减水剂，因施工管理不善，掺量多于规定 5 倍，导致混凝土坍落度大于 180mm，石子下沉，浇筑后 5d 仍然不凝固硬化，28d 的混凝土实际强度达不到规定的强度，不得不返工重浇。

5. 限制使用

当工程质量缺陷按修补方法处理后无法保证达到规定的使用要求和安全要求，而又无法返工处理的情况下，不得已时可做出诸如结构卸荷或减荷以及限制使用的决定。

6. 报废处理

出现质量事故的工程，通过分析或实践，采取上述处理方法后仍不能满足规定的质量要求或标准，则必须予以报废处理。

复习思考题

9-1 质量不合格的含义是什么？

9-2 建筑工程质量事故有哪些特点？

9-3 重大事故分为哪几个级别？

9-4 工程质量事故处理的依据有哪些？

9-5 工程质量事故原因主要有哪些？

9-6 事故处理可采用的方案有哪些？

下 篇

建筑工程安全管理

第十章　安全管理基本常识

第一节　概　　述

一、安全生产管理基本制度

国务院 1993 年 50 号文《关于加强安全生产工作的通知》中正式提出：我国实行"企业负责、行业管理、国家监察、群众监督"的安全生产管理体制。"企业负责"，是市场经济体制下安全生产工作体制的基础和根本，即企业在其生产经营活动中必须对本企业的安全生产负全面责任。"行业管理"，即各级行业的主管部门对生产经营单位的安全生产工作应加强指导，进行管理。"国家监察"，就是各级政府部门对生产经营单位遵守安全生产法律、法规的情况实施监督检查，对生产经营单位违反安全生产法律、法规的行为实施行政处罚。"群众监督"，一方面，工会应当依法对生产经营单位的安全生产工作实行监督；另一方面，劳动者对违反安全生产及劳动保护法律、法规和危害生命及身体健康的行为，有权提出批评、检举和控告。把"综合治理"充实到安全生产方针当中后，有学者进一步提出"政府监管与指导、企业负责与保障、员工权益与自律、社会监督与参与、中介服务与支持"的"五方结构"管理体制。

1. 政府监管与指导

国家安全生产综合监管和专项监察相结合，各级职能部门合理分工、相互协调，实施"监管—协调—服务"三位一体的行政执法系统。由国家授权某政府部门对各类具有独立法人资格生产经营单位执行安全法规的情况进行监督和检查，用法律的强制力量推动安全生产方针、政策的正确实施。它具有法律的权威性和特殊的行政法律地位。安全监察必须依法进行，监察机构、人员依法设置；执法不干预企业内部事务；监察按程序实施。安全监察对象为重点岗位人员（厂、矿长，班组长，特种作业人员）、特种作业场所和有害工序、特殊产品的安全认证三大类。

2. 企业负责与保障

企业全面落实生产过程安全保障的事故防范机制，严格遵守《安全生产法》等安全生产法规要求，落实安全生产保障。

3. 员工权益与自律

即从业人员依法获得安全与健康权益保障，同时实现生产过程安全作业的"自我约束机制"，即所谓"劳动者遵章守纪"，要求劳动者在劳动过程中，必须严格遵守安全操作规程，珍惜生命，爱护自己，勿忘安全，广泛深入地开展不伤害自己、不伤害他人、不被他人伤害的"三不伤害"活动，自觉做到遵章守纪，确保安全。

4. 社会监督与参与

形成工会、媒体、社区和公民广泛参与监督的"社会监督机制"。

5. 中介支持与服务

与市场经济体制相适应，建立国家认证、社会咨询、第三方审核、技术服务、安全评价等功能的中介支持与服务机制。

1996 年 1 月 22 日召开的全国安全生产工作电视电话会议上，确立了安全生产工作体制，即"企业负责、行政管理、国家监察、群众监督、劳动者遵章守纪"的体制，加重了企业的安全生产责任，对劳动者遵章守纪也提出了具体要求。

二、建筑工程安全生产管理的基本概念

安全生产是指生产过程处于避免人身伤害、设备损坏及其他不可接受的损害风险（危险）的状态。不可接受的损害风险（危险）是指：超出了法律、法规和规章的要求；超出了方针、目标和企业规定的其他要求；超出了人们普遍接受的要求（通常是隐含要求）。

建筑工程安全生产管理是指建设行政主管部门、建设安全监督管理机构、建筑施工企业及有关单位对建筑安全生产过程中的安全工作，进行计划、组织、指挥、控制、监督、调节和改进等一系列致力于满足生产安全的管理活动。

三、建筑工程安全生产管理的特点

1. 安全生产管理涉及面广、单位多

由于建筑工程规模大，施工工艺复杂、工序多，在建造过程中高处作业多，流动作业多，作业位置多变，遇到不确定因素多，所以安全管理工作涉及范围大，控制面广。安全管理不仅是施工单位的责任，还包括建设单位、勘察设计单位、监理单位，这些单位也要为安全管理承担相应的责任与义务。

2. 安全生产管理的动态性

（1）建筑工程项目的单件性。每项工程所处的条件不同，所面临的危险因素和防范措施也会有所改变，例如施工人员在转移工地后，熟悉一个新的工作环境需要一定的时间，有些制度和安全技术措施会有所调整，人员同样也需要有个熟悉的过程。

（2）工程项目施工的分散性。因为现场施工是分散于施工现场的各个部位，尽管有各种规章制度和安全技术交底的环节，但是面对具体的生产环境时，仍然需要施工人员自己的判断和处理，即使有经验的人员也还必须适应不断变化的情况。

3. 安全生产管理的交叉性

建筑工程项目是开放系统，受自然环境和社会环境影响很大，安全生产管理需要把工程系统和环境系统及社会系统等相结合。

4. 安全生产管理的严谨性

安全状态具有触发性，安全管理措施必须严谨。施工现场一旦失控，就会造成财产损失和人员伤害。

四、建筑工程安全生产管理的方针

国家历来重视安全生产工作，提出了"安全第一、预防为主、综合治理"的安全生产方针。《中华人民共和国建筑法》规定："建筑工程安全生产管理必须坚持安全第一、预防为主的方针"。《中华人民共和国全民所有制工业企业法》规定："企业必须贯彻安全生产制度，改善劳动条件，做好劳动保护和环境保护工作，做到安全生产和文明生产"。《安全生产法》在总结我国安全生产管理实践经验的基础上，再次将"安全第一、预防为主、综合治理"规

定为我国安全生产工作的基本方针。《建设工程安全生产管理条例》第1章总则第3条规定，"建设工程安全生产管理，坚持安全第一、预防为主的方针"。

"安全第一"是原则和目标，是把人身安全放在首位，安全为了生产，生产必须保证人身安全，充分体现了"以人为本"的理念。"安全第一"的方针，就是要求所有参与工程建设的人员，包括管理者和操作人员以及对工程建设活动进行监督管理的人员都必须树立安全的观念，不能单纯为了经济的发展牺牲安全，当安全与生产发生矛盾时，必须先解决安全问题，在保证安全的前提下从事生产活动，也只有这样才能使生产正常进行，促进经济的发展，保持社会的稳定。

"预防为主"是实现"安全第一"的最重要手段，在工程建设活动中，根据工程建设的特点，对不同的生产要素采取相应的管理措施，从而减少甚至消除事故隐患，尽量把事故消灭在萌芽状态，这是安全生产管理的最重要思想。

随着社会经济的快速发展，生产经营活动面临的情况错综复杂，稍有疏忽就会酿成事故，且事故带来的破坏性越来越大。将"综合治理"纳入安全生产方针，标志着对安全生产的认识上升到一个新的高度，秉承"安全发展"的理念，从遵循和适应安全生产的规律出发，综合运用法律、经济、行政等手段，人管、法管、技防等多管齐下，并充分发挥社会、职工、舆论的监督作用，从责任、制度、培训等多方面着力，形成标本兼治、齐抓共管的格局。

五、建筑工程安全生产管理的原则

1. "管生产必须管安全"的原则

"管生产必须管安全"的原则是指建设工程项目各级领导和全体员工在生产过程中必须坚持在抓生产的同时抓好安全工作。它体现了安全与生产的统一，生产与安全是一个有机的整体，两者不能分割，更不能对立起来。安全寓于生产之中，并对生产发挥促进与保证作用。无数事实证明，只抓生产忽视安全管理的做法是极其危险和有害的。

2. "安全具有否决权"的原则

"安全具有否决权"的原则是指安全生产工作是衡量建设工程项目管理的一项基本内容，它要求在对项目各项指标考核、评优创先时，首先必须考虑安全指标的完成情况。安全指标没有实现，其他指标顺利完成，仍无法实现项目的最优化，安全具有一票否决的作用。

3. 职业安全卫生"三同时"的原则

"三同时"原则是指一切生产性的基本建设和技术改造建设工厂项目，必须符合国家的职业安全卫生方面的法规和标准。职业安全卫生技术措施及设施应与主体同时设计、同时施工、同时投产使用，以确保项目投产后符合职业安全卫生要求。

4. 事故处理"四不放过"的原则

在处理事故时必须坚持和实施"四不放过"的原则，即：事故原因分析不清不放过；事故责任者和群众没受到教育不放过；没有整改措施预防措施不放过；事故责任者和责任领导不处理不放过。

六、建筑工程安全生产管理的常用术语

1. 安全生产管理体制

根据国务院发〔1993〕50号文，我国现行的安全生产管理体制是"企业负责、行业管

理、国家监察、群众监督、劳动者遵章守纪"。

2. 安全生产责任制度

安全生产责任制度是建筑生产中最基本的安全管理制度，是所有安全规章制度的核心。安全生产责任制度是指将各种不同的安全责任落实到负责安全管理的人员和具体岗位人员身上的一种制度。这一制度是"安全第一，预防为主、综合治理"方针的具体体现，是建筑安全生产的基本制度。安全生产责任制度的主要内容包括：一是从事建筑活动主体的负责人的责任制。例如，施工单位的法定代表人要对本企业的安全负主要的安全责任。二是从事建筑活动主体的职能机构或职能处室负责人及其工作人员的安全生产责任制。例如，施工单位根据需要设置职能机构或职能处室负责人及其工作人员要对安全负责。三是岗位人员的安全生产责任制，岗位人员必须对安全负责。从事特种作业的安全人员必须进行培训，经过考试合格后才能上岗作业。

3. 安全生产目标管理

安全生产目标管理就是根据建筑施工企业的总体规划要求，制订出在一定时期内安全生产方面所要达到的预期目标并组织实现此目标。其基本内容是：确定目标、目标分解、执行目标、检查总结。

4. 施工组织设计

施工组织设计是组织建筑工程施工的纲领性文件，是指导施工准备和组织施工的全面性的技术、经济文件，是指导现场施工的规范性文件。因此施工组织设计必须在施工准备阶段完成。

5. 安全技术措施

安全技术措施是指为防止工伤事故和职业病的危害，从技术上采取的措施。在工程施工中，是指针对工程特点、环境条件、劳力组织、作业方法、施工机械、供电设施等制订的确保安全施工的措施。安全技术措施也是建筑工程项目管理实施规划或施工组织设计的重要组成部分。

6. 安全技术交底

安全技术交底是落实安全技术措施及安全管理事项的重要手段之一。重大安全技术措施及重要部位的安全技术由公司技术负责人向项目经理部技术负责人进行书面的安全技术交底；一般安全技术措施及施工现场应注意的安全事项由项目经理部技术负责人向施工作业班组、作业人员做出详细说明，并经双方签字认可。

7. 安全教育

安全教育是实现安全生产的一项重要基础工作，它可以提高职工搞好安全生产的自觉性、积极性和创造性，增强安全意识，掌握安全知识，提高职工的自我防护能力，使安全规章制度得到贯彻执行。安全教育培训的主要内容包括：安全生产思想、安全知识、安全技能、安全规程标准、安全法规、劳动保护和典型事例分析。

8. 班前安全活动

班前安全活动是指在上班前由组长组织并主持，根据本班目前工作内容，重点介绍安全注意事项、安全操作要点，使组员在班前掌握安全操作要领，提高安全防范意识，减少事故发生的活动。

9. 特种作业

特种作业是指在劳动过程中容易发生伤亡事故，对操作者本人，尤其对他人和周围设施的安全有重大危害因素的作业。直接从事特种作业者，称为特种作业人员。

10. 安全检查

安全检查是指建筑行政主管部门、施工企业安全生产管理部门或项目经理部对施工企业、工程项目经理部贯彻国家安全生产法律法规的情况、安全生产情况、劳动条件、事故隐患等进行的检查。

11. 安全事故

安全事故是人们在进行有目的的活动过程中，发生了违背人们意愿的不幸事件，使其有目的的行动暂时或永久地停止。重大安全事故，是指在施工过程中由于责任过失造成工程倒塌或废弃、机械设备破坏和安全设施失当造成人员伤亡或者重大经济损失的事故。

12. 安全评价

安全评价是采用系统科学方法，辨别和分析系统存在的危险性并根据其形成事故的风险大小，采取相应的安全措施，以达到系统安全的过程。安全评价的基本内容包括识别危险源、评价风险、采取措施，直至达到安全指标。

13. 安全标志

安全标志由安全色、几何图形和图形符号构成，以此表达特定的安全信息。其目的是引起人们对不安全因素的注意，预防事故发生。安全标志分为禁止标志、警告标志、指令标志、提示性标志四类。

第二节　建设工程安全生产管理的各方责任

国务院颁发的《建设工程安全生产管理条例》（以下简称《条例》）对政府部门、有关企业及相关人员的建设工程安全生产和管理行为进行了全面规范。完善了目前的市场准入制度中施工企业资质和施工许可制度，规定了建设活动各方主体应当承担的安全生产责任和安全生产监督管理体制。

《条例》明确规定了各方主体应当承担的安全责任。在《条例》中，对参与建设工程的各有关方，从勘察、设计、建设单位、施工企业、工程监理、监管单位等都各有相应的安全生产工作中所必须遵守的安全生产规定及责任要求，并保证建设工程安全生产，依法承担建设工程安全生产责任。《建设工程安全生产管理条例》的颁发，从法律责任上更加明细化，承担责任的主体也呈多元化，同时加大了对违法行为的制裁力度。用法律明确了相关人员和部门承担的行政责任、民事责任及刑事责任。

一、建设单位的安全责任

1）建设单位安全责任的必要性。

（1）建设单位是建筑工程的投资主体，在建筑活动中居于主导地位。作为业主和甲方，建设单位有权选择勘察、设计、施工、工程监理的单位，可以自行选购施工所需的主要建筑材料，检查工程质量、控制进度、监督工程款使用，对施工的各个环节实行综合管理。

（2）因建设单位的市场行为不规范所造成的事故居多，必须依法规范。有的建设单位为降低工程造价，不择手段地追求利润最大化，在招投标中压价，将工程发包价压至低于成本价。为降低成本，向勘察、设计和监理单位提出违法要求，强令改变勘察设计；对安全措施费不认可，拒付安全生产合理费用，安全投入低；强令施工单位压缩工期，偷工减料，搞"豆腐渣工程"；将工程交给不具备资质和安全条件的单位或者个人施工或者拆除。条例针对建设单位的不规范行为，从各个方面做出了严格的规定。

2）建设单位应当如实向施工单位提供有关施工资料。

《条例》第 6 条规定，建设单位应当向施工单位提供施工现场及毗邻区域内供水、排水、供电、供气、供热、通信、广播电视等地下管线资料，相邻建筑物和构筑物、地下工程的有关资料，并保证资料的真实、准确、完整。建设单位因建设工程需要，向有关部门或者单位查询有关资料时，有关部门或者单位应当及时提供。这里强调了四个方面内容，一是施工资料的真实性，不得伪造、篡改。二是施工资料的科学性，必须经过科学论证，数据准确。三是施工资料的完整性，必须齐全，能够满足施工需要。四是有关部门和单位应当协助提供施工资料，不得推诿。

3）建设单位不得向有关单位提出非法要求，不得压缩合同工期。

《条例》第 7 条规定，建设单位不得对勘察、设计、施工、工程监理等单位提出不符合建设工程安全生产法律、法规和强制性标准规定的要求，不得压缩合同约定的工期。

（1）遵守建设工程安全生产法律、法规和安全标准，是建设单位的法定义务。进行建筑工程生产活动，必须严格遵守法定的安全生产条件，依法进行建设施工。违法从事建设工程建设，将要承担法律责任。

（2）勘察、设计、施工、工程监理等单位违法从事有关活动，必然会给建设工程带来重大结构性的安全隐患和施工中的安全隐患，容易造成事故。建设单位不得为了盲目赶工期，简化工序，粗制滥造，或者留下建设工程安全隐患。

（3）压缩合同工期必然带来事故隐患，必须禁止。压缩工期是建设单位为了尽早发挥效益，迫使施工单位增加人力、物力，损害承包方利益，其结果是赶工期、简化工序和违规操作，诱发很多事故，或者留下结构性安全隐患。确定合理工期是保证建设施工安全和质量的重要措施。合理工期应经双方充分论证、协商一致确定，具有法律效力。要采用科学合理的施工工艺、管理方法和工期定额，保证施工质量和安全。

4）建设单位必须保证必要的安全投入。

《条例》第 8 条规定，建设单位在编制工程概算时，应当确定建设工程安全作业环境及安全施工所需费用。

这是对《安全生产法》第 18 条的规定的具体落实。要保证建设施工安全，必须要有相应的资金投入。安全投入不足的直接结果，必然是降低工程造价，不具备安全生产条件，甚至导致建设施工事故的发生。工程建设中改善安全作业环境、落实安全生产措施及其相应资金一般由施工单位承担，但是安全作业环境及施工措施所需费用应由建设单位承担。一是安全作业环境及施工措施所需费用是保证建设工程安全和质量的重要条件，该项费用已纳入工程总造价，应由建设单位支付。二是建设工程作业危险复杂，要保证安全生产，必须有大量的资金投入，应由建设单位支付。安全作业环境和施工措施所需费用应当符合《建设施工安全检查标准》的要求，建设单位应当据此承担的安全施工措施费用，不得随意降低取费标准。

5）建设单位不得明示或者暗示施工单位购买不符合安全要求的设备、设施、器材和用具。

《安全生产法》第 35 条规定，国家对严重危及生产安全的工艺、设备实行淘汰制度。生产经营单位不得使用应该淘汰的危及生产安全的工艺、设备。《条例》第9条进一步规定，建设单位不得明示或者暗示施工单位购买、租赁、使用不符合安全施工要求的安全防护用具、机械设备、施工机具及配件、消防设施和器材。

为了确保工程质量和施工安全，施工单位应当严格按照勘察设计文件、施工工艺和施工规范的要求选用符合国家质量标准、卫生标准和环保标准的安全防护用具、机械设备、施工机具及配件、消防设施和器材。但实践中违反国家规定，使用不符合要求的安全防护用具、机械设备、施工机具及配件、消防设施和器材，导致生产安全事故屡见不鲜的重要原因之一，就是受利益驱动，建设单位干预施工单位造成的。施工单位购买不安全的设备、设施、器材和用具，对施工安全和建筑物安全构成极大威胁。为此，条例严禁建设单位明示或者暗示施工单位购买不符合安全要求的设备、设施、器材和用具，并规定了相应的法律责任。

6）开工前报送有关安全施工措施的资料。

依照《条例》第10条的规定，建设单位在申请领取施工许可证时，应当提供建设工程有关安全施工措施的资料。依法批准开工报告的建设工程，建设单位应当自开工报告批准之日起15日内，将保证安全施工的措施报送建设工程所在地的县级以上人民政府建设行政主管部门或者其他有关部门备案。建设单位在申请领取施工许可证前，应当提供安全施工的相关资料如下：

（1）施工现场总平面布置图。

（2）临时设施规划方案和已搭建情况。

（3）施工现场安全防护设施（防护网、棚）搭设（设置）计划。

（4）施工进度计划，安全措施费用计划。

（5）施工组织设计（方案、措施）。

（6）拟进入现场使用的起重机械设备（塔式起重机、物料提升机、外用电梯）的型号、数量。

（7）工程项目负责人、安全管理人员和特种作业人员持证上岗情况。

（8）建设单位安全监督人员和工程监理人员的花名册。

建设单位在申请领取施工许可证时，所报送的安全施工措施资料应当真实、有效，能够反映建设工程的安全生产准备情况、达到的条件和施工实施阶段的具体措施。必要时，建设行政主管部门收到资料后，应当尽快派人员到现场进行实地勘察。

安全要求不够明确，致使拆除工程安全没有纳入法律规范，比较混乱，从事拆除工程活动的单位中有的无资质和无技术力量，拆除工程事故频发。为了规范拆除工程安全，《条例》第11条规定，建设单位应当将拆除工程发包给具有相应资质等级的施工单位。建设单位应当在拆除工程施工15日内将下列资料报送建设工程所在地县级以上人民政府建设行政主管部门或者其他有关部门备案。

（1）施工单位资质等级证明。

（2）拟拆除建筑物、构筑物及可能危及毗邻建筑的说明。

（3）拆除施工组织方案。

（4）堆放、清除废弃物的措施。

实施爆破作业的，应当遵守国家有关民用爆炸物品管理的规定。依照《中华人民共和国民用爆炸物品管理条例》的规定，进行大型爆破作业，或在城镇与其他居民聚集的地方、风景名胜区和重要工程设施附近进行控制爆破作业，施工单位必须事先将爆破作业方案，报县、市以上主管部门批准，并征得所在县、市公安局同意，方准实施爆破作业。

二、施工单位的安全责任

1. 主要负责人、项目负责人的安全责任

《条例》第 21 条规定：施工单位的主要负责人依法对本单位的安全生产工作全面负责。这里的"主要负责人"并不仅限于法定代表人，而是指对施工单位有生产经营决策权的人。该条第 2 款规定，施工单位的项目负责人对建设工程项目的安全负责。

项目负责人的安全责任主要包括：

（1）落实安全生产责任制度、安全生产规章制度和操作规程。

（2）确保安全生产费用的有效使用。

（3）根据工程的特点组织制订安全施工措施，消除安全施工隐患。

（4）及时、如实报告生产安全事故。

2. 施工单位依法应当采取的安全措施

1）编制安全技术措施、施工现场临时用电方案和专项施工方案。

（1）编制安全技术措施

《条例》第 26 条规定：施工单位应当在施工组织设计中编制安全技术措施。

《建设工程施工现场管理规定》第 11 条规定了施工组织设计应当包括的主要内容，其中对安全技术措施做了相关规定。

（2）编制施工现场临时用电方案。

临时用电方案直接关系到用电人员的安全，应当严格按照《施工现场临时用电安全技术规范》（JGJ 46）进行编制，保障施工现场用电，防止触电和电气火灾事故的发生。

（3）编制专项施工方案。

对下列达到一定规模的危险性较大的分部分项工程编制专项施工方案，并附具安全验算结果，经单位技术负责人、总监理工程师签字后实施，由专职安全生产管理人员进行现场监督：基坑支护与降水工程；土方开发工程；模板工程；起重吊装工程；脚手架工程；拆除、爆破工程；其他危险性较大工程。

2）安全施工技术交底。

《条例》第 27 条规定：建设工程施工前，施工单位负责项目管理的技术人员应当对有关安全施工的技术要求向施工作业班组、作业人员做出详细说明，并由双方签字确认。施工前的安全施工技术交底的目的就是让所有的安全生产从业人员都对安全生产有所了解，最大限度避免安全事故的发生。

3）施工现场设置安全警示标志。

《条例》第 28 条第 1 款规定：施工单位应当在施工现场入口处、施工起重机械、临时用电设施、脚手架、出入通道口、楼梯口、电梯井口、孔洞口、桥梁口、隧道口、基坑边沿、爆破物及有害危险气体和液体存放处等危险部位，设置明显的安全警示标志。安全警示标志必须符合国家标准。《民法通则》第 125 条规定：在公共场所、道旁或者通道上挖坑、修缮安装地下设施等，没有设置明显标志和采取安全措施造成他人损害的，施工人员应当承担民事责任。设置安全警示标志，既是对他人的警示，也时时刻刻提醒自己要注意安全。安全警示标志可以采取各种标牌、文字、符号、灯光等形式。

4）施工现场的安全防护。

《条例》第 28 条第 2 款规定：施工单位应当根据不同施工阶段和周围环境及季节、气候的变化，在施工现场采取相应的安全施工措施。施工现场暂时停止施工的，施工单位应当做好现场防护，所需费用由责任方承担，或者按照合同约定执行。

5）施工现场的布置应当符合安全和文明的要求。

《条例》第 29 条规定：施工单位应当将施工现场的办公、生活区与作业区分开设置，并保持安全距离；办公、生活区的选址应当符合安全性要求。职工的膳食、饮水、休息场所等应当符合卫生标准。施工单位不得在尚未竣工的建筑物内设置员工集体宿舍。

6）对周边环境采取防护措施。

工程建设不能以牺牲环境为代价，施工时必须采取措施减少对周边环境的不良影响。

《建筑法》第 41 条规定：建筑施工企业应当遵守有关环境保护和安全生产的法律、法规的规定，采取控制和处理施工现场的各种粉尘、废气、废水、固体废物以及噪声、振动对环境的污染和危害的措施。

《条例》第 30 条规定：施工单位对因建设工程施工可能造成损害的毗邻建筑物、构筑物和地下管线等，应当采取专项防护措施。施工单位应当遵守有关环境保护法律、法规的规定，在施工现场采取措施，防止或者减少粉尘、废气、废水、固体废物、噪声、振动和施工照明对人和环境的危害和污染。在城市市区内的建设工程，施工单位应当对施工现场实行封闭围挡。

7）建立健全施工现场的消防安全措施。

8）建立健全安全防护设备的使用和管理制度。

三、勘察、设计单位的安全责任

建设工程具有投资规模大、建设周期长、生产环节多、参与主体多等特点。安全生产是贯穿于工程建设的勘察、设计、工程监理及其他有关单位的活动。勘察单位的勘察文件是设计和施工的基础材料和重要依据，勘察文件的质量又直接关系到设计工程质量和安全性能。设计单位的设计文件质量又关系到施工安全操作、安全防护以及作业人员和建设工程的主体结构安全。工程监理单位是保证建设工程安全生产的重要一方，对保证施工单位作业人员的安全起着重要的作用。施工机械设备生产、租赁、安装以及检验检测机构等与工程建设有关的其他单位是否依法从事相关活动，直接影响到建设工程安全。

1. 勘察单位的安全责任

建设工程勘察是指根据工程要求，查明、分析、评价建设场地的地址地理环境特征和岩土工程条件，编制建设工程勘察文件的活动。

（1）勘察单位的注册资本、专业技术人员、技术装备和业绩应当符合规定，取得相应等级资质证书后，在许可范围内从事勘察活动。

（2）勘察必须满足工程强制性标准的要求。工程建设强制性标准是指工程建设标准中，直接涉及人民生命财产安全、人身健康、环境保护和其他公共利益的、必须强制执行的条款。只有满足工程强制性标准，才能满足工程对安全、质量、卫生、环保等多方面的要求。因此必须严格执行。如房屋建筑部分的工程建设强制性标准主要由建筑设计、建筑防火、建筑设备、勘察和地质基础、结构设计、房屋抗震设计、结构鉴定和加固、施工质量和安全等八个方面的相关标准组成。

（3）勘察单位提供的勘察文件应当真实、准确，满足安全生产的要求。工程勘察就是要通过测量、测绘、观察、调查、钻探、试验、测试、鉴定、分析资料和综合评价等工作查明场地的地形、地貌、地质、岩型、地质构造、地下水条件和各种自然或者人工地质现象，并提出基础、边坡等工程设计准则和工程施工的指导意见，提出解决岩土工程问题的建议，进行必要的岩土工程治理。

（4）勘察单位应当严格执行操作规程、采取措施保证各类管线、设施和周边建筑物、构筑物的安全。一是勘察单位应当按照国家有关规定，制定勘察操作规程和勘察钻机、精探车、经纬仪等设备和检测仪器的安全操作规程并严格遵守，防止生产安全事故的发生。二是勘察单位应当采取措施，保证现场各类管线、设施和周边建筑物、构筑物的安全。

2. 设计单位的安全责任

（1）设计单位必须取得相应的等级资质证书，在许可范围内承揽设计业务。

（2）设计单位必须依据法律和标准进行设计，保证设计质量和施工安全。

（3）设计单位应当考虑施工安全和防护需要，对涉及施工安全的重点部位和环节，在设计文件中注明，并对防范生产安全事故提出指导意见。

（4）采用新结构、新材料、新工艺的建设工程以及特殊结构的工程，设计单位应当提出保障施工作业人员安全和预防生产安全事故的措施建议。

（5）设计单位和注册建筑师等注册执业人员应当对其设计负责。

四、工程监理单位的安全责任

（1）工程监理单位应当审查施工组织设计中的安全技术措施或者专项施工方案是否符合工程建设强制性标准。

（2）工程监理单位在实施监理过程中，发现事故隐患的，应当要求施工单位整改；情节严重的，应当要求施工单位停止施工，并及时报告建设单位。施工单位拒不整改或者不停止施工的，工程监理单位应当及时向有关主管部门报告。

（3）工程监理单位和监理工程师应当按照法律、法规和工程建设强制性标准实施监理，对建设工程安全生产承担监理职责。

五、安全生产监督管理的职责

根据《条例》第39条的规定，国务院负责安全生产监督管理的部门依照《安全生产法》对全国建筑工程安全生产工作实施综合监督管理。县级以上地方人民政府负责安全生产监督管理的部门依照《安全生产法》对本行政区域内建筑工程安全生产工作实施综合监督管理。

建筑工程安全生产的行业监督管理职责有：

1）根据《建设工程安全生产管理条例》第40条第1款，国务院建设行政主管部门主管全国建筑工程安全生产的行业监督管理工作，其主要职责是：

（1）贯彻执行国家有关安全生产的法规和方针、政策，起草或者制定建筑安全生产管理的法规、标准。

（2）统一监督管理全国工程建设方面的安全生产工作，完善建筑安全生产的组织保证体系。

（3）制订建筑安全生产管理的中、长期规划和近期目标，组织建筑安全生产技术的开发与推广应用。

（4）指导和监督检查省、自治区、直辖市人民政府建筑行政主管部门开展建筑安全生产的行业监督管理工作。

（5）统计全国建筑职工因工伤亡人数，掌握并发布全国建筑安全生产动态。

（6）负责对申报资质等级一级企业和国家一、二级企业以及国家和部级先进建筑企业进行安全资格审查或者审批，行使安全生产否决权。

（7）组织全国建筑安全生产检查，总结交流建筑安全生产管理经验，并表彰先进。

（8）检查和督促工程建设重大事故的调查处理，组织或者参与工程建设特别重大事故的调查。

根据《建设工程安全生产管理条例》第 40 条第 1 款，国务院铁路、交通、水利等有关部门按照国务院规定的职责分工，负责有关专业建筑工程安全生产的监督管理。

2）根据《条例》第 40 条第 2 款，县级以上地方人民政府建设行政主管部门负责本行政区域建筑工程安全生产的行业监督管理工作，其主要职责是：

（1）贯彻执行国家和地方有关安全生产的法规、标准和方针、政策，起草或者制定本行政区域建筑安全生产管理的实施细则或者实施办法。

（2）制订本行政区域建筑安全生产管理的中、长期规划和近期目标，组织建筑安全生产技术的开发与推广应用。

（3）建立建筑安全生产的监督管理体系，制定本行政区域建筑安全生产监督管理工作制度，组织落实各级领导分工负责的建筑安全生产责任制。

（4）负责本行政区域建筑职工因工伤亡的统计和上报工作，掌握和发布本行政区域建筑安全生产动态。

（5）负责对申报晋升企业资质等级、企业升级和报评先进企业的安全资格进行审查或者审批，行使安全生产否决权。

（6）自组织或者参与本行政区域工程建设中人身伤亡事故的调查处理工作，并依照有关规定上报重大伤亡事故。

（7）组织开展本行政区域建筑安全生产检查，总结交流建筑安全生产管理经验，并表彰先进。

（8）监督检查施工现场、构配件生产车间等安全管理和防护措施，纠正违章指挥和违章作业。

（9）组织开展本行政区域建筑企业的生产管理人员、作业人员的安全生产教育、培训、考核及发证工作，监督检查建筑企业对安全技术措施费的提取和使用。

（10）领导和管理建筑安全生产监督机构的工作。根据《条例》第 40 条第 2 款，县级以上地方人民政府交通、水利等有关部门在各自的职责范围内，负责本行政区域内的专业建筑工程安全生产的监督管理。

3）建筑工程安全生产监督机构根据同级人民政府建设行政主管部门的授权，依据有关的法规、标准，对本行政区域内建筑工程安全生产实施监督管理。

六、有关单位的安全责任

（1）提供机械设备和配件的单位的安全责任。为建设工程提供机械设备和配件的单位，应当按照安全施工的要求配备齐全有效的保险、限位等安全设施和装置。其安全责任包括三方面：一是向施工单位提供安全可靠的起重机、挖掘机械、土方铲运机械、凿岩机械、基础机械、钢筋、混凝土机械、筑路机械以及其他施工机械设备；二是应当依照国家有关法律法规和安全技术规范进行有关机械设备和配件的生产经营活动；三是机械设备和配件的生产制造单位应当严格按照国家标准进行生产，保证产品的质量和安全。

（2）出租单位的安全责任。其安全责任包括三方面：一是出租机械设备、施工机具及配件，应当具有生产（制造）许可证、产品合格证；二是应当对出租机械设备、施工机具及配件的安全性能进行检测，在签订租赁协议时，应当出具检测合格证明；三是禁止出租检测不合格的机械设备、施工机具及配件。

（3）现场安装、拆卸单位的安全责任。其安全责任包括三方面：一是在施工现场安装、拆卸施工起重机械和整体提升脚手架、模板等自升式架设设施，必须具有相应资质的单位承担；二是安装、拆卸起重机械、整体提升脚手架、模板等自升式架设设施，应当编制拆装方案、制订安全施工措施，并由专业技术人员现场监督；三是施工起重机械、整体提升脚手架、模板等自升式架设设施安装完毕后，安装单位应当自检，出具自检合格证明，并向施工单位进行安全使用说明，办理验收手续并签字。

《条例》规定，施工起重机械、整体提升脚手架、模板等自升式架设设备的使用达到国家规定的检验检测期限的，必须经具有专业资质的检验检测机构检测。经检测不合格的，不得继续使用。

（4）检验检测机构的安全责任。《条例》第19条规定："检验检测机构对检测合格的施工起重机械和整体提升脚手架、模板等自升式架设设施，应出具安全合格证明文件，并对检测结果负责。"

设备检验检测机构进行设备检验检测时发现严重事故隐患，应当及时告知施工单位，并立即向特种设备安全监督管理部门报告。

第三节　建筑工程安全生产管理制度

一、安全生产责任制度

安全生产责任制是最基本的安全管理制度，是所有安全生产管理制度的核心。安全生产责任制是按照安全生产管理方针和"管生产的同时必须管安全"的原则，将各级负责人员、各职能部门及其工作人员和各岗位生产工人在安全生产方面应做的事情及应负的责任加以明确规定的一种制度。

企业实行安全生产责任制必须做到在计划、布置、检查、总结、评比生产的时候，同时计划、布置、检查、总结、评比安全工作。其内容大体分为两个方面：纵向方面是各级人员的安全生产责任制，即各级各类人员（如最高管理者、项目经理、工作人员）的安全生产责任制；横向方面是各个部门的安全生产责任制，即各职能部门（如安全环保、设备、技术、生产、财务等部门）的安全生产责任制。只有这样，才能建立健全安全生产责任制，做到群防群治。

二、安全教育制度

根据原劳动部《企业职工劳动安全卫生教育管理规定》（劳动部发〔1995〕405 号）和建设部《建筑业企业职工安全培训教育暂行规定》的有关规定，企业安全教育一般包括对管理人员、特种作业人员和企业员工的安全教育。

1. 管理人员的安全教育

（1）企业领导的安全教育。对企业法定代表人安全教育的主要内容包括：国家有关安全生产的方针、政策、法律、法规及有关规章制度；安全生产管理职责、企业安全生产管理知识及安全文化；有关事故案例及事故应急处理措施等。

（2）项目经理、技术负责人和技术干部的安全教育。项目经理、技术负责人和技术干部安全教育的主要内容包括：安全生产方针、政策和法律、法规；项目经理部安全生产责任；典型事故案例剖析；本系统安全及其相应的安全技术知识。

（3）行政管理干部的安全教育。行政管理干部安全教育的主要内容包括：安全生产方针、政策和法律、法规；基本的安全技术知识；本职的安全生产责任。

（4）企业安全管理人员的安全教育。企业安全管理人员安全教育内容应包括：国家有关安全生产的方针、政策、法律、法规和安全生产标准；企业安全生产管理、安全技术、职业病知识、安全文件；员工伤亡事故和职业病统计报告及调查处理程序；有关事故案例及事故应急处理措施。

（5）班组长和安全员的安全教育。班组长和安全员的安全教育内容包括：安全生产法律、法规、安全技术及技能、职业病和安全文化的知识；本企业、本班组和工作岗位的危险因素、安全注意事项；本岗位安全生产职责；典型事故案例；事故抢救与应急处理措施。

依据建质〔2004〕59 号的规定，为了贯彻落实《安全生产法》、《建设工程安全生产管理条例》和《安全生产许可证条例》，提高建筑施工企业主要负责人、项目负责人和专职安全生产管理人员安全生产知识水平和管理能力，保证建筑施工安全生产，对建筑施工企业三类人员进行考核认定。三类人员应当经建设行政主管部门或者其他有关部门考核合格后方可任职。

2. 特种作业人员的安全教育

1）特种作业的定义

对操作者本人尤其对他人或周围设施的安全有重大危害因素的作业，称为特种作业。直接从事特种作业的人，称为特种作业人员［根据《特种作业人员安全技术培训考核管理规定》（国家安全生产监督管理总局第 30 号令）］。

2）特种作业人员的范围

依据《特种作业人员安全技术培训考核管理规定》，特种作业人员的范围有电工作业、锅炉司炉、压力容器操作、起重机械操作、爆破作业、金属焊接（气割）作业、煤矿井下瓦斯检验、机动车辆驾驶、机动船舶驾驶和轮机操作、建筑登高架设作业、其他符合特种作业基本定义的作业。建筑企业特种作业人员一般包括建筑电工、司炉工、机械操作工、起重工、爆破工、焊工、架子工、塔吊司机、人货两用电梯司机等。

特种作业人员应具备的条件是：必须年满 18 周岁以上，而从事爆破作业和煤矿井下瓦斯检验的人员，年龄不得低于 20 周岁；工作认真负责，身体健康，没有妨碍从事特种作业的疾病和生理缺陷；具有特种作业所需的文化程度和安全、专业技术知识及实践经验。

3）特种作业人员的安全教育

由于特种作业比一般作业的危险性更大，所以特种作业人员必须经过安全培训和严格考核。对特种作业人员的安全教育应注意以下三点：

（1）特种作业人员上岗作业前，必须进行专门的安全技术和操作技能的培训教育，这种培训教育要实行理论教学与操作技术训练相结合的原则，重点放在提高其安全操作技术和预防事故的实际能力上。

（2）培训后，经考核合格方可取得操作证，并准许独立作业。

（3）取得操作证的特种作业人员，必须定期进行复审。复审期限除机动车辆驾驶按国家有关规定执行外，其他特种作业人员两年进行一次。凡未经复审者不得继续独立作业。

3. 企业员工的安全教育

企业员工的安全教育主要有新员工上岗前的三级安全教育、改变工艺和变换岗位安全教育、经常性安全教育三种形式。

（1）新员工上岗前的三级安全教育。三级安全教育通常是指进厂、进车间、进班组三级，对建筑工程来说，具体指企业（公司）、项目（或工区、工程处、施工队）、班组三级。企业新员工上岗前必须进行三级安全教育，企业新员工必须按规定通过三级安全教育和实际操作训练，并经考核合格后方可上岗。

（2）改变工艺和变换岗位时的安全教育。企业（或工程项目）在实施新工艺、新技术或使用新设备、新材料时，必须对有关人员进行相应级别的安全教育。要按新的安全操作规程教育和培训参加操作的岗位员工和有关人员，使其了解新工艺、新设备、新产品的安全性能及安全技术，以适应新的岗位作业的安全要求。

当组织内部员工发生从一个岗位调到另外一个岗位，或从某工种改变为另一工种，或因放长假离岗一年以上重新上岗的情况，企业必须进行相应的安全技术培训和教育，以使其掌握现岗位安全生产特点和要求。

（3）经常性安全教育。无论何种教育都不可能是一劳永逸的，安全教育同样如此，必须坚持不懈、经常不断地进行，这就是经常性安全教育。在经常性安全教育中，安全思想、安全态度教育最重要。进行安全思想、安全态度教育，要通过采取多种多样形式的安全教育活动，激发员工搞好安全生产的热情，促使员工重视和真正实现安全生产。经常性安全教育应贯彻及时性、严肃性、真实性的要求，具体形式有：每天的班前班后会上说明安全注意事项；安全活动日；安全生产会议；事故现场会；安全讲座；张贴安全生产招贴画、宣传标语及标志等。

三、安全检查制度

安全检查制度是清除隐患、防止事故、改善劳动条件的重要手段，是企业安全生产管理工作的一项重要内容。通过安全检查可以发现企业及生产过程中的危险因素，以便有计划地采取措施，保证安全生产。

安全检查要深入生产的现场，主要针对生产过程中的劳动条件、生产设备以及相应的安全卫生设施和员工的操作行为是否符合安全生产的要求进行检查。为保证检查的效果，应根据检查的目的和内容成立一个适应安全生产检查工作需要的检查组，配备适当的力量，绝不能敷衍走过场。

1. 安全检查的注意事项

（1）安全检查要深入基层、紧紧依靠职工，坚持领导与群众相结合的原则，组织好检查工作。

（2）建立检查的组织领导机构，配备适当的检查力量，挑选具有较高技术业务水平的专业人员参加。

（3）做好检查的各项准备工作，包括思想、业务知识、法规政策和物资、奖金准备。

（4）明确检查的目的和要求。既要严格要求，又要防止"一刀切"，要从实际出发，分清主、次矛盾，力求实效。

（5）把自查与互查有机结合起来。基层以自检为主，企业内相应部门间互相检查，取长补短，相互学习和借鉴。

（6）坚持查改结合。检查不是目的，只是一种手段，整改才是最终目的。发现问题，要及时采取切实有效的防范措施。

（7）建立检查档案。结合安全检查表的实施，逐步建立健全检查档案，收集基本的数据，掌握基本安全状况，为及时消除隐患提供数据，同时也为以后的职业健康安全检查奠定基础。

（8）在制定安全检查表时，应根据用途和目的具体确定安全检查表的种类。安全检查表的主要种类有：设计用安全检查表；厂级安全检查表；车间安全检查表；班组及岗位安全检查表；专业安全检查表等。制定安全检查表要在安全技术部门的指导下，充分依靠职工来进行。初步制定出来的检查表，要经过群众的讨论，反复试行，再加以修订，最后由安全技术部门审定后方可正式实行。

2. 安全检查的形式

（1）主管部门对下属单位的检查。通过此类检查，积累安全生产经验，发现共性问题，通过总结可以推广应用。

（2）定期安全检查。企业内部根据自身规模，可以组织每季度、每月、每周的定期安全检查，进行督促检查，对基层推动作用很大。

（3）专业性检查。由企业有关部门组织人员对于某项专业的安全问题进行单项检查。这种专业性检查，可结合评比同时进行，检查人员应有专业人员参加。

（4）季节性和节假日前后安全检查。由于特殊气候条件可能给施工带来危害，需要针对气候特点进行安全检查。节假日前后容易产生纪律松懈、思想麻痹等情况，在此时应加强安全检查。

（5）经常性安全检查。经常性安全检查能够及时发现事故隐患，进行预防工作。通常有：施工班组自检；专职安全人员日常检查；管理人员生产时的检查等。

3. 安全检查的主要内容

（1）查思想。检查企业领导和员工对安全生产方针的认识程度，建立健全安全生产管理和安全生产规章制度。

（2）查管理。主要检查安全生产管理是否有效，安全生产管理和规章制度是否真正得到落实。施工安全生产规章制度一般应包括：安全生产奖励制度；安全值班制度；各种安全技术操作规程；危险作业管理审批制度；易燃、易爆、剧毒、放射性、腐蚀性等危险物品生产、储运使用的安全管理制度；防护物品的发放和使用制度；安全用电制度；加班加点审批制度；危险场所动火作业审批制度；防火、防爆、防雷、防静电制度；危险岗位巡回检查制度；安全标志管理制度。

（3）查隐患。主要检查生产作业现场是否符合安全生产要求，检查人员应深入作业现场，检查工人的劳动条件、卫生设施、安全通道、零部件的存放、防护设施状况、电气设备、压力容器、化学用品的储存、粉尘及有毒有害作业部位点的达标情况、车间内的通风照明设施、个人劳动防护用品的使用是否符合相应规定等。要特别注意对一些要害部位和设备加强检查，如锅炉房、变电所、各种剧毒、易燃、易爆等场所。

（4）查整改。主要检查对过去提出的安全问题和发生生产事故及安全隐患是否采取了安全技术措施和安全管理措施，进行整改的效果如何。

（5）查事故处理。检查对伤亡事故是否及时报告，对责任人是否已经做出严肃处理。在安全检查中必须成立一个适应安全检查工作需要的检查组，配备适当的人力、物力。检查结束后应编写安全检查报告，说明已达标项目、未达标项目、存在问题、原因分析，做出纠正和预防措施的建议。

3. 施工安全检查标准

按照《建筑施工安全检查标准》（JGJ 59）的规定，对建筑施工中易发生伤亡事故的主要环节、部位和工艺等的情况做安全检查评价时，应采用检查评分表的形式，分为安全管理、文明工地、脚手架、基坑支护与模板工程、"三宝""四口"的防护、施工用电、物料提升机与外用电梯、塔吊、起重吊装和施工机具共十项分项检查表和一张检查评分汇总表。建筑施工安全检查评分，以汇总表的总得分及保证项目达标与否，作为对一个施工现场安全生产情况的评价依据，分为优良、合格、不合格三个等级。

四、安全措施计划制度

安全措施计划制度是指企业进行生产活动时，必须编制安全措施计划，它是企业有计划地改善劳动条件和安全卫生设施，防止工伤事故和职业病的重要措施之一，对企业加强劳动保护，改善劳动条件，保障职工的安全和健康，促进企业生产经营的发展都起着积极作用。

1. 安全措施计划的依据

（1）国家发布的有关职业健康安全政策、法规和标准；

（2）在安全检查中发现的尚未解决的问题；

（3）造成伤亡事故和职业病的主要原因和所采取的措施；

（4）生产发展需要所应采取的安全技术措施；

（5）安全技术革新项目和员工提出的合理化建议。

2. 编制安全技术措施计划的一般步骤

（1）工作活动分类；

（2）危险源识别；

（3）风险确定；

（4）风险评价；

（5）制订安全技术措施计划；

（6）评价安全技术措施计划的充分性。

五、安全监察制度

安全监察制度是指国家法律、法规授权的行政部门，代表政府对企业的生产过程实施职业安全卫生监察，以政府的名义，运用国家权力对生产单位在履行职业安全卫生职责和执行职业安全卫生政策、法律、法规和标准的情况依法进行监督，检举和惩戒的制度。

安全监察具有特殊的法律地位。执行机构设在行政部门，设置原则、管理体制、职责、权限、监察人员任免均由国家法律、法规所确定。职业安全卫生监察机构与被监察对象没有上下级关系，只有行政执法机构和法人之间的法律关系。

职业安全卫生监察机构的监察活动是以国家整体利益出发，依据法律、法规对政府和法律负责，既不受行业部门或其他部门的限制，也不受用人单位的约束。职业安全卫生监察机构对违反职业安全卫生法律、法规、标准的行为，有权采取行政措施，并具有一定的强制特点。这是因为它是以国家的法律、法规为后盾的，任何单位或个人必须服从，以保证法律的实施，维护法律的尊严。

六、"三同时"制度

"三同时"制度是指凡是我国境内新建、改建、扩建的基本建设项目（工程），技术改建项目（工程）和引进的建设项目，其安全生产设施必须符合国家规定的标准，必须与主体工程同时设计、同时施工、同时投入生产和使用。安全生产设施主要是指安全技术方面的设施、职业卫生方面的设施、生产辅助性设施。《中华人民共和国劳动法》第53条规定："新建、改建、扩建工程的劳动安全卫生设施必须与主体工程同时设计、同时施工、同时投入生产和使用。"《中华人民共和国安全生产法》第24条规定："生产经营单位新建、改建、扩建工程项目的安全设施，必须与主体工程同时设计、同时施工、同时投入生产和使用。安全设施投资应当纳入建设项目概算。"

新建、改建、扩建工程的初步设计要经过行业主管部门、安全生产管理部门、卫生部门和工会的审查，同意后方可进行施工。工程项目完成后，必须经过主管部门、安全生产管理行政部门、卫生部门和工会的竣工检验。建设工程项目投产后，不得将安全设施闲置不用，生产设施必须和安全设施同时使用。

七、安全生产许可证管理制度

1. 安全生产许可证的申请

建筑施工企业从事建筑施工活动前，应当依照本规定向省级以上建设主管部门申请领取安全生产许可证。

中央管理的建筑施工企业（集团公司、总公司）应当向国务院建设主管部门申请领取安全生产许可证。

上述规定以外的其他建筑施工企业，包括中央管理的建筑施工企业（集团公司、总公司）下属的建筑施工企业，应当向企业注册所在地省、自治区、直辖市人民政府建设主管部门申请领取安全生产许可证。

依据《建筑施工企业安全生产许可证管理规定》第6条，建筑施工企业申请安全生产许可证时，应当向建设主管部门提供下列材料：

（1）建筑施工企业安全生产许可证申请表；

（2）企业法人营业执照；

（3）与申请安全生产许可证应当具备的与安全生产条件相关的文件、材料。

建筑施工企业申请安全生产许可证，应当对申请材料实质内容的真实性负责，不得隐瞒有关情况或者提供虚假材料。

2. 安全生产许可证的有效期

《安全生产许可证条例》第8条规定："安全生产许可证的有效期为3年。安全生产许可证有效期满需要延期的，企业应当于期满前3个月向原安全生产许可证颁发管理机关办理延期手续。企业在安全生产许可证有效期内，严格遵守有关安全生产的法律法规，未发生死亡事故的，安全生产许可证有效期届满时，经原安全生产许可证颁发管理机关同意，不再审查，安全生产许可证有效期延期3年。"

3. 安全生产许可证的变更与注销

建筑施工企业变更名称、地址、法定代表人等，应当在变更后10日内，到原安全生产许可证颁发管理机关办理安全生产许可证变更手续。

建筑施工企业破产、倒闭、撤销的，应当将安全生产许可证交回原安全生产许可证颁发管理机关予以注销。

建筑施工企业遗失安全生产许可证，应当立即向原安全生产许可证颁发管理机关报告，并在公众媒体上声明作废后，方可申请补办。

4. 安全生产许可证的管理

根据《安全生产许可证条例》和《建筑施工企业安全生产许可证管理规定》，建筑施工企业应当遵守如下强制性规定：

（1）未取得安全生产许可证的，不得从事建筑施工活动。建设主管部门在审核发放施工许可证时，应当对已经确定的建筑施工企业是否有安全生产许可证进行审查，对没有取得安全生产许可证的，不得颁发施工许可证。

（2）企业不得转让、冒用安全生产许可证或者使用伪造的安全生产许可证。

（3）企业取得安全生产许可证后，不得降低安全生产条件，并应当加强日常安全生产管理，接受安全生产许可证颁发管理机关的监督检查。

八、安全预评价制度

安全预评价是在建设工程项目前期，应用安全评价的原理和方法对工程项目的危险性、危害性进行预测性评价。

开展安全预评价工作，是贯彻落实"安全第一，预防为主"方针的重要手段，是企业实施科学化、规范化安全管理的工作基础。科学、系统地开展安全评价工作，不仅直接起到了消除危险有害因素、减少事故发生的作用，有利于全面提高企业的安全管理水平，而且有利于系统地、有针对性地加强对不安全状况的治理、改造，最大限度地降低安全生产风险。

[案例]　某工程项目施工安全保证体系及措施

1. 安全管理目标

1）安全管理目标

认真贯彻"安全第一，预防为主"的方针，严格执行安全施工生产的规程、规范和安全规章制度，落实各级安全生产责任制及第一责任人制度，坚持"安全为了生产，生产必须安全"的原则，加强安全监测及支护，注重施工人员的劳动保护，确保人员、设备及工程安全，杜绝特大、重大安全事故，杜绝人身死亡事故和重大机械设备事故。

2）安全管理目标的实施方案

建立严格的经济责任制是实施安全管理目标的中心环节；运用安全系统工程的思想，坚持以人为本、教育为先、预防为主、管理从严是做好安全事故的超前防范工作，是实现安全管理目标的基础；机构健全、措施具体、落实到位、奖罚分明，是实现安全管理目标的关键。

项目部成立项目经理挂帅的安全生产领导小组，指定一名副经理分管安全生产，任领导小组副组长。施工队成立以队长为组长的安全生产小组，全面落实安全生产的保证措施，实现安全生产目标。

建立健全安全组织保证体系，落实安全责任考核制，实行安全责任金"归零"制度，把安全生产情况与每个员工的经济利益挂钩，使安全生产处于良好状态。

开展安全标准化工地建设，按安全标准化工地进行管理，采用安全易发事故点控制法，确保施工安全。

2. 施工安全管理组织机构及其主要职责

1）施工安全管理组织机构

施工现场成立以项目经理领导下的，由安全副经理、总工程师、质量安全部、工程技术部、物资设备部、综合办公室、施工调度部等负责人组成的施工安全管理领导小组。各厂、队和部室负责人是本单位的安全第一责任人，保证全面执行各项安全管理制度，对本单位的安全施工负直接领导责任。各厂队设专职安全员，在质量安全部的监督指导下负责本厂、队及部门的日常安全管理工作，各施工作业班班长为兼职安全员，在队专职安全员的指导下开展班组的安全工作，对本班人员在施工过程中的安全和健康全面负责，确保本班人员按照业主的规定和作业指导书、安全施工措施进行施工，不违章作业。

2）安全管理部门的主要职责

（1）项目经理主要职责

① 项目经理为安全第一责任人，负责全面管理本项目范围内的施工安全、交通安全、防火防盗工作。认真贯彻执行"安全第一，预防为主"的方针。

② 负责建立统一的安全生产管理体系，确保安全监察人员的素质和数量。

③ 按规定配发和使用各种劳动保护用品和用具。

④ 建立安全岗位责任制，逐级签订安全生产承包责任书，明确分工，责任到人，奖惩分明。

⑤ 严格执行"布置生产任务的同时布置安全工作，检查生产工作的同时检查安全情况，总结生产的同时总结安全工作"的"三同时"制度。

（2）安全副经理职责

① 协助项目部项目经理主持本项目日常安全管理工作。

② 每旬进行一次全面安全检查，对检查中发现的安全问题，按照"三不放过"原则立即制订整改措施，定人限期进行整改，监督"管生产必须管安全"的落实。

③ 主持召开工程项目安全事故分析会，及时向业主及监理单位通报事故情况。

④ 及时掌握工程安全情况，对安全工作做得较好的班组、作业队要及时推广。

（3）总工程师安全管理职责

① 协助安全副经理召开工程项目安全事故分析会，提出安全事故的技术处理方案。

② 对重要项目进行技术安全交底工作。

（4）质量安全部职责

① 贯彻执行国家有关安全生产的法规、法令、执行建设单位与地方政府对安全生产发出的有关规定和指令，并在施工过程中严格检查落实情况，严防安全事故的发生。

② 本项目开工前，结合项目部的实践编写通俗易懂、适合于本工程使用的安全防护规程袖珍手册，经监理单位审批后分发给全体职工。

安全防护规程手册的内容包括：

a. 安全帽、防护鞋、工作服、防尘面具、安全带等常用防护品的使用。

b. 钻机的使用。

c. 汽车驾驶和运输机械的使用。

d. 炸药的运输、储存和使用。

e. 用电安全。

f. 地下开挖作业的安全。

g. 模板作业的安全。

h. 混凝土作业的安全。

i. 机修作业的安全。

j. 压缩空气作业的安全。

k. 意外事故的救护程序。

l. 防洪和防气象灾害措施。

m. 信号和报警知识。

n. 其他有关规定。

③ 遵照《建筑安装安全技术工作手册》制定各工作面、各工序的安全生产规程，经常组织作业人员进行安全学习，尤其对新进场的员工要坚持先进行安全生产基本常识的教育后才允许上岗的制度。

④ 主持工程项目安全检查工作，确定检查日期、参加人员。除正常定期检查外，对施工危险性大、节假日前后等的施工部位还应安排加强安全检查。

⑤ 负责工程项目的安全总结和统计报表工作，及时上报安全事故及其处理情况。

（5）安全员职责

① 每天巡视各施工面，检查施工现场的安全情况及是否有违章作业情况，一旦发现及时制止。施工队和班组安全员在班前交代注意事项，班后讲评安全，把事故消灭在萌芽状态中。

② 参加安全事故的处理。

3. 安全保证体系

建立健全安全保证体系，贯彻国家有关安全生产和劳动保护方面的法律法规，定期召开安全生产会议，研究项目安全生产工作，发现问题及时处理解决。逐级签订安全责任书，使各级明确自己的安全目标，制订好各自的安全规划，达到全员参与安全管理的目的。充分体现"安全生产，人人有责"。按照"安全生产，预防为主"的原则组织施工生产，做到消除事故隐患，实现安全生产的目标。

4. 安全管理制度及办法

（1）本项目实行安全生产三级管理，即一级管理由安全副经理领导下的质量安全部负责，二级管理由作业厂队负责，三级管理由班组负责。

（2）根据本工程的特点及条件制定《安全生产责任制》，并按照颁布的《安全生产责任制》的要求，落实各级管理人员和操作人员的安全生产负责制，人人做好本岗位的安全工作。

（3）本项目开工前，由质量安全部编制实施性安全施工组织设计，对爆破、开挖、运输、支护、混凝土浇筑、灌浆等作业，编制和实施专项安全施工组织设计，确保施工安全。

（4）实行逐级安全技术交底制，由项目经理部组织有关人员进行详细的安全技术交底。凡参加安全技术交底的人员要履行签字手续，并保存资料，安全监察部专职安全员对安全技术措施的执行情况进行监督检查，并做好记录。

（5）加强施工现场安全教育。

① 针对工程特点，对所有从事管理和生产的人员施工前进行全面的安全教育，重点对专职安全员、班组长和从事特殊作业的操作人员进行培训教育。

② 未经安全教育的施工管理人员和生产人员，不准上岗，未进行三级教育的新工人不准上岗，变换工作或采用新技术、新工艺、新设备、新材料而没有进行培训的人员不准上岗。

③ 特殊工种的操作人员需进行安全教育、考核及复验，严格按照《特种作业人员安全技术考核管理规定》且考核合格获取操作证后方能持证上岗。对已取得上岗证的特种作业人员要进行登记，按期复审，并设专人管理。

④ 通过安全教育，增强职工安全意识，树立"安全第一、预防为主"的思想，并提高职工遵守施工安全纪律的自觉性，认真执行安全检查操作规程，做到不违章指挥、不违章操作、不伤害自己、不伤害他人、不被他人伤害，达到提高职工整体安全防护意识和自我防护能力。

（6）认真执行安全检查制度。项目部要保证安全检查制度的落实，规定检查日期、参加检查人员。质量安全部每旬进行一次全面安全检查，安全员每一天进行一次巡视检查。视工程情况，在施工准备前、施工危险性大、季节性变化、节假日前后等组织专项检查。对检查中发现的安全问题。按照"三不放过"的原则立即制定整改措施，定人限期进行整改和验收。

（7）按照公安部门的有关规定，对易燃、易爆物品、火工产品的采购、运输、加工、保管、使用等工作项目制定一系列规章制度，并接受当地公安部门的审查和检查。炸药必须存放在距工地或生活区有一定安全距离的仓库内，不得在施工现场堆放炸药。

（8）按月进行安全工作的评定，实行重奖重罚的制度。严格执行建设部制定的安全事故报告制度，按要求及时报送安全报表和事故调查报告书。

（9）建立安全事故追究制度，对项目部内部发生的每一起安全事故都要追究到底，直到所有预防措施全部落实，所有责任人全部得到处理，所有职工都吸取了事故教训。

5. 施工现场安全措施

（1）施工现场的布置应符合防火、防爆、防雷电等规定和文明施工的要求，施工现场的生产、生活、办公用房、仓库、材料堆放、停车场、修理场等严格按批准的总平面布置图进行布置。

（2）现场道路平整、坚实、保持畅通，危险地点按照《安全色》（GB 2893）和《安全标志及其使用导则》（GB 2894）规定挂标牌，现场道路符合《工业企业厂内铁路、道路运输安全规程》（GB 4387）的规定。

（3）现场的生产、生活区设置足够的消防水源和消防设施网点，且经地方政府消防部门检查认可，并使这些设施经常处于良好状态，随时可满足消防要求。消防器材设有专人管理不能乱拿乱动，组成一支由 15～20 人的义务消防队，所有施工人员和管理人员均熟悉并掌握消防设备的性能和使用方法。

（4）各类房屋、库棚、料场等的消防安全距离符合公安部门的规定，室内不能堆放易燃品；严禁在易燃易爆物品附近吸烟，现场的易燃杂物，随时清除，严禁堆放在有火种的场所或近旁。

（5）施工现场实施机械安全安装验收制度，机械安装要按照规定的安全技术标准进行检测。所有操作人员要持证上岗。使用期间定机定人，保证设备完好率。

（6）施工现场的临时用电严格按照《施工现场临时用电安全技术规范》（JGJ 46）规定执行。

（7）确保必需的安全投入。购置必备的劳动保护用品，安全设备及设施齐备，完全满足安全生产的需要。

（8）在施工现场，配备适当数量的保安人员，负责工程及施工物资、机械装备和施工人员的安全保卫工作，并配备足够数量的夜间照明和围挡设施；该项保卫工作，在夜间及节假日也不间断。

（9）在施工现场和生活区设卫生所，根据工程实际情况，配备必要的医疗设备和急救医护人员，急救人员应具有至少 5 年以上的急救专业经验，并与当地医院签订医疗服务合同。

（10）积极做好安全生产检查，发现事故隐患，要及时整改。

第四节　安全生产管理主要内容

一、危险源辨识与风险评价

1. 两类危险源

危险源是安全管理的主要对象，在实际生活和生产过程中的危险源是以多种多样的形式存在的。虽然危险源的表现形式不同，但从本质上说，能够造成危害后果的（如伤亡事故、人身健康受损害、物体受破坏和环境污染等），均可归结为能量的意外释放或约束、限制能量和危险物质措施失控的结果。所以，存在能量、有害物质以及对能量和有害物质失去控制是危险源导致事故的根源和状态。

根据危险源在事故发生发展中的作用把危险源分为两大类，即第一类危险源和第二类危险源。

1）第一类危险源

能量和危险物质的存在是危害产生的最根本原因，通常把可能发生意外释放的能量（能源或能量载体）或危险物质称作第一类危险源。第一类危险源是事故发生的物理本质，一般地说，系统具有的能量越大，存在的危险物质越多，则其潜在的危险性和危害性也就越大。例如，高处作业或吊起重物的势能、锅炉爆炸产生的冲击波、机械和车辆的动能、带电导体的电能、噪声的声能、生产中需要的热能、各类辐射能等，在一定条件下都可能造成事故，能破坏设备和物体的效能，损伤人体的生理机能和正常的代谢功能。例如，在油漆作业中，苯和其他溶剂中毒是主要的职业危害，急性苯中毒主要是对中枢神经系统有麻醉作用，另外尚有肌肉抽搐和黏膜刺激作用。慢性苯中毒可引起造血器官损害，使得白细胞和血小板减少，最后导致再生障碍性贫血，甚至白血病。

2）第二类危险源

造成约束、限制能量和危险物质措施失控的各种不安全因素称作第二类危险源。第二类危险源主要体现在设备故障或缺陷（物的不安全状态）、人为失误（人的不安全行为）和管理缺陷等几个方面。它们之间会互相影响，大部分是随机出现的，具有渐变性和突发性的特点，很难准确判定它们何时、何地、以何种方式发生，是事故发生的条件和可能性的主要因素。

设备故障或缺陷极易产生安全事故。例如：电缆绝缘层破坏会造成人员触电；脚手架扣件质量低劣给高处坠落事故提供了条件；压力容器破裂会造成有毒气体或可燃气体泄漏导致中毒或爆炸；起重机钢绳断裂导致重物坠落伤人毁物等。

人的不安全行为大多是因为对安全不重视、态度不正确、技能或知识不足、健康或生理状态不佳和劳动条件不良等因素造成的。主要表现为违章指挥、违章作业、违反劳动纪律等方面。人的不安全行为可归纳为操作失误、忽视安全、忽视警告，造成安全装置失效；使用不安全设备；用手代替工具操作；物体存放不当；冒险进入危险场所；攀、坐不安全位置；在吊物下作业、停留；在机器运转时进行加油、修理、检查、调整、焊接、清扫等工作；有分散注意力行为；在必须使用个人防护用品用具的作业或场合中，忽视其使用；不安全装束；对易燃、易爆等危险物品处理错误等行为。

管理缺陷会引起设备故障或人员失误，许多事故的发生是由于管理不到位而造成的。

2. 危险源辨识

1）危险源类型

危险源及危险源造成的事故由很多种，例如在平地滑倒（跌倒）；人员从高处坠落（包括从地平处坠入深坑）；工具和材料等从高处坠落；头顶以上空间不足；用手举起、搬运工具、材料等有关的危险源；与装配、试车、操作、维护、改造、修理和拆除等有关的装置、机械的危险源；车辆危险源，包括场地运输和公路运输等；火灾和爆炸；临近高压线路和起重设备伸出界外；可伤害眼睛的物质或试剂；可通过皮肤接触和吸收而造成伤害的物质；可通过摄入（如通过口腔进入体内）而造成伤害的物质；电、辐射、噪声以及振动等有害能量；由于经常性的重复动作而造成的与工作有关的上肢损伤；不适的热环境（如过热等）；照度；易滑、不平坦的场地（地面）；不合适的楼梯护栏和扶手等。以上所列并不全面，应根据工程项目的具体情况，提出各自的危险源提示表。

2）危险源辨识方法

（1）专家调查法

专家调查法是通过向有经验的专家咨询、调查，辨识、分析和评价危险源的一类方法，其优点是简便、易行，其缺点是受专家的知识、经验和占有资料的限制，可能出现遗漏。常用的有：头脑风暴法和德尔菲法。头脑风暴法是通过专家创造性的思考，从而产生大量的观点、问题和议题的方法。德尔菲法是采用背对背的方式对专家进行调查，其特点是避免集体讨论中的从众性倾向，更代表专家的真实意见。要求对调查的各种意见进行汇总统计处理，再反馈给专家反复征求意见。

（2）安全检查表法

安全检查表实际上就是实施安全检查和诊断项目的明细表。运用已编制好的安全检查表，进行系统的安全检查，辨识工程项目存在的危险源。检查表的内容一般包括分类项目、检查内容及要求、检查以后处理意见等。可以用"是"、"否"作回答或"√"、"×"符号做标记，同时注明检查日期，并由检查人员和被检单位同时签字。其优点是简单易懂，其缺点是一般只能做出定性评价。

3. 风险评价

1）风险评价的目的

风险评价是评估危险源所带来的风险大小及确定风险是否可容许的全过程。根据评价结果对风险进行分级，按不同级别的风险有针对性地采取风险控制措施。

2）风险评价方法

风险大小的计算：根据风险的概念，用某一特定危险情况发生的可能性和它可能导致后果的严重程度的乘积来表示风险的大小，可以用以下公式表达：

$$R = P \times f$$

式中　R——风险的大小；

　　　P——危险情况发生的可能性；

　　　f——发生危险造成后果的严重程度。

风险等级的划分：根据上述公式计算风险的大小，可以用近似的方法来估计。首先把危险发生的可能性 P 分为"很大"、"中等"和"极小"三个等级；然后把发生危险可能产生后果的严重程度 f 分为"轻度损失（轻微伤害）"、"中度损失（伤害）"和"重大损失（严重伤害）"三个等级；P 和 f 的乘积就是风险的大小 R，可以近似按级别分为"可忽略风险"、"可容许风险"、"中度风险"、"重大风险"和"不容许风险"，共5级。

4. 风险控制策划原则

风险评价后，应分别列出所找出的所有危险源和重大危险源清单。有关单位和项目部一般需要对已经评价出的不容许的和重大风险（重大危险源）进行优先排序，由工程技术主部门的有关人员制订危险源控制措施和管理方案。对于一般危险源可以通过日常管理程序来实施控制。

（1）尽可能完全消除有不可接受风险的危险源，如用安全品取代危险品；

（2）如果是不可能消除有重大风险的危险源，应努力采取降低风险的措施，如使用低压电器等；

（3）在条件允许时，应使工作适合于人，如考虑降低人的精神压力和体能消耗；

（4）应尽可能利用技术进步来改善安全控制措施；

（5）应考虑保护每个工作人员的措施；

（6）将技术管理与程序控制结合起来；

（7）应考虑引入诸如机械安全防护装置的维护计划的要求；

（8）在各种措施还不能绝对保证安全的情况下，作为最终手段，还应考虑使用个人防护用品；

（9）应有可行、有效的应急方案；

（10）预防性测定指标是否符合监视控制措施计划的要求。

二、施工安全技术措施

1. 施工安全技术措施的一般要求

1）施工安全技术措施必须在工程开工前制订

施工安全技术措施是施工组织设计的重要组成部分，应在工程开工前与施工组织设计一同编制。为保证各项安全设施的落实，在工程图纸会审时，就应特别注意考虑安全施工的问题，并在开工前制订好安全技术措施，使得用于该工程的各种安全设施有较充分的时间进行采购、制作和维护等准备工作。

2）施工安全技术措施要有全面性

按照有关法律法规的要求，在编制工程施工组织设计时，应当根据工程特点制订相应的施工安全技术措施。对于大中型工程项目、结构复杂的重点工程，除必须在施工组织设计中编制施工安全技术措施外，还应编制专项工程施工安全技术措施，详细说明有关安全方面的防护要求和措施，确保单位工程或分部分项工程的施工安全。对爆破、拆除、起重吊装、水下、基坑支护和降水、土方开挖、脚手架、模板等危险性较大的作业，必须编制专项安全施工技术方案。

3）施工安全技术措施要有针对性

施工安全技术措施是针对每项工程的特点制定的。编制安全技术措施的技术人员必须掌握工程概况、施工方法、施工环境、条件等一手资料，并熟悉安全法规、标准等，才能制订有针对性的安全技术措施。

4）施工安全技术措施应力求全面、具体、可靠

施工安全技术措施应力求全面、具体、可靠，施工安全技术措施应把可能出现的各种不安全因素考虑周全，制订的对策措施方案应力求全面、具体、可靠，这样才能真正做到预防事故的发生。但是全面具体不等于罗列一般通常的操作工艺、施工方法以及日常安全工作制度、安全纪律等。这些制度性规定，安全技术措施中不需要再做抄录，但必须严格执行。

5）施工安全技术措施必须包括应急预案

由于施工安全技术措施是在相应的工程施工实施之前制订的，所涉及的施工条件和危险情况大多是建立在可预测的基础上，而建筑工程施工过程是开放的过程，在施工期间的变化是经常发生的，还可能出现预测不到的突发事件或灾害（如地震、火灾、台风、洪水等）。所以，施工技术措施计划必须包括面对突发事件或紧急状态的各种应急设施、人员逃生和救援预案，以便在紧急情况下，能及时启动应急预案，减少损失，保护人员安全。

6）施工安全技术措施要有可行性和可操作性

施工安全技术措施应能够在每个施工工序之中得到贯彻实施，既要考虑保证安全要求，又要考虑现场环境条件和施工技术条件能够做得到。

2. 安全技术措施管理

（1）一般工程安全技术措施由项目经理部项目工程师审核，项目经理部技术负责人审批，报公司管理部、安全部备案。

（2）重要工程安全技术措施由项目经理部技术负责人审批，公司管理部、安全部复核，还应组织专家组进行论证、审查。

（3）施工过程中确实需要修改拟定的技术措施，必须经编制人同意，并办理修改审批手续。

第五节　职业健康安全管理体系

职业健康安全管理的目标使企业的职业伤害事故、职业病持续减少，实现这一目标的重要组织保证体系，是企业建立持续有效并不断改进的职业健康安全管理体系（occupational safety and health management systems，OSHMS）。其核心是要求企业采用现代化的管理模式，使包括安全生产管理在内的所有生产经营活动科学、规范、有效。通过建立安全健康风险的预测、评价、定期审核和持续改进完善机制，从而达到预防事故发生和控制职业危害。

值得说明的是，对 OSHMS 的中文名称很不统一，有称"职业健康安全管理体系"的，也有称"职业安全健康管理体系"的，还有称"职业安全卫生管理体系"的。无论如何，职业健康（卫生）应当是安全管理的重要内容。除了一些法规性文件外，这里一律称 OSHMS 为"职业健康安全管理体系"。

国标《职业健康安全管理体系　要求》已于 2011 年 12 月 30 日更新至 GB/T 28001—2011 版本，等同采用 OSHMS 18001：2007 新版标准（英文版），并于 2012 年 2 月 1 日实施。GB/T 28001－2011 标准与 OHSAS 18001：2007 在体系的宗旨、结构和内容上相同或相近。

一、职业健康安全管理体系标准（OSHMS）简介

OSHMS 具有系统性、动态性、预防性、全员性和全过程控制的特征。OSHMS 以"系统安全"思想为核心，将企业的各个生产要素组合起来作为一个系统，通过危险辨识、风险评价和控制等手段来达到控制事故发生的目的；OSHMS 将管理重点放在对事故的预防上，在管理过程中持续不断地根据预先确定的程序和目标，定期审核和完善系统的不安全因素，使系统达到最佳的安全状态。

1. 标准的主要内涵

职业健康安全管理体系结构包括五个一级要素，即：职业健康安全方针（4.2）；策划（4.3）；实施和运行（4.4）；检查（4.5）；管理评审（4.6）。显然，这五个一级要素中的策划、实施和运行、检查和纠正措施三个要素来自 PDCA 循环，其余两个要素即职业健康安全方针和管理评审，一个是总方针和总目标的明确，一个是为了实现持续改进的管理措施。体系其中心仍是 PDCA 循环的基本要素。

这五个一级要素，包括 17 个二级要素，即：职业健康安全方针，对危险源辨识、风险评价和风险控制的策划，法规和其他要求，目标，职业健康安全管理方案，结构和职责，培训、意识和能力，协商和沟通，文件，文件和资料控制，运行控制，应急准备和响应，绩效测量和监视，事故、事件、不符合、纠正和预防措施，记录和记录管理，审核，管理评审。

这 17 个二级要素中一部分是体现体系主体框架和基本功能的核心要素，包括：职业健康安全方针，对危险源辨识、风险评价和风险控制的策划，法规和其他要求，目标，职业健康安全管理方案，结构和职责，运行控制，绩效测量和监视，审核和管理评审。一部分是支持体系主体框架和保证实现基本功能的辅助要素，包括：培训、意识和能力，协商和沟通，文件，文件和资料控制，应急准备和响应，事故、事件、不符合、纠正和预防措施，记录和记录管理。

职业健康安全管理体系的 17 个要素的目标和意图如下。

1）职业健康安全方针

（1）确定职业健康安全管理的总方向和总原则及职责和绩效目标。

（2）表明组织对职业健康安全管理的承诺，特别是最高管理者的承诺。

2）危险源辨识、风险评价和控制措施的确定

（1）对危险源辨识和风险评价，组织对其管理范围内的重大职业健康安全危险源获得一个清晰的认识和总的评价，并使组织明确应控制的职业健康安全风险。

（2）建立危险源辨识、风险评价和风险控制与其他要素之间的联系，为组织的整体职业健康安全体系奠定基础。

3）法律法规和其他要求

（1）促进组织认识和了解其所应履行的法律义务，并对其影响有一个清醒的认识，并就此信息与员工进行沟通。

（2）识别对职业健康安全法规和其他要求的需求和获取途径。

4）目标和方案

（1）使组织的职业健康安全方针能够得到真正落实。

（2）保证组织内部对职业健康安全方针的各方面建立可测量的目标。

（3）寻求实现职业健康安全方针和目标的途径和方法。

（4）制订适宜的战略和行动计划，并实现组织所确定的各项目标。

5）资源、作用、职责和权限

建立适宜于职业健康安全管理体系的组织结构；确定管理体系实施和运行过程中有关人员的作用、职责和权限；确定实施、控制和改进管理体系的各种资源。

（1）建立、实施、控制和改进职业健康安全管理体系所需要的资源。

（2）对作用、职责和权限做出明确规定，形成文件并沟通。

（3）按照 OSHMS 标准建立、实施和保持职业健康安全管理体系。

（4）向最高管理者报告职业健康安全管理体系运行的绩效，以供评审，并作为改进职业健康安全管理体系的依据。

6）培训、意识和能力

（1）增强员工的职业健康安全意识。

（2）确保员工有能力履行相应的职责，完成影响工作场所内职业健康安全的任务。

7）沟通、参与和协商

（1）确保与员工和其他相关方就有关职业健康安全的信息进行相互沟通。

（2）鼓励所有受组织运行影响的人员参与职业健康安全事务，对组织的职业健康安全方针和目标予以支持。

8）文件

（1）确保组织的职业健康安全管理体系得到充分理解并有效运行。

（2）按有效性和效率要求，设计并尽量减少文件的数量。

9）文件控制

（1）建立并保持文件和资料的控制程序。

（2）识别和控制体系运行和职业健康安全的关键文件和资料。

10）运行控制

（1）制订计划和安排，确定控制和预防措施的有效实施。

（2）根据实现职业健康安全的方针、目标、遵守法规和其他要求的需要，使与危险有关的运行和活动均处于受控状态。

11）应急准备和响应

（1）主动评价潜在的事故和紧急情况，识别应急响应要求。

（2）制订应急准备和响应计划，以减少和预防可能引发的病症和突发事件造成的伤害。

12）绩效测量和监视

持续不断地对组织的职业健康安全绩效进行监测和测量，以识别体系的运行状态，保证体系的有效运行。

13）合规性评价

（1）组织建立、实施并保持一个或多个程序，以定期评价对适用法律法规的遵守情况。

（2）评价对组织同意遵守的其他要求的遵守情况。

14）事件调查、不符合、纠正措施和预防措施

（1）组织应建立、实施并保持一个或多个程序，用于记录、调查及分析事件，以便确定可能造成或引发事件的潜在的职业健康安全管理的缺陷或其他原因；识别采取纠正措施的需求；识别采取预防措施的机会；识别持续改进的机会；沟通事件的调查结果。

事件调查应及时进行，任何识别的纠正措施需求或预防措施的机会都应该按照相关规定处理。

（2）不符合、纠正措施和预防措施。组织应建立、实施并保持一个或多个程序，用来处理实际或潜在的不符合，并采取纠正措施或预防措施。程序中应规定下列要求：

① 识别并纠正不符合，并采取措施以减少对职业健康安全的影响；

② 调查不符合情况，确定其原因，并采取措施以防止再度发生；

③ 评价采取预防措施的需求，实施所制订的适当预防措施，以预防不符合的发生；

④ 记录并沟通所采取纠正措施和预防措施的结果；

⑤ 评价所采取纠正措施和预防措施的有效性。

15）记录控制

（1）组织应根据需要，建立并保持所必需的记录，用以证实其职业健康安全管理体系达到 OSHMS 标准各项要求结果的符合性。

（2）组织应建立、实施并保持一个或多个程序，用于对记录的标识、存放、保护、检索、留存和处置。记录应保持字迹清楚、标识明确、易读，并具有可追溯性。

16）内部审核

（1）持续评估组织的职业健康安全管理体系的有效性。

（2）组织通过内部审核，自我评审本组织建立的职业健康安全体系与标准要求的符合性。

（3）确定对形成文件的程序的符合程度。

（4）评价管理体系是否有效满足组织的职业健康安全目标。

17）管理评审

（1）评价管理体系是否完全实施和是否持续保持。

（2）评价组织的职业健康安全方针是否继续合适。

（3）为了组织的未来发展要求，重新制订组织的职业健康安全目标或修改现有的职业健康安全目标，并考虑为此是否需要修改有关的职业健康安全管理体系的要素。

2. 建筑企业职业健康安全管理体系的基本特点

建筑企业在建立与实施自身职业健康安全管理体系时，应注意充分体现建筑业的基本特点。

（1）危害辨识、风险评价和风险控制策划的动态管理。建筑企业在实施职业健康安全管理体系时，应根据客观状况的变化，及时对危害辨识、风险评价和风险控制过程进行评审，并注意在发生变化前即采取适当的预防性措施。

（2）强化承包方的教育与管理。建筑企业在实施职业健康安全管理体系时，应特别注意通过适当的培训与教育形式来提高承包方人员的职业安全健康意识与知识，并建立相应的程序与规定，确保他们遵守企业的各项安全健康规定与要求，并促进他们积极地参与体系实施和以高度责任感完成其相应的职责。

（3）加强与各相关方的信息交流。建筑企业在施工过程中往往涉及多个相关方，如承包方、业主、监理方和供货方等。为了确保职业健康安全管理体系的有效实施与不断改进，必须依据相应的程序与规定，通过各种形式加强与各相关方的信息交流。

（4）强化施工组织设计等设计活动的管理。必须通过体系的实施，建立和完善对施工组织设计或施工方案以及单项安全技术措施方案的管理，确保每一设计中的安全技术措施都根据工程的特点、施工方法、劳动组织和作业环境等提出有针对性的具体要求，从而促进建筑施工的本质安全。

（5）强化生活区安全健康管理。每一承包项目的施工活动中都要涉及现场临建设施及施工人员住宿与餐饮等管理问题，这也是建筑施工队伍容易出现安全与中毒事故的关键环节。实施职业安全健康管理体系时，必须控制现场临建设施及施工人员住宿与餐饮管理中的风险，建立与保持相应的程序和规定。

（6）融合。建筑企业应将职业安全健康管理体系作为其全面管理的一个组成部分，它的建立与运行应融合于整个企业的价值取向，包括体系内各要素、程序和功能与其他管理体系的融合。

3. 建筑业建立 OSHMS 的作用和意义

（1）有助于提高企业的职业安全健康管理水平。OSHMS 概括了发达国家多年的管理经验。同时体系本身具有相当的弹性，容许企业根据自身特点加以发挥和运用，结合企业自身的管理实践进行管理创新。OSHMS 通过开展周而复始的策划、实施、检查和评审改进等活动，保持体系的持续改进与不断完善，这种持续改进、螺旋上升的运行模式，将不断地提高企业的职业安全健康管理水平。

（2）有助于推动职业安全健康法规的贯彻落实。OSHMS将政府的宏观管理和企业自身的微观管理结合起来，使职业安全健康管理成为组织全面管理的一个重要组成部分，突破了以强制性政府指令为主要手段的单一管理模式，使企业由消极被动地接受监督转变为主动地参与的市场行为，有助于国家有关法律法规的贯彻落实。

（3）有助于降低经营成本，提高企业经济效益。OSHMS要求企业对各个部门的员工进行相应的培训，使他们了解职业安全健康方针及各自岗位的操作规程，提高全体职工的安全意识，预防及减少安全事故的发生。降低安全事故的经济损失和经营成本。同时，OSHMS还要求企业不断改善劳动者的作业条件，保障劳动者的身心健康，这有助于提高企业职工的劳动效率，并进而提高企业的经济效益。

（4）有助于提高企业的形象和社会效益。为建立OSHMS，企业必须对员工和相关方的安全健康提供有力的保证。这个过程体现了企业对员工生命和劳动的尊重，有利于改善企业的公共关系，提升社会形象，增强凝聚力，提高企业在金融、保险业中的信誉度和美誉度，从而增加获得贷款、降低保险成本的机会，增强其市场竞争力。

（5）有助于促进我国建筑企业进入国际市场。建筑业属于劳动密集型产业。我国建筑业由于具有低劳动力成本的特点，在国际市场中比较有优势。但当前不少发达国家为保护其传统产业采用了一些非关税壁垒（如安全健康环保等准入标准）来阻止发展中国家的产品与劳务进入本国市场。因此，我国企业要进入国际市场，就必须按照国际惯例规范自身的管理，冲破发达国家设置的种种准入限制。OSHMS作为第三张标准化管理的国际通行证，它的实施将有助于我国建筑企业进入国际市场，并提高其在国际市场上的竞争力。

二、施工企业职业安全健康管理体系认证的基本程序

建立OSHMS的步骤如下：领导决策→成立工作组→人员培训→危害辨识及风险评价→初始状态评审→职业安全健康管理体系策划与设计→体系文件编制→体系试运行→内部审核→管理评审→第三方审核及认证注册等。

建筑企业可参考如下步骤来制订建立与实施职业安全健康管理体系的推进计划。

1. 学习与培训

职业安全健康管理体系的建立和完善的过程，是始于教育、终于教育的过程，也是提高认识和统一认识的过程。教育培训要分层次、循序渐进地进行，需要企业所有人员的参与和支持。在全员培训基础上，要有针对性地抓好管理层和内审员的培训。

2. 初始评审

初始评审的目的是为职业安全健康管理体系建立和实施提供基础，为职业安全健康管理体系的持续改进建立绩效基准。

初始评审主要包括以下内容：

1）收集相关的职业安全健康法律、法规和其他要求，对其适用性及需遵守的内容进行确认，并对遵守情况进行调查和评价；

2）对现有的或计划的建筑施工相关活动进行危害辨识和风险评价；

3）确定现有措施或计划采取的措施是否能够消除危害或控制风险；

4）对所有现行职业安全健康管理的规定、过程和程序等进行检查，并评价其对管理体系要求的有效性和适用性；

5）分析以往建筑安全事故情况以及员工健康监护数据等相关资料，包括人员伤亡、职业病、财产损失的统计、防护记录和趋势分析；

6）对现行组织机构、资源配备和职责分工等进行评价。

初始评审的结果应形成文件，并作为建立职业安全健康管理体系的基础。

为实现职业安全健康管理体系绩效的持续改进，建筑企业应参照职业安全健康管理体系实施章节中初始评审的要求定期进行复评。

3. 体系策划

根据初始评审的结果和本企业的资源，进行职业安全健康管理体系的策划。策划工作主要包括：

1）确立职业安全健康方针；

2）制订职业安全健康体系目标及其管理方案；

3）结合职业安全健康管理体系要求进行职能分配和机构职责分工；

4）确定职业安全健康管理体系文件结构和各层次文件清单；

5）为建立和实施职业安全健康管理体系准备必要的资源；

6）文件编写。

4. 体系试运行

各个部门和所有人员都按照职业安全健康管理体系的要求开展相应的安全健康管理和建筑施工活动，对职业安全健康管理体系进行试运行，以检验体系策划与文件化规定的充分性、有效性和适宜性。

5. 评审完善

通过职业安全健康管理体系的试运行，特别是依据绩效监测和测量、审核以及管理评审的结果，检查与确认职业安全健康管理体系各要素是否按照计划安排有效运行，是否达到了预期的目标，并采取相应的改进措施，使所建立的职业安全健康管理体系得到进一步的完善。

三、施工企业职业安全健康管理体系认证的重点工作内容

1. 建立健全组织体系

建筑企业的最高管理者应对保护企业员工的安全与健康负全面责任，并应在企业内设立各级职业安全健康管理的领导岗位，针对那些对其施工活动、设施（设备）和管理过程的职业安全健康风险有一定影响的从事管理、执行和监督的各级管理人员，规定其作用、职责和权限，以确保职业安全健康管理体系的有效建立、实施与运行并实现职业安全健康目标。

2. 全员参与及培训

建筑企业为了有效地开展体系的策划、实施、检查与改进工作，必须基于相应的培训来确保所有相关人员均具备必要的职业安全健康知识，熟悉有关安全生产规章制度和安全操作规程，正确使用和维护安全和职业病防护设备及个体防护用品，具备本岗位的安全健康操作技能，及时发现和报告事故隐患或者其他安全健康危险因素。

3. 协商与交流

建筑企业应通过建立有效的协商与交流机制，确保员工及其代表在职业安全健康方面的权利，并鼓励他们参与职业安全健康活动，促进各职能部门之间的职业安全健康信息交流和

及时接收处理相关方关于职业安全健康方面的意见和建议，为实现建筑企业职业安全健康方针和目标提供支持。

4. 文件化

与 ISO 9000 和 ISO 14000 类似，职业安全健康管理体系的文件可分为管理手册（A 层次）、程序文件（B 层次）、作业文件（C 层次，即工作指令、作业指导书、记录表格等）三个层次。

5. 应急预案与响应

建筑企业应依据危害辨识、风险评价和风险控制的结果、法律法规等的要求，以往事故、事件和紧急状况的经历以及应急响应演练及改进措施效果的评审结果，针对施工安全事故、火灾、安全控制设备失灵、特殊气候、突然停电等潜在事故或紧急情况从预案与响应的角度建立并保持应急计划。

6. 评价

评价的目的是要求建筑企业定期或及时地发现其职业安全健康管理体系的运行过程或体系自身所存在的问题，并确定出问题产生的根源或需要持续改进的地方。体系评价主要包括绩效测量与监测、事故和事件以及不符合的调查、审核、管理评审。

7. 改进措施

改进措施的目的是要求建筑企业针对组织职业安全健康管理体系绩效测量与监测、事故和事件，以及不符合的调查、审核以及管理评审活动所提出的纠正与预防措施的要求，制订具体的实施方案并予以保持，确保体系的自我完善功能，并依据管理评审等评价的结果，不断寻求方法，持续改进建筑企业自身职业安全健康管理体系及其职业安全健康绩效，从而不断消除、降低或控制各类职业安全健康危害和风险。职业安全健康管理体系的改进措施主要包括纠正与预防措施和持续改进两个方面。

四、PDCA 循环的程序和内容

与 ISO 9000 质量管理体系标准、ISO 14000 环境管理体系标准、SA 8000 社会责任国际管理体系标准一样，实施职业健康安全管理体系的模式或方法也是 PDCA 循环。PDCA 循环就是按计划、实施、检查、处理的科学程序进行的管理循环。其具体内容为：

1. 计划阶段（Plan）

包括制定安全方针、目标措施和管理项目等计划活动，这个阶段的工作内容又包括四个步骤：

1）分析安全现状，找出存在的问题。

（1）通过对企业现场的安全检查了解发现企业生产、管理中存在的安全问题。

（2）通过对企业生产、管理、事故等的原始记录分析，采用数理统计等手段计算分析企业生产、管理存在的安全问题。

（3）通过与国家或国际先进标准、规范、规程的对照分析，发现企业生产、管理中存在的安全问题。

（4）通过与国内外先进企业的对比分析，来寻找企业生产、管理中存在的问题。

在分析过程中，可以采用排列图、直方图和控制图等工具进行统计分析。

2）分析产生安全问题的原因。对产生安全问题的原因加以分析，通常采用工具为因果分析图法。因果分析图是事故危险辨识技术中的一种文字表格法，是分析事故原因的有效工具，因其形状像鱼骨，故简称为鱼刺图。

3）寻找影响安全的主要原因。影响安全的因素通常有很多，但其中总有起控制、主要作用的因素。采用排列图或散布图法，可以发现影响安全的主要因素。

4）针对影响安全的主要原因，制订控制对策与控制计划。

制定对策、计划应具体，切实可行。制定对策和计划的过程，必须明确以下六个问题，又称5W1H。

① What（应做什么），说明要达到的目标；

② Why（为什么这样做），说明为什么制订各项计划或措施；

③ Who（谁来做），明确由谁来做；

④ When（何时做），明确计划实施的时间表，何时做，何时完成；

⑤ Where（哪一个机构或组织、部门，在哪里做），说明有哪个部门负责实施，在什么地方实施；

⑥ How（如何做），明确如何完成该项计划，实施计划所需的资源与对策措施。

2. 实施阶段（Do）

计划的具体实施阶段。该阶段只有一个步骤，即实施计划。它要求按照预先制定的计划和措施，具体组织实施和严格地执行的过程。

3. 检查阶段（Check）

对照计划，检查实施的效果。该阶段也只有一个步骤，即检查效果。根据所制订的计划、措施，检查计划实施的进度和计划执行的效果是否达到预期的目标。检查可采用排列图、直方图、控制图等分析检验计划实施的效果，预测未来趋势。

4. 处理阶段（Action）

对不符合计划的项目采取纠正措施，对符合的项目总结成功经验。处理阶段包括两个步骤：

1）总结经验，巩固成绩。根据检查的结果进行总结，把成果的经验加以肯定，纳入有关的标准、规定和制度，以便在以后的工作中遵循；把不符合部分进行总结整理、记录在案，并提出纠正措施，防止以后再次发生。

2）持续改进。将符合项目成功的经验和不符合项目的纠正措施，转入下一个循环中，作为下一个循环计划制订的资料和依据。

复习思考题

10-1 简述建筑工程安全生产管理的方针。

10-2 建筑工程安全生产管理的原则有哪些？

10-3 建设工程安全生产管理各方责任有哪些？

10-4 什么叫第一类危险源、第二类危险源？

10-5 危险源类型有哪些？

10-6 危险源辨识方法有哪些？

10-7 施工安全技术措施的一般要求有哪些？

第十一章　建设工程安全生产法律法规

安全生产事关人民群众生命财产安全，事关改革开放、经济发展和社会稳定大局。由于我国正处于工业化快速发展进程中，安全生产基础仍然比较薄弱，安全生产责任不落实、安全防范和监督管理不到位、违法生产经营建设行为屡禁不止等问题较为突出，生产安全事故还处于易发多发的高峰期，特别是重、特大事故尚未得到有效遏制，安全生产的各方面工作亟须进一步加强。

目前，我国建设工程安全生产法律体系主要由《中华人民共和国建筑法》、《中华人民共和国安全生产法》、《建设工程安全生产管理条例》以及相关的法律、法规、规章和工程建设强制性标准构成。

第一节　建设工程安全生产相关法律

一、建筑法

《中华人民共和国建筑法》（以下称《建筑法》）是我国第一部规范建筑活动的部门法律，它的颁布施行强化了建筑工程质量和安全的法律保障。在此重点介绍《建筑法》所确立的各项安全法律规范。

1. 确立了安全生产责任制度

安全生产责任制度是建筑生产中最基本的安全管理制度，是所有安全规章制度的核心。安全生产责任制度是指将各种不同的安全责任落实到负有安全管理责任的人员和具体岗位人员身上的一种制度。这一制度是"安全第一，预防为主"方针的具体体现，是建筑安全生产管理的基本制度。在建筑活动中，只有明确安全责任，分工负责，才能形成完整有效的安全管理体系，激发每个人的安全责任感，严格执行建筑工程安全的法律、法规和安全规程、技术规范，防患于未然，减少和杜绝建筑工程事故，为建筑工程的生产创造一个良好的环境。

2. 确立了群防群治制度

群防群治制度是职工群众进行预防和治理安全的一种制度。这一制度也是"安全第一、预防为主"的具体体现，同时也是群众路线在安全工作中的具体体现，是企业进行民主管理的重要内容，要求建筑企业职工在施工中遵守有关生产的法律、法规的规定和建筑行业安全规章、规程，不得违章作业，同时对于危及生命安全和身体健康的行为有权提出批评、检举和控告。

3. 确立了安全生产教育培训制度

安全生产教育培训制度是对广大建筑干部职工进行安全教育培训，提高安全意识，增加安全知识和技能的制度。安全生产，人人有责，只有通过对广大职工进行安全教育、培训，才能使广大职工真正认识到安全生产的重要性、必要性，使广大职工掌握更多更有效的安全生产的科学技术知识，牢固树立安全第一的思想，自觉遵守各项安全生产和规章制度。

4. 确立了安全生产检查制度

安全生产检查制度是上级管理部门或建筑施工企业，对安全生产状况进行定期或不定期检查的制度。通过检查可以发现问题，查出隐患，从而采取有效措施，堵塞漏洞，把事故消灭在发生之前，做到防患于未然，是"预防为主"的具体体现。通过检查，还可总结出好的经验加以推广，为进一步搞好安全工作打下基础。

5. 确立了伤亡事故处理报告制度

施工中发生事故时，建筑企业应当采取紧急措施减少人员伤亡和事故损失，并按照国家有关规定及时向有关部门报告。事故处理必须遵循一定的程序，做到"四不放过"（事故原因未查清不放过；职工和事故责任人受不到教育不放过；事故隐患不整改不放过；事故责任人不处理不放过）。通过对事故的严格处理，可以总结出经验教训，为制定规章制度提供第一手素材，指导今后的施工。

6. 确立了安全责任追究制度

规定建设单位、设计单位、施工单位、监理单位，由于没有履行职责造成人员伤亡和事故损失的，视情节给予相应处理；情节严重的，责令停业整顿，降低资质等级或吊销资质证书；构成犯罪的，依法追究刑事责任。

二、安全生产法

《中华人民共和国安全生产法》（以下称《安全生产法》）于 2002 年 6 月 29 日第九届全国人民代表大会常务委员会第二十八次会议通过，2002 年 6 月 29 日中华人民共和国主席令第七十号公布，自 2002 年 11 月 1 日起施行。根据 2014 年 8 月 31 日第十二届全国人民代表大会常务委员会关于修改《安全生产法》的决定修正，自 2014 年 12 月 1 日起施行。修订后的《安全生产法》总计 7 章 114 条，分别从总则、生产经营单位的安全生产保障、从业人员的安全生产权利义务、安全生产的监督管理、生产安全事故的应急救援与调查处理、法律责任、附则等七个方面加以阐述。以下内容以修订后的《安全生产法》条款为准。

（一）总则

1. 安全生产法的立法目的

本法的立法目的是"为了加强安全生产监督管理，防止和减少生产安全事故，保障人民群众生命财产安全，促进经济发展"。

2. 适用范围

法律的适用范围，即法律的效力范围，包括法律的时间效力、空间效力和对人的效力。《安全生产法》的时间效力是："根据 2014 年 8 月 31 日第十二届全国人民代表大会常务委员会关于修改《中华人民共和国安全生产法》的决定修正，自 2014 年 12 月 1 日起施行。"修订后的新法延续原法的层级效力和时间效力。空间效力和对人的效力是："在中华人民共和国领域内从事生产经营活动的单位（以下统称生产经营单位）的安全生产，适用本法；有关法律、行政法规对消防安全和道路交通安全、铁路交通安全、水上交通安全、民用航空安全另有规定的，适用其规定。"

3. 安全生产工作的方针

安全生产管理，坚持"以人为本，坚持安全发展，坚持安全第一、预防为主、综合治理"的方针。

4. 制定标准的主体

国务院有关部门应当按照保障安全生产的要求，依法及时制定有关的国家标准或者行业标准。生产经营单位必须执行依法制定的保障安全生产的国家标准或者行业标准。

（二）生产经营单位的安全生产保障

1. 生产经营单位的安全生产条件

依照《安全生产法》规定，生产经营单位必须遵守本法和其他有关安全生产的法律、法规，加强安全生产管理，建立、健全安全生产责任制度，完善安全生产条件，确保安全生产。生产经营单位应当具备安全生产法和有关法律、行政法规和国家标准或者行业标准规定的安全生产条件；不具备安全生产条件的，不得从事生产经营活动。

2. 生产经营单位的主要负责人的职责

《安全生产法》规定，生产经营单位的主要负责人对本单位安全生产工作全面负责：建立、健全本单位安全生产责任制；组织制定本单位安全生产规章制度和操作规程；保证本单位安全生产投入的有效实施；督促、检查本单位的安全生产工作，及时消除生产安全事故隐患；组织制定并实施本单位的生产安全事故应急救援预案；及时、如实报告生产安全事故。生产经营单位发生生产安全事故时，单位的主要负责人应当立即组织抢救，并不得在事故调查处理期间擅离职守。

3. 安全生产管理机构的设置和人员的能力要求

安全生产管理机构指的是生产经营单位内设的专门负责安全生产监督管理的机构，其工作人员都是专职安全生产管理人员。安全生产管理机构的作用是落实国家有关安全生产的法律法规，组织生产经营单位内部各种安全检查活动，负责日常安全检查，及时整改各种事故隐患，监督安全生产责任制的落实等，它是生产经营单位安全生产的重要组织保证。

《安全生产法》第二十一条首先对安全生产危险性较大的行业进行了规定："矿山、建筑施工单位和危险物品的生产、经营、储存单位，应当设置安全生产管理机构或者配备专职安全生产管理人员。"对于危险性较小的其他生产经营单位是否设立安全生产管理机构以及是否配备专职安全生产管理人员，则要根据其从业人员的规模来确定。除从事矿山开采、建筑施工和危险物品的生产、经营、储存活动的生产经营单位外，从业人员超过一百人的，应当设置安全生产管理机构或者配备专职安全生产管理人员；从业人员在一百人以下的，应当配备专职或者兼职的安全生产管理人员。

《安全生产法》第二十四条规定，生产经营单位的主要负责人和安全生产管理人员必须具备与本单位所从事的生产经营活动相应的安全生产知识和管理能力。危险物品的生产、经营、储存单位以及矿山、建筑施工单位的主要负责人和安全生产管理人员，应当由有关主管部门对其安全生产知识和管理能力考核合格后方可任职。

4. 生产经营单位对承包单位的安全生产管理要求

生产经营单位不得将生产经营项目、场所、设备发包或者出租给不具备安全生产条件或者相应资质的单位或者个人。两个以上生产经营单位在同一作业区域内进行生产经营活动，可能危及对方生产安全的，应当签订安全生产管理协议，明确各自的安全生产管理职责和应当采取的安全措施，并指定专职安全生产管理人员进行安全检查与协调。

（三）从业人员的安全生产权利和义务

《安全生产法》第六条规定生产经营单位的从业人员有依法获得安全生产保障的权利，

并应当依法履行安全生产方面的义务。在《安全生产法》中规定了各类从业人员必须享有的有关安全生产和人身安全的最重要的、最基本的权利，并在《安全生产法》中第一次明确规定了从业人员安全生产的法定义务和责任。

1. 从业人员的权利

从业人员的权利包括知情权、建议权、批评权、检举权、控告权、拒绝权、安全保障权、社会保障权、赔偿请求权等诸多权利。此外《安全生产法》明确赋予了从业人员享有工伤保险和获得伤亡赔偿的权利，因生产安全事故受到损害的从业人员，除依法享有工伤社会保险外，依照有关民事法律尚有获得赔偿的权利的，有权向本单位提出赔偿要求。

生产经营单位不得因从业人员对本单位安全生产工作提出批评、检举、控告或者拒绝违章指挥、强令冒险作业而降低其工资、福利等待遇或者解除与其订立的劳动合同。从业人员发现直接危及人身安全的紧急情况时，有权停止作业或者在采取可能的应急措施后撤离作业场所。

2. 从业人员的义务

《安全生产法》中规定了从业人员的三项义务：①遵章守规，服从管理的义务，即从业人员在作业过程中，应当严格遵守本单位的安全生产规章制度和操作规程，服从管理，正确佩戴和使用劳动防护用品。②接受安全生产教育和培训的义务，即从业人员应当接受安全生产教育和培训，掌握本职工作所需的安全生产知识，提高安全生产技能，增强事故预防和应急处理能力。③发现不安全因素立即报告的义务，即从业人员发现事故隐患或者其他不安全因素，应当立即向现场安全生产管理人员或者本单位负责人报告；接到报告的人员应当及时予以处理。

（四）安全生产的监督管理

1. 安全生产监督管理体制

《安全生产法》第九条对安全生产的监督管理体制做了具体规定："国务院安全生产监督管理部门依照本法，对全国安全生产工作实施综合监督管理；县级以上地方各级人民政府安全生产监督管理部门依照本法，对本行政区域内安全生产工作实施综合监督管理。国务院有关部门依照本法和其他有关法律、行政法规的规定，在各自的职责范围内对有关行业、领域的安全生产工作实施监督管理；县级以上地方各级人民政府有关部门依照本法和其他有关法律、法规的规定，在各自的职责范围内对有关行业、领域的安全生产工作实施监督管理。安全生产监督管理部门和对有关行业、领域的安全生产工作实施监督管理的部门，统称负有安全生产监督管理职责的部门。"

2. 安全生产监督管理的举报制度

在《安全生产法》第七十条中对负有安全生产监督管理职责的部门建立举报制度进行了规定："负有安全生产监督管理职责的部门应当建立举报制度，公开举报电话、信箱或者电子邮件地址，受理有关安全生产的举报；受理的举报事项经调查核实后，应当形成书面材料；需要落实整改措施的，报经有关负责人签字并督促落实。"

《安全生产法》明确规定了单位和个人对有关安全生产事项的报告权和举报权："任何单位或者个人对事故隐患或者安全生产违法行为，均有权向负有安全生产监督管理职责的部门报告或者举报。"《安全生产法》第七十二条对社会群体应行使的举报权力规定："居民委员会、村民委员会发现其所在区域内的生产经营单位存在事故隐患或者安全生产违法行为时，应当向当地人民政府或者有关部门报告。"

3. 负有安全生产监督管理职责部门的职权与义务

负有安全生产监督管理职责的部门依法对生产经营单位执行有关安全生产的法律、法规和国家标准或者行业标准的情况进行监督检查所行使的职权。主要包括：进入生产经营单位检查以及了解有关情况的职权；对安全生产违法行为的处理权；对事故隐患的处理权；对有关设施、设备、器材的处理权。安全生产监督检查的最终目的之一就是为了保证生产经营单位不出或少出事故，从而保证其生产经营活动的正常进行，因此《安全生产法》规定"监督检查不得影响被检查单位的正常生产经营活动"，这是负有安全生产监督管理职责的部门的一项义务。

（五）生产安全事故的应急救援与调查处理

1. 应急救援

生产安全事故的应急救援体系是保证生产安全事故应急救援工作顺利实施的组织保障，主要包括应急救援指挥系统、应急救援日常值班系统、应急救援信息系统、应急救援技术支持系统、应急救援组织及经费保障。对于特大生产安全事故应急救援体系的建立，《安全生产法》第七十七条规定："县级以上地方各级人民政府应当组织有关部门制定本行政区域内特大生产安全事故应急救援预案，建立应急救援体系。"

危险物品的生产、经营、储存、运输单位以及矿山、金属冶炼、城市轨道交通运营、建筑施工单位应当配备必要的应急救援器材、设备和物资，并进行经常性维护、保养，保证正常运转。

单位负责人接到事故报告后，应当迅速采取有效措施，组织抢救，防止事故扩大，减少人员伤亡和财产损失，并按照国家有关规定立即如实报告当地负有安全生产监督管理职责的部门，不得隐瞒不报、谎报或者迟报，不得故意破坏事故现场、毁灭有关证据。

负有安全生产监督管理职责的部门接到事故报告后，应当立即按照国家有关规定上报事故情况。负有安全生产监督管理职责的部门和有关地方人民政府对事故情况不得隐瞒不报、谎报或者迟报。

有关地方人民政府和负有安全生产监督管理职责的部门的负责人接到生产安全事故报告后，应当按照生产安全事故应急救援预案的要求立即赶到事故现场，组织事故抢救。

2. 事故调查处理

事故调查处理应当按照科学严谨、依法依规、实事求是、注重实效的原则，及时、准确地查清事故原因，查明事故性质和责任，总结事故教训，提出整改措施，并对事故责任者提出处理意见。事故调查报告应当依法及时向社会公布。事故调查和处理的具体办法由国务院制定。

《安全生产法》第八十五条对单位和个人在生产安全事故调查处理中的义务做了规定："任何单位和个人不得阻挠和干涉对事故的依法调查处理。"

（六）安全生产法律责任

安全生产工作是关系国家和人民群众的生命财产安全、关系经济发展和社会稳定的大事。《安全生产法》明确了各级的安全生产责任，根据生产经营单位的经营活动性质不同和违法行为的不同规定了不同的法律责任。

生产经营单位发生生产安全事故造成人员伤亡、他人财产损失的，应当依法承担赔偿责任；拒不承担或者其负责人逃匿的，由人民法院依法强制执行。

生产安全事故的责任人未依法承担赔偿责任，经人民法院依法采取执行措施后，仍不能对受害人给予足额赔偿的，应当继续履行赔偿义务；受害人发现责任人有其他财产的，可以随时请求人民法院执行。

三、其他有关建设工程安全生产的法律

（一）劳动法

《中华人民共和国劳动法》于 1994 年 7 月 5 日中华人民共和国第八届全国人民代表大会常务委员会第 8 次会议通过，1994 年 7 月 5 日中华人民共和国主席令第 28 号发布，自 1995 年 1 月 1 日起施行。

该法与建设工程安全生产密切相关的规定主要包括：劳动安全卫生设施必须符合国家规定的标准；新建、改建、扩建工程的劳动安全卫生设施必须与主体工程同时设计、同时施工、同时投入生产和使用；用人单位必须为劳动者提供符合国家规定的劳动安全卫生条件和必要的劳动防护用品，对从事有职业危害作业的劳动者应当定期进行健康检查；从事特种作业的劳动者必须经过专门培训并取得特种作业资格；劳动者在劳动过程中必须严格遵守安全操作规程；劳动者对用人单位管理人员违章指挥、强令冒险作业，有权拒绝执行；对危害生命安全和身体健康的行为，有权提出批评、检举和控告；国家建立伤亡事故和职业病统计报告和处理制度；县级以上各级人民政府劳动行政部门、有关部门和用人单位应当依法对劳动者在劳动过程中发生的伤亡事故和劳动者的职业病状况，进行统计、报告和处理。

（二）刑法

《中华人民共和国刑法》于 1979 年 7 月 1 日第五届全国人民代表大会第二次会议通过，至 2011 年 2 月 25 日经过八次修正。

《刑法》中有关建设工程安全生产的规定主要包括：

（1）在生产、作业中违反有关安全管理的规定，因而发生重大伤亡事故或者造成其他严重后果的，处三年以下有期徒刑或者拘役；情节特别恶劣的，处三年以上七年以下有期徒刑。

（2）强令他人违章冒险作业，因而发生重大伤亡事故或者造成其他严重后果的，处五年以下有期徒刑或者拘役；情节特别恶劣的，处五年以上有期徒刑。

（3）安全生产设施或者安全生产条件不符合国家规定，因而发生重大伤亡事故或者造成其他严重后果的，对直接负责的主管人员和其他直接责任人员，处三年以下有期徒刑或者拘役；情节特别恶劣的，处三年以上七年以下有期徒刑。

（4）建设单位、设计单位、施工单位、工程监理单位违反国家规定，降低工程质量标准，造成重大安全事故的，对直接责任人员，处五年以下有期徒刑或者拘役，并处罚金；后果特别严重的，处五年以上十年以下有期徒刑，并处罚金。

（5）违反消防管理法规，经消防监督机构通知采取改正措施而拒绝执行，造成严重后果的，对直接责任人员，处三年以下有期徒刑或者拘役；后果特别严重的，处三年以上七年以下有期徒刑。

（6）在安全事故发生后，负有报告职责的人员不报或者谎报事故情况，贻误事故抢救，情节严重的，处三年以下有期徒刑或者拘役；情节特别严重的，处三年以上七年以下有期徒刑。

（三）消防法

《中华人民共和国消防法》于 1998 年 4 月 29 日中华人民共和国第九届全国人民代表大会常务委员会第 2 次会议通过，2008 年 10 月 28 日第十一届全国人民代表大会常务委员会第五次会议修订。

《中华人民共和国消防法》中与建设工程安全生产密切相关的规定主要包括：建设工程的消防设计、施工必须符合国家工程建设消防技术标准；建设、设计、施工、工程监理等单位依法对建设工程的消防设计、施工质量负责；国务院公安部门规定的大型的人员密集场所和其他特殊建设工程，建设单位应当将消防设计文件报送公安机关消防机构审核；依法应当经公安机关消防机构进行消防设计审核的建设工程，未经依法审核或者审核不合格的，负责审批该工程施工许可的部门不得给予施工许可，建设单位、施工单位不得施工；其他建设工程取得施工许可后经依法抽查不合格的，应当停止施工；按照国家工程建设消防技术标准需要进行消防设计的建设工程竣工，依照规定进行消防验收、备案；依法应当进行消防验收的建设工程，未经消防验收或者消防验收不合格的，禁止投入使用；其他建设工程经依法抽查不合格的，应当停止使用。

（四）环境保护方面法律

为保护和改善环境，防止污染，国家制定了一系列环境保护的法律、法规，如《中华人民共和国环境保护法》、《中华人民共和国大气污染防治法》、《中华人民共和国固体废物污染环境防治法》、《中华人民共和国环境噪声污染防治法》等。

上述法律的有关条文对施工单位保护环境的义务和法律责任做出了具体规定，如《中华人民共和国环境保护法》规定，产生环境污染和其他公害的单位，必须把环境保护工作纳入计划，建立环境保护责任制度；采取有效措施，防治在生产建设或者其他活动中产生的废气、废水、废渣、粉尘、放射性物质以及噪声、振动、电磁波辐射等对环境的污染和危害。

《中华人民共和国环境噪声污染防治法》规定，在城市市区范围内向周围生活环境排放建筑施工噪声的，应当符合国家规定的建筑施工场界环境噪声排放标准；在城市市区范围内，建筑施工过程使用机械设备，可能产生环境噪声污染的，施工单位必须向环境保护行政主管部门申报；因特殊需要必须连续作业的应由县级以上人民政府或者其他有关主管部门的证明，且须公告附近居民。

《中华人民共和国固体废物污染环境防治法》规定，施工单位应当及时清运、处置建筑施工过程中产生的垃圾，并采取措施，防止污染环境。对施工单位违反上述法律条文的，环境保护行政主管部门和有关部门可以对施工单位给予责令改正、停产整顿、处以罚款等处罚。

第二节　建设工程安全生产行政法规

《安全生产许可证条例》和《建设工程安全生产管理条例》是建设工程安全生产法规体系中主要的行政法规。在《安全生产许可证条例》中，我国第一次以法律形式确立了企业安全生产的准入制度，是强化安全生产源头管理，全面落实"安全第一，预防为主"安全生产方针的重大举措。《建设工程安全生产管理条例》是根据《建筑法》和《安全生产法》制定的一部关于建筑工程安全生产的专项法规。

一、建设工程安全生产管理条例

《建设工程安全生产管理条例》（以下简称《安全管理条例》）已经 2003 年 11 月 12 日国务院第 28 次常务会议通过，2003 年 11 月 24 日国务院总理温家宝签署第 393 号国务院令予以公布，自 2004 年 2 月 1 日起施行，总计 8 章 71 条。《安全管理条例》是我国工程建设领域安全生产工作发展历史中一件具有里程碑意义的大事，也是工程建设领域贯彻落实《建筑法》和《安全生产法》的具体表现，标志着我国建设工程安全生产管理进入法制化、规范化发展的新时期。它确立了我国关于建设工程安全生产监督管理的基本制度，明确了参与建设活动各方责任主体的安全责任，确保了建设工程参与各方责任主体安全生产利益及建筑从业人员安全与健康的合法权益，为维护建筑市场秩序，加强建设工程安全生产监督管理提供了重要的法律依据。

（一）建设单位安全责任

《安全管理条例》中规定了建设单位应当承担的安全生产责任：

（1）建设单位不得对勘察、设计、施工、工程监理单位提出不符合建设工程安全生产法律、法规和强制性标准规范的要求，不得压缩合同约定的工期，违反规定可处罚 20～50 万元。

（2）建设单位在编制工程概算时，应当确定建设工程安全作业环境及安全施工措施所需费用，违反规定责令改正，逾期未改正的责令停工。

（3）建设单位不得明示或暗示施工单位购买、租赁、使用不符合安全施工要求的安全防护用具、机械设备、施工机具及构配件、消防设施和器材，违反规定可处罚 20～50 万元。

（4）领取施工许可证时，应当向施工单位提供工程所需有关资料，并将安全施工措施报送有关主管部门备案。

（5）建设单位应当将拆除工程发包给有施工资质的单位，违反规定责令限期改正，处 20 万元以上 50 万元以下的罚款。

（二）工程勘察、工程设计、工程监理及其他有关单位的安全责任

《安全管理条例》对这些单位的安全生产责任做出了明确规定：

（1）勘察单位应当按照法律、法规和工程建设强制性标准进行勘察，提供的勘察文件应当真实、准确，满足建设工程安全生产的需要；勘察单位在勘察作业时，应当严格执行操作规程，采取措施保证各类管线、设施和周边建筑物、构筑物的安全。

（2）设计单位在建设工程设计中应充分考虑施工安全问题，防止因设计不合理导致生产安全事故的发生。

设计单位应当考虑施工安全操作和防护的需要，设计单位对涉及施工安全的重点部位和环节在设计文件中注明，并提出防范事故的指导意见。

对于采用新结构、新材料、新工艺以及特殊结构的建设工程，应提出保障作业人员安全和防范事故的措施建议。《安全管理条例》还规定，设计单位和注册建筑师等注册执业人员应当对其设计负责。

（3）工程监理单位对建设工程应当承担的安全责任：

工程监理单位应当审查施工组织设计中的安全技术措施或专项施工方案是否符合工程建设强制性标准。

工程监理单位在实施监理过程中，发现存在安全事故隐患，应当要求施工单位整改或暂停施工并报告建设单位。

工程监理单位和监理工程师应当按照法律、法规和工程建设强制性标准实施监理，并对建设工程安全生产承担监理责任。

（4）对其他相关单位的安全责任，主要是提供机械设备和配件的单位，应当配备齐全有效的保险、限位等安全设施和装置；禁止出租检测不合格的机械设备和施工机具及配件；安装、拆卸施工起重机械等必须由具有相应资质的单位承担；检验检测机构应对施工起重机械等的检测结果负责。

（三）施工单位的安全责任

建设工程的施工是工程建设的关键环节，《安全管理条例》从以下几个方面强化了施工单位的安全责任：

（1）施工单位依法取得相应等级的资质证书，并在其资质等级许可的范围内承揽工程。

（2）施工单位建立健全安全生产责任制度和安全生产教育培训制度，制定安全生产规章制度和操作规程，对所承担的建设工程进行定期和专项安全检查，并明确规定了施工单位主要责任人和项目负责人的安全生产责任，施工单位主要负责人依法对本单位的安全生产工作全面负责，项目负责人对建设工程项目的安全施工负责。

（3）为了从资金上保证安全生产，规定施工单位对列入建设工程概算的安全作业环境及安全施工措施所需费用，应当用于施工安全防护用具及设施的采购和更新、安全施工措施的落实、安全生产条件的改善，不得挪作他用。

（4）施工单位应当设立安全生产管理机构，配备专职安全生产管理人员。

（5）进一步明确总承包单位与分包单位的安全责任，《安全管理条例》规定：建设工程实施施工总承包的，由总承包单位对施工现场的安全生产负总责，总承包单位依法将建设工程分包给其他单位的，分包合同中应当明确各自安全生产方面的权利和义务，并对分包工程的安全生产承担连带责任。同时《安全管理条例》规定：分包单位应当服从总承包单位的安全生产管理，分包单位不服从管理导致生产安全事故的，由分包单位承担主要责任。

（6）施工单位应当在施工组织设计中编制安全技术措施和施工现场临时用电方案，对一些特殊的工程还需要编制专项施工方案；建设工程施工前，施工单位负责项目管理的技术人员应当对有关安全施工的技术要求向施工作业班组、作业人员做出详细说明，并由双方签字确认。

（7）为了保障施工现场作业人员的安全，规定施工单位应当对作业人员进行安全教育培训，向作业人员提供合格的安全防护用具和安全防护服装，书面告知危险岗位的操作规范和违章操作的危害，为施工现场从事危险作业的人员办理意外伤害保险；作业人员有权对施工现场的作业条件、作业程序和作业方式中存在的安全问题提出批评、检举和控告，有权拒绝违章指挥和强令冒险作业；在施工中发生危及人身安全的紧急情况时，作业人员有权立即停止作业或者在采取必要的应急措施后撤离危险区域。同时，为了改善作业人员的生活条件，规定施工单位应当将施工现场的办公、生活区与作业区分开设置，并保持安全距离，职工的膳食、饮水、休息场所等应当符合卫生标准，不得在尚未竣工的建筑物内设置员工集体宿舍。

（四）《安全管理条例》确立了建设工程安全生产的基本管理制度

《安全管理条例》对政府部门、有关企业及相关人员的建设工程安全生产和管理行为进行了全面规范，确立了十三项主要制度。其中涉及政府部门的安全生产监管制度有七项：依法批准开工报告的建设工程和拆除工程备案制度，三类人员考核任职制度，特种作业人员持证上岗制度，施工起重机械使用登记制度，政府安全监督检查制度，危及施工安全工艺、设备、材料淘汰制度，生产安全事故报告制度。《安全管理条例》进一步明确了施工企业的六项安全生产制度，即安全生产责任制度、安全生产教育培训制度、专项施工方案专家论证审查制度、施工现场消防安全责任制度、意外伤害保险制度和生产安全事故应急救援制度。

二、安全生产许可证条例

《安全生产许可证条例》于 2004 年 1 月 7 日国务院第 34 次常务会议通过，自 2004 年 1 月 13 日起施行。该条例的颁布施行标志着我国依法建立起了安全生产许可证制度，其主要内容如下：

（一）总则

国家对矿山企业、建筑施工企业和危险化学品、烟花爆竹、民用爆破器材生产企业（以下统称企业）实行安全生产许可制度。企业未取得安全生产许可证的，不得从事生产活动。国务院建设主管部门负责中央管理的建筑施工企业安全生产许可证的颁发和管理。省、自治区、直辖市人民政府建设主管部门负责非中央管理的建筑施工企业安全生产许可证的颁发和管理，并接受国务院建设主管部门的指导和监督。

（二）安全生产许可证条件

企业取得安全生产许可证，应当具备下列安全生产条件：

（1）建立、健全安全生产责任制，制定完备的安全生产规章制度和操作规程；

（2）安全投入符合安全生产要求；

（3）设置安全生产管理机构，配备专职安全生产管理人员；

（4）主要负责人和安全生产管理人员经考核合格；

（5）特种作业人员经有关业务主管部门考核合格，取得特种作业操作资格证书；

（6）从业人员经安全生产教育和培训合格；

（7）依法参加工伤保险，为从业人员缴纳保险费；

（8）厂房、作业场所和安全设施、设备、工艺符合有关安全生产法律、法规、标准和规程的要求；

（9）有职业危害防治措施，并为从业人员配备符合国家标准或者行业标准的劳动防护用品；

（10）依法进行安全评价；

（11）有重大危险源检测、评估、监控措施和应急预案；

（12）有生产安全事故应急救援预案、应急救援组织或者应急救援人员，配备必要的应急救援器材、设备；

（13）法律、法规规定的其他条件。

（三）安全生产许可证审查

企业进行生产前，应当依照条例的规定向安全生产许可证颁发管理机关申请领取安全生产许可证，并提供条例规定的相关文件、资料。安全生产许可证颁发管理机关应当自收到申请之日起 45 日内审查完毕，经审查符合本条例规定的安全生产条件的，颁发安全生产许可证；不符合本条例规定的安全生产条件的，不予颁发安全生产许可证，书面通知企业并说明理由。

（四）安全生产许可证的有效期

安全生产许可证的有效期为 3 年。安全生产许可证有效期满需要延期的，企业应当于期满前 3 个月向原安全生产许可证颁发管理机关办理延期手续。企业在安全生产许可证有效期内，严格遵守有关安全生产的法律法规，未发生死亡事故的，安全生产许可证有效期届满时，经原安全生产许可证颁发管理机关同意，不再审查，安全生产许可证有效期延期 3 年。

三、《生产安全事故报告和调查处理条例》的主要内容

《生产安全事故报告和调查处理条例》于 2007 年 3 月 28 日国务院第 172 次常务会议通过，2007 年 4 月 9 日中华人民共和国国务院令第 493 号公布，自 2007 年 6 月 1 日起施行。《生产安全事故报告和调查处理条例》突出了"四不放过"的原则，规定了对事故发生单位最高可处 200 万元以上 500 万元以下的罚款，将事故划分为特别重大事故、重大事故、较大事故和一般事故 4 个等级，并按照"政府统一领导、分级负责"的原则规定了不同等级事故组织事故调查的责任，这就明确了事故查处的操作规程。有了此操作规程，事故相关单位、相关人员再不可能推卸责任、逃脱处罚。《生产安全事故报告和调查处理条例》的及时出台，解决了过去很多不能解决尤其是不能区分的责任，引起社会的广泛关注，其主要内容如下。

（一）事故报告

（1）事故发生后，事故现场有关人员应当立即向本单位负责人报告；单位负责人接到报告后，应当于 1h 内向事故发生地县级以上人民政府安全生产监督管理部门和负有安全生产监督管理职责的有关部门报告。情况紧急时，事故现场有关人员可以直接向事故发生地县级以上人民政府安全生产监督管理部门和负有安全生产监督管理职责的有关部门报告。

（2）安全生产监督管理部门和负有安全生产监督管理职责的有关部门接到事故报告后，应当上报事故情况，并通知公安机关、劳动保障行政部门、工会和人民检察院，同时报告本级人民政府。国务院安全生产监督管理部门和负有安全生产监督管理职责的有关部门以及省级人民政府接到发生特别重大事故、重大事故的报告后，应当立即报告国务院。

（3）安全生产监督管理部门和负有安全生产监督管理职责的有关部门逐级上报事故情况，每级上报的时间不得超过 2h。

（二）事故调查

（1）特别重大事故由国务院或者国务院授权有关部门组织事故调查组进行调查。重大事故、较大事故、一般事故分别由事故发生地省级人民政府、设区的市级人民政府、县级人民政府负责调查。省级人民政府、设区的市级人民政府、县级人民政府可以直接组织事故调查组进行调查，也可以授权或者委托有关部门组织事故调查组进行调查。未造成人员伤亡的一般事故，县级人民政府也可以委托事故发生单位组织事故调查组进行调查。

（2）上级人民政府认为必要时，可以调查由下级人民政府负责调查的事故。自事故发生之日起 30 日内，因事故伤亡人数变化导致事故等级发生变化，依照规定应当由上级人民政府负责调查的，上级人民政府可以另行组织事故调查组进行调查。

（3）特别重大事故以下等级事故，事故发生地与事故发生单位不在同一个县级以上行政区域的，由事故发生地人民政府负责调查，事故发生单位所在地人民政府应当派人参加。

（三）事故处理

（1）对于重大事故、较大事故和一般事故，负责事故调查的人民政府应当自收到事故调查报告之日起 15 日内做出批复；特别重大事故，30 日内做出批复；特殊情况下，批复时间可以适当延长，但延长的时间最长不超过 30 日。

（2）事故发生单位应当认真吸取事故教训，落实防范和整改措施，防止事故再次发生。防范和整改措施的落实情况应当接受工会和职工的监督。安全生产监督管理部门和负有安全生产监督管理职责的有关部门应当对事故发生单位落实防范和整改措施的情况进行监督检查。

（3）事故处理的情况由负责事故调查的人民政府或者其授权的有关部门、机构向社会公布，依法应当保密的除外。

第三节　建设工程安全生产部门规章

规章是行政性法律规范文件，根据其制定机关不同可分为两类：一类是部门规章，是由国务院组成部门及直属机构在它们的职权范围内制定的规范性文件，部门规章规定的事项属于执行法律或国务院的行政法规、决定、命令的事项；另一类是地方政府规章，是由省、自治区、直辖市人民政府以及省、自治区人民政府所在地的市和经国务院批准的较大的市的人民政府依照法定程序制定的规范性文件。规章在各自的权限范围内施行。

一、《建筑安全生产监督管理规定》的主要内容

《建筑安全生产监督管理规定》于 1991 年 7 月 9 日由原建设部第 13 号令发布，自发布之日起施行。规定共 15 条，主要规定了各级人民政府建设行政主管部门及其授权的建筑安全生产监督机构对于建筑安全生产所实施的行业监督管理，贯彻"预防为主"的方针，确立了"管生产必须管安全"的原则。

二、《建设工程施工现场管理规定》的主要内容

《建设工程施工现场管理规定》于 1991 年 12 月 5 日由原建设部第 15 号令发布，自 1992 年 1 月 1 日起施行。规定共 6 章 39 条，其制定目的是加强建设工程施工现场管理，保障建设工程施工顺利进行，主要规定了建设工程施工现场管理的一般性规定，施工单位文明施工的要求以及施工单位对建设工程施工现场的环境管理。

（一）一般规定

（1）建设工程开工实行施工许可证制度。

（2）建设工程开工前，建设单位或者发包单位应当指定施工现场总代表人，施工单位应当指定项目经理，项目经理全面负责施工过程中的现场管理。

（3）施工单位必须编制建设工程施工组织设计。建设工程施工必须按照批准的施工组织设计进行。

（4）建设工程竣工后，建设单位应当组织设计、施工单位共同编制工程竣工图，进行工程质量评议，整理各种技术资料，及时完成工程初验，并向有关主管部门提交竣工验收报告。

（二）文明施工管理

（1）施工单位应当贯彻文明施工的要求，推行现代管理方法，科学组织施工，做好施工现场的各项管理工作。

（2）施工单位应当按照施工总平面布置图设置各项临时设施。

（3）施工现场必须设置明显的标牌，标明工程项目名称、建设单位、设计单位、施工单位、项目经理和施工现场总代表人的姓名、开竣工日期、施工许可证批准文号等，施工单位负责施工现场标牌的保护工作。施工现场主要管理人员在施工现场应当佩戴证明其身份的证卡。

（4）施工现场的用电线路、用电设施的安装和使用必须符合安装规范和安全操作规程，并按照施工组织设计进行架设，严禁任意拉线接电。

（5）施工现场应当设置各类必要的职工生活设施，并符合卫生、通风、照明等要求。

（6）施工单位应当严格依照《中华人民共和国消防条例》的规定，采取消防安全措施。

（三）环境管理

（1）施工单位应当遵守国家有关环境保护的法律规定，采取措施控制施工现场的各种粉尘、废气、废水、固体废弃物以及噪声、振动对环境的污染和危害。

（2）建设工程由于受技术、经济条件限制，对环境的污染不能控制在规定范围内的，建设单位应当会同施工单位事先报请当地人民政府建设行政主管部门和环境保护行政主管部门批准。

三、《实施工程建设强制性标准监督规定》的主要内容

《实施工程建设强制性标准监督规定》于 2000 年 8 月 21 日第 27 次建设部常务会议通过，自 2000 年 8 月 25 日起施行。规定共 24 条，主要规定了实施工程建设强制性标准的监督管理工作的政府部门，对工程建设各阶段执行强制性标准的情况实施监督的机构以及强制性标准监督检查的内容。

（1）国务院建设行政主管部门负责全国实施工程建设强制性标准的监督管理工作。国务院有关行政主管部门按照国务院的职能分工负责实施工程建设强制性标准的监督管理工作。县级以上地方人民政府建设行政主管部门负责本行政区域内实施工程建设强制性标准的监督管理工作。

（2）建设项目规划审查机构应当对工程建设规划阶段执行强制性标准的情况实施监督。施工图设计文件审查单位应当对工程建设勘察、设计阶段执行强制性标准的情况实施监督。建筑安全监督管理机构应当对工程建设施工阶段执行施工安全强制性标准的情况实施监督。工程质量监督机构应当对工程建设施工、监理、验收等阶段执行强制性标准的情况实施监督。

（3）强制性标准监督检查的内容包括：

① 有关工程技术人员是否熟悉、掌握强制性标准；

② 工程项目的规划、勘察、设计、施工、验收等是否符合强制性标准的规定；

③ 工程项目采用的材料、设备是否符合强制性标准的规定；

④ 工程项目的安全、质量是否符合强制性标准的规定；

⑤ 工程中采用的导则、指南、手册、计算机软件的内容是否符合强制性标准的规定。

复习思考题

11-1　安全生产法的立法目的是什么？

11-2　《安全生产法》中规定了从业人员的义务是什么？

11-3　环境保护方面法律主要有哪些？

11-4　《安全管理条例》确立建设工程安全生产的基本管理制度有哪些？

11-5　安全生产许可证的有效期为多少？

11-6　强制性标准监督检查的内容包括哪些？

第十二章　施工过程安全控制

第一节　土方工程施工安全

一、施工准备

（1）勘查现场，清除地面及地上障碍物。摸清工程实地情况、开挖土层的地质、水文情况、运输道路、邻近建筑、地下埋设物、古墓、旧人防地道、电缆线路、上下水管道、煤气管道、地面障碍物、水电供应情况等，以便有针对性地采取安全措施，清除施工区的地面及地下障碍物。勘察范围应根据开挖深度及场地条件确定，应大于开挖边界外，按开挖深度1倍以上范围布置勘探点。

（2）做好施工场地防洪排水工作，全面规划场地，平整各部分的标高，保证施工场地排水通畅不积水，场地周围设置必要的截水沟、排水沟。

（3）保护测量基准桩，以保证土方开挖标高、位置与尺寸准确无误。

（4）备好施工用电、用水及其他设施，平整施工道路。

（5）需要做挡土桩的深基坑，要先做挡土桩。

二、土方开挖的安全技术

（1）在施工组织设计中，要有单项土方工程施工方案，对施工准备、开挖方法、放坡、排水、边坡支护应根据有关规范要求进行设计，边坡支护要有设计计算书。

（2）土石方作业和基坑支护的设计、施工应根据现场的环境、地质与水文情况，针对基坑开挖深度、范围大小，综合考虑支护方案、土方开挖、降排水方法以及周边环境来采取措施进行。

（3）根据土方工程开挖深度和工程量的大小，选择机械和人工挖土或机械挖土方案。挖掘应自上而下进行，严禁先挖坡脚。软土基坑无可靠措施时应分层均衡开挖，层高不宜超过1m。坑（槽）沟边1m以内不得堆土、堆料，不得停放机械。

（4）基坑工程应贯彻先设计后施工、先支撑后开挖、边施工边监测、边施工边治理的原则。严禁坑边超载，相邻基坑施工应有防止相互干扰的技术措施。

（5）挖土方前对周围环境要认真检查，不能在危险岩石或建筑物下面进行作业。

（6）人工挖基坑时，操作人员之间要保持安全距离，一般大于2.5m。多台机械开挖，挖土机间距应大于10m。

（7）机械挖土，多台机械同时开挖土方时，应验算边坡和稳定。根据规定和验算确定挖土机离边坡的安全距离。

（8）如开挖的基坑（槽）比邻近建筑物基础深时，开挖应保持一定距离和坡度，以免在施工时影响邻近建筑物的稳定，如不能满足要求，应采取边坡支撑加固措施，并在施工过程中间进行沉降和位移观测。

（9）当基坑施工深度超过 2m 时，坑边应按照高处作业的要求设置临边防护，作业人员上下应有专用梯道。当深基坑施工中形成立体交叉作业时，应合理布局机位、人员、运输通道，并设置防止落物伤害的防护层。

（10）为防止基坑底的土被扰动，基坑挖好后要尽量减少暴露时间，及时进行下一道工序的施工。如不能立即进行下一道工序，要预留 15～30cm 厚覆盖土层，待基础施工时再挖去。

（11）应加强基坑工程的监测和预报工作，包括对支护结构、周围环境及对岩土变化的监测，应通过监测分析及时预报并提出建议，做到信息化施工，防止隐患扩大，随时检验设计施工的正确性。

（12）弃土应及时运出，如需要临时堆土，或留作回填土，堆土坡脚至坑边距离应按挖坑深度、边坡坡度和土的类别确定，在边坡支护设计时应考虑堆土附加的侧压力。

（13）运土道路的坡度、转弯半径要符合有关安全规定。

（14）爆破土方要遵守爆破作业安全有关规定。

三、边坡稳定及支护的安全技术

1. 影响边坡稳定的因素

基坑开挖后，其边坡失稳坍塌的实质是边坡土体中的剪应力大于土的抗剪强度。而土体的拉剪强度来源于土体的内摩阻力和内聚力。因此，凡是能影响土体中剪应力、内摩阻力和内聚力的因素，都能影响边坡的稳定。

（1）土的类别的影响。不同类别的土，其土体的内摩阻力和内聚力不同。例如砂土的内聚力为零，只有内摩阻力，靠内摩阻力来保持边坡稳定平衡。而黏性土则同时存在内摩阻力和内聚力，因此，不同类别的土其保持边坡的最大坡度不同。

（2）土的湿化程度的影响。土内含水愈多，湿化程度增高，土颗粒之间产生滑润作用，内摩阻力和内聚力均降低，其土的抗剪强度降低，边坡容易失去稳定。同时含水量增加，使土的自重增加，裂缝中产生静水压力，增加了土体内剪应力。

（3）气候的影响。气候的影响使土质松软，如冬季冻融且风化，也可降低土体抗剪强度。

（4）附加荷载的影响。基坑边坡上面附加荷载或外力松动的影响，能使土体中剪应力大大增加，甚至超过土体的抗剪强度，使边坡失去稳定而塌方。

2. 基坑（槽）边坡的稳定性

为了防止塌方，保证施工安全，开挖土方深度超过一定限度时，边坡均应做成一定坡度。土方边坡的坡度以其高度 H 与底宽 B 之比表示。

土方边坡的大小与土质、开挖深度、开挖方法、边坡留置时间的长短、排水情况、附近堆积荷载等有关。开挖的深度愈深，留置时间愈长，边坡应设计得平缓一些，反之则可以陡一些，用井点降水时边坡可以陡一些。边坡可以做成斜坡式，根据施工需要亦可做成踏步式。

1）基坑（槽）边坡的规定

当地质情况良好、土质均匀、地下水位低于基坑（槽）或管沟底面标高时，挖方深度在 5m 以内，不加支撑的边坡最陡坡度应按相关规定执行。

2）基坑（槽）无边坡垂直挖深高度规定

（1）无地下水或地下水位低于基坑（槽）或管沟底面标高且土质均匀时，其挖方边坡可做成直立壁不加支撑，挖方深度应根据土质确定，但不宜超过相关规定。

（2）天然冻结的速度和深度，能确保施工挖方的安全，在深度为 4m 以内的基坑中（槽）开挖时，允许采用天然冻结法垂直开挖而不设支撑，但在干燥的砂土中应严禁采用冻结法施工。

采用直立壁挖土的基坑（槽）或管沟挖好后，应及时进行地下结构和安装工程施工，在施工过程中，应经常检查坑壁的稳定情况。

3. 滑坡与边坡塌方的分析处理

1）滑坡的产生和防治

（1）滑坡的产生

① 震动的影响，如工程中采用大爆破而触发滑坡。

② 水的作用，多数滑坡的发生都是与水的参数有关，水的作用能增大土体重量，降低土的抗剪强度和内聚力，产生静水和动水压力，因此滑坡多发生在雨季。

③ 土体（或岩体）本身层理发达，破碎严重，或内部夹有软泥或软弱层受水浸或震动滑坡。

④ 土层下岩层或夹层倾斜度较大，上表面堆土或堆放材料较多，增加了土体重量，致使土体与夹层间，土体与岩石之间的抗剪强度降低而引起滑坡。

⑤ 不合理的开挖或加荷，如在开挖坡脚或在山坡上加荷过大，破坏原有的平衡而产生滑坡。

⑥ 如路堤、土坝筑于尚未稳定的古滑坡体上，或是易滑动的土层上，使重心改变产生滑坡。

（2）滑坡的防治

① 使边坡有足够的坡度，并应尽量将土坡削成较平缓的坡度或做成台阶形，使中间具有数个平台以增加稳定性。土质不同时，可按不同土质削成不同坡度，一般可使坡度角小于土的内摩擦角。

② 禁止滑坡范围以外的水流入滑坡区域以内，对滑坡范围以内的地下水，应设置排水系统疏干或引出。

③ 对于施工地段或危及建筑安全的地段设置抗滑结构，如抗滑桩、抗滑挡墙、锚杆挡墙等。这些结构物的基础底必须设置在滑动面以下的稳定土层或岩基中。

④ 将不稳定的陡坡部分削去，以减轻滑坡体重量，减小滑坡体的下滑力，达到滑体的静力平衡。

⑤ 严禁随意切割滑坡体的坡脚，同时也切忌在坡体被动区挖土。

2）边坡塌方的安全原因和防治

（1）边坡塌方的发生原因

① 由于边坡太陡，土体本身的稳定性不够而发生塌方。

② 气候干燥，基坑暴露时间长，使土质松软或黏土中的夹层因浸水而产生润滑作用，以及饱和的细砂、粉砂因受振动而液化等原因引起土体内抗剪强度降低而发生塌方。

③ 边坡顶面附近有动荷载，或下雨使土体的含水量增加，导致土体的自重增加和水在

土中渗流产生一定的动水压力，以及土体裂缝中的水产生静水压力等原因，引起土体抗剪应力的增加而产生塌方。

（2）边坡塌方的防治

① 开挖基坑（槽）时，若因场地限制不能放坡或放坡后所增加的土方量太大，为防止边坡塌方，可采用设置挡土支撑的方法。

② 严格控制坡顶护道内的静荷载或较大的动荷载。

③ 防止地表水流入坑槽内和渗入土坡体。

④ 对开挖深度大、施工时间长、坑边要停放机械等情况，应按规定的允许坡度适当地放平缓些，当基坑（槽）附近有主要建筑物时，基坑边坡的最大坡度为 1：1～1：1.5。

4. 基坑挡土桩设计要素及安全检查要点

我国高层建筑、构筑物深基础工程施工常用的支护结构，有钢板桩和钢筋混凝土钻孔桩等，根据具体情况选择使用。

钢板桩和钢筋混凝土钻孔桩支护结构，根据有无锚碇结构，分为有锚桩和无锚桩两类。无锚桩用于较浅的基础，依靠部分的土压力来维持桩的稳定；有锚桩依靠拉锚和桩入土深度共同来维持板桩的稳定，用于较深的基坑。

1）支护结构挡土桩的工程事故原因主要有三个方面：

（1）桩的入土深度不够，在土压力作用下桩入土部分走动而出现坑壁滑坡，对钢板桩来说由于入土深度不够还可能发生隆起和管涌现象。

（2）拉锚的强度不够，使锚碇结构破坏；或者拉锚长度不足，位于土体滑动面之内，当土体要滑动时，拉锚桩随着滑动而失去拉锚的作用。

（3）桩木身的刚度和抗弯强度不够，在土压力作用下，桩本身失稳而弯曲，或者强度不够而破坏。

为此，对于拉锚挡土桩支护结构来说，入土深度、锚杆（强度和长度）、桩截面刚度和强度是挡土桩设计"三要素"。

2）在施工组织设计中，各类挡土桩必须有单项设计和详细的结构计算书，内容应包括下列几方面，施工前必须逐一检查。

（1）绘制挡土桩设计图，设计图应包括桩位布置、桩的施工详图（包括桩长、标高、断面尺寸、配筋及预埋件详图）、锚杆及支撑钢梁布置与详图、节点详图（包括锚杆的标高、位置、平面布置、锚杆长度、断面、角度、支撑钢梁的断面及锚杆与支承钢梁的节点大样）、顶部钢筋混凝土圈梁或斜角拉梁的施工详图等。设计图应有材料要求说明、锚杆灌浆养护及预应力张拉的要求等。

（2）根据挖土施工方案及挡土桩各类荷载，对挡土桩结构进行计算或验算。挡土桩的计算书应包括下列项目的计算：

① 桩的入土深度计算，以确保桩的稳定。

② 计算桩最危险截面处的最大弯矩和剪力，验算桩的强度和刚度，以确保桩的承载能力。

③ 计算在最不利荷载情况下，锚杆的最大拉力，验算锚杆的抗拉强度，验算土层锚杆非锚固段与锚固段长度，以保证锚杆抗拔力。

④ 桩顶设拉锚的除验算拉锚杆强度外，还应该验算锚桩的埋设深度，以及检查锚桩是否埋设在土体稳定区域内。

（3）明确挡土桩的施工顺序、锚杆施工与挖土工序之间的时间安排、锚杆与支撑梁施工说明、多层锚杆施工过程中的预应力调整等。

（4）挡土桩的主要施工方法。

（5）施工安全技术措施以及估计可能发生的安全问题与解决措施。

5. 坑（槽）壁支护工程施工安全要点

（1）一般坑壁支护都应进行设计计算，并绘制施工详图，比较浅的基坑（槽），若确有成熟可靠的经验，可根据经验绘制简明的施工图。在运用已有经验时，一定要考虑土壁土的类别、深度、干湿程度、槽边荷载以及支撑材料和做法是否与经验做法相同或近似，不能生搬硬套已有的经验。

（2）选用坑壁支撑的木材，要选坚实的、无枯节的、无穿心裂折的松木或杉木，不宜用杂木。木支撑要随挖随撑，并严密顶紧牢固，不能整个基坑（槽）挖好后最后一次支撑。挡土板或板桩与坑壁间填土应分层回填夯实，使之密实以提高回填土的抗剪强度。

（3）锚杆的锚固段应埋在稳定性较好的土层中或岩层中，并用水泥砂浆灌注密实。锚固须经计算或试验确定，不得锚固在松软土层中。应合理布置锚杆的间距与倾角，锚杆上下间距不宜小于 2.0m，水平间距不宜小于 1.5m；锚杆倾角宜为 $15°\sim25°$，且不应大于 $45°$。最上一道锚杆覆土厚度不得小于 4m。

（4）挡土桩顶埋设的拉锚，应用挖沟方式埋设，沟宽尽可能小，不能采取全部开挖回填方式，以免扰动土体固结状态。拉锚安装后应按设计要求预拉应力进行拉紧。

（5）当采用悬臂式结构支护时，基坑深度不宜大于 6m。基坑深度超过 6m 时，可选用单支点和多支点的支护结构。若在地下水位低的地区和能保证降水施工时，也可采用土钉支护。

（6）施工中应经常检查支撑和观测邻近建筑物的稳定与变形情况。如发现支撑有松动、变形、位移等现象，应及时采取加固措施。

（7）支撑的拆除应按回填顺序依次进行，多层支撑应自上而下逐层拆除，拆除一层，经回填夯实后，再拆除上层。拆除支撑应注意防止附近建筑物或构筑物产生下沉或裂缝，必要时采取加固措施。

（8）护坡桩施工的安全技术。

打桩前，对邻近施工范围内的已有建筑物、驳岸、地下管线等，必须认真检查，针对具体情况采取有效加固或隔震措施，对危险而又无法加固的建筑，征得有关方面同意可以拆除，以确保施工安全和邻近建筑物及人身的安全。

机器进场时，要注意危桥、陡坡、陷地和防止碰撞电杆、房屋等。打桩场地必须平整夯实，必要时宜铺设道渣，经压路机碾压密实。场地四周应挖排水沟以利排水。在打桩过程中，遇有地坪隆起或下陷时，应随时对机器及路轨调平或整平。

钻孔灌注桩施工，成孔钻机操作时，应注意钻机固定平整，防止钻架突然倾倒或钻具突然下落而造成事故。已钻成的孔在尚未灌混凝土前，必须用盖板封严。

四、基坑排水的安全技术

基坑开挖要注意预防基坑被浸泡，以免引起坍塌和滑坡事故。为此在制订土方施工方案时应注意采取以下措施：

1）土方开挖及地下工程要尽可能避开雨期施工，当地下水位较高、开挖土方较深时，应尽可能在枯水期施工，尽量避免在水位以下进行土方工程。

2）为防止基坑浸泡，除做好排水沟外，要在基坑四周做水堤，防止地面水流入坑内，坑内要做排水沟、集水井以排除暴雨和其他突然而来的明水倒灌，基坑边坡视需要可覆盖塑料布，应防止大雨对土坡的侵蚀。

3）软土基坑、高水位地区应做截水帷幕，应防止单纯降水造成基土流失。

4）开挖低于地下水位的基坑（槽）、管沟和其他挖方时，应根据当地工程地质资料、挖方深度和尺寸选用集水坑或井点降水。采用集水坑降水时，应符合以下规定：

（1）根据现场条件，应能保持开挖边坡的稳定。

（2）集水坑应与基础底边有一定距离。边坡如有局部渗出地下水时，应在渗水处设置过滤层，防止土粒流失，并应设置排水沟，将水引出坡面。

5）采用井点降水时，降水前应考虑降水影响范围内的已有建筑物和构筑物可能产生附加沉降、位移。定期进行沉降和水位观测并做好记录。发现问题，应及时采取措施。

6）膨胀土场地应在基坑边缘采取抹水泥地面等防水措施，封闭坡顶及坡面，防止各种水流渗入坑壁。不得向基坑边缘倾倒各种废水并应防止水管泄漏冲走桩间土。

五、流沙的防治技术

基坑（槽）开挖，深入地下水位 0.5m 以下时，在坑（槽）内抽水，有时坑底土成为流动状态，随地下水涌起，边挖边冒，以致无法挖深的现象，称为流沙。

如果是挖基坑（槽），流沙使地基土受扰动，可能造成坑壁坍塌，附近的建筑物则可能因地基土扰动而沉陷。若不及时制止将可能导致附近建筑物倾斜，甚至倒塌，造成严重的后果。同时对新挖的基坑，地基土的扰动将影响其他基坑承载力，并且使施工不能继续进行下去。

1. 流沙发生的原因

根据理论分析，总结土工试验与实践经验可知，当土具有下列性质时，就有可能发生流沙现象：

（1）土的颗粒组成中，黏土颗粒含量小于 10%，粉粒（粒径为 0.005～0.050mm）含量大于 75%。

（2）颗粒级配中，土的不均匀系数小于 5。

（3）土的天然孔隙比大于 0.75。

（4）土的天然含水量大于 30%。

总之，流沙现象经常发生在细砂、粉砂及砂质粉土中，是否发生流沙现象，还取决于动水压力的大小。当地下水位较高、坑内外水位差较大时，动水压力也愈大，就愈易发生流沙现象。按照以往经验，在可能发生流沙的土质处，基坑挖深超过地下水位线 0.5m 左右，就可能发生流沙现象。

另外，与流沙现象相似的是管涌现象，当基坑坑底位于不透水土层中，而不透水层下面为承压蓄水层，坑底不透水层的覆盖厚度的重量小于承压水的顶托力时，基坑底部即可能发生管涌冒沙现象。为了防止管涌冒沙，可以采取人工降低地下水位的办法来降低承压层的压力水位。

2. 流沙的防治

根据流沙形成的原因，防治流沙的方法主要是减小动水压力，或采取加压措施以平衡动水压力。根据不同情况可采取下列措施：

（1）枯水期施工。当根据地质报告了解到必须在水位以下开挖粉细砂土层时，应尽量在枯水期施工。因此时地下水位低，坑内外压差小，动水压力可减少，就不易发生流沙现象。

（2）水下挖土法。就是不排水挖土，使坑内水压与坑外地下水压相平衡，避免流沙现象发生，此法在沉井挖土过程中常采用，但水下挖土太深不宜采用。

（3）人工降低地下水位方法。采用井点降水，由于地下水的渗流向下，使动水压力的方向也朝下，增加了土颗粒间的压力，从而有效地制止流沙现象发生，此法比较可靠，采用较广。

（4）地下连续墙法。此方法是在地面上开挖一条狭长的深槽（一般宽0.6～1m，深可达20～30m），在槽内浇筑钢筋混凝土，既可截水防止流沙，又可挡土护壁，并作为正式工程的承重挡土墙。

（5）采取加压措施。下面先铺芦席，然后抛大石块增加土的压力，以平衡动水压力，采取此法，应组织分段抢挖，使挖土速度超过冒沙速度，挖至标高（即铺芦席）处加大石块把流沙压住。此法用以解决局部流沙或轻微流沙有效。如果坑底冒沙较快，土已经失去承载力，抛入大石块会很快沉入土中，无法阻止流沙。

（6）打钢板桩法。将板桩沿基坑周围打入坑底面一定深度，增加地下水从坑外流入坑内的渗流路线，减小水力坡度，从而减小动水压力，防止流沙发生，但此方法要投入大量钢板桩，不经济，因此较少采用。

第二节　主体结构施工安全

一、脚手架工程

脚手架是建筑施工中必不可少的临时设施。例如砖墙的砌筑、墙面的抹灰、装饰和粉刷、结构构件的安装，都需要在其近旁搭设脚手架，以便在其上进行施工操作、堆放施工用料和必要时的短距离水平运输。脚手架虽然是随着工程进度而搭设，工程完毕后拆除，但它对建筑施工速度、工作效率、工程质量以及工人的人身安全有着直接的影响。如果脚手架搭设不及时，势必会拖延工程进度；脚手架搭设不符合施工需要，工人操作就不方便，质量得不到保证，工效也得不到提高；脚手架搭设不牢固，不稳定，就容易造成施工中的伤亡事故。因此对脚手架的选型、构造、搭设质量等决不可疏忽大意、轻率处理。

1. 脚手架的分类

按不同分类方法，常见脚手架种类有如下几种：

（1）按搭设部位不同分：外脚手架、内脚手架。

（2）按搭设材质不同分：钢管脚手架、木脚手架。

（3）按用途不同分：砌筑脚手架、装饰脚手架。

（4）按搭设形式不同分：普通脚手架、特殊脚手架。

（5）按立杆排数不同分：单排脚手架、双排脚手架、满堂脚手架。

2. 脚手架的材质及构造要求

1）木脚手架

木脚手架立杆、纵向水平杆、斜撑、剪刀撑、连墙件应选用剥皮杉、落叶松木杆，横向水平杆应选用杉木、落叶松、柞木、水曲柳。立杆有效部分的小头直径不得小于 70mm，纵向水平杆有效部分的小头直径不得小于 80mm。

2）钢管脚手架

（1）钢管的材质及规格要求。一般采用符合《碳素结构钢》（GB/T 700）中技术要求的 A3 钢，外表平直光滑，无裂纹、分层、变形扭曲、打洞截口以及锈蚀程度小于 0.5mm 的钢管，必须具有生产厂家的产品检验合格证或租赁单位的质量保证证明。各杆件均应优先采用外径 48mm，壁厚 3～3.5mm 的焊接钢管，也可采用同种规格的无缝钢管或外径 50～51mm，壁厚 3～4mm 的焊接钢管。用于立杆、大横杆和斜杆的钢管长度以 4～4.5m 为宜，用于小横杆的钢管长度以 2.1～2.3m 为宜。

（2）扣件的材质及规格要求。扣件是专门用来对钢管脚手架杆件进行连接的，有回转、直角（十字）和对接（一字）三种形式，扣件应采用可锻铸铁制成，其技术要求应符合《钢管脚手架扣件》（GB 15831）的规定，严禁使用变形、裂纹、滑丝、砂眼等疵病的扣件，所使用的扣件还应具有出厂合格证明或租赁单位的质量保证证明。

在使用时，直角扣件和回转扣件不允许沿轴心方向承受拉力；直角扣件不允许沿十字轴方向承受扭力；对接扣件不宜承受拉力，当用于竖向节点时只允许承受压力。扣件螺栓的紧固力矩应控制在 40～50N·m，使用直角和回转扣件紧固时，钢管端部应伸出扣件盖板边缘不小于 100mm。扣件夹紧钢管时，开口处最小距离不小于 5mm；回转扣件的两旋转面间隙要小于 1mm。

3）脚手架构造要求

（1）单、双排脚手架的立杆纵距及水平杆步距不应大于 2.1m，立杆横距不应大于 1.6m。

（2）应按规定的间隔采用连墙件（或连墙杆）与建筑结构进行连接，在脚手架使用期间不得拆除。

（3）沿脚手架外侧应设置剪刀撑，并随脚手架同步搭设和拆除。

（4）双排扣件式钢管脚手架高度超过 24m 时，应设置横向斜撑。

（5）门式钢管脚手架的顶层门架上部、连墙件设置层、防护棚设置处必须设置水平架。

（6）架高超过 40m 有风涡流作用时，应设置抗风涡流上翻作用的连墙措施。

（7）脚手板必须按脚手架宽度铺满、铺稳，脚手板与墙面的间隙不应大于 200mm，作业层脚手板的下方必须设置防护层。

（8）作业层外侧，应按规定设置防护栏杆和挡脚板。

（9）脚手架应按规定采用密目式安全立网封闭。

（10）钢管脚手架中扣件式单排架不宜超过 24m，扣件式双排架不宜超过 50m。门式架不宜超过 60m。

（11）木脚手架中单排架不宜超过 20m，双排架不宜超过 30m。

3. 脚手架设计的基本要求

1）荷载

荷载可分为恒荷载和活荷载。

（1）恒荷载。包括立杆、大小横杆、脚手板、扣件等脚手架各构件的自重。

（2）活荷载。脚手架附属构件（如安全网、防护材料等）的自重、施工荷载及风荷载。其中施工荷载砌筑脚手架取 3kN/m² （考虑 2 步同时作业），装修脚手架取 2kN/m² （考虑 3 步同时作业），工具式脚手架取 $1kN/m^2$（挂脚手架、吊篮脚手架等）。

2）设计计算方法

脚手架的设计计算方法有极限状态设计法和容许应力法两种。

（1）极限状态设计法要求进行两种极限状态，即承载能力和正常使用两种极限状态的计算。当按承载能力的极限状态计算时应采用荷载的设计值；当按正常使用的极限状态计算时应采用荷载的标准值。荷载的设计值等于荷载的标准值乘以荷载的分项系数。其中恒载的分项系数为 1.2，活载的分项系数为 1.4。

（2）脚手架的具体计算方法可参照《建筑施工安全技术手册》中"脚手架的设计"章节。

3）设计安全要求

（1）使用荷载。脚手架具有荷载安全系数的规定。脚手架的使用荷载是以脚手板上实际作用的荷载为准。一般规定，结构用的里外承重脚手架，均布荷载不超过 $2700N/m^2$，即在脚手架上，堆砖只准单行侧放三层；用于装修工程，均布荷载不超过 $2000N/m^2$，桥式、吊挂和挑式等架子，使用荷载必须经过计算和试验来确定。

（2）安全系数。脚手架搭拆比较频繁，施工荷载变动较大，因此安全系数一般均采用允许应力计算，考虑总的安全系数 k，一般取 $k=3$。

多立杆式脚手架大小横杆的允许挠度，一般暂定为杆件长度的 1/150，桥式架的允许挠度暂定为 1/200。

4. 脚手架安全作业的基本要求

1）脚手架的搭设

（1）脚手架搭设安装前，应先对基础等架体承重部分进行验收；搭设安装后应进行分段验收，特殊脚手架须由企业技术部门会同安全、施工管理部门验收合格后才能使用。验收要定量与定性相结合，验收合格后应在脚手架上悬挂合格牌，且在脚手架上明示使用单位、监护管理单位和负责人。施工阶段转换时，对脚手架重新实施验收手续。

（2）施工层应连续三步铺设脚手板，脚手板必须满铺并固定。

（3）施工层脚手架部分与建筑物之间实施密闭，当脚手架与建筑物之间的距离大于 20cm 时，还应自上而下做到 4 步一隔离。

（4）操作层必须设置 1.2m 高的栏杆和 180mm 高的挡脚板，挡脚板应与立杆固定，并有一定的机械强度。

（5）架体外侧必须用密目式安全网封闭，网体与操作层不应有大于 10mm 的缝隙，网间不应有大于 25mm 的缝隙。

（6）钢管脚手架必须有良好的接地装置，接地电阻不大于 4Ω，雷雨季节应按规范设置避雷装置。

（7）从事架体搭设作业人员应是专业架子工，且取得劳动部门核发的特殊工种操作证。架子工应定期进行体检，凡患有不适合高处作业病症的人员不准上岗作业。架子工工作时必须戴好安全帽、安全带和穿防滑鞋。

2）脚手架的运用

（1）操作人员上下脚手架必须有安全可靠的斜道或挂梯，斜道坡度走人时取不大于 1：3，运料时取不大于 1：4，坡面应每 30cm 设一防滑条，防滑条不能使用无防滑作用的竹条等材料。在构造上，当架高小于 6m 时可采用一字形斜道，当架高大于 6m 时应采用之字形斜道；斜道的杆件应单独设置。挂梯可用钢筋预制，其位置不应在脚手架通道的中间，也不应垂直贯通。

（2）脚手架通常应每月进行一次专项检查。脚手架的各种杆件、拉结及安全防护设施不能随意拆除，如确需拆除，应事先办理拆除申请手续。有关拆除加固方案应经工程技术负责人和原脚手架工程安全技术措施审批人书面同意后方可实施。

（3）严禁在脚手架上堆放钢模板、木料及施工多余的物料等，以确保脚手架畅通和防止超荷载。

（4）遇 6 级以上大风或大雾、雨、雪等恶劣天气时应暂停脚手架作业。

3）脚手架的拆除

（1）脚手架搭设与拆除前，均应由单位工程负责人召集有关人员进行书面交底。

（2）脚手架拆除时应划分作业区，周围设绳绑围栏或竖立警戒标志，地面应设专人指挥，禁止非作业人员入内。

（3）拆除时要统一指挥、上下呼应、动作协调，当解开与另一人有关的结扣时，应先通知对方，以防坠落。

（4）拆除时严禁撞碰脚手架附近电源线，以防止事故发生。

（5）拆除时不能撞碰门窗、玻璃、水落管、房檐瓦片、地下明沟等。

（6）在拆架过程中，不能中途换人，如必须换人时，应将拆除情况交代清楚后方可离开。

（7）拆除顺序应遵守由上而下、先搭后拆、后搭先拆的原则。先拆栏杆、脚手架、剪刀撑、斜撑，再拆小横杆、大横杆、立杆等，并按一步一清原则依次进行，严禁上下同时进行拆除作业。

（8）拆脚手架的高处作业人员应戴安全帽、系安全带、扎裹脚、穿软底鞋才允许上架作业。

（9）拆立杆时，要先抱住立杆再拆开后两个扣，拆除大横杆、斜撑、剪刀撑时，应先拆中间扣，然后托住中间，再解端头扣。

（10）连墙杆应随拆除进度逐层拆除。拆除抛撑前，应用临时支撑柱，然后才能拆除抛撑。

（11）大片架子拆除后所预留的斜道、上料平台、通道、小飞跳等，应在大片架子拆除前先进行加固，以便拆除后确保其完整、安全和稳定。

（12）拆除烟囱、水塔外架时，禁止架料碰断缆风绳，同时拆至缆风绳处方可解除该处缆风绳，不能提前解除。

（13）拆下的材料应用绳索拴住，利用滑轮徐徐放下，严禁抛掷。运至地面的材料应按指定地点，随拆随运，分类堆放。钢类最好放置室内，堆放在室外应加以遮盖。对扣件、螺栓等零星小构件应用柴油清洗干净装箱、袋分类存放室内，以备再用。弯曲变形的钢构件应调直，损坏的及时修复并刷漆，以备再用，不能修复的集中报废处理。

二、模板工程

模板工程从其材料用量、人工、费用及工期来说，在混凝土结构工程施工中是十分重要的组成部分，在整个建筑施工中也占有相当重要的位置。据统计，每平方米竣工面积需要配置 0.15m² 模板。模板工程的劳动用工约占混凝土工程总用工的 1/3。特别是近年来城市建设高层建筑增多，现浇钢筋混凝土结构数量增加，据测算其占全部混凝土工程的 70% 以上，模板工程的重要性更为突出。

1. 模板的构造与设计

一般模板通常由三部分组成：模板面、支承结构（包括水平支承结构，如龙骨、桁架、小梁等，以及垂直支承结构，如立柱、格构柱等）和连接配件（包括穿墙螺栓、模板面联结卡扣、模板面与支承构件以及支承构件之间连接零配件等）。模板构造必须满足以下要求：

（1）各种模板的支架应自成体系，严禁与脚手架进行连接。

（2）模板支架立杆在安装的同时，应加设水平支撑，立杆高度大于 2m 时，应设两道水平支撑，每增高 1.5～2m 时，再增设一道水平支撑。

（3）满堂模板立杆除必须在四周及中间设置纵横双向水平支撑外，当立杆高度超过 4m 时，还应每隔 2 步设置一道水平剪刀撑。

（4）模板支架立杆底部应设置垫板，不得使用砖及脆性材料铺垫，并应在支架的两端和中间部分与建筑结构进行连接。

（5）当采用多层支模时，上下各层立杆应保持在同一垂直线上。

（6）需进行二次支撑的模板，当安装二次支撑时，模板上不得有施工荷载。

（7）应严格控制模板上堆料及设备荷载，当采用小推车运输时，应搭设小车运输通道，将荷载传给建筑结构。

（8）模板支架的安装应按照设计图纸进行，安装完毕浇筑混凝土前，经验收确认符合要求。

模板的结构设计必须能承受作用于模板结构上的所有垂直荷载和水平荷载（包括混凝土的侧压力、振捣和倾倒混凝土产生的侧压力、风力等）。在所有可能产生的荷载中要选择最不利的荷载组合验算模板整体结构和构件及配件的强度、稳定性和刚度。当然首先在模板结构设计上必须保证模板结构形成空间稳定结构体系。模板结构必须经过计算设计，并绘制模板施工图，制定相应的施工安全技术措施。为了保证模板工程设计与施工的安全，要加强安全检查监督，要求安全技术人员必须有一定的基本知识。如混凝土对模板的侧压力、作用在模板上的荷载、模板材料的物理力学性质和结构计算的基本知识、各类模板的安全施工知识等。了解模板结构安全的关键所在，能更好地在施工过程中进行安全监督指导。

2. 模板安全作业基本要求

1）模板工程的一般要求

（1）模板工程的施工方案必须经过上一级技术部门批准。

（2）模板施工前现场负责人要认真审查施工组织与设计中关于模板的设计资料，模板设计的主要内容如下：

① 绘制模板设计图，包括细部构造大样图和节点大样，注明所选材料的规格、尺寸和连接方法，绘制支撑系统的平面图和立面图，并注明间距及剪刀撑的位置。

② 根据施工条件确定荷载，并按所有可能产生的荷载中最不利组合验算模板整体结构和支撑系统的强度、刚度和稳定性，并有相应的计算书。

③ 制定模板的制作、安装和拆除等施工程序、方法。应根据混凝土输送方法（泵送混凝土、人力挑送混凝土、在浇灌运输道上用手推翻斗车运送混凝土）制定模板工程的有针对

性的安全措施。

（3）模板施工前的准备工作。

① 模板施工前，现场施工负责人应认真向有关工作人员进行安全交底。

② 模板构件进场后，应认真检查构件和材料是否符合设计要求。

③ 做好模板垂直运输的安全施工准备工作，排除模板施工中现场的不安全因素。

（4）支撑模板立柱宜采用钢材，材料的材质应符合有关的专门规定。当采用木材时，其树种可根据各地实际情况选用，立杆的有效尾径不得小于 8cm，立杆要直顺，接头数量不得超过 30％，且不应集中。

2）模板的安装

（1）基础及地下工程模板的安装，应先检查基坑土壁边坡的稳定情况，发现有塌方的危险时，必须采取加固安全措施后，才能开始作业。

（2）混凝土柱模板支模时，四周必须设牢固支撑或用钢筋、钢丝绳拉结牢固，避免柱模整体歪斜甚至倾倒。

（3）安装混凝土墙模板时，应从内、外墙角开始，向相互垂直的两个方向拼装，连接模板的 U 型卡要正反交替安装，同一道墙（梁）的两侧模板应同时组合，以便确保模板安装时的稳定。

（4）单梁或整体楼盖支模，应搭设牢固的操作平台，设护身栏。

（5）支圈梁模板需有操作平台，不允许在墙上操作。支阳台模板的操作地点要设护身栏、安全网。底层阳台支模立柱支撑在散水回填土上，一定要夯实并垫垫板，否则雨季下沉、冬季冻胀都可能造成事故。

（6）模板支撑不能固定在脚手架或门窗上，避免发生倒塌或模板位移。

（7）竖向模板和支架的立柱部分，当安装在基土上时应加设垫板，而且基土必须坚实并有排水措施。对湿陷性黄土，还应有防水措施；对冻胀性土，必须有防冻融措施。

（8）当极少数立柱长度不足时，应采用相同材料加固接长，不得采用垫砖增高的方法。

（9）当支柱高度小于 4m 时，应设上下两道水平撑和垂直剪刀撑。以后支柱每增高 2m 再增加一道水平撑，水平撑之间还需增加一道剪刀撑。

（10）当楼层高度超过 10m 时，模板的支柱应选用长料，同一支柱的连接接头不宜超过 2 个。

（11）主梁及大跨度梁的立杆应由底到顶整体设置剪刀撑，与地面成 45°～60°夹角。设置间距不大于 5m，若跨度大于 5m，应连接设置。

（12）各排立柱应用水平杆纵横拉接，每高 2m 拉接一次，使各排立柱杆形成一个整体，剪刀撑、水平杆的设置应符合设计要求。

（13）大模板立放易倾倒，应采取支撑、围系、绑箍等防倾倒措施，视具体情况而定。长期存放的大模板，应用拉杆连接绑牢。存放在楼层时，须在大模板横梁上挂钢丝绳或花篮螺栓钩在楼板吊钩或墙体钢筋上。没有支撑或自稳角不足的大模板，要存放在专用的堆放架上或卧倒平放，不应靠在其他模板或构件上。

（14）2m 以上高处支模或拆模要搭设脚手架，满铺架板，使操作人员有可靠的立足点，并应按高处作业、悬空和临边作业的要求采取防护措施。不准站在拉杆、支撑杆上操作，也不准在梁底模上行走操作。

（15）走道垫板应铺设平稳，垫板两端应用镀锌铁丝扎紧，或用压条扣紧，牢固不松动。

（16）作业面孔洞及临边必须设置牢固的盖板、防护栏杆、安全网或其他防坠落的防护设施，具体要求应符合《建筑施工高处作业安全技术规范》（JGJ 80）的有关规定。

（17）模板安装时，应先内后外，单面模板就位后，用工具将其支撑牢固。双面模板就位后，用拉杆和螺栓固定，未就位和未固定前不得摘钩。

（18）里外角模和临时摘挂的面板与大模板必须连接牢固，防止脱开和断裂坠落。

（19）支模应按规定的作业程序进行，模板未固定前不得进行下一道工序。严禁在连接件和支撑件上攀登上下，并严禁在上下同一垂直面安装、拆除模板。

（20）支设高度在 3m 以上的柱模板，四周应设斜撑，并应设立操作平台，低于 3m 的可用马凳操作。

（21）支设悬挑型式的模板时，应有稳定的立足点。支设临空构建物模板时，应搭设支架。模板上有预留洞时，应在安装后将洞遮盖。混凝土板上拆模后形成的临边或洞口，应按规定进行防护。

（22）在架空输电线路下面安装和拆除组合钢模板时，吊机起重臂、吊物、钢丝绳、外脚手架和操作人员等与架空线路的最小安全距离应符合有关规范的要求。当不能满足最小安全距离要求时，要停电作业；不能停电时，应有隔离防护措施。

（23）楼层高度超过 4m 或二层及二层以上的建筑物，安装和拆除模板时，周围应设安全网或搭设脚手架和加设防护栏杆。在临街及交通要道地区，还应设警示牌，并设专人维持安全，防止伤及行人。

（24）现浇多层房屋和构筑物，应采取分层分段支模方法，并应符合下列要求：

① 下层楼板混凝土强度达到 1.2MPa 以后，才能上料具。料具要分散堆放，不得过分集中。

② 下层楼板结构的强度要达到能承受上层模板、支撑系统和新浇筑混凝土的重量时，方可进行上层模板支撑、浇筑混凝土，否则下层楼板结构的支撑系统不能拆除。同时上层支架的立柱应对准下层支架的立柱，并铺设木垫板。

③ 如采用悬吊模板、桁架支模方法，其支撑结构必须要有足够的强度和刚度。

（25）烟囱、水塔及其他高大特殊的构筑物模板工程，要进行专门设计，制定专项安全技术措施，并经主管安全技术部门审批。

3）模板的使用

（1）浇灌楼层梁、柱混凝土，一般应设浇灌运输道。整体现浇楼面支底模后，浇捣楼面混凝土，不得在底模上用手推车或人力运输混凝土，应在底模上设置混凝土的走道垫板，防止底模松动。

（2）操作人员上下通行时，不许攀登模板或脚手架，不许在墙顶、独立梁及其他狭窄而无防护栏的模板面上行走。

（3）堆放在模板上的建筑材料要均匀，如集中堆放，荷载集中，则会导致模板变形，影响构件质量。

（4）模板工程作业高度在 2m 和 2m 以上时，应根据高空作业安全技术规范的要求进行操作和防护，在 4m 以上或二层及二层以上的建筑物周围应设安全网和防护栏杆。

（5）各工种进行上下立体交叉作业时，不得在同一垂直方向上操作。下层作业的位置，必须处于依上层高度确定的可能坠落范围半径外。不符合以上条件时，应设置安全防护隔离层。

（6）模板工程应按楼层，用模板分项工程质量检验评定表和施工组织设计有关内容检查验收，班、组长和项目经理部施工负责人均应签字，手续齐全。验收内容包括模板分项工程质量检验评定表的主控项目和一般项目以及施工组织设计的有关内容。

（7）冬期施工，应对操作地点和人行交通的冰雪事先清除；雨期施工，对高耸结构的模板作业应安装避雷设施；五级以上大风天气，不宜进行大块模板的拼装和吊装作业。

（8）遇六级以上大风天气时，应暂停室外的高空作业。

4）模板的拆除

（1）现浇梁柱侧模模板的拆除前，拆模时要确保梁、柱边角的完整，施工班组长应向项目经理部施工负责人口头报告，经同意后再拆除。

（2）工作前，应检查所使用的工具是否牢固，扳手等工具必须用绳链系挂在身上，工作时思想要集中，防止钉子扎脚和从空中滑落。

（3）现浇或预制梁、板、柱混凝土模板拆除前，应有 7d 和 28d 龄期强度报告，达到强度要求后，再拆除模板。

（4）各类模板拆除的顺序和方法，应根据模板设计的规定进行，如无具体规定，应按先支的后拆，先拆非承重的模板，后拆承重的模板和支架的顺序进行拆除。模板拆除应按区域逐块进行，定型钢模板拆除不得大面积撬落。拆除薄壳模板从结构中心向四周均匀放松，向周边对称进行。

（5）大模板拆除前，要用起重机垂直吊牢，然后再进行拆除。

（6）拆除模板一般采用长撬杠，严禁操作人员站在正拆的模板下。在拆除楼板模板时，要注意防止整块模板掉下，尤其是定型模板做平台模板时，更要注意防止模板突然全部掉下伤人。

（7）严禁站在悬臂结构上面敲拆底模。严禁在同一垂直平面上操作。

（8）拆除较大跨度梁下支柱时，应先从跨中开始，分别向两端拆除。拆除多层楼板支柱时，应确认上部施工荷载不需要传递的情况下方可拆除下部支柱。

（9）当水平支撑超过二道以上时，应先拆除二道以上水平支撑，最下一道大横杆与立杆应同时拆除。

（10）拆模高处作业，应配置登高用具或搭设支架，必要时应系安全带。

（11）拆模时必须设置警戒区域，并派人监护。拆模必须拆除干净彻底，不得留有悬空模板。

（12）拆模间歇时，应将已活动的模板、牵杠、支撑等运走或妥善堆放，防止因踏空、扶空而坠落。

（13）混凝土墙体、平板上有预留洞时，应在模板拆除后，随即在墙洞上做好安全护栏，或将板的预留洞盖严。

（14）拆下的模板不准随意向下抛掷，应及时清理。临时堆放处离楼层边沿不应小于 1m，堆放高度不得超过 1m，楼层边口、通道、脚手架边缘严禁堆放任何拆下物件。

（15）拆模后模板或木方上的钉子应及时拔除或敲平，防止钉子扎脚。

（16）模板拆除后，在清扫和涂刷隔离剂时，模板要临时固定好，板面相对停放之间应留出 50～60cm 宽的人行通道，模板上方要用拉杆固定。

（17）各种模板若露天存放，其下应垫高 30cm 以上，防止受潮。不论存放在室内或室外，均应按不同的规格堆码整齐，用麻绳或镀锌铁丝系稳。模板堆放不得过高，以免倾倒。

（18）木模板堆放、安装场地附近严禁烟火，须在附近进行电、气焊时应有可靠的防火措施。

三、钢筋工程

1. 钢筋制作安装安全要求

（1）钢筋加工机械应保证安全装置齐全有效。钢筋加工机械的安装必须坚实稳固，保持水平。固定式机械应有可靠的基础，移动式机械作业时应楔紧行走轮。

（2）钢筋加工场地应由专人看管，各种加工机械在作业人员下班后拉闸断电，非钢筋加工制作人员不得擅自进入钢筋加工场地。外作业时应设置机棚，机旁应有堆放原料、半成品的场地。

（3）钢筋在运输和储存时，必须保留标牌，并按批分别堆放整齐，避免锈蚀和污染。钢筋堆放要分散、稳当，防止倾倒和塌落。

（4）现场人工断料，所用工具必须牢固，掌錾子和打锤要站成斜角，注意扔锤区域内的人和物体。切断小于 30cm 的短钢筋，应用钳子夹牢，禁止用手把扶，并在外侧设置防护箱笼罩或朝向无人区。

（5）钢筋冷拉时，冷拉卷扬机应设置防护挡板，没有挡板时，应使卷扬机与冷拉方向成 90°，并采用封闭式导向滑轮。冷拉线两端必须装置防护设施。冷拉时严禁在冷拉线两端站人，或跨越、触动正在冷拉的钢筋。操作时要站在防护挡板后，冷拉场地不准站人和通行。冷拉钢筋要上好夹具，人员离开后再发开车信号。发现滑动或其他问题时，要先行停车，放松钢筋后，才能重新进行操作。

（6）对从事钢筋挤压连接施工的各有关人员应经常进行安全教育，防止发生人身和设备安全事故。

（7）在高处进行挤压操作，必须遵守国家现行标准《建筑施工高处作业安全技术规范》（JGJ 80）的规定。

（8）多人合运钢筋，起、落、转、停动作要一致，人工上下传送不得在同一直线上。

（9）起吊钢筋骨架时，下方禁止站人，待骨架降落至距安装标高 1m 以内方准靠近，就位支撑好后，方可摘钩。吊运短钢筋应使用吊笼，吊运超长钢筋应加横担，捆绑钢筋应使用钢丝绳千斤头，双条绑扎，禁止用单条千斤头或绳索绑吊。吊运和在楼层搬运、绑扎钢筋，应注意不要靠近和碰撞电线，并注意与裸露电线的安全距离（1kV 以下，大于或等于 4m，1～10kV，大于或等于 6m）。

（10）绑扎基础钢筋时，应按施工设计规定摆放钢筋支架或马凳架起上部钢筋，不得任意减少支架或马凳。

（11）绑扎立柱、墙体钢筋，不得站在钢筋骨架上和攀登骨架上下。柱筋在 4m 以内，重量不大，可在地面或楼面上绑扎，整体竖起；柱筋在 4m 以上，应搭设工作台。柱梁骨架应用临时支撑拉牢，以防倾倒。

（12）绑扎高层建筑的圈梁、挑檐、外墙、边柱钢筋，应搭设外架或安全网。绑扎时挂好安全带。

(13) 钢筋焊接必须注意以下要求：

① 操作前应首先检查焊机和工具，如焊钳和焊接电缆的绝缘、焊机外壳保护接地和焊机的各接线点等，确认安全合格方可作业。

② 焊工必须穿戴防护衣具，电弧焊焊工要戴防护面罩，焊工应站在干燥木板或其他绝缘垫上。

③ 室内电弧焊时，应有排气通风装置。焊工操作地点相互之间应设挡板，以防弧光刺伤眼睛。

④ 焊接时二次线必须双线到位，严禁借用金属管道、金属脚手架、轨道及结构钢筋作回路地线。

⑤ 焊接过程中，如焊机发生不正常响声，变压器绝缘电阻过小，导线破裂、漏电等，均应立即停机进行检修。

⑥ 大量焊接时，焊接变压器不得超负荷，变压器升温不得超过 60℃，为此，要特别注意遵守焊机暂载率规定，以免过分发热而损坏。

⑦ 电焊作业现场周围 10m 范围内不得堆放易燃易爆物品。

(14) 夜间施工灯光要充足，不准把灯具挂在竖起的钢筋上或其他金属构件上，导线应架空。

(15) 雨、雪、风力六级以上（含六级）天气不得露天作业。雨雪后应清除积水、积雪后方可作业。

2. 钢筋机械安全技术要求

1) 切断机

(1) 机械运转正常，方准断料。断料时，手与刀口距离不得少于 15cm。活动刀片前进时禁止送料。

(2) 切断钢筋禁止超过机械的负载能力。切断低合金钢等特种钢筋，应用高硬度刀片。

(3) 切长钢筋应有专人挟住，操作时动作要一致，不得任意拖拉。切短钢筋用套管或钳子夹料，不得用手直接送料。

(4) 切断机旁应设放料台，机械运转中严禁用手直接清除刀口附近的断头和杂物。在钢筋摆动范围和刀口附近，非操作人员不得停留。

2) 调直机

(1) 机械上不准堆放物件，以防机械震动落入机体。

(2) 钢筋装入压滚，手与滚筒应保持一定距离，机器运转中不得调整滚筒。严禁戴手套操作。

(3) 钢筋调直到末端时，人员必须躲开，以防甩动伤人。

3) 弯曲机

(1) 钢筋要贴紧挡板，注意放入插头的位置和回转方向，不得开错。

(2) 弯曲长钢筋，应有专人扶住，并站在钢筋弯曲方向的外面，互相配合，不得拖拉。

(3) 调头弯曲，防止碰撞人和物，更换插头、加油和清理，必须停机后进行。

4) 冷拔丝机

(1) 禁止用手直接接触钢筋和滚筒。

（2）先用压头机将钢筋头部压小，站在滚筒的一侧操作，与工作台应保持50cm。

（3）钢筋的末端将通过冷拔的模子时，应立即踩脚闸分开离合器，同时用工具压住钢筋端头防止回弹。

（4）冷拔过程中，注意放线架、压辘架和滚筒三者之间的运行情况，发现故障应立即停机修理。

5）点焊、对焊机（包括墩头机）

（1）焊机应设在干燥的地方，平稳牢固，要有可靠的接地装置，导线绝缘良好。

（2）焊接前，应根据钢筋截面调整电压，发现焊头漏电，应立即更换，禁止使用。

（3）操作时应戴防护眼镜和手套，并站在橡胶板或木板上。工作棚要用防火材料搭设。棚内严禁堆放易燃、易爆物品，并备有灭火器材。

（4）对焊机断路器的接触点、电板（铜头），要定期检查修理冷却水管，保持畅通，不得漏水和超过规定温度。

四、混凝土工程

1. 混凝土安全生产的准备工作

混凝土的施工准备工作，主要是模板、钢筋检查、材料、机具、运输道路准备。安全生产准备工作主要是对各种安全设施认真检查，确认是否安全可靠及有无隐患，尤其是对模板支撑、脚手架、操作台、架设运输道路及指挥、信号联络等。对于重要的施工部件，其安全要求应详细交底。

2. 混凝土搅拌

（1）机械操作人员必须经过安全技术培训，经考试合格，持有"安全作业证"，方准独立操作。机械必须检查，并经试车，确定机械运转正常后，方能正式作业。搅拌机必须安置在坚实的地方，用支架或支脚筒架稳，不准用轮胎代替支撑。

（2）起吊爬斗以及爬斗进入料仓前，必须发出信号示警。进料斗升起时严禁人员在料斗下面通过或停留，机械运转过程中，严禁将工具伸入拌和筒内，工作完毕后料斗用挂钩挂牢固。

（3）搅拌机开动前，应检查离合器、制动器、齿轮、钢丝绳等是否良好，滚筒内不得有异物。

（4）搅拌站内必须按规定设置良好的通风与防尘设备，空气中的粉尘含量不超过国家规定的标准。

（5）清理爬斗坑时，必须停机，固定好爬斗，锁好开关箱，再进行清理。

3. 混凝土运输

（1）机械水平运输，司机应遵守交通规定，控制好车辆。用井架、龙门架运输时，车把不得超出吊盘之外，车轮前后要挡牢，稳起稳落。用塔吊运送混凝土时，小车必须焊有牢固的吊环，吊点不得少于4个并保持车身平衡，使用专用吊斗时吊环应牢固可靠，吊索钢筋绳应符合起重机械安全规程要求。操纵皮带运输机时，必须正确使用防护用品，禁止一切人员在输送机上行走和跨越。机械发生事故时，应立即停车检修，查明情况。

（2）混凝土泵送设备的放置，距离机坑不得小于2m；设备的停车制动和锁紧制动应同时使用；泵送系统工作时，不得打开任何输送管道和液压管道。用输送泵输送混凝土时，管道接头、安全阀必须完好，管架必须牢固，输送前必须试送，检修时必须卸压。

（3）使用手推车运混凝土时，其运输通道应合理布置，使浇灌地点形成回路，避免车辆拥挤阻塞造成事故，运输通道搭设应平坦牢固，遇钢筋过密时可用马凳支撑支设，马凳间距一般不超过 2m。在架子上推车运送混凝土时，两车之间必须保持一定距离，并右侧通行。车道板单车行走不小于 1.4m 宽，双车来回不小于 2.8m 宽，在运料时，前后应保持一定车距，不准奔走、抢道或超车。到终点卸料时，双手应扶牢车柄倒料，严禁双手脱把，防止翻车伤人。

4. 混凝土现浇作业安全技术

（1）施工人员应严格遵守混凝土作业安全操作规程，振捣设备安全可靠，以防发生触电事故。

（2）浇筑混凝土若使用溜槽时，溜槽必须牢固，若使用串筒时，串筒节间应连接牢靠。在操作部位应设护身栏杆，严禁直接站在溜槽帮上操作。

（3）预应力灌浆，应严格按照规定压力进行，输浆管应畅通，阀门接头应严密牢固。

（4）浇筑预应力框架、梁、柱、雨篷、阳台的混凝土时，应搭设操作平台，并有安全防护措施，严禁站在模板或支撑上操作。

5. 混凝土机械的安全规定

1）混凝土搅拌机的安全规定

（1）混凝土搅拌机进料时，严禁将头或手伸入料斗与机架之间察看或探摸进料情况，运转中不得用手或工具等物伸入搅拌筒内扒料、出料。

（2）搅拌机料斗升起时，严禁在料斗下方工作或穿行。料坑底部要设料斗枕垫，清理料坑时必须将料斗用链条扣牢。

（3）向搅拌筒内加料应在运转中进行，添加新料必须先将搅拌机内原有的混凝土全部卸出来才能进行，不得中途停机或在满载时启动搅拌机，反转出料除外。

（4）搅拌机作业中，如发生故障不能继续运转时，应立即切断电源，将筒内的混凝土清除干净，然后进行检修。

2）混凝土泵送设备作业的安全要求

（1）混凝土泵支腿应全部伸出并支固，未支固前不得启动布料杆。布料杆升离支架后方可回转。布料杆伸出应按顺序进行。严禁用布料杆起吊或拖拉物件。

（2）当布料杆处于全伸状态时，严禁移动车身。作业中需要移动时，应将上段布料杆折叠固定，移动速度不超过 10km/h。布料杆不得使用超过规定直径的配管，装接的软管应系防脱安全绳（带）。

（3）应随时监视混凝土泵各种工作仪表和指示灯，发现不正常应及时调整或处理。如出现输送管道堵塞时，应进行逆向运转使混凝土返回料斗，必要时应拆管排除堵塞。

（4）泵送工作应连续作业，必须暂停时，应每隔 5～10min（冬期 3～5min）泵送一次。若停止较长时间后泵送时，应逆向运转 1～2 个行程，然后顺向泵送。泵送时料斗内应保持一定量的混凝土，不得吸空。

（5）水箱内应保持储满清水，发现水质混浊并有较多砂粒时应及时检查处理。

（6）泵送系统受压力时，不得开启任何输送管道和液压管道。液压系统的安全阀不得任意调整，蓄能器只能充入氮气。

3）混凝土振捣器的使用规定

（1）混凝土振捣器使用前应检查各部件是否连接牢固，旋转方向是否正确。

（2）振捣器不得放在初凝的混凝土、地板、脚手架、道路和干硬的地面上进行试振，维修或作业间断时，应切断电源。

（3）插入式振捣器软轴的弯曲半径不得小于 50cm，并不多于两个弯，操作时振动棒自然垂直地沉入混凝土，不得用力硬插、斜推或使钢筋夹住棒头。

（4）振捣器应保持清洁，不得有混凝土粘在电动机外壳上妨碍散热。

（5）作业转移时，电动机的导线应保持有足够的长度和松度。严禁用电源线拖拉振捣器。

（6）用绳拉平板振捣器时，绳应干燥绝缘，移动或转向时不得用脚踢电动机。

（7）平板式振捣器的电动机与平板应连接牢固，电源线必须固定在平板上，电器开关应装在手把上。

（8）在一个构件上同时使用几台附着式振捣器工作时，所有振捣器的频率必须相同。

（9）操作人员必须戴绝缘手套。

（10）作业后，必须做好清洗、保养工作。振捣器要放在干燥处。

五、钢结构工程

1. 钢零件及钢部件加工

（1）一切机械、砂轮、电动工具、气电焊等设备都必须设有安全防护装置。

（2）机械和工作台等设备的布置应便于安全操作，通道宽度不得小于 1m。

（3）电气设备和电动工具，必须保证绝缘良好，露天电气开关要设防雨箱并加锁。

（4）凡是受力构件用电焊点固后，在焊接时不准在点焊处起弧，以防熔化塌落。

（5）焊接、切割、气刨前，应清除现场的易燃易爆物品。离开操作现场前，应切断电源，锁好闸箱。

（6）焊接、切割锰钢、合金钢、有色金属部件时，应采取防毒措施。接触焊件，必要时应用橡胶绝缘板或干燥的木板隔离，并隔离容器内的照明灯具。

（7）在现场进行射线探伤时，周围应设警戒区，并挂"危险"标志牌，现场操作人员应背离射线 10m 以外，在 30°投射角范围内，人员要远离 50m 以上。

（8）构件就位时应用撬棍拨正，不得用手扳或站在不稳固的构件上操作，严禁在构件下面操作。

（9）用尖头扳子拨正配合螺栓孔时，必须插入一定深度方能撬动构件，如发现螺栓孔不符合要求时，不得用手指塞入检查。

（10）用撬棍拨正物体时，必须手压撬杠，禁止骑在撬杠上，不得将撬杠放在肋下，以免回弹伤人。在高空使用撬杠不能向下使劲过猛。

（11）保证电气设备绝缘良好。在使用电气设备时，首先应检查是否有保护接地，接好保护接地后再进行操作。另外，电线的外皮、电焊钳的手柄，以及一些电动工具都要保证良好的绝缘。

（12）带电体与地面、带电体之间、带电体与其他设备和设施之间均需要保持一定的安全距离。如常用的开关设备的安装高度应为 1.3～1.5m；起重吊装的索具、重物等与导线的距离不得小于 1.5m（电压在 4kV 及以下）。

（13）工地或车间的用电设备，一定要按要求设置熔断器、断路器、漏电开关等器件。如熔断器的熔丝熔断后，必须查明原因，由电工更换，不得随意加大熔丝断面或用铜丝代替。

（14）推拉闸刀开关时，一般应戴好干燥的皮手套，头不要偏斜，以防推拉开关时被电火花灼伤。

（15）手持电动工具，必须加装漏电开关，在金属容器内施工必须采用安全低电压。

（16）使用电气设备时操作人员必须穿胶底鞋和戴胶皮手套，以防触电。

（17）工作中，当有人触电时，不要赤手接触触电者，应该迅速切断电源，然后立即组织抢救。

（18）一切材料、构件的堆放必须平整稳固，应放在不妨碍交通和吊装安全的地方，边角余料应及时清除。

2. 钢结构焊接工程

（1）必须在易燃易爆气体或液体扩散区施焊时，应经有关部门检试许可后，方可施焊。

（2）电焊机要设单独的开关，开关应放在防雨的闸箱内，拉合闸时应戴手套侧向操作。

（3）焊接预热工件时，应有石棉布或挡板等隔热措施。

（4）焊钳与把线必须绝缘良好，连接牢固，更换焊条应戴手套。在潮湿地点工作，应站在绝缘胶板或木板上。

（5）把线、地线禁止与钢丝绳接触，更不得用钢丝绳或机电设备代替零线。所有地线接头，必须连接牢固。

（6）更换场地移动把线时，应切断电源，并不得手持把线爬梯登高。

（7）多台焊机在一起集中施焊时，焊接平台或焊件必须接地，并应有隔光板。

（8）施焊场地周围应清除易燃易爆物品，或进行覆盖、隔离。

（9）清除焊渣、采用电弧气刨清根时，应戴防护眼镜或面罩，以防止铁渣飞溅伤人。

（10）工作结束后，应切断焊机电源，并检查操作地点，确认无起火危险后，方可离开。

（11）雷雨时，应停止露天焊接工作。

3. 钢构件预拼装工程

（1）每台提升油缸上装有液压锁，以防油管破裂，重物下坠。

（2）液压和电控系统采用连锁设计，以免提升系统由于误操作造成事故。

（3）控制系统具有异常自动停机、断电保护等功能。

（4）钢绞线在安装时，地面应划分安全区，以避免重物坠落，造成人员伤亡。

（5）在正式施工时，也应划定安全区，高空要有安全操作通道，并设有扶梯、栏杆。

（6）在提升过程中，应指定专人观察地锚、安全锚、油缸、钢绞线等的工作情况，若有异常，直接报告控制中心。

（7）提升过程中，未经许可不得擅自进入施工现场。

（8）雨天或五级风以上天气停止提升。

（9）施工过程中，要密切观察网架结构的变形情况。

4. 钢结构安装工程

1）防止高空坠落

（1）吊装人员应戴安全帽，高空作业人员应系好安全带，穿防滑鞋，带工具袋。

（2）吊装工作区应有明显标志，并设专人警戒，与吊装无关人员严禁入内。

（3）起重机工作时，起重臂杆旋转半径范围内，严禁站人。

（4）运输吊装构件时，严禁在被运输、吊装的构件上站人指挥和放置材料、工具。

（5）高空作业施工人员应站在操作平台或轻便梯子上工作。

（6）吊装屋架应在上弦设临时安全防护栏杆或采取其他安全措施。

（7）登高用梯子、吊篮、临时操作台应绑扎牢靠，梯子与地面夹角以 60°～70°为宜，操作台跳板应铺平绑扎，严禁出现挑头板。

2）防物体落下伤人

（1）高空往地面运输物件时，应用绳捆好吊下。吊装时，不得在构件上堆放或悬挂零星物件。零星材料和物件必须用吊笼或钢丝绳、保险绳捆扎牢固，才能吊运和传递，不得随意抛掷材料物件、工具，防止滑脱伤人或意外事故。

（2）构件绑扎必须绑牢固，起吊点应通过构件的重心位置，吊升时应平稳，避免振动或摆动。

（3）起吊构件时，速度不应太快，不得在高空停留过久，严禁猛升猛降，以防构件脱落。

（4）构件就位后临时固定前，不得松钩、解开吊装索具。构件固定后，应检查连接牢固和稳定情况，当连接确实安全可靠，方可拆除临时固定工具和进行下步吊装。

（5）风雪天、霜雾天和雨期吊装，高空作业应采取必要的防滑措施，如在脚手架、走道、屋面铺麻袋或草垫，夜间作业应有充分照明。

3）防止起重机倾翻

（1）起重机行驶的道路。必须平整、坚实、可靠，停放地点必须平坦。

（2）吊装时，应有专人负责统一指挥，指挥人员应选择恰当地点，并能清楚看到吊装的全过程。起重机驾驶人员必须熟悉信号，并按指挥人员的各种信号进行操作，并不得擅自离开工作岗位，遵守现场秩序，服从命令听指挥。指挥信号应事先统一规定，发出的信号要鲜明、准确。

（3）起重机停止工作时，应刹住回转和行走机构，关闭和锁好司机室门。吊钩上不得悬挂构件，并升到高处，以免摆动伤人和造成吊车失稳。

（4）在风力等于或大于六级时，禁止露天进行桅杆组立或拆除。

4）防止吊装结构失稳

（1）构件吊装应按规定的吊装工艺和程序进行，未经计算和可靠的技术措施，不得随意改变或颠倒工艺程序安装结构构件。

（2）构件吊装就位，应经初校和临时固定或连接可靠后方可卸钩，最后固定后才能拆除临时固定工具。高宽比很大的单个构件，未经临时或最后固定组成一稳定单元体系前，应设溜绳或斜撑拉（撑）固定。

（3）构件固定后不得随意撬动或移动位置，如需重校时，必须回钩。

（4）多层结构吊装或分节柱吊装，应吊装完一层节柱，灌浆固定后，方可安装上层或上一节柱。

5. 压型金属板工程

（1）压型钢板施工时两端要同时拿起，轻拿轻放，避免滑动或翘头，施工剪切下来的料头要放置稳妥，随时收集，避免坠落。非施工人员禁止进入施工楼层，避免焊接弧光灼伤眼睛或晃眼造成摔伤，焊接辅助施工人员应戴墨镜配合施工。

（2）施工时下一楼层应有专人监控，防止其他人员进入施工区和焊接火花坠落造成失火。

（3）施工中工人不可聚集，以免集中荷载过大，造成板面损坏。

（4）施工的工人不得在屋面奔跑、打闹、抽烟和乱扔垃圾。

（5）当天吊至屋面上的板材应安装完毕，如果有未安装完的板材应做临时固定，以免被风刮下，造成事故。

（6）现场切割过程中，切割机械的底面不宜与彩板面直接接触，最好垫以薄三合板材。

（7）吊装中不要将彩板与脚手架、柱子、砖墙等碰撞和摩擦。

（8）早上屋面常有露水，坡屋面上彩板面滑，应特别注意防滑措施。

（9）不得将其他材料散落在屋面上或污染板材。

（10）在屋面上施工的工人应穿胶底不带钉子的鞋。

（11）操作工人携带的工具等应放在工具袋中，如放在屋面上应放在专用的布或其他片材上。

（12）用密封胶封堵缝时，应将附着面擦干净，以便密封胶在彩板上有良好的接合面。

（13）电动工具的连接插座应加防雨措施，避免造成事故。

（14）板面铁屑清理板面在切割和钻孔中会产生铁屑，这些铁屑必须及时清除，不可过夜。因为铁屑在潮湿空气条件下或雨天会立即锈蚀，在彩板面上形成一片片红色的锈斑，附着于彩板面上，现场很难清除。此外，其他切除的彩板上、铝合金拉铆钉上拉断的铁杆等也应及时清理。

6. 钢结构涂装工程

（1）配制使用乙醇、苯、丙酮等易燃材料的施工现场，应严禁烟火和使用电炉等明火设备，并应配置消防器材。

（2）配制硫酸溶液时，应将硫酸注入水中，严禁将水注入硫酸中；配制硫酸乙酯时，应将硫酸慢慢注入酒精中，并充分搅拌，温度不得超过60℃，以防酸液飞溅伤人。

（3）防腐涂料的溶剂，容易挥发出易燃易爆的蒸汽，当达到一定浓度后，遇火易引起燃烧或爆炸，施工时应加强通风降低积聚浓度。

（4）涂料施工的安全措施主要要求是涂料施工场地要有良好的通风设备，如在通风条件不好的环境涂漆时，必须安装通风设备。

（5）使用机械除锈工具（如钢丝刷、粗挫、风动或电动除锈工具）清除锈层、工业粉尘、旧漆膜时，以避免眼睛被沾污或受伤，要戴上防护眼镜，并戴上防尘口罩，以防呼吸道被感染。

（6）在喷涂硝基漆或其他挥发性、易燃性较大的涂料时，严禁使用明火，严格遵守防火规则，以免失火或引起爆炸。

（7）高空作业时要系好安全带，双层作业时要戴安全帽。要仔细检查跳板、脚手杆子、吊篮、云梯、绳索、安全网等施工用具有无损坏、捆扎牢不牢，有无腐蚀或搭接不良等隐患。每次使用之前均应在平地上做起重实验，以防造成事故。

（8）施工场所的电线，要按防爆等级的规定安装。电动机的启动装置与配电设备，应该是防爆式的，要防止漆雾飞溅在照明灯泡上。

（9）不允许把盛装涂料、溶剂或用剩的漆罐开口放置。浸染涂料或溶剂的破布及废棉纱等物，必须及时清除。涂漆环境或配料房要保持清洁，出入畅通。

（10）在涂装对人体有害的漆料（如红丹的铅中毒、天然大漆的漆毒、挥发型漆的溶剂中毒等）时，需要戴上防毒口罩、封闭式眼罩等保护用品。

（11）操作不小心，涂料溅到皮肤上时，可用木屑加肥皂擦洗，最好不用汽油或强溶剂擦洗，以免引起皮肤发炎。

（12）操作人员涂漆施工时，如感觉头疼、心悸或恶心，应立即离开施工现场，到通风良好、空气新鲜的地方，如仍感到不适，应速去医院检查治疗。

六、砌体工程

1. 砌筑砂浆工程

（1）砂浆搅拌机械必须符合《建筑机械使用安全技术规程》（JGJ 33）及《施工现场临时用电安全技术规范》（JGJ 46）的有关规定，施工中应定期对其进行检查、维修，保证机械使用安全。

（2）落地砂浆应及时回收，回收时不得夹有杂物，并应及时运至拌合地点，掺入新砂浆中拌合使用。

2. 砖砌体工程

（1）建立健全安全环保责任制度、技术交底制度、奖惩制度等各项管理制度。

（2）现场施工用电严格按照《施工现场临时用电安全技术规范》（JGJ 46）执行。

（3）施工机械严格按照《建筑机械使用安全技术规程》（JGJ 33）执行。

（4）现场各施工面安全防护设施齐全有效，个人防护用具使用正确。

3. 砌块砌体工程

（1）根据工程实际及所需用机械设备等情况采取可行的安全防护措施：吊放砌块前应检查吊索及钢丝绳的安全可靠程度，不灵活或性能不符合要求的严禁使用；堆放在楼层上的砌块重量，不得超过楼板允许承载力；所使用的机械设备必须安全可靠、性能良好，同时设有限位保险装置；机械设备用电必须符合"三相五线制"及三级保护的规定；操作人员必须戴好安全帽，佩戴劳动保护用品等；作业层周围必须进行封闭维护，同时设置防护栏及张挂安全网；楼层内的预留孔洞、电梯口、楼梯口等，必须进行防护，采取栏杆搭设的方法进行围护，预留洞口采取加盖的方法进行围护。

（2）砌体中的落地灰及碎砌块应及时清理成堆，装车或装袋运输，严禁从楼上或架子上抛下。

（3）吊装砌块和构件时应注意重心位置，禁止用起重拔杆托运砌块，不得起吊有破裂、脱落、危险的砌块。起重拔杆回转时，严禁将砌块停留在操作人员上空或在空中整修、加工砌块。吊装较长构件时应加稳绳。

（4）安装砌块时，不准站在墙上操作和在墙上设置受力支撑、缆绳等，在施工过程中，对稳定性较差的窗间墙、独立柱应加稳定支撑。

（5）当遇到下列情况时，应停止吊装工作：

① 因刮风，使砌块和构件在空中摆动不能停稳时。

② 噪声过大，不能听清楚指挥信号时。

③ 起吊设备、索具、夹具有不安全因素而没有排除时。

④ 大雾天气或照明不足时。

4. 石砌体工程

（1）操作人员应戴安全帽和帆布手套。

（2）搬运石块时应检查搬运工具及绳索是否牢固，抬石应用双绳。

（3）在架子上凿石应注意打凿方向，避免飞石伤人。

（4）用捶打石时，应先检查铁锤有无破裂，锤柄是否牢固。打锤要按照石纹走向落锤，锤口要平，落锤要准，同时要看清附近情况有无危险，然后落锤，以免伤人。

（5）不准在墙顶或脚手架上修改石材，以免振动墙体影响质量或石片掉下伤人。

（6）砌筑时，脚手架上堆石不宜过多，应随砌随运。

（7）堆放材料必须离开槽、坑、沟边沿 1m 以外，堆放高度不得高于 0.5m。往槽、坑、沟内运石料及其他物质时，应用溜槽或吊运，下方严禁有人停留。

（8）墙身砌体高度超过地坪 1.2m 以上时，应搭设脚手架。

（9）石块不得往下掷。运石上下时，脚手板要钉装防滑条及扶手栏杆。

（10）砌筑时用的脚手架和防护栏板应经检查验收，方可使用，施工中不得随意拆除或改动。

5. 填充墙砌体工程

（1）砌体施工脚手架要搭设牢固。

（2）外墙施工时，必须有外墙防护及施工脚手架，墙与脚手架间的间隙应封闭防高空坠物伤人。

（3）严禁站在墙上做划线、吊线、清扫墙面、支设模板等施工作业。

（4）现场施工机械应根据《建筑机械使用安全技术规程》（JGJ 33）检查各部件工作是否正常，确认运转合格后方能投入使用。

（5）现场临时用电必须按照施工方案布置完成并根据《施工现场临时用电安全技术规范》（JGJ 46）检查合格后方能投入使用。

（6）在脚手架上，堆放普通砖不得超过 2 层。

（7）现场实行封闭化施工，有效控制噪声、扬尘、废物、废水等排放。

（8）操作时精神要集中，不得嬉戏打闹，以防止意外事故发生。

第三节　装饰装修工程施工安全

一、饰面作业

1. 饰面作业要求

（1）施工前班组长对所有人员进行有针对性的安全交底。

（2）外装饰为多工种立体交叉作业，必须设置可靠的安全防护隔离层。

（3）贴面使用预制件、大理石、瓷砖等，应堆放整齐平稳，边用边运。安装要稳拿稳放，待灌浆凝固稳定后，方可拆除临时设施。

（4）瓷砖墙面作业时，瓷砖碎片不得向窗外抛扔。剔凿瓷砖应戴防护镜。

（5）使用电钻、砂轮等手持电动工具，必须装有漏电保护器，作业前应试机检查，作业时应戴绝缘手套。

（6）夜间操作应有足够的照明。

（7）遇有六级以上强风、大雨、大雾天气，应停止室外高处作业。

2．刷（喷）装工程

（1）喷浆设备使用前应检查，使用后应洗净，喷头堵塞，疏通时不准对人。

（2）喷浆要戴口罩、手套和保护镜，穿工作服，手上、脸上最好抹上护肤油脂（凡士林等）。

（3）喷浆要注意风向，尽量减少污染及喷洒到他人身上。

（4）使用人字梯，拉绳必须结牢，并不得站在最上一层操作，不准站在梯子上移位，梯子脚下要绑胶布防滑。

（5）活动架子应牢固、平稳，移动时人要下来。移动式操作平台而积不应超过 $10m^2$，高度不超过 5m。

3．外檐装饰抹灰工程

（1）施工前对抹灰工进行必要的安全和技能培训，未经培训或考试不合格者，不得上岗作业。更不得使用童工、未成年工、身体有疾病的人员作业。

（2）对脚手板不牢固之处和跷头板等及时处理，要铺有足够的宽度，以保证手推车运灰浆时的安全。

（3）脚手架上的材料要分散放稳，不得超过允许荷载（装修架不得超过 $200kg/m^2$），集中载荷不得超过 $150kg/m^2$）。

（4）不准随意拆除、斩断脚手架软硬拉结，不准随意拆除脚手架上的安全设施，如妨碍施工，必须经施工负责人批准后，方能拆除妨碍部位。

（5）使用吊篮进行外墙抹灰时，吊篮设备必须具备三证（检验报告、生产许可证、产品合格证），并对抹灰人员进行吊篮操作培训，专篮专人使用，更换人员必须经安全管理人员批准并重新教育、登记，吊篮架上作业必须系好安全带，必须系在专用保险绳上。

（6）吊篮架子升降由架子工负责，非架子工不得擅自拆改或升降。作业过程中遇有脚手架与建筑物之间拉接，未经领导同意，严禁拆除。必要时由架子工负责采取加固措施后方可拆除。

（7）井架吊篮起吊或放下时，必须关好井架安全门，头、手不得伸入井架内，待吊篮停稳，方能进入吊篮内工作。采用井字架、龙门架、外用电梯垂直运送材料时，预先检查卸料平台通道的两侧边防护是否齐全、牢固，吊盘（笼）内小推车必须加挡车板，不得向井内探头张望。

（8）在架子上工作，工具和材料要放置稳当，不准随便乱扔。

（9）砂浆机应有专人操作、维修、保养，电器设备应绝缘良好并接地，并做到二级漏电保护。

（10）用塔吊上料时要有专职指挥，遇六级以上大风天气时暂停作业。

（11）高空作业时，应检查脚手架是否牢固，特别是大风天气及雨后作业。

4．室内水泥砂浆抹灰工程

（1）操作前应检查架子、高凳等是否牢固，如发现不安全地方立即做加固等处理，不准用 50mm×100mm、50mm×200mm 木料（2m 以上跨度）、钢模板等作为立人板。

（2）搭设脚手不得有跷头板，脚手板不得搭设在门窗、暖气片、洗脸池等非承重的物器上。阳台通廊部位抹灰，外侧必须挂设安全网。严禁踩踏脚手架的护身栏杆和阳台栏板进行操作。

（3）室内抹灰使用的木凳、金属支架应搭设平稳牢固，脚手板高度不大于 2m，架子上堆放材料不得过于集中，存放砂浆的灰斗、灰桶等要放稳。

（4）室内抹灰采用高凳上铺脚手板时，宽度不得少于 2 块脚手板，间距不得大于 2m，移动高凳时上面不得站人，作业人员最多不得超过 2 人。高度超过 2m 时，应由架子工搭设脚手架。

（5）在室内推运输小车时，特别是在过道中拐弯时要注意小车挤手。在推小车时不准倒退。

（6）在高大门、窗旁作业时，必须将门窗扇关好，并插上插销。

（7）严禁从窗口向下随意抛掷东西。

（8）搅拌与抹灰时（尤其在抹顶棚时），注意灰浆溅落眼内。

二、玻璃安装

1. 玻璃安装安全技术

（1）切割玻璃，应在指定场所进行。切下的边角余料应集中堆放，及时处理，不得随意地乱丢。

（2）搬运和安装玻璃时，注意行走路线，手戴手套，防止玻璃划伤。

（3）安装门、窗及安装玻璃时，严禁操作人员站在樘子、阳台栏板上操作。门、窗临时固定，封填材料未达到强度，严禁手拉门、窗进行攀登。

（4）使用的工具、钉子应装在工具袋内，不准口含铁钉。

（5）玻璃未钉牢固前，不得中途停工，以防掉落伤人。

（6）安装窗扇玻璃时，不能在垂直方向的上下两层间同时安装，以免玻璃破碎时掉落伤人。

（7）安装玻璃不得将梯子靠在门窗扇上或玻璃上。

（8）在高处安装玻璃，必须系安全带、穿软底鞋，应将玻璃放置平稳，垂直下方禁止通行。安装屋顶采光玻璃，应铺设脚手板。

（9）在高处外墙安装门、窗而无外脚手架时应张挂安全网。无安全网时，操作人员应系好安全带，其保险钩应挂在操作人员上方的可靠物件上，操作人员的重心应位于室内，不得在窗台上站立。

（10）施工时严禁从楼上向下抛撒物料，安装或更换玻璃要有防止玻璃坠落措施。

（11）施工中使用的电动工具及电气设备，均应符合国家现行标准《施工现场临时用电安全技术规范》（JGJ 46）的规定。

（12）门窗扇玻璃安装完后，应随即将风钩或插销挂上，以免因刮风而打碎玻璃伤人。

（13）贮存时，要将玻璃摆放平稳，立面平放。

2. 玻璃幕墙安装安全技术

（1）安装构件前应检查混凝土梁柱的强度等级是否达到要求，预埋件焊接是否牢靠，不松动。不准使用膨胀螺栓，主体结构无拉结现象。

（2）严格按照施工组织设计方案及安全技术措施施工。

（3）吸盘机必须有产品合格证和产品使用证明书，使用前必须检查电源电线、电动机绝缘应良好无漏电，重复接地和接保护零线牢靠，触电保护器动作灵敏，液压系统连接牢固无漏油，压力正常，并进行吸附力和吸持时间试验，符合要求，方可使用。

（4）遇有大雨、大雾或五级阵风及其以上天气，必须立即停止作业。

三、涂料工程

1. 涂料工程安全注意事项

（1）施工前进行教育培训，严格执行安全技术交底工作，坚持特殊工种持证上岗制度，进场施工人员每人进行安全考试，考试合格后方可进场施工。

（2）漆材料（汽油、漆料、稀料）应单独存放在专用库房内，不得与其他材料混放，库房应通风良好。易挥发的汽油、稀料应装入密闭容器中，严禁在库内吸烟和使用任何烟火，照明灯具必须防爆，施工现场严禁吸烟，严禁使用任何明火和可引起火灾的电器设备，并有专职消防员在现场监察旁站，现场设置足够的消防器材，确保使用满足灭火要求。

（3）库房应通风良好，并设置消防器材和"严禁烟火"标识。库房与其他建筑物应保持一定的安全距离。

（4）沾染油漆的棉纱、破布、油纸等废物，应收集存放在有盖的金属容器内，并及时处理。

（5）施工现场一切用电设施须安装漏电保护装置，施工用电动工具其应正确使用。

（6）室内照明使用 36V，地下室使用 24V，电线不可拖地，严禁无证操作。

（7）配备足够的灭火器（一般情况按照每 200m² 配备一个灭火器的密度）。消防器材要设在易发生火灾隐患或位置明显处，所有的消防器材均要涂上红油漆，设置标志牌。要保障消防道路的畅通。

（8）作业的人员应注意：

① 严禁从高处向下方投掷或者从低处向高处投掷物料、工具；

② 清理楼内物料时，应设溜槽或使用垃圾桶或垃圾袋；

③ 手持工具和零星物料应随手放在工具袋内；

④ 如头痛、恶心、心闷和心悸等，应停止作业，到户外通风处换气；

⑤ 从事有机溶剂、腐蚀和其他损坏皮肤的作业，应使用橡皮或塑料专用手套，不能用粉尘过滤器代替防毒过滤器，因为有机溶剂蒸气，可以直接通过粉尘过滤器等。

2. 涂料工程施工安全技术

（1）施工中使用油漆、稀料等易燃物品时，应限额领料。禁止交叉作业；禁止在作业场分装、调料。

（2）油漆工施工前，应将易弄脏部位用塑料布、水泥袋或油毡纸遮挡盖好，不得把白灰浆、油漆、腻子洒到地上，沾到门窗、玻璃和墙上。

（3）在施工过程中，必须遵守"先防护，后施工"的规定，施工人员必须佩戴安全帽，穿工作服、耐温鞋，严禁在没有任何防护的情况下违章作业。

（4）使用煤油、汽油、松香水、丙酮等调配油料，应戴好防护用品，严禁吸烟。熬胶、熬油必须远离建筑物，在空旷地方进行，严防发生火灾。

（5）在室内或容器内喷涂时，应戴防护镜。喷涂含有挥发性溶液和快干油漆时，严禁吸烟，作业周围不准有火种，并戴防护口罩和保持良好的通风。

（6）刷涂外开窗扇，将安全带挂在牢固的地方。刷涂封檐板、水落管等应搭设脚手架或吊架。在大于 25℃ 的铁皮屋面上刷油，应设置活动板梯、防护栏杆和安全网。

（7）使用喷灯，加油不得过满，打气不应过足，使用时间不宜过长，点灯时火嘴不准对人，加油应待喷灯冷却后进行，离开工作岗位时，必须将火熄灭。

（8）喷砂机械设备的防护设备必须齐全可靠。

（9）用喷砂除锈，喷嘴接头要牢固，不准对人。喷嘴堵塞，应停机消除压力后，方可进行修理或更换。

（10）使用喷浆机，电动机接地必须可靠，电线绝缘良好。手上沾有浆水时，不准开关电闸，以防触电。通气管或喷嘴发生故障时，应关闭闸门后再进行修理。喷嘴堵塞，疏通时不准对人。

（11）采用静电喷漆，为避免静电聚集，喷漆室（棚）应有接地保护装置。

（12）使用合页梯作业时，梯子坡度不宜过陡或过直，梯子下挡用绳子拴好，梯子脚应绑扎防滑物。在合页梯上搭设架板作业时，两人不得挤在一处操作，应分段顺向进行，以防人员集中发生危险。使用单梯坡度宜为 60°。

（13）使用人字梯应遵守以下规定：

① 高度 2m 以下（超过 2m 按规定搭设脚手架）作业使用的人字梯应四脚落地，摆放平稳，梯脚应设防滑皮垫和保险拉链。

② 人字梯上搭铺脚手板，脚手板两端搭接长度不得小于 20cm，脚手板中间不得同时两人操作，梯子挪动时，作业人员必须下来，严禁站在梯子上踩高跷式挪动。人字梯顶部铰轴不准站人、不准铺设脚手板。

③ 人字梯应经常检查，发现开裂、腐朽、榫头松动、缺挡等不得使用。

（14）空气压缩机压力表和安全阀必须灵敏有效。高压气管各种接头必须牢固，修理料斗气管时应关闭气门，试喷时不准对人。

（15）防水作业上方和周围 10m 应禁止动用明火交叉作业。

（16）临边作业必须采取防坠落的措施。外墙、外窗、外楼梯等高处作业时，应系好安全带，安全带应高挂低用，挂在牢靠处。油漆窗户时，严禁站在或骑在窗栏上操作。刷封沿板或水落管时，应在脚手架或专用操作平台架上进行。

（17）在施工休息、吃饭、收工后，现场油漆等易燃材料要清理干净，油料临时堆放处要设派专人看守，防止无人看守易燃物品引起火灾隐患。

（18）作业后应及时清理现场遗料，运到指定位置存放。

3. 油漆工程安全技术

（1）油漆涂料的配置应遵守以下规定：

① 调制油漆应在通风良好的房间内进行。调制有害油漆涂料时，应戴好防毒口罩、护目镜，穿好与之相适应的个人防护用品，工作完毕应冲洗干净。

② 操作人员应进行体检，患有眼病、皮肤病、气管炎、结核病者不宜从事此项事业。

③ 高处作业时必须支搭平台，平台下方不得有人。

④ 工作完毕，各种油漆涂料的溶剂桶（箱）要加盖封严。

（2）在用钢丝刷、板锉、气动、电动工具清除铁锈、铁鳞时为避免眼睛沾污和受伤，需戴上防护眼镜。

（3）在涂刷或喷涂对人体有害的油漆时，需戴上防护口罩，如对眼睛有害，需戴上密闭式眼镜进行保护。

（4）在涂刷红丹防锈漆及含铅颜料的油漆时，应注意防止铅中毒，操作时要戴口罩。

（5）在喷涂硝基漆或其他挥发性、易燃性溶剂稀释的涂料不准使用明火。

（6）为了避免静电集聚引起事故，对罐体涂漆或喷涂应安装接地线装置。

（7）涂刷大面积场地时，（室内）照明和电气设备必须按防火等级规定进行安装。

（8）在配料或提取易燃品时严禁吸烟，浸擦过清油、清漆、油的棉纱、擦手布不能随便乱丢。

（9）不得在同一脚手板上交换工作面。

（10）油漆仓库明火不准入内，须配备灭火机。不准装小太阳灯。

第四节　高处作业安全技术

一、高处作业安全技术

凡在坠落高度精准面 2m 以上（含 2m）有可能坠落的高处进行的作业均称为高处作业。其含义有两个：一是相对概念，可能坠落的底面高度大于或等于 2m，就是说不论在单层、多层或高层建筑物作业，即使是在平地，只要作业处的侧面有可能导致人员坠落的坑、井、洞或空间，其高度达到 2m 及其以上，就属于高处作业；二是高低差距标准定为 2m，因为一般情况下，当人在 2m 以上的高度坠落时，就很可能会造成重伤、残废，甚至死亡。因此，对高处作业的安全技术措施在开工以前就须特别留意以下有关事项。

1. 一般规定

（1）技术措施及所需料具要完整地列入施工计划。

（2）进行技术教育和现场技术交底。

（3）所有安全标志、工具和设备等，在施工前逐一检查。

（4）做好对高处作业人员的培训考核等。

2. 高处作业的级别

高处作业的级别可分为四级，即高处作业在 2.5～5m 时，为一级高处作业；在 5～15m时，为二级高处作业；在 15～30m 时，为三级高处作业；大于 30m 时，为特级高处作业。高处作业又分为一般高处作业和特殊高处作业，其中特殊高处作业又分为八类。

特殊高处作业的分类如下：

（1）在阵风风力六级（风速 10.8m/s）以上的情况下进行的高处作业，称为强风高处作业。

（2）在高温或低温环境下进行的高处作业，称为异温高处作业。

（3）降雪时进行的高处作业，称为雪天高处作业。

（4）降雨时进行的高处作业，称为雨天高处作业。

（5）室外完全采用人工照明时进行的高处作业，称为夜间高处作业。

（6）在接近或接触带电体条件下进行的高处作业，称为带电高处作业。

（7）在无立足点或无牢靠立足点的条件下进行的高处作业，称为悬空高处作业。

（8）对突然发生的各种灾害事故进行抢救的高处作业，称为抢救高处作业。

一般高处作业是指除特殊高处作业以外的高处作业。

3. 高处作业的标记

高处作业的分级，以级别、类别和种类做标记。一般高处作业做标记时，写明级别和种类；特殊高处作业做标记时，写明级别和类别，种类可省略不写。

4. 高处作业时的安全防护技术措施

（1）凡是进行高处作业施工的，应使用脚手架、平台、梯子、防护围栏、挡脚板、安全带和安全网等安全设施。作业前应认真检查所用的安全设施是否牢固、可靠。

（2）凡从事高处作业人员应接受高处作业安全知识的教育；特殊高处作业人员应持证上岗，上岗前应依据有关规定进行专门的安全技术交底。采用新工艺、新技术、新材料和新设备的，应按规定对作业人员进行相关安全技术教育。

（3）高处作业人员应经过体检，合格后方可上岗。施工单位应为作业人员提供合格的安全帽、安全带等必备的个人安全防护用具，作业人员应按规定正确佩戴和使用。

（4）施工单位应按类别，有针对性地将各类安全警示标志悬挂于施工现场各相应部位，夜间应设红灯示警。

（5）高处作业所用工具、材料严禁投掷，上下立体交叉作业确有需要时，中间须设隔离设施。

（6）高处作业应设置可靠扶梯，作业人员应沿着扶梯上下，不得沿着立杆与栏杆攀登。

（7）在雨雪天应采取防滑措施，当风速在 10.8m/s 以上和雷电、暴雨、大雾等气候条件下，不得进行露天高处作业。

（8）高处作业上下应设置联系信号或通信装置，并指定专人负责。

（9）高处作业前，工程项目部应组织有关部门对安全防护设施进行验收，经验收合格签字后方可作业。需要临时拆除或变动安全设施的，应经项目技术负责人审批签字，并组织有关部门验收，经验收合格签字后方可实施。

5. 高处作业时应注意事项

（1）发现安全措施有隐患时，立即采取措施，消除隐患，必要时停止作业。

（2）遇到各种恶劣天气时，必须对各类安全设施进行检查、校正、修理，使之完善。

（3）现场的冰霜、水、雪等均须清除。

（4）搭拆防护棚和安全设施，需设警戒区，有专人防护。

二、临边作业安全技术

在建筑工程施工中，施工人员大部分时间处在未完成的建筑物的各层各部位或构件的边缘处作业。临边的安全施工一般须注意三个问题：

（1）临边处在施工过程中是极易发生坠落事故的场合。

（2）必须明确哪些场合属于规定的临边，这些地方不得缺少安全防护设施。

（3）必须严格遵守防护规定。

如果忽视上述问题就容易出现安全事故，因此，要保证临边作业安全必须做好以下几方面的工作。

1. 临边防护

在施工现场，当作业中工作面的边沿没有围护设施或围护设施的高度低于 80cm 时的作业称为临边作业。例如在沟、坑、槽边、深基础周边、楼层周边梯段侧边、平台或阳台边、屋面周边等地方施工。在进行临边作业时设置的安全防护设施主要为防护栏杆和安全网。

2. 防护栏杆

这类防护设施，形式和构造较简单，所用材料为施工现场所常用，不需专门采购，可节省费用，更重要的是效果较好。以下三种情况必须设置防护栏杆：

(1) 基坑周边、尚未安装栏板的阳台、料台与各种挑平台周边、雨篷与挑檐边、无外脚手架的屋面和楼层边，以及水箱与水塔周边等处，都必须设置防护栏杆。

(2) 分层施工的楼梯口和梯段边，必须安装临边防护栏杆；顶层楼梯口应随工程结构的进度安装正式栏杆或者临时栏杆；梯段旁边亦应设置两道栏杆，作为临时护栏。

(3) 垂直运输设备，如井架、施工用电梯等与建筑物相连接的通道两侧边，亦需加设防护栏杆。栏杆的下部还必须加设挡脚板、挡脚竹笆或者金属网片。

3. 防护栏杆的选材和构造要求

临边防护用的栏杆由栏杆立柱和上下两道横杆组成，上横杆称为扶手。栏杆的材料应按规范标准的要求选择，选材时除需满足力学条件外，其规格尺寸和联结方式还应符合构造上的要求，应紧固而不动摇，能够承受突然冲击，阻挡人员在可能状态下的下跌和防止物料的坠落，还要有一定的耐久性。

搭设临边防护栏杆时：

1) 上杆离地高度为 1.0～1.2m，下杆离地高度为 0.5～0.6m，坡度大于 1∶2.2 的屋面，防护栏杆应高 1.5m，并加挂安全立网。除经设计计算外，横杆长度大于 2m，必须加栏杆立柱。

2) 栏杆柱的固定应符合下列要求：

(1) 当在基坑四周固定时，可采用钢管并打入地面 50～70cm 深。钢管离边口的距离不应小于 50cm。当基坑周边采用板桩时，钢管可打在板桩外侧。

(2) 当在混凝土楼面、屋面或墙面固定时，可用预埋件与钢管或钢筋焊牢。采用竹、栏杆时，可在预埋件上焊接 30cm 长的 L50×5 角钢。其上下各钻一孔，然后用 10mm 螺栓与竹、木杆件拴牢。

(3) 当在砖或砌块等砌体上固定时，可预先砌入规格相适应的 80×6 弯转扁钢作预埋铁的混凝土块，然后用上项方法固定。

(4) 栏杆柱的固定及其与横杆的连接，其整体构造应使防护栏杆在上杆任何处，能经受任何方向的 1000N 外力。当栏杆所处位置有发生人群拥挤，车辆冲击或物件碰撞等可能时，应加大横杆截面或加密柱距。

防护栏杆必须自上而下用安全立网封闭。

4. 防护栏杆的计算

临边作业防护栏杆主要用于防止人员坠落，能够经受一定的撞击或冲击，在受力性能上耐受 1000N 的外力，所以除结构构造上应符合规定外，还应经过一定的计算，方能确保安全。此项计算应纳入施工组织设计。

三、洞口作业安全技术

施工现场，在建筑工程上往往存在着各式各样的洞口，在洞口旁的作业称为洞口作业。在水平方向的楼面、屋面、平台等上面短边大于 2.5cm 而且小于 25cm 的称为孔，必须覆盖，等于或大于 25cm 称为洞。在垂直于楼面、地面的垂直面上，则高度小于 75cm 的称为孔，高度等于或大于 75cm，宽度大于 45cm 的均称为洞。凡深度在 2m 及 2m 以上的桩孔、入孔、沟槽与管道等孔洞边沿上的高处作业都属于洞口作业范围。如因特殊工序需要而产生使人与物有坠落危险及危及人身安全的各种洞口，都应该按洞口作业加以防护。否则就会造成安全事故。为此，做好洞口作业安全技术工作是十分重要的。

1. 洞口类型

洞口作业的防护措施，主要有设置防护栏杆、栅门、格栅及架设安全网等多种方式。不同情况下的防护设施，主要有：

（1）各种板与墙的洞口，按其大小和性质分别设置牢固的盖板、防护栏杆、安全网格或其他防坠落的防护设施。

（2）电梯井口。根据具体情况设防护栏或固定栅门与工具式栅门，电梯井内每隔两层或最多 10m 设一道安全平网。也可以按当地习惯，在井口设固定的格栅或采取砌筑坚实的矮墙等措施。

（3）钢管桩、钻孔桩等桩孔口，柱型条型等基础上口，未填土的坑、槽口，以及天窗、地板门和化粪池等处，都要作为洞口采取符合规范的防护措施。

（4）在施工现场与场地通道附近的各类洞口与深度在 2m 以上的敞口等处除设置防护设施与安全标志外，夜间还应设红灯示警。

（5）物料提升机上料口，应装设有联锁装置的安全门，同时采用断绳保护装置或安全停靠装置，通道口走道板应平行于建筑物满铺并固定牢靠。两侧边应设置符合要求的防护栏杆和挡脚板，并用密目式安全网封闭两侧。

2. 洞口安全防护措施要求

洞口作业时根据具体情况采取设置防护栏杆，加盖件，张挂安全网与装栅门等措施。

（1）楼板面的洞口，可用竹、木等作盖板，盖住洞口。盖板须能保持四周搁置均衡，并有固定其位置的措施。

（2）短边边长为 50cm×150cm 的洞口，必须设置以扣件扣接钢管而成的网络，并在其上满铺竹笆或脚手板。也可采用贯穿于混凝土板内的钢筋构成防护网，钢筋网络间距不得大于 20cm。

（3）边长在 150cm 以上的洞口，四周设防护栏杆，洞口下张设安全平网。

（4）墙面等处的竖向洞口，凡落地的洞口应加装开关式、工具式或固定式的防护门，门栅网络的间距不应大于 15cm，也可采用防护栏杆，下设挡脚板（笆）。

（5）下边沿至楼板或底面低于 80cm 的窗台等竖向的洞口，如侧边落差大于 2m 应加设 1.2m 高的临时护栏。

3. 洞口防护的构造要求

一般来讲，洞门防护的构造形式可分为三类：

（1）洞口防护栏杆，通常采用钢管。

（2）利用混凝土楼板，采用钢筋网片或利用结构钢筋或加密的钢筋网片等。

（3）垂直方向的电梯井口与洞口，可设木栏门、铁栅门与各种开启式或固定式的防护门。防护栏杆的力学计算和防护设施的构造形式应符合规范要求。

第五节　施工现场临时用电安全管理

一、临时用电安全管理基本要求

施工现场临时用电应按《建筑施工安全检查标准》（JGJ 59）的要求，从用电环境、接地接零、配电线路、配电箱及开关、照明等安全用电方面进行安全管理和控制。从技术上、制度上确保施工现场临时用电安全。

1. 施工现场临时用电组织设计要求

1）按照《施工现场临时用电安全技术规范》（JGJ 46）的有关规定，临时用电设备在 5 台及 5 台以上或设备总容量在 50kW 及 50kW 以上者，应编制临时用电施工组织设计，临时用电设备在 5 台以下和设备总容量在 50kW 以下者，应制定安全用电技术措施及电气防火的措施。

2）施工现场临时用电组织设计的主要内容：

（1）现场勘测。

（2）确定电源进线、变电所或配电室、配电装置、用电设备位置及线路走向。

（3）进行负荷计算。

（4）选择变压器。

（5）设计配电系统：

① 设计配电线路，选择导线或电缆。

② 设计配电装置，选择电器。

③ 设计接地装置。

④ 绘制临时用电工程图纸，主要包括用电工程总平面图、配电装置布置图、配电系统接线图、接地装置设计图。

⑤ 设计防雷装置。

⑥ 确定防护措施。

⑦ 制定安全用电措施和电气防火措施。

3）临时用电工程图纸应单独绘制，临时用电工程应按图施工。

4）临时用电组织设计及变更时，必须履行"编制、审核、批准"的程序，由电气工程技术人员组织编制，经相关部门审核及具有法人资格企业的技术负责人批准后实施。变更用电组织设计时应补充有关图纸资料。

5）临时用电工程必须经编制、审核、批准部门和使用单位共同验收，合格后方可投入使用。

6）临时用电施工组织设计审批手续：

（1）施工现场临时用电施工组织设计必须由施工单位的电气工程技术人员编制，技术负责人审核。封面上要注明工程名称、施工单位、编制人并加盖单位公章。

（2）施工单位所编制的施工组织设计，必须符合《施工现场临时用电安全技术规范》（JGJ 46）中的有关规定。

（3）临时用电施工组织设计必须在开工前15d内报上级主管部门审核，批准后方可进行临时用电施工。施工时要严格执行审核后的施工组织设计，按图施工。当需要变更施工组织设计时，应补充有关图纸资料，同样需要上报主管部门批准，待批准后，按照修改前、后的临时用电施工组织设计对照施工。

施工现场临时用电组织设计是施工现场临时用电的实施依据、规范、程序，也是施工现场所有施工人员必须遵守的用电准则，是施工现场用电安全的保证，必须严格地不折不扣地遵守。

2. 电工及用电人员要求

由于在建筑业中发生的很多触电事故，都与管理上的安全用电意识差及工人的安全用电知识不足有关。因此，在全员中进行安全用电的科普教育，人人自觉学习掌握安全用电基本知识，不断增强安全用电意识，遵守安全用电的制度和规范，对遏制触电事故频发，是十分重要的。

（1）电工必须经过按国家现行标准考核合格后，持证上岗工作。其他用电人员必须通过相关安全教育培训和技术交底，考核合格后方可上岗工作。

（2）电力安装、巡检、维修或拆除临时用电设备和线路，必须由电工完成，并应有人监护。

（3）电工等级应同工程的难易程度和技术复杂性相适应。

（4）各类用电人员应掌握安全用电基本知识和所用设备的性能。

（5）使用电气设备前必须按规定穿戴和配备好相应的劳动防护用品，并应检查电气装置和保护设施，严禁设备带"缺陷"运转。

（6）用电人员保管和维护所用设备，发现问题及时报告解决。

（7）现场暂时停用设备的开关箱必须分断电源隔离开关，并应关门上锁。

（8）用电人员移动电气设备时，必须经电工切断电源并做妥善处理后进行。

据有关资料统计，由于人的因素造成触电伤亡事故占整个触电伤亡事故的80%以上。因此，抓好人的素质培养，控制人的事故行为心态，是搞好施工现场安全用电的关键。

3. 安全技术交底要求

施工现场用电人员应加强自我保护意识，特别是电动建筑机械的操作人员必须掌握安全用电的基本知识，以减少触电事故的发生。对于现场中一些固定机械设备的防护和操作人员应进行如下交底：

（1）开机前，认真检查开关箱内的控制开关设备是否齐全有效，漏电保护器是否可靠，发现问题及时向工长汇报，工长派电工处理。

（2）开机前，仔细检查电气设备的接零保护线端子有无松动，严禁赤手触摸一切带电绝缘导线。

（3）严格执行安全用电规范，凡一切属于电气维修、安装的工作，必须由电工来操作，严禁非电工进行电工作业。

（4）施工现场临时用电施工，必须执行施工组织设计和安全操作规程。

4. 安全技术档案要求

1）施工现场临时用电必须建立安全技术档案，并应包括下列内容：

（1）用电组织设计的全部资料。

（2）修改用电组织设计的资料。

（3）用电技术交底资料。

（4）用电工程检查验收表。

（5）电气设备的试验、检验凭单和调试记录。

（6）接地电阻、绝缘电阻和漏电保护器漏电动作参数测定记录表。

（7）定期检（复）查表。

（8）电工安装、巡检、维修、拆除工作记录。

2）安全技术档案应由主管该现场的电气技术人员负责建立与管理。其中"电工安装、巡检、维修、拆除工作记录"可指定电工代管，每周由项目经理审核认可，并应在临时用电工程拆除后统一归档。

3）临时用电工程应定期检查。定期检查时，应复查接地电阻值和绝缘电阻值。检查周期最长可为：施工现场每月一次，基层公司每季一次。

4）临时用电工程定期检查应按分部、分项工程进行，对安全隐患必须及时处理，并应履行复查验收手续。

5. 临时用电线路和电气设备防护

1）外电线路防护

外电线路是指施工现场内原有的架空输电电路，施工企业必须严格按有关规范的要求妥善处理好外电线路的防护工作，否则极易造成触电事故，而影响工程施工的正常进行。为此，外电线路防护必须符合以下要求：

（1）在建工程不得在外电架空线路正下方施工、搭设作业棚、建造生活设施或堆放构件、架具、材料及其他杂物等。

（2）在建工程（含脚手架）的周边与外电架空线路的边线之间的最小安全操作距离应符合相关规定。

（3）施工现场的机动车道与外电架空线路交叉时，架空线路的最低点与路面的最小垂直距离应符合相关规定。

（4）起重机严禁越过无防护设施的外电架空线路作业。在外电架空线路附近吊装时，起重机的任何部位或被吊物边缘在最大偏斜时与架空线路边线的最小安全距离应符合相关规定。

（5）施工现场开挖沟槽边缘与外电埋地电缆沟槽边缘之间的距离不得小于 0.5m。

（6）当达不到以上第（2）～（4）条中的规定时，必须采取绝缘隔离防护措施，并应悬挂醒目的警告标志。

（7）防护设施宜采用木、竹或其他绝缘材料搭设，不宜采用钢管等金属材料搭设。防护设施应坚固、稳定，且对外电线路的隔离防护应达到 IP30 级。

（8）架设防护设施时，必须经有关部门批准，采用线路暂时停电或其他可靠的安全技术措施，并应有电气工程技术人员和专职安全人员监护。

（9）防护设施与外电线路之间的安全距离不应小于相关数值。

（10）在外电架空线路附近开挖沟槽时，必须会同有关部门采取加固措施，防止外电架空线路电杆倾斜、悬倒。

2）电气设备防护

（1）电气设备现场周围不得存放易燃易爆物、污染源和腐蚀介质，否则应予清除或做防护处置，其防护等级必须与环境条件相适应。

（2）电气设备设置场所应能避免物体打击和机械损伤，否则应做防护处置。

二、电气设备接零或接地

1. 概述

（1）在施工现场专用变压器的供电的 TN-S 接零保护系统中，电气设备的金属外壳必须与保护零线连接。保护零线应由工作接地线、配电室（总配电箱）电源侧零线或总漏电保护器电源侧零线处引出。

（2）当施工现场与外电线路共用同一供电系统时，电气设备的接地、接零保护应与原系统保持一致。不得一部分设备做保护接零，另一部分设备做保护接地。

（3）采用 TN 系统做保护接零时，工作零线（N 线）必须通过总漏电保护器，保护零线（PE 线）必须由电源进线零线重复接地处或总漏电保护器电源侧零线处，引出形成局部 TN-S 接零保护系统。

（4）在 TN 接零保护系统中，通过总漏电保护器的工作零线与保护零线之间不得再做电气连接。

（5）在 TN 接零保护系统中，PE 零线应单独敷设。重复接地线必须与 PE 线相连接，严禁与 N 线相连接。

（6）使用一次侧由 50V 以上电压的接零保护系统供电，二次侧为 50V 及以下电压的安全隔离变压器时，二次侧不得接地，并应将二次线路用绝缘管保护或采用橡皮护套软线。

（7）当采用普通隔离变压器时，其二次侧一端应接地，且变压器正常不带电的外露可导电部分应与一次回路保护零线相连接。

（8）变压器应采取防直接接触带电体的保护措施。

（9）施工现场的临时用电电力系统严禁利用大地做相线或零线。

（10）TN 系统中的保护零线除必须在配电室或总配电箱处做重复接地外，还必须在配电系统的中间处和末端处做重复接地。

（11）在 TN 系统中，严禁将单独敷设的工作零线再做重复接地。

（12）接地装置的设置应考虑土壤干燥或冻结及季节变化的影响，并应符合相关规定，接地电阻值在四季中均应符合要求。但防雷装置的冲击接地电阻值只考虑在雷雨季节中土壤干燥状态的影响。

（13）PE 线所用材质与相线、工作零线（N 线）相同时，其最小截面应符合相关规定。

（14）保护零线必须采用绝缘导线。

（15）配电装置和电动机械相连接的 PE 线应为截面不小于 $2.5mm^2$ 的绝缘多股铜线。手持式电动工具的 PE 线应为截面不小于 $1.5mm^2$ 的绝缘多股铜线。

（16）PE 线上严禁装设开关或熔断器，严禁通过工作电流，且严禁断线。

（17）相线、N 线、PE 线的颜色标记必须符合以下规定：相线 L1（A）、L2（B）、L3（C）相应的绝缘颜色依次为黄、绿、红色；N 线的绝缘颜色为淡蓝色；PE 线的绝缘颜色为绿/黄双色。任何情况下，上述颜色标记严禁混用和互相代用。

（18）移动式发电机系统接地应符合电力变压器系统接地的要求。下列情况可不另做保护接零：

① 移动式发电机和用电设备固定在同一金属支架上，且不供给其他设备用电时。

② 不超过 2 台的用电设备由专用的移动式发电机供电，供、用电设备间不超过 50m，且供、用电设备的金属外壳之间有可靠的电气连接。

2. 安全检查要点

1）保护接零

（1）在 TN 系统中，下列电气设备不带电的外露可导电部分应做保护接零：

① 电机、变压器、电器、照明器具、手持式电动工具的金属外壳。

② 电气设备传动装置的金属部件。

③ 配电柜与控制柜的金属框架。

④ 配电装置的金属箱体、框架及靠近带电部分的金属围栏和金属门。

⑤ 电力线路的金属保护管、敷线的钢索、起重机的底座和轨道、滑升模板金属操作平台等。

⑥ 安装在电力线路杆（塔）上的开关、电容器等电气装置的金属外壳及支架。

（2）城防、人防、隧道等潮湿或条件特别恶劣施工现场的电气设备必须采用保护接零。

（3）在 TN 系统中，下列电气设备不带电的外露可导电部分，可不做保护接零：

① 在木质、沥青等不良导电地坪的干燥房间内，交流电压 380V 及以下的电气装置金属外壳（当维修人员可能同时触及电气设备金属外壳和接地金属物件时除外）。

② 安装在配电柜、控制柜金属框架和配电箱的金属箱体上，且与其可靠电气连接的电气测量仪表、电流互感器、电器的金属外壳。

2）接地与接地电阻

（1）单台容量超过 100kV·A 或使用同一接地装置并联运行日总容量超过 100kV·A 的电力变压器或发电机的工作接地电阻值不得大于 4Ω。

（2）单台容量不超过 100kV·A 或使用同一接地装置并联运行且总容量不超过 100kV·A 的电力变压器或发电机的工作接地电阻值不得大于 10Ω。

（3）在土壤电阻率大于 1000Ω·m 的地区，当接地电阻值达到 10Ω 有困难时，工作接地电阻值可提高到 30Ω。

（4）在 TV 系统中，保护零线每一处重复接地的接地电阻值不应大于 10Ω。在工作接地电阻值允许达到 10Ω 的电力系统中，所有重复接地的等效电阻值不应大于 10Ω。

（5）每一接地装置的接地线应采用 2 根及以上导体，在不同点与接地体做电气连接。

（6）不得采用铝导体做接地体或地下接地线。垂直接地体宜采用角钢、钢管或光面圆钢，不得采用螺纹钢。

（7）接地可利用自然接地体，但应保证其电气连接和热稳定。

（8）移动式发电机供电的用电设备，其金属外壳或底座应与发电机电源的接地装置有可靠的电气连接。

三、配电室

1. 概述

（1）配电室应靠近电源，并应设在灰尘少、潮气少、振动小、无腐蚀介质、无易燃易爆物及道路畅通的地方。

（2）成列的配电柜和控制柜两端应与重复接地线及保护零线做电气连接。

（3）配电室和控制室应能自然通风，并应采取防止雨雪侵入和动物进入的措施。

（4）配电室内的母线涂刷有色油漆，以标志相序；以柜正面方向为基准，其涂色符合相关规定。

（5）配电室的建筑物和构筑物的耐火等级不低于3级，室内配置砂箱和可用于扑灭电气火灾的灭火器。

（6）配电室的门向外开，并配锁。

（7）配电室的照明分别设置正常照明和事故照明。

（8）配电柜应编号，并应有用途标记。

（9）配电柜或配电线路停电维修时，应挂接地线，并应悬挂"禁止合闸，有人工作"停电标志牌。停送电必须由专人负责。

（10）配电室应保持整洁，不得堆放任何妨碍操作、维修的杂物。

2. 安全检查要点

（1）配电柜正面的操作通道宽度，单列布置或双列背对背布置不小于1.5m，双列面对面布置不小于2m。

（2）配电柜后面的维护通道宽度，单列布置或双列面对面布置不小于0.8m。双列背对背布置不小于1.5m，个别地点有建筑物结构凸出的地方，则此点通道宽度可减少0.2m。

（3）配电柜侧面的维护通道宽度不小于1m。

（4）配电室的顶棚与地面的距离不低于3m。

（5）配电室内设置值班或检修室时，该室边缘距配电柜的水平距离大于1m，并采取屏障隔离。

（6）配电室内的裸母线与地而垂直距离小于2.5m时，采用遮栏隔离，遮栏下面通道的高度不小于1.9m。

（7）配电室围栏上端与其正上方带电部分的净距不小于0.075m。

（8）配电装置的上端距顶棚不小于0.5m。

（9）配电柜应装设电能表，并应装设电流表、电压表。电流表与计费电能表不得共用一组电流互感器。

（10）配电柜应装设电源隔离开关及短路、过载、漏电保护电器。电源隔离开关分断时应有明显可见分断点。

四、配电箱及开关箱

1. 概述

（1）配电箱、开关箱应装设在干燥、通风及常温场所，不得装设在有严重损伤作用的瓦斯、烟气、潮气及其他有害介质中，亦不得装设在易受外来固体物撞击、强烈振动、液体浸溅及热源烘烤场所。否则，应予清除或做防护处理。

（2）配电箱、开关箱周围应有足够2人同时工作的空间和通道，不得堆放任何妨碍操作、维修的物品，不得有灌木、杂草。

（3）总配电箱应设在靠近电源的区域，分配电箱应设在用电设备或负荷相对集中的区域。

（4）动力配电箱与照明配电箱若合并设置为同一配电箱时，动力和照明应分路配电动力开关箱与照明开关箱必须分设。

（5）配电箱、开关箱应采用冷轧钢板或阻燃绝缘材料制作，钢板厚度应为 1.2～2.0mm，其中开关箱箱体钢板厚度不得小于 1.2mm，配电箱箱体钢板厚度不得小于 1.5mm，箱体表面应做防腐处理。

（6）配电箱、开关箱内的连接线必须采用铜芯绝缘导线。导线绝缘的颜色标志应按要求配置并排列整齐；导线分支接头不得采用螺栓压接，应采用焊接并做绝缘包扎，不得有外露带电部分。

（7）配电箱、开关箱的金属箱体、金属电器安装板以及电器正常不带电的金属底座、外壳等必须通过 PE 线端子板与 PE 线做电气连接，金属箱门与金属箱体必须通过编织软铜线做电气连接。

（8）配电箱、开关箱中导线的进线口和出线口应设在箱体的下底面。

（9）配电箱、开关箱的进、出线口应配置固定线卡，进出线应加绝缘护套并成束卡固在箱体上，不得与箱体直接接触。移动式配电箱、开关箱的进、出线应采用橡皮护套绝缘电缆，不得有接头。

（10）配电箱、开关箱外形结构应能防雨、防尘。

2. 安全检查要点

（1）每台用电设备必须有各自专用的开关箱，严禁用同一个开关箱直接控制 2 台及 2 台以上用电设备（含插座）。

（2）配电箱、开关箱应装设端正、牢固。固定式配电箱、开关箱的中心点与地面的垂直距离应为 1.4～1.6m。移动式配电箱、开关箱应装设在坚固、稳定的支架上，其中心点与地面的垂直距离宜为 0.8～1.6m。

（3）配电箱、开关箱内的电器（含插座）应先安装在金属或非木质阻燃绝缘电器安装板上，然后方可整体紧固在配电箱、开关箱箱体内。金属电器安装板与金属箱体应做电气连接。

（4）配电箱、开关箱内的电器（含插座）应按其规定位置紧固在电器安装板上，不得歪斜和松动。

（5）配电箱的电器安装板上必须分设 N 线端子板和 PE 线端子板。N 线端子板必须与金属电器安装板绝缘；PE 线端子板必须与金属电器安装板做电气连接。进出线中的 N 线必须通过 N 线端子板连接；PE 线必须通过 PE 线端子板连接。

（6）配电箱、开关箱的箱体尺寸应与箱内电器的数量和尺寸相适应，箱内电器安装板板面电器安装尺寸可按照相关规定确定。

五、施工用电线路

1. 概述

1）架空线和室内配线必须采用绝缘导线或电缆。

2）架空线导线截面的选择应符合下列要求：

（1）导线中的计算负荷电流不大于其长期连续负荷允许载流量。

（2）线路末端电压偏移不大于其额定电压的 50%。

（3）三相四线制线路的 N 线和 PE 线截面不小于相线截面的 50％，单相线路的零线截面与相线截面相同。

（4）按机械强度要求，绝缘铜线截面不小于 10mm²，绝缘铝线截面不小于 16mm²。

（5）在跨越铁路、公路、河流、电力线路档距内，绝缘铜线截面不小于 16mm²，绝缘铝线截面不小于 25mm²。

3）架空线路相序排列应符合下列规定：

（1）动力、照明线在同一横担上架设时，导线相序排列是：面向负荷从左侧起依次为 L1、N、L2、L3、PE。

（2）动力、照明线在二层横担上分别架设时，导线相序排列是：上层横担面向负荷从左侧起依次为 L1、L2、L3；下层横担面向负荷从左侧起依次为 L1（L2、L3）、N、PE。

4）架空线路宜采用钢筋混凝土杆或木杆。钢筋混凝土杆不得有露筋、宽度大于 0.4mm 的裂纹和扭曲；木杆不得腐朽，其梢径不应小于 140mm。

5）电杆埋设深度宜为杆长的 1/10 加 0.6m，回填土应分层夯实。在松软土质处宜加大埋入深度或采用卡盘等加固。

6）电缆中必须包含全部工作芯线和用作保护零线或保护线的芯线。需要三相四线制配电的电缆线路必须采用五芯电缆。五芯电缆必须包含淡蓝、绿/黄两种颜色绝缘芯线。淡蓝色芯线必须用作 N 线，绿/黄双色芯线必须用作 PE 线，严禁混用。

7）电缆线路应采用埋地或架空敷设，严禁沿地面明设，并应避免机械损伤和介质腐蚀。埋地电缆路径应设方位标志。

8）电缆埋地敷设宜选用铠装电缆，当选用无铠装电缆时，应能防水、防腐。架空敷设宜选用无铠装电缆。

9）埋地电缆在穿越建筑物、构筑物、道路，易受机械损伤、介质腐蚀场所及引出地面从 2.0m 高到地下 0.2m 处，必须加设防护套管，防护套管的内径不应小于电缆外径的 1.5 倍。

10）架空线路、电缆线路和室内配线必须有短路保护和过载保护。

（1）采用熔断器做短路保护时，其熔体额定电流不应大于明敷绝缘导线长期连续负荷允许载流量的 1.5 倍。

（2）采用断路器做短路保护时，其瞬动过流脱扣器脱扣电流整定值应小于线路末端单相短路电流。

（3）采用熔断器或断路器做过载保护时，绝缘导线长期连续负荷允许载流星不应小于熔断器熔体额定电流或断路器长延时过流脱扣器脱扣电流整定值的 1.25 倍。

（4）对穿管敷设的绝缘导线线路，其短路保护熔断器的熔体额定电流不应大于穿管绝缘导线长期连续负荷允许载流量的 2.5 倍。

11）在建工程内的电缆线路必须采用电缆埋地引入，严禁穿越脚手架引入。电缆垂直敷设应充分利用在建工程的竖井、垂直孔洞等，并宜靠近用电负荷中心，固定点每楼层不得少于一处。电缆水平敷设宜沿墙或门口刚性固定，最大弧垂距地不得小于 2.0m。

12）装饰装修工程或其他特殊阶段，应补充编制单项施工用电方案。电源线可沿墙角、地向敷设，但应采取防机械损伤和电火措施，可采用穿阻燃绝缘管或线槽等遮护的办法。

13）室内配线应根据配线类型采用绝缘子、瓷（塑料）夹、嵌绝缘槽、穿管或钢索敷设。

14）潮湿场所或埋地非电缆配线必须穿管敷设，管口和管接头应密封；当采用金属骨敷设时，金属管必须做等电位连接，且必须与 PE 线相连接。

2. 安全检查要点

1）架空线路

（1）架空线必须架设在专用电杆上，严禁架设在树木、脚手架及其他设施上。

（2）架空线在一个档距内，每层导线的接头数不得超过该层导线条数的 50% 且一条导线应只有一个接头。在跨越铁路、公路、河流、电力线路档距内，架空线不得有接头。

（3）架空线路的档距不得大于 35m。

（4）架空线路的线间距不得小于 0.3m，靠近电杆的两导线的间距不得小于 0.5m。

（5）架空线路横担间的最小垂直距离不得小于规定数值。

（6）架空线路与邻近线路或固定物的距离应符合相关规定。

（7）直线杆和 15° 以下的转角杆，可采用单横担单绝缘子，但跨越机动车道时应采用单横担双绝缘子；15°～45° 的转角杆应采用双横担双绝缘子；45° 以上的转角杆，应采用十字横担。

（8）电杆的拉线宜采用不少于 3 根的直径 4.0mm 的镀锌钢丝。拉线与电杆的夹角应为 30°～45°。拉线埋设深度不得小于 1m。电杆拉线如从导线之间穿过，应在高于地面 2.5m 处装设拉线绝缘子。

（9）因受地形环境限制不能装设拉线时，可采用撑杆代替拉线，撑杆埋设深度不得小于 0.8m，其底部应垫底盘或石块。撑杆与电杆夹角宜为 30°。

（10）接户线在档距内不得有接头，进线处离地高度不得小于 2.5m。

2）电缆线路

（1）电缆直接埋地敷设的深度不应小于 0.7m，并应在电缆紧邻上、下、左、右侧均匀敷设不小于 50mm 厚的细砂，然后覆盖砖或混凝土板等硬质保护层。

（2）埋地电缆与其附近外电电缆和管沟的平行间距不得小于 2m，其交叉间距不得小于 1m。

（3）埋地电缆的接头应设在地面上的接线盒内，接线盒应能防水、防尘、防机械损伤，并应远离易燃、易爆、易腐蚀场所。

（4）架空电缆应沿电杆、支架或墙壁敷设，并采用绝缘子固定，绑扎线必须采用绝缘线，固定点间距应保证电缆能承受自重所带来的荷载，敷设高度应符合《施工现场临时用电安全技术规范》(JGJ 46) 架空线路敷设高度的要求，但沿墙壁敷设时最大弧垂距地不得小于 2.0m。

（5）架空电缆严禁沿脚手架、树木或其他设施敷设。

3）室内配线

（1）室内非埋地明敷主干线距地面高度不得小于 2.5m。

（2）架空进户线的室外端应采用绝缘子固定，过墙处应穿管保护，距地面高度不得小于 2.5m，并应采取防雨措施。

（3）室内配线所用导线或电缆的截面应根据用电设备或线路的计算负荷确定，但铜线截面不应小于 1.5mm²，铝线截面不应小于 2.5mm²。

（4）钢索配线的吊架间距不宜大于 12m。采用瓷夹固定导线时，其导线间距不应小于 35mm，瓷夹间距不应大于 800mm；采用绝缘子固定导线时，导线间距不应小于 100mm，绝缘子间距不应大于 1.5m；采用护套绝缘导线或电缆时，可直接敷设于钢索上。

六、施工照明

1. 概述

（1）现场照明宜选用额定电压为 220V 的照明器，采用高光效、长寿命的照明光源。

（2）对需大面积照明的场所，应采用高压汞灯、高压钠灯或混光用的卤钨灯等。

（3）照明变压器必须使用双绕组型安全隔离变压器，严禁使用自耦变压器。

（4）照明系统宜使三相负荷平衡，其中每一单相回路上，灯具和插座数量不宜超过 25 个，负荷电流不宜超过 15A。

（5）荧光灯灯骨应采用管座固定或用吊链悬挂，荧光灯的镇流器不得安装在易燃的结构物上。

（6）投光灯的底座应安装牢固，应按需要的光轴方向将枢轴拧紧固定。

（7）灯具内的接线必须牢固，灯具外的接线必须做可靠的防水绝缘包扎。

（8）灯具的相线必须经开关控制，不得将相线直接引入灯具。

（9）对夜间影响飞机或车辆通行的在建工程及机械设备，必须设置醒目的红色信号灯，其电源应设在施工现场总电源开关的前侧，并应设置外电线路停止供电时的应急自备电源。

（10）无自然采光的地下大空间施工场所，应编制单项照明用电方案。

（11）路灯的每个灯具应单独装设熔断器保护，灯头线应做防水弯。

2. 安全检查要点

1）室外 220V 灯具距地面不得低于 3m，室内 220V 灯具距地面不得低于 2.5m。

2）普通灯具与易燃物距离不宜小于 300mm；聚光灯、碘钨灯等高热灯具与易燃物距离不宜小于 500mm，且不得直接照射易燃物。达不到规定安全距离时，应采取隔热措施。

3）碘钨灯及钠、蛇、钢等金属卤化物灯具的安装高度宜在 3m 以上，灯线应固定在接线柱上，不得靠近灯具表面。

4）螺口灯头及其接线应符合下列要求：

（1）灯头的绝缘外壳无损伤、无漏电。

（2）相线接在与中心触头相连的一端，零线接在与螺纹口相连的一端。

5）暂设工程的照明灯具宜采用拉线开关控制，开关安装位置宜符合下列要求：

（1）拉线开关距地面高度为 2～3m，与出入口的水平距离为 0.15～0.2m，拉线的出口向下。

（2）其他开关距地面高度为 1.3m，与出入口的水平距离为 0.15～0.2m。

6）携带式变压器的一次侧电源线应采用橡皮护套或塑料护套铜芯软电缆，中间不得有接头，长度不宜超过 3m，其中绿/黄双色线只可作 PE 线使用，电源插销应有保护触头。

7）使用行灯应符合下列要求：

（1）电源电压不大于 36V。

（2）灯体与手柄应坚固，绝缘良好并耐热耐潮湿。

（3）灯头与灯体结合牢固，灯头无开关。

（4）灯泡外部有金属保护网。

（5）金属网、反光罩、悬吊挂钩固定在灯具的绝缘部位上。

8）下列特殊场所应使用安全特低电压照明器：

（1）隧道、人防工程、高温、有导电灰尘、比较潮湿或灯具离地面高度低于2.5m等场所的照明，电源电压不应大于36V。

（2）潮湿和易触及带电体场所的照明，电源电压不得大于24V。

（3）特别潮湿场所、导电良好的地面、锅炉或金属容器内的照明，电源电压不得大于12V。

七、电动建筑机械和手持式电动工具

1. 概述

1）施工现场中电动建筑机械和手持式电动工具的选购、使用、检查和维修应遵守下列规定：

（1）选购的电动建筑机械、手持式电动工具及其用电安全装置符合相应的国家现行有关强制性标准的规定，且具有产品合格证和使用说明书。

（2）建立和执行专人专机负责制，并定期检查和维修保养。

（3）接地和漏电保护符合要求，运行时产生振动的设备的金属基座、外壳与PE线的连接点不少于2处。

（4）按使用说明书使用、检查、维修。

2）塔式起重机、外用电梯、滑升模板的金属操作平台及需要设置避雷装置的物料提升机，除应连接PE线外，还应做重复接地。设备的金属结构构件之间应保证电气连接。

3）手持式电动工具中的塑料外壳Ⅱ类工具和一般场所手持式电动工具中的Ⅲ类工具可不连接PE线。

4）电动建筑机械和手持式电动工具的负荷线，应按其计算负荷选用无接头的橡皮护套铜芯软电缆。

5）每一台电动建筑机械或手持式电动工具的开关箱内，除应装设过载、短路、漏电保护电器外，还应装设隔离开关或具有可见分断点的断路器和控制装置。正、反向运转控制装置中的控制电器应采用接触器、继电器等自动控制电器，不得采用手动双向转换开关作为控制电器。

6）电缆芯线数应根据负荷及其控制电器的相数和线数确定：三相四线时，应选用五芯电缆；三相三线时，应选用四芯电缆；当三相用电设备中配置有单相用电器具时，应选用五芯电缆；单相二线时，应选用三芯电缆。其中PE线应采用绿/黄双色绝缘导线。

2. 安全检查要点

1）起重机械安全技术交底

（1）塔式起重机的电气设备应符合现行国家标准《塔式起重机安全规程》（GB 5144）中的要求。

（2）塔式起重机应按《施工现场临时用电安全技术规范》（JGJ 46）做重复接地和防雷接地。轨道式塔式起重机接地装置的设置应符合下列要求：

① 轨道两端各设一组接地装置。

② 轨道的接头处作电气连接，两条轨道端部做环形电气连接。

③ 较长轨道每隔不大于 30m 加一组接地装置。

（3）塔式起重机与外电线路的安全距离应符合《施工现场临时用电安全技术规范》（JGJ 46）第 4.1.4 条要求。

（4）轨道式塔式起重机的电缆不得拖地行走。

（5）需要夜间工作的塔式起重机，应设置正对工作面的投光灯。

（6）塔身高于 30m 的塔式起重机，应在塔顶和臂架端部设红色信号灯。

（7）在强电磁波源附近工作的塔式起重机，操作人员应戴绝缘手套和穿绝缘鞋，并应在吊钩与机体间采取相应绝缘隔离措施，或在吊钩吊装地面物体时，在吊钩上挂接临时接地装置。

（8）外用电梯梯笼内、外均应安装紧急停止开关。

（9）外用电梯和物料提升机的上、下极限位置应设置限位开关。

（10）外用电梯和物料提升机在每日工作前必须对行程开关、限位开关、紧急停止开关、驱动机构和制动器等进行空载检查，正常后方可使用。检查时必须有防坠落措施。

2）桩工机械

（1）潜水式钻孔机电机的密封性能应符合现行国家标准《外壳防护等级（IP 代码）》（GB 4208）中的相应规定。

（2）潜水电机的负荷线应采用防水橡皮护套铜芯软电缆，长度不应小于 1.5m，且不得承受外力。

（3）配电箱、开关箱内的电器配置和接线严禁随意改动。熔断器的熔体更换时，严禁采用不符合原规格的熔体代替。漏电保护器每天使用前应启动漏电试验按钮试跳一次，试跳不正常时严禁继续使用。

3）夯土机械

（1）夯土机械开关箱中的漏电保护器必须符合潮湿场所选用漏电保护器的要求。

（2）夯土机械 PE 线的连接点不得少于 2 处。

（3）夯土机械的负荷线应采用耐气候型橡皮护套铜芯软电缆。

（4）使用过程应有专人调整电缆，电缆长度不应大于 50m。电缆严禁缠绕、扭结和被夯土机械跨越。

（5）多台夯土机械并列工作时，其间距不得小于 5m；机械前后工作时，其间距不得小于 10m。

（6）使用夯土机械必须按规定穿戴绝缘用品。

（7）夯土机械的操作扶手必须绝缘。

（8）夯土机械检修或搬运时必须切断电源。

4）焊接机械

（1）电焊机械应放置在防雨、干燥和通风良好的地方。焊接现场不得有易燃、易爆物品。

（2）交流弧焊机变压器的一次侧电源线长度不应大于 5m，其电源进线处必须设置防护罩。发电机式直流电焊机的换向器应经常检查和维护，应消除可能产生的异常电火花。

（3）电焊机械开关箱中的漏电保护器必须符合要求，交流电焊机械应配装防二次侧触电保护器。

（4）电焊机械的二次线应采用防水橡皮护套铜芯软电缆，电缆长度不应大于30m，不得采用金属构件或结构钢筋代替二次线的地线。

（5）进行焊接作业时所用的焊钳及电缆必须完整无破损，使用电焊机械焊接时必须穿戴防护用品。

（6）严禁露天冒雨从事电焊作业。

5）手持式电动工具

（1）空气湿度小于75%的一般场所可选用Ⅰ类或Ⅱ类手持式电动工具，其金属外壳与PE线的连接点不得少于两处；除塑料外壳Ⅱ类工具外，相关开关箱中漏电保护器的额定漏电动作电流不应大于15mA，额定漏电动作时间不应大于0.1s，其负荷线插头应具备专用的保护触头。所用插座和插头在结构上应保持一致，避免导电触头和保护触头混用。

（2）在潮湿场所或金属构架上操作时，必须选用Ⅱ类或由安全隔离变压器供电的Ⅲ类手持式电动工具。金属外壳Ⅱ类手持式电动工具使用时，开关箱和控制箱应设置在作业场所外面。在潮湿场所或金属构架上严禁使用Ⅰ类手持式电动工具。

（3）狭窄场所必须选用由安全隔离变压器供电的Ⅲ类手持式电动工具，其开关箱和安全隔离变压器均应设置在狭窄场所外面，并连接PE线。漏电保护器的选择应符合使用于潮湿或有腐蚀介质场所漏电保护器的要求。操作过程中，应有人在外面监护。

（4）手持式电动工具的负荷线应采用耐气候型的橡皮护套铜芯软电缆，并不得有接头。

（5）手持式电动工具的外壳、手柄、插头、开关、负荷线等必须完好无损，使用前必须做绝缘检查和空载检查，在绝缘合格、空载运转正常后方可使用。

（6）使用手持式电动工具时，必须按规定穿、戴绝缘防护用品。

6）其他电动建筑机械

（1）混凝土搅拌机、插入式振动器、平板振动器、地面抹光机、水磨石机、钢筋加工机械、木工机械、盾构机械、水泵等设备的漏电保护应符合《施工现场临时用电安全技术规范》（JGJ 46）的要求。

（2）混凝土搅拌机、插入式振动器、平板振动器、地面抹光机、水磨石机、钢筋加工机械、木工机械、盾构机械的负荷线必须采用耐气候型橡皮护套铜芯软电缆，并不得有任何破损和接头。

（3）水泵的负荷线必须采用防水橡皮护套铜芯软电缆，严禁有任何破损和接头，并不得承受任何外力。

（4）盾构机械的负荷线必须固定牢固，距地高度不得小于2.5m。

（5）对混凝土搅拌机、钢筋加工机械、木工机械、盾构机械等设备进行清理、检查、维修时，必须首先将其开关箱分闸断电，呈现可见电源分断点，并关门上锁。

八、触电事故的急救

1. 迅速脱离电源

触电急救首先要使触电者迅速脱离电源，分脱离低压电源和脱离高压电源。

1）脱离低压电源的方法

脱离低压电源的方法可以用以下五个字来概括：

（1）"拉"指就近拉开电源开关、拔出插销或瓷插熔断器。

（2）"切"指用带有绝缘柄的利器切断电源线。

（3）"挑"指如果导线搭落在触电者身上或压在身下，这时可用干燥的木棒、竹竿等挑离导线或用干燥的绝缘绳套拉导线或触电者，使之脱离电源。

（4）"拽"指救护人可戴上手套或在手上包缠干燥的衣物等绝缘物品拖拽触电者，或直接用一只手抓住触电者不贴身的干燥衣裤，使之脱离电源。拖拽时切勿触及触电者的体肤。

（5）"垫"指如果触电者由于痉挛手指紧握导线或导线缠绕在身上，救护人可先用干燥的木板塞进触电者身下使其与地绝缘来隔断电源，然后再采取其他办法把电源切断。

2）脱离高压电源的方法

立即电话通知有关供电部门拉闸停电。如电源开关离触电现场不太远，则可戴上绝缘手套，穿上绝缘靴，拉开高压断路器，或用绝缘棒拉开高压跌落熔断器以切断电源。往架空线路抛挂裸金属软导线，人为造成线路短路，迫使继电保护装置动作，使电源开关跳闸。如果触电者触及断落在地上的带电高压导线，且尚未确证线路无电之前，救护人不可进入断线落地点 8～10m 的范围内，以防止跨步电压触电。

2. 现场触电救护

现场救护触电者脱离电源后，应立即就地进行抢救，同时派人通知医务人员到现场并做好将触电者送往医院的准备工作。

1）如果触电者所受的伤害不太严重，神志尚清醒，未失去知觉，应让触电者在通风暖和的处所静卧休息，并派人严密观察，同时请医生前来或送往医院诊治。

2）如果触电者已失去知觉，但呼吸和心跳尚正常，则应使其平卧，解开衣服以利呼吸，四周保持空气流通，冷天应注意保暖，同时立即请医生前来或送往医院诊察。若发现触电者呼吸困难或心跳失常，应立即施行人工呼吸或胸外心脏按压。

3）如果触电者呈现"假死"（电休克）现象，如心跳停止，但尚能呼吸；或呼吸停止，但心跳尚存，脉搏很弱；或呼吸和心跳均停止。"假死"症状的判定办法是"看"、"听"、"试"。"看"是观察触电者的胸部、腹部有无起伏动作；"听"是用耳贴近触电者的口鼻处，听他有无呼气声音；"试"是用手或小纸条试测口鼻有无呼吸的气流，再用两手指轻压喉结旁凹陷处的颈动脉有无搏动感觉。当判定触电者呼吸和心跳停止时，应立即按心肺复苏法就地抢救。所谓心肺复苏法就是支持生命的三项基本措施，即通畅气道，人工呼吸，胸外按压（人工循环）。

（1）采用仰头抬颌法进行通畅气道。若触电者呼吸停止，要紧的是始终确保气道通畅，其操作要领是：清除口中异物，使触电者仰躺，迅速解开其领扣和裤带。救护人用一只手放在触电者前额，另一只手的手指将其颌骨向上抬起，两手协同将头部推向后仰，舌根自然随之抬起，气道即可畅通。

（2）口对口（鼻）人工呼吸。完成气道通畅的操作后，应立即对触电者施行口对口或口对鼻人工呼吸。口对鼻人工呼吸用于触电者嘴巴紧闭的情况。人工呼吸的操作要领如下：

① 先大口吹气刺激起搏。救护人蹲跪在触电者的一侧，用放在触电者额上的手的手指捏住其鼻翼，另一只手的食指和中指轻轻托住其下巴，救护人深吸气后，与触电者口对口紧合，在不漏气的情况下，先连续大口吹气两次，每次 1～1.5s；然后用手指试测触电者颈动脉是否搏动，如仍无搏动，可判断心跳确已停止，在施行人工呼吸的同时应进行胸外按压。

② 正常口对口人工呼吸。大口吹气 2 次试测搏动后，立即转入正常的口对口人工呼吸阶段。正常的吹气频率是每分钟约 12 次。正常的口对口人工呼吸操作姿势如前所述。但吹气量不需过大，以免引起胃膨胀，如触电者是儿童，吹气更宜小些，以免肺泡破裂。救护人换气时，应将触电者的鼻或口放松，让他借自己胸部的弹性自动吐气。吹气和放松时要注意触电者胸部有无起伏的呼吸动作。吹气时如有较大的阻力，可能是头部后仰不够，应及时进行纠正，使气道保持畅通。

③ 触电者如牙关紧闭，可改行口对鼻人工呼吸。吹气时要将触电者嘴唇紧闭，防止漏气。

（3）胸外按压。胸外按压是借助人力使触电者恢复心脏跳动的急救方法，其操作要领简述如下：

① 确定正确的按压位置的步骤。右手的食指和中指沿触电者的右侧肋弓下缘向上，找到肋骨和胸骨接合处的中点。右手两手指并齐，中指放在切迹中点（剑突底部），食指平放在胸骨下部，另一只手的掌根紧挨食指上缘置于胸骨上，掌根处即为正确按压位置。

② 正确的按压姿势。使触电者仰躺并解开其衣服，仰卧姿势与口对口（鼻）人工呼吸法相同。救护人立或跪在触电者肩旁一侧，两肩位于触电者胸骨正上方，两臂伸直，肘关节固定不屈，两手掌相叠，手指翘起，不接触触电者胸壁。以髋关节为支点，利用上身的重力，垂直将正常成人胸骨压陷 3～5cm（儿童和瘦弱者酌减）。压至要求程度后，立即全部放松，但救护人的掌根不得离开触电者的胸壁。按压有效的标志是在按压过程中可以触到颈动脉搏动。

③ 恰当的按压频率。胸外按压要以均匀速度进行。操作频率以每分钟 80 次为宜，每次包括按压和放松一个循环，按压和放松的时间相等。当胸外按压与口对口（鼻）人工呼吸同时进行时，操作的节奏为：单人救护时，每按压 15 次后吹气 2 次（15：2），反复进行；双人救护时，每按压 15 次后由另一人吹气 1 次（15：1），反复进行。

第六节 施工机械使用安全措施

一、施工机械安全管理的一般规定

（1）机械设备应按其技术性能的要求正确使用。缺少安全装置或安全装置已失效的机械设备不得使用。

（2）严禁拆除机械设备上的自动控制机构、力矩限位器等安全装置，以及监测、指示、仪表、警报器等自动报警、信号装置。其调试和故障的排除应由专业人员负责进行。施工机械的电气设备必须由专职电工进行维护和检修。电工检修电气设备时严禁带电作业，必须切断电源并悬挂"有人工作，禁止合闸"的警告牌。

（3）新购或经过大修、改装和拆卸后重新安装的机械设备，必须按原厂说明书的要求进行测试和试运转。新机（进口机械按原厂规定）和大修后的机械设备执行《建筑机械使用安全技术规程》（JGJ 33）。

（4）机械设备的冬季使用，应执行《建筑机械冬季使用的有关规定》。

（5）处在运行和运转中的机械严禁对其进行维修、保养或调整等作业。

（6）机械设备应按时进行保养，当发现有漏保、失修或超载带病运转等情况时，有关部门应停止其使用。

（7）机械设备的操作人员必须经过专业培训，考试合格，取得有关部门颁发的操作证后，方可独立操作。机械作业时，操作人员不得擅自离开工作岗位或将机械交给非本机操作人员操作。严禁无关人员进入作业区和操作室内。工作时，思想要集中，严禁酒后操作。

（8）凡违反相关操作规程的命令，操作人员有权拒绝执行。由于发令人强制违章作业而造成事故者，应追究发令人的责任，直至追究刑事责任。

（9）机械操作人员和配合人员，都必须按规定穿戴劳动保护用品。长发不得外露。高空作业必须系安全带，不得穿硬底鞋和拖鞋。严禁从高处往下投掷物件。

（10）进行日作业两班及以上的机械设备均须实行交接班制。操作人员要认真填写交接班记录。

（11）机械进入作业地点后，施工技术人员应向机械操作人员进行施工任务及安全技术措施交底。操作人员应熟悉作业环境和施工条件，听从指挥，遵守现场安全规则。

（12）现场施工负责人应为机械作业提供道路、水电、临时机棚或停机场地等必需的条件，并消除对机械作业有妨碍或不安全的因素。夜间作业必须设置有充足的照明。

（13）在有碍机械安全和人身健康场所作业时，机械设备应采取相应的安全措施。操作人员必须配备适用的安全防护用品，并严格贯彻执行《中华人民共和国环境保护法》。

（14）当使用机械设备与安全发生矛盾时，必须服从安全的要求。

（15）当机械设备发生事故或未遂恶性事故时，必须及时抢救，保护现场，并立即报告领导和有关部门听候处理。企业领导对事故应按"三不放过"的原则进行处理。

二、塔式起重机

塔式起重机是一种塔身直立，起重臂铰接在塔帽下部，能够做360°回转的起重机，通常用于房屋建筑和设备安装的场所，具有适用范围广、起升高度高、回转半径大、工作效率高、操作简便、运转可靠等特点。塔式起重机在我国建筑安装工程中得到广泛使用，它具备起重、垂直运输和短距离水平运输的功能，特别是对于高层建筑施工来说，更是一种不可缺少的重要施工机械。

由于塔式起重机机身较高，其稳定性就较差，并且拆、装和转移较频繁以及技术要求较高，也给施工安全带来一定困难，操作不当或违章装、拆极有可能发生塔机倾覆的机毁人亡事故，造成严重的经济损失和人身伤亡恶性事故。因此，机械操作、安装、拆卸人员和机械管理人员必须全面地掌握塔式起重机和技术性能，从思想上引起高度重视，从业务上掌握正确的安装、拆卸、操作的技能，保证塔式起重机的正常运行，确保安全生产。

1. 塔式起重机的安全装置

为了确保塔式起重机的安全作业，防止发生意外事故，塔式起重机必须配备各类安全保护装置。

（1）起重力矩限制器。起重力矩限制器主要作用是防止塔式起重机超载的安全装置，避免塔式起重机由于严重超载而引起塔式起重机的倾覆或折臂等恶性事故。

力矩限制器有机械式、电子式和复合式三种，多数采用机械电子连锁式的结构。

（2）起重量限制器（也称超载限位）。起重量限制器是用以防止塔式起重机的吊物重量超过最大额定荷载,避免发生机械损坏事故。当吊重超过额定起重量时,它能自动切断提升机构的电源或发生警报。

(3) 起重高度限制器。起重高度限制器是用来限制吊钩接触到起重臂头部或载重小车之前,或是下降到最低点(地面或地面以下若干米)以前,使起升机构自动断电并停止工作。起升高度限制器一般都装在起重臂的头部。

(4) 幅度限制器。动臂式塔式起重机的幅度限制器是用以防止臂架在变幅达到极限位置时切断变幅机构的电源,使其停止工作,同时还设有机械止挡,以防臂架因起幅中的惯性而后翻。

小车运行变幅式塔式起重机的幅度限制器用来防止运行小车超过最大或最小幅度的两个极限位置。一般小车变幅限位器安装在臂架小车运行轨道的前后两端,用行程开关达到控制。

(5) 行走限制器。行走式塔式起重机的轨道两端尽头所设的止挡缓冲装置,利用安装在台车架上或底架上的行程开关碰撞到轨道两端前的挡块切断电源来达到塔式起重机停止行走,防止脱轨造成塔式起重机倾覆事故。

(6) 吊钩保险装置。吊钩保险装置是防止在吊钩上的吊索由钩头上自动脱落的保险装置,一般采用机械卡环式,用弹簧来控制挡板,阻止吊索滑钩。

(7) 钢丝绳防脱槽装置。钢丝绳防脱槽装置主要用以防止钢丝绳在传动过程中,脱离滑轮槽而造成钢丝绳卡死和损伤。

(8) 夹轨钳。夹轨钳装设在台车金属结构上,用以夹紧钢轨,防止塔式起重机在大风情况下被风吹动而行走造成塔式起重机出轨倾翻事故。

(9) 回转限制器。有些回转的塔式起重机上安装了回转不能超过270°和360°的限制器,防止电源线扭断,造成事故。

(10) 风速仪。风速仪自动记录风速,当超过 6 级风速以上时自动报警,使操作司机及时采取必要的防范措施,如停止作业,放下吊物等。

(11) 电器控制中的零位保护和紧急安全开关。所谓零位保护是指塔式起重机操纵开关与主令控制器连锁,只有在全部操纵杆处于零位时,开关才能连通,从而防止无意操作。紧急安全开关则是一种能及时切断全部电源的安全装置。

2. 塔式起重机安装、拆卸的安全要求

1) 塔式起重机的安装要求

(1) 起重机安装过程中,必须分阶段进行技术检验。整机安装完毕后,应进行整机技术检验和调整,各机构动作应正确、平稳、无异响,制动可靠,各安全装置应灵敏有效;在无载荷情况下,塔身和基础平面的垂直度允许偏差为 4/1000,经分阶段及整机检验合格后,应填写检验记录,经技术负责人审查签证后,方可交付使用。

(2) 轨道路基必须经过平整压实,基础经处理后,土壤的承载能力要达到 $8 \sim 10\mathrm{t/m^2}$。对妨碍起重机工作的障碍物,如高压线、照明线等应拆移。

(3) 塔式起重机的基础及轨道铺设,必须严格按照图纸和说明书进行。塔式起重机安装前,应对路基及轨道进行检验,符合要求后,方可进行塔式起重机的安装。

(4) 安装及拆卸作业前,必须认真研究作业方案,严格按照架设程序分工负责,统一指挥。

（5）安装起重机时，必须将大车行走缓冲止挡器和限位开关碰块安装牢固可靠，并应将各部位的栏杆、平台、扶杆、护圈等安全防护装置装齐。

（6）塔式起重机在安装中对所有的螺栓都要拧紧，并达到紧固力矩要求。对钢丝绳要进行严格检查有否断丝磨损现象，如有损坏，立即更换。

（7）采用高强度螺栓连接的结构，应使用原厂制造的连接螺栓，自制螺栓应有质量合格的试验证明，否则不得使用。连接螺栓时，应采用扭矩扳手或专用扳手，并应按照装配的技术要求拧紧。

（8）用旋转塔身方法进行整体安装及拆卸时，应保证自身的稳定性。详细规定架设程序与安全措施，对主、副地锚的埋设位置、受力性能以及钢丝绳穿绕、起升机构制动等应进行检查，并排除塔式起重机旋转过程中障碍，确保塔式起重机旋转中途不停机。

（9）塔式起重机附墙杆件的布置和间隔，应符合说明书的规定。当塔身与建筑物水平距离大于说明书规定时，应验算附着杆的稳定性，或重新设计、制作，并经技术部门确认，主管部门验收。在塔式起重机未拆卸至允许悬臂高度前，严禁拆卸附墙杆件。

（10）钢轨中心距允许偏差不得超过±3mm；纵横向的水平度，不得超过1/1000；钢轨接头间隙4～6mm。

（11）两台起重机之间的最小架设距离应保证处于低位的起重机的臂架端部与另一台起重机的塔身之间至少有2m的距离；处于高位起重机的最低位置的部件（吊钩升至最高点或最高位置的平衡重）与低位起重机中处于最高位置部件之间的垂直距离不得小于2m。

（12）在有建筑物的场所，应注意起重机的尾部与建筑物外部施工设施之间的距离不小于0.5m。

（13）有架空输电线的场所，起重机的任何部位与输电线的安全距离，应符合相关规定，以避免起重机结构进入输电线的危险区。

2）塔式起重机拆卸的安全要求

（1）对装拆人员的要求

① 参加塔式起重机装拆人员，必须经过专业培训考核，持有效的操作证上岗。

② 装拆人员严格按照塔式起重机的装拆方案和操作规程中的有关规定、程序进行装拆。

③ 装拆作业人员严格遵守施工现场安全生产的有关制度，正确使用劳动保护用品。

（2）对塔式起重机装拆的管理要求

① 塔式起重机装拆前，必须向全体作业人员进行装拆方案和安全操作技术的书面和口头交底，并履行签字手续。

② 装拆塔式起重机的施工企业，必须具备装拆作业的资质，并按照装拆塔式起重机资质的等级进行装拆相对应的塔式起重机，并有技术和安全人员在场监护。

③ 施工企业必须建立塔式起重机的装拆专业班组并且配有起重工（装拆工）、电工、起重指挥、塔式起重机操纵司机和维修钳工等人员。

④ 进行塔式起重机装拆，施工企业必须编制专项的装拆安全施工组织设计和装拆工艺要求，并经过企业技术主管领导的审批。

（3）装拆过程中的安全要求

拆装作业前检查项目应符合下列要求：

① 路基和轨道铺设或混凝土基础应符合技术要求。

② 对所拆装起重机的各机构、各部位、结构焊缝、重要部位螺栓、销轴、卷扬机构和钢丝绳、吊钩、吊具以及电气设备、线路等进行检查，使隐患排除于拆装作业之前。

③ 对自升塔式起重机顶升液压系统的液压缸和油管、顶升套架结构、导向轮、顶升撑脚（爬爪）等进行检查，及时处理存在的问题。

④ 对采用旋转塔身法所用的主副地锚架、起落塔身卷扬钢丝绳以及起升机构制动系统等进行检查，确认无误后方可使用。

⑤ 对拆装人员所使用的工具、安全带、安全帽等进行检查，不合格者立即更换。

⑥ 检查拆装作业中配备的起重机、运输汽车等辅助机械，应状况良好。技术性能应能保证拆装作业的需要。

⑦ 拆装现场电源电压、运输道路、作业场地等应具备拆装作业条件。

⑧ 安全监督岗的设置及安全技术措施的贯彻落实已达到要求。

⑨ 装拆塔式起重机的作业，必须在班组长的统一指挥下进行，并配有现场的安全监护人员，监控塔式起重机装拆的全过程；塔式起重机的装拆区域应设立警界区域，派有专人进行值班。

⑩ 对整体起扳安装的塔式起重机，特别是起扳前要认真、仔细对全机各处进行检查，路轨路基和各金属结构的受力状况、要害部位的焊缝情况等应进行重点检查，发现隐患及时整改或修复后，方能起扳；对安装、拆卸中的滑轮组的钢丝绳要理整齐，其轧头要正确使用（轧头规格使用时比钢丝绳要小一号），轧头数量按钢丝绳规格配置；作业中遇有大雨、雾和风力超过 4 级天气时应停止作业。

3. 塔式起重机的事故隐患及安全技术要求

1）塔式起重机的常见事故隐患

近年来，塔式起重机的事故频发，主要有五大类：整机倾覆、起重臂折断或碰坏、塔身折断或底架碰坏、塔机出轨、机构损坏。其中塔式起重机的倾覆和断臂等事故占了 70%，这些事故发生的原因主要有：

（1）塔式起重机装拆管理不严，人员未经过培训，企业无塔式起重机的装拆资质或无相应的资质。

（2）起重指挥失误或与司机配合不当，造成失误。

（3）超载起吊导致塔式起重机失稳而倒塌。

（4）塔式起重机的行走路基、轨道铺设不坚实、不平，致使路轨的高差过大，塔式起重机重心失去平衡而倾覆。

（5）违章斜吊增加了张拉力矩再加上原起重力矩，往往容易造成超载。

（6）没有正确地挂钩，盛放或捆绑吊物不妥，致使吊物坠落伤人。

（7）塔式起重机在工作过程中，由于力矩限制器失灵或被司机有意关闭，造成司机在操作中盲目或无意超载起吊。

（8）设备缺乏定期检修保养，安全装置失灵等造成事故。

（9）在恶劣气候（大风、雷雨等）中起吊作业。

2）塔式起重机使用中的安全技术要求

（1）作业前空车运转并检查下列各项：

① 各控制器的转动装置是否正常；

②　制动器闸瓦松紧程度，制动是否正常；

③　传动部分润滑油量是否充足，声音是否正常；

④　行走部分及塔身各主要联结部位是否牢靠；

⑤　负荷限制器的额定最大起重量的位置是否变动；

⑥　钢丝绳的磨损情况；

⑦　塔式起重机的基础是否符合安全使用的技术条件规定。

（2）起重机塔身在沿建筑物升降作业过程中，必须有专人指挥，专人照看电源，专人操作液压系统，专人拆除螺栓。非作业人员不得登上顶升套架的操作平台。操纵室内应只准一人操作，必须听从指挥信号。

（3）起重司机应持有与其所操纵的塔式起重机的起重力矩相对应的操作证；指挥应持证上岗，并正确使用旗语或对讲机。

（4）起吊作业中司机和指挥必须遵守"十不吊"的规定：指挥信号不明或无指挥不吊；超负荷和斜吊不吊；细长物件单点或捆扎不牢不吊；吊物上站人不吊；吊物边缘锋利，无防护措施不吊；埋在地下的物体不吊；安全装置失灵不吊；光线阴暗看不清吊物不吊；6级以上强风区无防护措施不吊；散物装得太满或捆扎不牢不吊。

（5）塔式起重机运行时，必须严格按照操作规程要求规定执行。最基本要求：起吊前，先鸣号，吊物禁止从人的头上越过。起吊时吊索应保持垂直、起降平稳，操作尽量避免急刹车或冲击。严禁超载，当起吊满载或接近满载时，严禁同时做两个动作及左右回转范围不应超过90°。

（6）塔式起重机使用时，吊物必须落地不准悬在空中。并对塔机的停放位置和小车、吊钩、夹轨钳、电源等一一加以检查，确认无误后，方能离岗。

（7）严禁起吊重物长时间悬挂在空中，作业中遇突发故障，应采取措施将重物降落到安全地方，并关闭发动机或切断电源后进行检修。

（8）塔式起重机作业时严禁超载、斜拉和起吊埋在地下等不明重量的物件。

（9）塔式起重机在使用中不得利用安全限制器停车；吊重物时不得调整起升、变幅的制动器；除专门设计的塔式起重机外，起吊和变幅两套起升机构不应同时开动。对没有限位开关的吊钩，其上升高度距离起重臂头部必须大于1m。

（10）顶升作业时应遵守下列规定：

①　液压系统应空载运转，并检查和排净系统内的空气。

②　应按说明书规定调整顶升套架滚轮与塔身标准节的间隙，使起重臂力矩与平衡臂力矩保持平衡，符合说明书要求，并将回转机构制动住。

③　顶升作业应随时监视液压系统压力及套架与标准节间的滚轮间隙。顶升过程中严禁起重机回转和其他作业。

④　顶升作业应在白天进行，风力在四级及以上时必须立即停止，并应紧固上、下塔身连接螺栓。

（11）自升塔式起重机还应遵守下列规定：

①　附着式或固定式塔式起重机基础及其附着的建筑物抗拉的混凝土强度和配筋必须满足设计要求。

②　吊运构件时，平衡重按规定的重量移至规定的位置后才能起吊。

③ 专用电梯禁止超员乘人，当臂杆回转或起重作业时严禁升动电梯，用完后必须降到地面最近位置，不准长时间停在空中。

④ 顶升前必须放松电缆，其长度略大于总的顶升高度，并做好电缆卷筒的紧固工作。

⑤ 在顶升过程中，必须有专人指挥，看管电源、操纵液压系统和紧固螺栓，非工作人员禁止登上顶升架平台，更不准擅自按动开关或其他电器设备，禁止在夜间进行顶升工作。遇四级风以上的天气不准进行顶升工作。

⑥ 顶升过程中，应把回转部分刹住，严禁回转塔帽，顶升时发现故障，必须立即停车检查，排除故障后，方可继续顶升。

⑦ 顶升后必须检查各连接螺栓是否已紧固，爬升套架滚轮与塔身标准节是否吻合良好，左右操纵杆是否回到中间位置，液压顶升机构电源是否切断。

（12）起吊作业时，控制器严禁越挡操纵。不论哪一部分传动装置在运动中变换方向时，必须将控制器扳回零位，待转动停止后开始逆向运转。绝对禁止直接变换运转方向。

（13）起重、旋转和行走，可以同时操纵两种动作，不得三种动作同时进行。

（14）当起重机行走到接近轨道限位开关时应提前减速停车。并在轨道两端 2m 处设置挡车装置，以防止起重机出轨。

（15）起吊重物应绑扎平稳、牢固，不得在重物上再堆放或悬挂零星物件。易散落物件应使用吊笼栅栏固定后方可起吊。标有绑扎位置的物件，应按标记绑扎后起吊，吊索与物件的夹角宜采用 45°～60°，且不得小于 30°，吊索与物件棱角之间应加垫块。

（16）起吊荷载达到起重机额定起重量的 90% 及以上时，应先将重物吊离地向 20～50cm 后，检查起重机的稳定性、制动器的可靠性、重物的平稳性、绑扎的牢固性，确认无误后方可继续起吊。对易晃动的重物应拴拉绳。

（17）重物起升和下降速度应平稳、均匀，不得突然制动。左右回转应平稳，当回转未停稳前不得做反向动作。非重力下降式起重机，不得带载自由下降。

（18）严禁使用起重机进行斜拉、斜吊和起吊地下埋设或凝固在地面上的重物以及其他不明重量的物体。

（19）现场浇筑的混凝土构件或模板，必须全部松动方可起吊。

（20）吊运多根钢管、钢筋等细长材料时，必须确认吊索绑扎牢靠，防止吊运中吊索滑移物料散落。

（21）轨道式塔式起重机的供电电缆不得拖地行走；沿塔身垂直悬挂的电缆，应使用不被电缆自重拉伤和磨损的可靠装置悬挂。

（22）若保护装置动作造成断电时，必须先把控制器转至零位，再按闭合按钮开关，接通总电源，并要分析断电原因，查明情况处理完后方可进行操作。

（23）吊起的重物严禁自由落下。落下重物时应用断续制动，使重物缓慢下降，以免发生意外事故。

（24）在突然停电时，应立即把所有控制器拨到零位，断开电源总开关，并采取措施使重物降到地面。

（25）吊运散装物件时，应制作专用吊笼或容器，并应保障在吊运过程中物料不会脱落。

（26）吊笼或容器在使用前应按允许承载能力的两倍荷载进行试验，使用中应定期进行检查。

（27）作业完毕，塔式起重机应停放在轨道中间位置，起重臂应转到顺风方向，并应松开回转制动器，卡紧轨钳，各控制器转至零位，切断电源。

（28）定期对塔式起重机的各安全装置进行维修保养，确保其在运行过程中发挥正常作用。

（29）多机作业，应注意保持各机操作距离。各机吊钩上所悬挂重物的距离不得小于 3m。

（30）在大风（风力达 10 级以上）情况下，除夹轨钳夹住轨道外，还须将起重臂放下（幅度大于 15m）转至顺风向。吊钩升至顶部，并必须拉好避风缆绳。

（31）履带塔式起重机应遵守下列规定：

① 地面必须平坦、坚实，操作前左右履带板应全部伸出。

② 竖立塔身应缓慢，履带前面要加铁楔垫实。当塔身竖到 90°时，防后倾装置应松动，塔身不得与防后倾装置相碰。

③ 严禁有负荷时行走，空车行走时塔身应稍向前倾，行驶中不得转弯及旋转上体。

④ 作业结束后，应将塔身放下，并将旋转机构锁住。

（32）冬季作业时，需将驾驶室窗子打开，注意指挥信号。驾驶室内取暖，应有防火、防触电措施。

三、物料提升机

1. 提升机的类型、基本构造与设计

1）类型

提升高度 30m 以下（含 30m）为低架物料提升机。提升高度 31～150m 为高架物料提升机，一般常用有龙门架提升机和井架提升机两种。

（1）龙门架提升机以地面卷扬机为动力，由两根立柱与天梁和地梁构成门式架体的提升机，吊篮（吊笼）在两立柱中间沿轨道做垂直运动，也可由 2 台或 3 台门架并联在一起使用。

（2）井架提升机以地面卷扬机为动力，由型钢组成井字型架体的提升机，吊篮（吊笼）在井孔内沿轨道做垂直运动，可组成单孔或多孔井架并联在一起使用。

2）井架与龙门架的基本构造

（1）龙门架、井字架升降机都用作施工中的物料垂直运输。井架与龙门架主要由架体、天梁、吊篮、导轨、天轮、电动卷扬机以及各类安全装置组成。

（2）附墙架与建筑结构的连接。

① 型钢制作的附墙架与建筑结构的连接可预埋专用铁件用螺栓连接。

② 脚手架钢管制作的附墙架与建筑结构连接，可预埋与附墙架规格相同的短管，用扣件连接。

③ 当墙体有足够的强度时，可将扣件钢管伸入墙内，用扣件加横管夹住。

3）物料提升机设计、制作规定

（1）物料提升机的结构设计计算应符合现行行业标准《龙门架及井架物料提升机安全技术规范》（JGJ 88）及现行国家标准《钢结构设计规范》（GB 50017）的有关规定。

（2）物料提升机设计提升机结构的同时，应对其安全防护装置进行设计和选型，不得留给使用单位解决。物料提升机应包括以下安全防护装置：①安全停靠装置、断绳保护装置；②楼层口停靠栏杆（门）；③吊篮安全门；④上料口防护门；⑤上极限限位器；⑥信号、音响装置；⑦对于高架（30m以上）物料提升机，还应具备下极限限位器、缓冲器、超载限制器、通信装置、安全装置。

（3）物料提升机应有标牌，标明额定起重量、最大提升高度及制造单位、制造日期。

2. 安全防护装置

为保证物料提升机的承载性能和结构稳定性以及施工人员的安全，井架和龙门架必须设置以下安全防护装置。

1）安全停靠装置

当吊篮停靠到位时，该装置应能可靠地将吊篮定位。并能承担吊篮自重、额定荷载及运卸料人员和装卸物料时的工作荷载。此时起升钢丝绳应不受力。

安全停靠装置的形式有多种，有机械式、电磁式、自动或手动型等。

2）断绳保护装置

吊篮在运行过程中发生钢丝绳突然断裂或钢丝绳尾端固定点松脱，吊篮会从高处坠落，严重的将造成机毁人亡的后果。断绳保护装置就是当上述情况发生时，此装置即刻动作，将吊篮卡在架体上，使吊篮不坠落，避免产生严重的事故。

断绳保护装置的形式较多，最常见的是弹闸式，其他还有偏心夹棍式、杠杆式和挂钩式等。无论哪种形式，都应能可靠地将吊篮在下坠时固定在架体上，其最大滑落行程在吊篮满载时不得超过1m。

3）吊篮安全门

吊篮的上下料口处应装设安全门，此门应制成自动开启型。当吊篮落地或停层时，安全门能自动打开，而在吊篮升降运行中此门处于关闭状态，成为一个四边都封闭的"吊篮"，以防止所运载的物料从吊篮中滚落。

4）楼层口通道门

物料提升机与各楼层进料口一般均搭设了运料通道。在楼层进料口与运料通道的接合处必须设置通道安全门，此门在吊篮上下运行时应处于常闭状态，只有在卸运料时才能打开，以保证施工作业人员不在此处发生高处坠落事故。

此门的设置应设在楼层口，与架体保持一段距离，不能紧靠物料提升机架体。门高度宜在1.8m，其强度应能承受1kN/m水平荷载。

5）上料口防护棚

物料提升机地面进料口是运料人员经常出入和停留的地方，吊篮在运行过程中易发生落物伤人事故，因此搭设上料口防护棚是防止落物伤人的有效措施。

上料口防护棚应设在提升机架体地面进料口的上方，其宽度应大于提升机架体最外部尺寸，两边对称，不得小于1m，其长度对于低架提升机应大于3m，对于高架提升机应大于5m。其顶部材料强度应能承受10kPa的均布荷载。也可采用50mm厚木板架设或采用两层竹笆，上下竹笆间距应不小于600mm。

应当指出，上料口防护棚的搭设应形成一相对独立的架体，不得借助于提升机架体或脚手架立杆作为防护棚的传力杆件，以避免提升机或脚手架产生附加力矩，保证提升机或脚手架的稳定。

6）上极限限位器

它是为防止司机误操作或机械、电气故障而引起吊篮上升高度失控造成事故而设置的安全装置。该装置应能有效地控制吊篮允许提升的最高极限位置，此极限位置应控制在天梁最低处以下3m。当吊篮上升达到极限位置时，限位器立即动作。切断电源，使吊篮只能下降，不能上升。

7）紧急断电开关

该装置应设在司机便于操作的位置，在紧急情况下，能及时切断提升机的总控制电源。

8）信号装置

该装置由司机控制，能与各楼层进行简单的音响或灯光联络，以确定吊篮的需求情况。音量应能使各楼层使用提升机装卸物料人员清晰听到。

9）高架提升机除应满足上述规定外，尚需要下列安全装置并应满足以下要求：

（1）下极限限位器。该装置是控制吊篮下降最低极限位置的装置。在吊篮下降到最低限定位置时，即吊篮下降至尚未碰到缓冲器之前，此限位器自动切断电源，并使吊篮在重新启动时只能上升，不能下降。

（2）缓冲器。该装置是在架体底部坑内设置的，为缓解吊篮下坠或下极限限位器失灵时产生的冲击力的一种装置。该装置应能承受并吸收吊篮满载时和规定速度下所产生的相应冲击力。缓冲器可采用弹簧或弹性实体。

（3）超载限制器。此装置是为保证提升机在额定载重量之内安全使用而设置的。当荷载达到额定荷载的90%时，即发出报警信号，提醒司机和运料人员注意。当荷载超过额定荷载时，应能切断电源，使吊篮不能启动。

（4）通信装置。由于架体高度较高，吊篮停靠楼层数较多，司机不能清楚地看到楼层上人员需要或分辨不清哪层楼面发生信号时，必须装设通信装置。通信装置必须是一个闭路的双向电气通信系统，司机应能听到或看清每一站的需求联系，并能与每一站人员通话。当低架提升机的架设是利用建筑物内部垂直通道，如采光井、电梯井、设备或管道井时，在司机不能看到吊篮运行情况下，也应该装设通信联络装置。

3. 架体稳定要求

1）基本要求

（1）井架式提升机的架体，在与各楼层通道相接的开口处，应采取加强措施。

（2）提升机架体顶部的自由高度不得大于6m。

（3）提升机的天梁应使用型钢，宜选用两根槽钢，其截面高度应经计算确定，但不得小于2根[14。

（4）提升机吊篮的各杆件应选用型钢。杆件连接板的厚度不得小于8mm。

吊篮的结构架除按设计制作外，其底板材料可采用50mm厚木板；当使用钢板时，应有防滑措施。吊篮的两侧应设置高度不小于1m的安全挡板或挡网。高架提升机应选用有防护顶板的吊笼，其顶板材料可采用50mm厚木板。

2）基础

（1）高架提升机的基础应进行设计，基础应能可靠地承受作用在其上的全部荷载。基础的埋深与做法，应符合设计和提升机出厂使用规定。

（2）低架提升机的基础，当无设计要求时，应符合下列要求：

① 土层压实后的承载力，应不小于 80kPa。

② 浇注 C20 混凝土，厚度为 30mm。

③ 基础表面应平整，水平度偏差不大于 10mm。

（3）基础应有排水措施。

（4）距基础边缘 5m 范围内，开挖沟槽或有较大振动的施工时，必须有保证架体稳定的措施。

3）附墙架

（1）提升机附墙架的设置应符合设计要求，其间隔一般不宜大于 9m，且在建筑物的顶层必须设置 1 组。

（2）附墙架与架体及建筑之间，均应采用刚性件连接，并形成稳定结构。不得连接在脚手架，严禁使用钢丝绑扎。

（3）附墙架的材质应与架体的材质相同，不得使用木杆、竹竿等附墙架与金属架体连接。

（4）附墙架与建筑结构的连接应进行设计。

4）缆风绳

（1）提升机受到条件限制无法设置附墙架时，应采用缆风绳稳固架体。高架提升机在任何情况下均不得采用缆风绳。

（2）提升机的缆风绳应经计算确定（缆风绳的安全系数 k 取 3.5）。缆风绳应选用圆股钢丝绳，直径不得小于 9.3mm。提升机高度在 20m 以下（含 20m）时，缆风绳不少于 1 组（4～8 根）；提升机高度在 21～30m 时，不少于 2 组。

（3）缆风绳应在架体四角有横向缀件的同一水平面上对称设置，使其在结构上引起的水平分力处于平衡状态。缆风绳与架体的连接处应采取措施，防止架体钢材对缆风绳的剪切破坏。对连接处的架体焊缝及附件必须进行设计计算。

（4）龙门架的缆风绳应设在顶部。若中间设置临时缆风绳时，应在此位置将架体两立柱做横向连接，不得分别牵拉立柱的单肢。

（5）缆风绳与地面的夹角应不大于 60°，其下端应与地锚连接，不得拴在树木、电杆或堆放构件等物体上。

（6）缆风绳与地锚之间，应采用与钢丝绳拉力相适应的花篮螺栓拉紧。缆风绳垂度不大于 0.01L（L 为长度），调节时应对角进行，不得在相临两角同时拉紧。

（7）当缆风绳改变位置时，必须先做好预定位置的地锚，并加临时缆风绳确保提升机架体的稳定，方可移动原缆风绳的位置。待与地锚拴牢后，再拆除临时缆风绳。

（8）在安装、拆除以及使用提升机的过程中设置的临时缆风绳，其材料也必须使用钢丝绳，严禁使用钢丝、钢筋、麻绳等代替。

5）地锚

（1）缆风绳的地锚，根据土质情况及受力大小设置，应经计算确定。

（2）缆风绳的地锚，一般宜采用水平式地锚，当土质坚实，地锚受力小于 15kN 时，也可选用桩式地锚。

（3）当地锚无设计规定时，其规格和形式按相关规定选用。

桩式地锚采用木单桩时，圆木直径不小于 200mm，埋深不小于 1.7m，并在桩的前上方和后下方设 2 根横挡木。采用脚手钢管（DN48）或角钢（L75×6）时，不少于 2 根，并排设置间距不小于 0.5m，打入深度不小于 1.7m，桩顶部应有缆风绳防滑措施。

（4）地锚的位置应满足对缆风绳的设置要求。

4. 提升机的安装与拆除要求

1）提升机安装前的准备工作

（1）根据施工现场工作条件及设备情况编制架体的安装方案。

（2）对作业人员根据方案进行安全技术交底，确定指挥人员与信号，提升人员必须持证上岗。

（3）划定安全警戒区域，指定监护人员，非工作人员不得进入警戒区内。

（4）提升机架体的实际安装高度不得超出设计所允许的最大高度，并做好以下检查，内容包括：

① 金属结构的成套性和完好性。

② 提升机构是否完整良好。

③ 电气设备是否齐全可靠。

④ 基础位置和做法是否符合要求。

⑤ 地锚位置、连墙杆（附墙杆）、连接埋件的位置是否正确和埋设牢靠。

⑥ 提升机周围环境条件有无影响作业安全的因素。尤其是缆风绳是否跨越或靠近外电线路以及其他架空输电线路。必须靠近时，应保证最小距离并采取相应的安全防护措施。

2）架体安装要求

（1）每安装两个标准节（一般不大于 8m），应采取临时支撑或临时缆风绳固定。

（2）安装龙门架时，两边立柱应交替进行，每安装 2 节，除将单肢柱进行临时固定外，尚应将两立柱横向连接成一体。

（3）装设摇臂扒杆时，应符合以下要求：

① 扒杆不得装在架体的自由端。

② 扒杆底座要高出工作面，其顶部不得高出架体。

③ 扒杆与水平而夹角应为 45°～70°，转向时不得碰到缆风绳。

④ 扒杆应安装保险钢丝绳。起重吊钩应采用符合有关规定的吊具并设置吊钩上极限位装置。

（4）利用建筑物内井道做架体时，各楼层进料口处的停靠门，必须与司机操作处装设的层站标志灯进行联锁，阴暗处应装照明。

（5）架体各节点的螺栓必须紧固，螺栓应符合孔径要求，严禁扩孔和开孔，更不得漏装或以钢丝代替。

（6）物料提升机架体应随安装随固定，节点采用设计图纸规定的螺栓连接不得任意扩孔。

（7）物料提升稳固架体的缆风绳必须采用钢丝绳。附墙杆必须与物料提升机架体材质相同，严禁将附墙杆连接在脚手架上，必须可靠地与建筑结构相连接。架体顶端自由高度与附墙间距应符合设计要求。

（8）物料提升机卷扬机应安装在视线良好、远离危险的作业区域。钢丝绳应能在卷筒上整齐排列，其吊篮处于最低工作位置时，卷筒上应留有不少于 3 圈的钢丝绳。

（9）安装精度应符合以下规定：

① 新制作的提升机，架体安装的垂直偏差，最大不应超过架体高度的 0.5%。多次使用过的提升机，在重新安装时，其偏差不应超过 0.3%，并不得超过 200mm。

② 井架截面内，两对角线长度公差不得超过最大边长尺寸的 0.3%。

③ 导轨接点截面错位不大于 1.5mm。

④ 吊篮导轨与导轨的安装间隙，应控制在 5～10mm。

（10）架体安装完毕后，企业必须组织有关职能部门和人员对提升机进行试验和验收，检查验收合格后，方能交付使用，并挂上验收合格牌。

3）架体拆除要求

（1）拆除前应做必要的检查，其内容包括：

① 查看提升机与建筑物的连接情况，特别是有否与脚手架连接的现象。

② 查看提升机体有无其他牵拉物。

③ 临时缆风绳及地描的设置情况。

④ 架体或地梁与基础的连接情况。

（2）提升机的安装和拆卸工作必须按照施工方案进行，并设专人统一指挥。

（3）物料提升机采用旋转法整体安装或拆卸时，必须对架体采取加固措施，拆卸时必须待起重机吊点索具垂直拉紧后，方可松开缆风绳或拆除附墙杆件；安装时，必须将缆风绳与地锚拉紧或附墙杆与墙体连接牢靠后，起重机方可摘钩。

（4）在拆除缆风绳或附墙架前，应先设置临时缆风绳或支撑，确保架体自由高度不得大于两个标准节（一般不大于 8m）。

（5）拆除作业中，严禁从高处向下抛掷物件。

（6）拆除作业宜在白天进行，夜间确需作业的应有良好的照明，因故中断作业时，应采取临时稳固措施。

5. 提升机的安全隐患及安全使用

1）物料提升机的常见安全隐患及原因分析

（1）设计制造

一些企业为减少资金投入，自行制造龙门架或井架，但缺乏相应技术人员，未经设计计算和有关部门的验收便投入使用，严重危及提升机的安全使用。

有些工地因施工需要，盲目改制提升机或不按图纸的要求搭设，任意修改原设计参数，出现架体超高，随意增大额定起重量、提高起升速度等现象，给架体的稳定、吊篮的安全运行带来诸多事故隐患。

（2）安全装置不全或设置不当、失灵

未按规范要求设置安全装置或安全装置设置不当，如上极限限位器设置在越程距离上过小（小于 3m）或设置的位置和触动方式不合理，使上极限越程不能有效地及时切断电源，一旦发生误操作或电气故障等情况，将产生吊篮冒顶、钢丝绳拉断、吊篮坠落等严重事故。

此外，由于平时对各类安全装置疏于检查和维修，致使安全装置功能失灵而未察觉，提升机带病运行，安全隐患严重。

（3）架体的安装与拆除

架体的安装与拆除前未制定装拆方案和相应的安全技术措施、作业人员无证上岗、施工前未进行详尽的安全技术交底、作业中违章操作等，以致发生人员高处坠落、架体坍塌、落物伤人等事故。

另外，架体在安装过程中，对基础处理、连墙杆的设置不当，也给提升机的安全运行带来严重的隐患；基础面不平整或水平偏差大于 10mm，严重影响架体的垂直度；连墙杆或缆风墙的随意设置，或与脚手架连接，或选用材料不符合要求等都将影响架体的稳定性。

（4）使用和管理不当

① 违章乘坐吊篮上下。个别人员违反规定乘坐吊篮时恰逢其他事故隐患发生，致使人员坠落伤亡。

② 严重超载。在物料提升机的使用过程中，不严格按提升机额定荷载控制物料重量，使吊篮与架体或卷扬机长期在超负荷工况下运行，导致架体变形、钢丝绳断裂、吊篮坠落等恶性事故的发生，若架体基础和连墙杆处理不当，甚至可发生架体整体坍塌、机毁人亡的严重后果。

③ 无通信或联络装置或装置失灵。提升机缺乏必要的通信联络装置或装置失灵，使司机无法清楚看到吊篮需求信号，各楼层作业人员无法知道吊篮的运行情况，有些人甚至打开楼层通道门，站在通道口并将脑袋伸入架体内观察吊篮运行情况，从而导致人员高处坠落，或被刚好下降的吊篮夹住脑袋，有的当场死亡，有的卡住脑袋或肩部后将人从卸料平台拖进架体内坠落死亡。

④ 此外物料提升机未经验收便投入使用，缺乏定期检查和维修保养，电气设备不符规范要求，卷扬机设置位置不合理等都将引起安全事故。

2）物料提升机的安全使用和管理

（1）提升机安装后，应由主管部门组织有关人员按规范和设计的要求进行检查验收，确定合格后发给使用证，方可交付使用。

（2）由专职司机操作。升降机司机应经专门培训，人员要相对稳定，每班开机前，应对卷扬机、钢丝绳、地锚、缆风绳等进行检查，并进行空车运行，确认各类安全装置安全可靠后方能投入工作。

（3）每班作业前，应对物料提升机架体、缆风绳、附墙架及各安全防护装置等进行检查，并经空载运行试验，确认符合要求后，方可投入使用。

（4）物料提升机运行时，物料在吊篮内应均匀分配，不得超载运行和物料超出吊篮外运行。

（5）物料提升机作业时，应设置统一信号指挥，当无可靠联系措施时，司机不得开机；高架提升机应使用通信装置联系，或设置摄像显示装置。

（6）设有起重扒杆的物料提升机，作业时，其吊篮与起重扒杆不得同时使用。

（7）不得随意拆除物料提升机安全装置，发现安全装置失灵时，应立即停机修复。

（8）提升机在工作状态下，不得进行保养、维修、排除故障等工作，若要进行则应切断电源并在醒目处挂"有人检查，禁止合闸"的标志牌，必要时应设专人监护。

（9）严禁人员攀登物料提升机或乘其吊篮上下。

（10）作业结束时，司机应降下吊篮，切断电源，锁好控制电箱门，防止其他无证人员擅自启动提升机。

（11）物料提升机司机下班或司机暂时离机，必须将吊篮降至地面，并切断电源，锁好电箱。

四、施工升降机

施工升降机是高层建筑施工中运送施工人员上下及建筑材料和工具设备必备的和重要的垂直运输设施。施工升降机又称为施工电梯，是一种使工作笼（吊笼）沿导轨做垂直（或倾斜）运动的机械。施工升降机在中、高层建筑施工中采用较为广泛，另外还可作为仓库、码头、船坞、高塔、高烟囱长期使用的垂直运输机械。施工升降机按其传动形式可分为齿轮齿条式、钢丝绳式和混合式三种。

1. 施工升降机的基本构造

常用的建筑施工升降机是由钢结构（天轮架、吊笼、导轨架、前附着架、后附着架和底笼）、驱动装置（电动机、涡轮减速箱、齿轮、齿条、钢丝绳及配重）、安全装置（限速器、制动器、限位器、行程开关及缓冲弹簧）和电器设备（操纵装置、电缆及电缆筒）四部分组成。

2. 施工升降机的安全装置

（1）限速器。齿条驱动的建筑施工升降机，为了防止吊笼坠落均装有锥鼓式限速器，并可分为单向式和双向式两种，单向限速器只能沿吊笼下降方向起限速作用，双向限速器则可以沿吊笼的升降两个方向起限速作用。

当齿轮达到额定限制转速时，限速器内的离心块在离心力与重力作用下，推动制动轮，并逐渐增大制动力矩，直到将工作笼制动在导轨架上为止。在限速器制动的同时，导向板切断驱动电动机的电源。限速器每次动作后，必须进行复位，即使离心块与制动轮的凸齿脱开，并确认传动机构的电磁制动作用可靠，方能重新工作（限速器应按规定期限进行性能检测）。

（2）缓冲弹簧。在建筑施工升降机底笼的底盘上装有缓冲弹簧，以便当吊笼发生坠落事故时，减轻吊笼的冲击，同时保证吊笼和配重下降着地时呈柔性接触，缓冲吊笼和配重着地时的冲击。

缓冲弹簧有圆锥卷弹簧和圆柱螺旋弹簧两种。一般情况下，每个吊笼对应的底架上装有两个圆锥底弹簧。也有采用四个圆柱螺旋弹簧的。

（3）上、下限位器。它是为防止吊笼上、下时超过需停位置，因司机误操作和电气故障等原因继续上行或下降引发事故而设置的装置，安装在吊轨架和吊笼上，属于自动复位型的装置。

（4）上、下极限限位器。上、下极限限位器是在上、下限位器不起作用时，当吊笼运行超过限位开关和越程后，能及时切断电源使吊笼停车。极限限位器是非自动复位型，动作后只能手动复位才能使吊笼重新启动。极限限位器安装在导轨器或吊笼上（越程是指限位开关与极限限位开关之间所规定的安全距离）。

（5）安全钩。安全钩是为防止吊笼到达预先设定位置，上限位器和上极限限位器因各种原因不能及时动作，吊笼继续向上运行，将导致吊笼冲击导轨架顶部而发生倾翻坠落事故而设置的。安全钩是安装在吊笼上部的重要也是最后一道安全装置，它能使吊笼上行到导轨架顶部的时候，安全钩钩住导轨架，保证吊笼不发生倾翻坠落事故。

（6）急停开关。当吊笼在运行过程中发生各种原因的紧急情况时，司机能在任何时候按下急停开关，使吊笼停止运行。急停开关必须是非自行复位的安全装置，安装在吊笼顶部。

（7）吊笼门、底笼门连锁装置。施工升降机的吊笼门、底笼门均装有电气连锁开关，它们能有效地防止因吊笼或底笼门未关闭就启动运行而造成人员坠落和物料滚落，只有当吊笼门和底笼门完全关闭时才能启动运行。

（8）楼层通道门。施工升降机与各楼层均搭设了运料和人员进出的通道，在通道口与升降机接合部必须设置楼层通道门。此门在吊笼上下运行时处于常闭状态，只有庄吊笼停靠时才能由吊笼内的人打开。应做到楼层内的人员无法打开此门，以确保通道口处在封闭的条件下不出现危险的边缘。楼层通道门的高度应不低于 1.8m，门的下沿离通道面不应超过 50mm。

（9）通信装置。由于司机的操作室位于吊笼内，无法知道各楼层的需求情况和分辨不清哪个层面发出信号，因此必须安装一个闭路的双向电气通信装置，司机应能听到或看到每一层的需求信号。

（10）地面出入口防护棚。升降机在安装完毕时，应及时搭设地面出入后的防护棚。防护棚搭设的材质要选用普通脚手架钢管，防护棚长度不应小于 5m，有条件的可与地面通道防护棚连接起来。宽度应不小于升降机底笼最外部尺寸。其顶部材料可采用 50mm 厚木板或两层竹笆。上下竹笆间距应不小于 600mm。

3. 施工升降机的安装与拆卸要求

1）施工升降机每次安装与拆卸作业之前，企业应根据施工现场工作环境及辅助设备情况编制安装拆卸方案，经企业技术负责人审批同意后方能实施。

2）升降机的装拆作业必须由经当地建设行政主管部门认可、持有相应的装拆资质证书的专业单位实施。

3）每次安装或拆除作业之前，应对作业人员按不同的工种和作业内容进行详细的技术、安装交底。

4）参与装拆作业的人员必须持有专门的资格证书。

5）升降机每次安装后，施工企业应当组织有关职能部门和专业人员对升降机进行必要的试验和验收。确认合格后应当向当地建设行政主管部门认定的检测机构申报，经专业检测机构检测合格后，才能正式投入使用。

6）施工升降机在安装作业前，应对升降机的各部件做如下检查：

（1）导轨架、吊笼等金属结构的成套性和完好性。

（2）传动系统的齿轮、限速器的装配精度及其接触长度。

（3）电气设备主电路和控制电路是否符合国家规定的产品标准。

（4）基础位置和做法是否符合该产品的设计要求。

（5）附墙架设置处的混凝土强度和螺栓孔是否符合安装条件。

（6）各安全装置是否齐全，安装位置是否正确牢固，各限位开关动作是否灵敏、可靠。

（7）升降机安装作业环境有无影响作业安全的因素。

7）安装作业应严格按照预先制定的安装方案和施工工艺要求实施，安装过程中有专人统一指挥，划出警戒区域，并有专人监控。

8）施工升降机处于安装工况，应按照现行国家标准《施工升降机检验规则》（GB 10053）及说明书的规定，依次进行不少于两节导轨架标准节的接高试验。

9）施工升降机导轨架接高标准节的同时，必须按说明书规定进行附墙连接，导轨架顶部悬臂部分不得超过说明书规定的高度。

10）施工升降机吊笼与吊杆不得同时使用。吊笼顶部应装设安全开关，当人员在吊笼顶部作业时，安全开关应处于吊笼不能启动的断路状态。

11）有对重的施工升降机在安装或拆卸过程吊笼处于无对重运行时，应严格控制吊笼内的载荷和避免超速刹车。

12）施工升降机安装或拆卸导轨架作业不得与铺设或拆除各层通道作业上下同时进行。当搭设或拆除楼层通道时，吊笼严禁运行。

13）施工升降机拆卸前，应对各机构、制动器及附墙进行检查，确认正常时，方可进行拆卸工作。

14）作业人员应按高处作业的要求，系好安全带。

15）拆卸时严禁将物件从高处向下抛掷。

16）安装与拆卸工作宜在白天进行，遇恶劣天气应停止作业。

4. 施工升降机的事故隐患及安全使用

1）事故隐患及其产生的原因

施工升降机是一种危险性较大的设备，易导致重大伤亡事故。常见的事故隐患及其产生的原因主要有：

（1）施工升降机的装拆。

① 一些施工企业将施工升降机的装拆作业发包给无相应装拆资质的队伍或个人，或装拆单位虽有相应资质，但由于业务量多而人手不足时，盲目开展众多的拆装业务，致使技术力量与经培训持有拆装资格的人员缺少，给施工升降机的装拆质量和安全运行造成极大的威胁。

② 不按施工升降机装拆方案施工或根本无装拆方案，即使有方案也无针对性，且缺乏必要的审批手续，拆装过程中也无专人统一指挥。

③ 施工升降机完成安装作业后即投入使用，不履行相关的验收手续和必经的试验程序。甚至不向当地建设行政主管部门指定的专业检测机构申报检测，以致发生机械、电气故障和各类事故。

④ 装拆人员未经专业培训即上岗作业。

⑤ 装拆作业前未进行详细的、有针对性的安全技术交底，作业时又缺乏必要的监护措施，现场违章作业随处可见，极易发生高处坠落、落物伤人等重大事故。

（2）安全装置装设不当甚至不装，使得吊笼在运行过程中一旦发生故障而安全装置无法发挥作用。如常见的有上极限限位器安装位置与上限位开关之间的越程距离大于规定要求（SC 型升降机的规定越程为 0.15 m），而安全钩安装位置也不符合设计要求，使得上极限限位开关在紧急情况下不能及时动作，安全钩也不能发挥作用，吊笼冲出轨道，发生吊笼坠落的重大事故。

（3）施工升降机的司机未持证上岗，或司机离开驾驶室时未关闭电源，使无证人员有机会擅自开动升降机，一旦遇到意外情况不知所措，酿成事故。

（4）楼层门设置不符要求，层门净高偏低，使有些运料人员把头伸出门外观察吊笼运作情况时，被正好落下的吊笼卡住脑袋甚至切断，发生恶性伤亡事故；有些楼层门可从楼层内打开，使得通道口成为危险的临边口，造成人员坠落或物料坠落伤人的事故。

（5）不按升降机额定荷载控制人员数量和物料重量，使升降机长期处于超载运行的状态，导致吊笼及其他受力部件变形，给升降机的安全运行带来了严重的安全隐患。

（6）不按设计要求及时配置配重，又不将额定荷载减半，非常不利于升降机的安全运行。

（7）限速器未按规定进行每三个月一次的坠落试验，一旦发生吊笼下坠失速，限速器失灵必将产生严重后果。

另外，金属结构和电气金属外壳不接地或接地不符安全要求，悬扎配重的钢丝绳安全系数达不到8倍，电气装置不设置相序和断相保护器等都是施工升降机使用过程中常见的事故通病。

2）施工升降机的安全使用和管理

（1）施工企业必须建立健全施工升降机的各类管理制度。落实专职机构和专职管理人员，明确各级安全使用和管理责任制。

（2）建立和执行定期检查和维修保养制度，每周或每月对升降机进行全面检查，对查出的隐患按"三定"原则落实整改。整改后须经有关人员复查确认符合安全要求后，方能使用。

（3）驾驶升降机的司机应经有关行政主管部门培训合格的专职人员，严禁无证操作。

（4）司机应做好日常检查工作，即在电梯每班首次运行时，应分别做空载和满载试运行，将梯笼升高离地面0.5m处停车，检查制动器的灵敏性和可靠性，确认正常后方可投入使用。

（5）司机因故离开吊笼及下班时，应将吊笼降至地面，切断总电源并锁上电箱门，以防止其他无证人员擅自开动吊笼。

（6）确保通信装置的完好，司机应当在确认信号后方能开动升降机，作业中无论任何人在任何楼层发出紧急停车信号，司机都应当立即执行。

（7）施工升降机额定荷载试验在每班首次载重运行时，应从最低层开始上升，不得自上而下运行，当吊笼升高离地面1～2m时，停机试验制动器的可靠性。

（8）梯笼乘人、载物时，应尽量使荷载均匀分布，严禁超载使用。

（9）升降机应按规定单独安装接地保护和避雷装置。

（10）升降机运行至最上层和最下层时，严禁以碰撞上、下限位开关来实现停车。

（11）各停靠层的运料通道两侧必须有良好的防护。楼层门应处于常闭状态，其高度应符合规范要求，任何人不得擅自打开或将头伸出门外，当楼层门未关闭时，司机不得开动电梯。

（12）严禁在升降机运行状态下进行维修保养工作。若需维修，必须切断电源并在醒目处挂上"有人检修，禁止合闸"的标志牌，并有专人监护。

（13）施工升降机的防坠安全器，不得任意拆检调整，应按规定的期限，由生产厂或指定的认可单位进行鉴定或检修。

（14）风力达6级以上，应停止使用升降机，并将吊笼降至地面。

第七节　房屋拆除安全措施

一、拆除工程的施工方法

拆除工程的施工方法，首先要考虑安全，然后考虑经济、节约人力、工期和扰民问题，尽量保存有用的建筑材料。

为了保证安全拆除，必须先了解拆除对象的结构，弄清组成房屋的各部分结构构件的传力关系，就能合理地确定拆除顺序和方法。

一般说来，房屋由屋顶板或楼板、屋架或梁、砖墙或柱、基础四大部分组成。其传力途径为：屋顶板或楼板→屋架或梁→砖墙或柱→基础。

拆除的顺序，原则上就是按受力的主次关系，或者说按传力关系的次序来确定。即先拆最次要的受力构件，然后拆次之受力构件，最后拆最主要受力构件，即拆除顺序为：屋顶板→屋架或梁→承重砖墙或柱基础。如此由上至下，一层一层地往下拆。至于不承重的维护结构，如不承重的砖墙、隔断墙可以最先拆，但有的砖墙虽不承重，但起到了木柱的支撑作用，这样的情况就不急于先拆砖墙，可以待到拆木柱时一起拆。

除了摸清上部结构的情况之外，还必须弄清基础地基的情况，否则也要出问题，例如房屋建在浅土的地基上，原先屋盖把墙拉在一起成为整体，当屋盖拆除之后，由于地面水浸泡地基松软，砖墙向外倒造成伤亡事故。

1. 人工拆除

1）拆除对象

砖木结构、混合结构以及上述结构的分离和部分保留的拆除。

2）拆除顺序

屋面瓦→望板→椽子→楞子→架或木架→砖墙（或木柱）→基础。

3）拆除方法

人工用简单的工具，如撬棍、铁锹、瓦刀等。上面几个人拆，下面几个人接运拆下的建筑材料。至于砖墙的拆除方法一般不许用推倒或拉倒的方法，而是自上而下拆除，如果必须采用推倒或拉倒方法，必须有人统一指挥，待人员全部撤离到墙倒范围之外方可进行。拆屋架时可用简单的起重设备、三木塔。

4）施工特点

（1）施工人员实地操作，进行高空作业，危险性大。

（2）劳动强度大，拆除速度慢，工期长。

（3）气候影响大。

（4）易于保留部分建筑物。

2. 机械拆除

1）拆除对象

拆除混合结构、框架结构、板式结构等高度不超过 30m 的建筑物、构筑物及各类基础和地下构筑物。

2）拆除方法

使用大型机械如挖掘机、镐头机、重锤机等对建（构）筑物实施解体和破碎。

3）施工特点

（1）施工人员无须直接接触拆除点，无须高空作业，危险性小。

（2）劳动强度小，拆除速度快，工期短。

（3）作业时扬尘较大，必须采取湿作业法。

3. 人工与机械相结合的方法

1）拆除对象

混合结构多层楼房。

2）拆除顺序

屋顶防水和保温屋→屋顶混凝土和预制楼板→屋顶梁→顶层砖墙→楼层楼板→楼板下的梁→下层砖墙，如此逐层往下拆，最后拆基础。

3）拆除方法

人工与机械配合，人工剔凿，用机械将楼板、梁等构件吊下去。人工拆砖墙，用机械吊运砖。

4. 爆破拆除

1）建筑拆除爆破的基本方法

爆破拆除用于较坚固的建筑物和构筑物以及高层建筑或构筑物的拆除。其基本方法有三种：控制爆破、静态爆破、近人爆破。

（1）控制爆破

原理：通过合理的设计和精心施工，严格控制爆炸能量和规模，将爆炸声响、飞石、振动、冲击波、破坏区域以及破碎体的散塌范围和方向，控制在规定的限度内。

特点：这种爆破方法不需要复杂的专用设备，也不受环境限制，能在爆破禁区内爆破。具有施工安全、迅速、不受破坏等优点。

适用场合：用于拆除房屋、构筑物、基础、桥梁。

（2）静态爆破

原理：将一种含有铝、镁、钙、铁、硅、磷、钛等元素的无机盐粉末状破碎剂，经水化后，产生巨大膨胀压力（可达 $30\sim50MPa$），将混凝土（抗拉强度为 $1.5\sim3MPa$）或岩石（抗拉强度为 $4\sim10MPa$）胀裂、破碎。

特点：

① 破碎剂非易燃、易爆危险品，运输、保管、使用安全。

② 爆破无振动、声响、烟尘、飞石等公害。

③ 操作简单，不需填炮孔，不用雷管，不需点炮等操作，不需专业工种。

④ 能量不如炸药爆破大，钻孔较多，破碎效果受气温影响较大，开裂时间不易控制及成本稍高等。

经过适当设计，可用于定向或某些不宜使用炸药爆破的特殊场合，对大体积脆性材料的破碎及切割效果良好，适用于混凝土、钢筋混凝土、砖石构筑物、结构物的破碎拆除及各种岩石的破碎或切割，或做二次破碎，但不适用于多孔体和高耸结构。

（3）近人爆破

近人爆破又称高能燃烧剂爆破。

原理：采用金属氧化物（二氧化锰、氧化铜）和金属还原剂（铝粉）按一定的比例组成的混合物，将其装入炮孔内，用电阻丝引燃，发生氧化—还原反应，能产生 $2192℃\pm280℃$ 的高温膨胀气体，而将混凝土破坏，但当出现胀裂，遇空气后压力急剧下降，可使混凝土不至飞散，达到切割破坏的目的。

特点：

① 爆破声响较小、振动轻微，飞石、烟尘少，安全范围可至 $0\sim3m$ 内不伤人。

② 成分稳定，不易燃烧，能短时间防潮防水，能用于 $760℃$ 以上高温，加工制作简便，不用雷管起爆，炮孔堵装作业安全，瞎炮易于处理，保存、运输及使用安全可靠。

③ 切割面比较整齐，保留部分不受损坏。

④ 采用粗铝粉和工业副产品的氧化物（二氧化锰）配制，价格低于岩石炸药。

适用场合：一般混凝土基础、柱、梁、板等的拆除及石料的开采，不宜用于不密实结构及存在空隙的结构，因这时膨胀气体容易溢出而使切割失败。

2）各类结构和构件控制爆破的方法

（1）基础松动控制爆破

对于原有混凝土、钢筋混凝土或砖石基础的爆破拆除，不求爆破量多少，主要是要将其大块整体爆裂开，以便人工拆除掉，同时不损坏周围的建筑物和设备。根据具体要求基础爆破拆除方式分两种：

① 基础整体爆破。将整个基础一次或分层全部爆破，爆破多采用炮孔法，为减少振动和达到龟裂的目的，一般采取在规定的炮孔中间增加不装药的炮孔。

② 基础切割式爆破。将基础切去一部分、保留一部分，并要求破裂面平整。一般方法是采用沿设计爆裂面顶线（即要求的切割线）密布炮孔，炮孔深度大于或等于最小抵抗线 W 或基础厚的 $0.8 \sim 0.9$ 倍。

（2）柱子、墙控制爆破

① 柱子爆破。对具有四个自由面的钢筋混凝土柱，如果柱截面积 S 的平方根小于 0.6m 时使用单排孔，炮孔布置在柱中心线上，避开钢筋成直线布置；如果大于 0.6m，布置双排孔。

② 墙爆破。对三面临空的墙、炮孔沿墙顶面中心线布置，使各方面抵抗线大致相等。如果墙的一侧有砌体或填土，则应打在靠近填土一侧墙厚 $1/3$ 处，炮孔深应等于或稍大于墙厚或墙高的 $2/3$；如墙厚大于 50cm，采用双排三角形布孔。

③ 梁爆破。梁爆破一般为单孔，沿梁高方向钻孔，孔深离梁底 $10 \sim 15$cm，对高度大、弯起钢筋多的梁可采用水平布孔，梁高在 50cm 以内采用一排，否则应设两排呈三角形布置。

④ 板爆破。对厚度不大的板类结构的拆除，一般采取浅孔分割形爆破，将大面积的整体板爆割成能装运的一些方块或长条。布孔应为双排成三角形，孔距为板厚的 $2/3$。

（3）钢筋混凝土框架结构控制爆破

① 炸毁框架全部支撑柱，使框架在自重作用下，一次冲击解体。

② 炸毁部分主要支撑柱，使框架按预定部位失稳和形成倾覆力矩，依靠结构物自重和倾覆力矩作用，完成大部分框架的解体。

③ 按一定秒差逐段炸毁框架内的必要支撑柱，使板架逐段坍塌解体，为便于解体，二三层楼板、梁和大部分主梁宜做预爆的处理。

（4）砖混结构爆破

一般采用微量装药定向爆破，通常采取将结构的多数支点或所有支点炸毁，利用结构自重使房屋按预定方向"原地倾斜倒塌"或"原地垂直下落倒塌"。

布药着重在一层及地下室的承重部分（柱或承重墙），要求倒塌方向的外墙应加大药量采用 $3 \sim 5$ 排孔，以确保定向倒塌。原地垂直下落倒塌爆破使用于侧向刚度大的砖混结构。

（5）圆筒、罐体结构水压控制爆破

水压控制爆破是在完全封闭或开口的中空容器状结构中，进行全部或部分灌水，然后在水中悬挂一定位置、深度的药包进行起爆，充分利用水的不可压缩性，传递爆破荷载，达到均匀破碎四周壁体的目的的一种爆破方法。本法具有安全简便、工效高、费用低（可节约90％～95％），可控制飞石、粉尘，破碎均匀等特点。

二、拆除工程的安全技术

1. 拆除工程的准备工作

1) 技术准备工作

(1) 熟悉被拆除建筑物（或构筑物）的竣工图纸，弄清楚建筑物的结构情况、建筑情况、水电及设备管道情况。

(2) 学习有关规范和安全技术文件。

(3) 调查周围环境、场地、道路、危房情况。

(4) 编制拆除工程施工组织设计。

(5) 向进场施工人员进行安全技术教育。

2) 现场准备

(1) 清除拆除倒塌范围内的物质、设备。

(2) 疏通运输道路及拆除施工中的临时水、电源和设备。

(3) 切断被拆建筑物的水、电、煤气、暖气管道等。

(4) 检查周围危旧房，必要时进行临时加固。

(5) 向周围群众出安民告示，在拆除危险区设置警戒标志。

3) 机械设备材料的准备

拆除的工具机器、起重运输机械和爆破拆除所需的全部爆破器材，以及爆破材料危险品临时库房。

4) 组织和劳动力准备

成立组织领导机构、组织劳动力。

5) 编制拆除工程预算。

2. 拆除工程的施工组织设计

施工组织设计是指导拆除工程施工准备和施工全过程的技术经济文件，必须由负责该项拆除工程的主管领导，组织有关技术、生产、安全、材料、机械、劳资、保卫等部门人员讨论编制，报上级主管部门审批。

1) 拆除工程施工组织设计编制原则

从实际出发，在确保人身和财产安全的前提下，选择经济、合理、扰民小的拆除方案，进行科学的组织，以实现安全、经济、快速、扰民小的目标。

2) 拆除工程施工组织设计编制的依据

(1) 被拆除建筑物的竣工图（包括结构、建筑、水、电、设备及外管线）。

(2) 施工现场勘察得来的资料和信息，拆除工程（包括爆破拆除）有关的施工验收规范、安全技术规范、安全操作规程和国家、地方有关安全技术规定。

(3) 与甲方签订的经济合同（包括进度和经济的要求）。

(4) 国家和地方有关爆破工程安全保卫的规定，以及本单位的技术装配条件。

3) 施工组织设计的内容

(1) 被拆除建筑物和周围环境的简介。着重介绍被拆除建筑结构受力情况，并附简图，同时介绍填充墙、隔断墙、装修做法，水、电、暖、煤气设备情况，周围房屋、道路、管线有关情况。所介绍的情况必须是现在的实际情况，可用现状平面图表示。

（2）施工准备工作计划。列出各项施工准备工作（包括组织领导机构、分工、组织技术、现场、设备器材、劳动力的准备工作），安排计划、落实到人。

（3）拆除方法。根据实际情况和甲方的要求，对比各种拆除方法，选择安全、经济、快速、扰民小的方法。要详细叙述拆除方法的全面内容，采用控制爆破拆除，要详细说明起爆与爆破方法、安全距离、警戒范围、保护方法、破坏情况、倒塌方向与范围，以及安全技术措施。

（4）施工部署和进度计划。

（5）劳动组织。要把各工种人员的分工及组织进行周密的安排。

（6）列出机械、设备、工具、材料的计划清单。

（7）施工总平面图。施工总平面图是施工现场各项安排的依据，也是施工准备工作的依据。施工总平面图应包括下列内容：

① 被拆除建筑物和周围建筑及地上、地下的各种管线、障碍物、道路的布置和尺寸。

② 起重吊装设备的开行路线和运输路线。

③ 爆破材料及其他危险品临时库房位置、尺寸和做法。

④ 各种机械、设备、材料以及拆除下来的建筑材料的堆放地布置。

⑤ 要表明被拆除建筑物倾倒力方向和范围、警戒区范围的位置及尺寸。

⑥ 要标明施工用水、电、办公、安全设施、消火栓位置及尺寸。

⑦ 针对所选用的拆除方法和现场情况，根据有关规定提出全面的安全技术措施。

3. 拆除工程的安全技术规定

1）建筑拆除工程必须编制专项施工组织设计并经审批备案后方可施工，其内容应包括下列各项：

（1）对作业区环境（包括周围建筑、道路、管线、架空线路）准备采取的措施说明。

（2）被拆除建筑的高度、结构类型以及结构受力简图。

（3）拆除方法设计及其安全措施。

（4）垃圾、废弃物的处理。

（5）减少对环境影响的措施，包括噪声、粉尘、水污染等。

（6）人员、设备、材料计划。

（7）施工总平面布置图。

2）拆除工程的施工，必须在工程负责人的统一指挥和经常监督下进行。工程负责人要根据施工组织设计和安全技术规程向参加拆除的工作人员进行详细的交底。

3）拆除工程在施工前，应该将电线、瓦斯煤气管道、上下水管道、供热设备等管道、干线及连通该建筑物的支线切断或迁移。

4）拆除区周围应设立围栏，挂警告牌，并派专人监护，严禁无关人员逗留。

5）拆除过程中，现场照明不得使用被拆除建筑物中的配电线，应另外设配电电路。

6）拆除作业人员，应站在脚手架或稳固的结构上操作。

7）拆除建筑物的栏杆、楼梯和楼板等，应该和整体程度相配合，不能先行拆除。建筑物的承重支柱和横梁，要等待它所承担的全部结构和荷重拆掉后才可以拆除。

8）高处拆除安全技术。

（1）高处拆除施工的原则是按建筑物建设时相反的顺序进行。应先拆高处，后拆低处；先拆非承重构件，后拆承重构件；屋架上的屋面板拆除，应由跨中向两端对称进行。不得数层同时进行交叉拆除。当拆除某一部分时，应保持未拆除部分的稳定，必要时应先加固后拆除。

（2）高处拆除作业人员必须站在稳固的结构部位上，当不能满足时，应搭设工作平台。

（3）高处拆除石棉瓦等轻型屋面工程时，严禁踩在石棉瓦上操作，应使用移动式挂梯，挂牢后操作。

（4）高处拆除时楼板上不得有多人聚集，也不得在楼板上堆放大量的材料和被拆除的构件。

（5）高处拆除时拆除的散料应从设置的溜槽中滑落，较大或较重的构件应使用吊绳或起重机吊下。严禁向下抛掷。

（6）高处拆除中每班作业休息前，应拆除至结构的稳定部位。

9）拆除建筑物一般不采用推倒方法，用推倒方法的时候，必须遵守下列规定：

（1）砍切墙根的深度不能超过墙厚的1/3，墙的厚度小于两块半砖的时候，不许进行掏掘。

（2）为防止墙壁向掏掘方向倾倒，在掏掘前，要用支撑进行撑牢。

（3）建筑物推倒前，应发出信号，待所有人员远离建筑物高度2倍以上的距离后，方可进行。

（4）在建筑物推倒塌范围内，有其他建筑物时，严禁采用推倒法。

10）采用控制爆破方法进行拆除工程应满足下列要求：

（1）严格遵守国家标准《土方与爆破工程施工及验收规范》（GB 50201）关于拆除爆破的规定。

（2）在人口稠密、交通要道等地区爆破建筑物，应采用电力或导爆索起爆，不得采用火花起爆。当采用分段起爆时，应采用毫秒雷管起爆。

（3）采用微量炸药的控制爆破，可大大减少飞石，但不能绝对控制飞石，仍应采用适当保护措施，如对低矮建筑物采取适当护盖，对高大建筑物爆破设一定安全区，避免对周围建筑物和人身的危害；爆破时，对原有蒸汽锅炉和空压机房等高压设备，应将其压力降到1～2atm。（atm为大气压单位，105Pa≈0.987atm）

（4）爆破各道工序要认真细致地操作、检查与处理，杜绝各种不安全事故发生。爆破要有临时指挥机构，便于分别负责爆破施工与起爆等有关安全工作。

（5）用爆破方法拆除建筑物部分结构的时候，应该保证其他结构部分的良好状态。爆破后，如果发现保留的结构部分有危险征兆，应采取安全措施后，再进行工作。

复习思考题

12-1　土方工程施工安全技术措施有哪些？

12-2　坑（槽）壁支护工程施工安全要点有哪些？

12-3　基坑排水安全要点有哪些？

第十三章　施工现场消防安全

第一节　总平面布局

一、概述

1) 临时用房、临时设施的布置应满足现场防火、灭火及人员安全疏散的要求。

2) 下列临时用房和临时设施应纳入施工现场总平面布局:

(1) 施工现场的出入口、围墙、围挡。

(2) 场内临时道路。

(3) 给水管网或管路和配电线路敷设或架设的走向、高度。

(4) 施工现场办公用房、宿舍、发电机房、变配电房、可燃材料库房、易燃易爆危险品库房、可燃材料堆场及其加工场、固定动火作业场等。

(5) 临时消防车道、消防救援场地和消防水源。

3) 施工现场出入口的设置应满足消防车通行的要求,并宜布置在不同方向,其数量不宜少于2个。当确有困难只能设置1个出入口时,应在施工现场内设置满足消防车通行的环形道路。

4) 施工现场临时办公、生活、生产、物料存贮等功能区宜相对独立布置,防火间距应符合规范规定。

5) 固定动火作业场应布置在可燃材料堆场及其加工场、易燃易爆危险品库房等全年最小频率风向的上风侧,并宜布置在临时办公用房、宿舍、可燃材料库房、在建工程等全年最小频率风向的上风侧。

6) 易燃易爆危险品库房应远离明火作业区、人员密集区和建筑物相对集中区。

7) 可燃材料堆场及其加工场、易燃易爆危险品库房不应布置在架空电力线下。

二、防火间距

1) 易燃易爆危险品库房与在建工程的防火间距不应小于15m,可燃材料堆场及其加工场、固定动火作业场与在建工程的防火间距不应小于10m,其他临时用房、临时设施与在建工程的防火间距不应小于6m。

2) 施工现场主要临时用房、临时设施的防火间距不应小于相关规定,当办公用房、宿舍成组布置时,其防火间距可适当减小。

(1) 每组临时用房的栋数不应超过10栋,组与组之间的防火间距不应小于8m。

(2) 组内临时用房之间的防火间距不应小于3.5m,当建筑构件燃烧性能等级为A级时,其防火间距可减少到3m。

三、消防车道

1) 施工现场内应设置临时消防车道,临时消防车道与在建工程、临时用房、可燃材料堆场及其加工场的距离不宜小于 5m，且不宜大于 40m；施工现场周边道路满足消防车通行及灭火救援要求时，施工现场内可不设置临时消防车道。

2）临时消防车道的设置应符合下列规定：

（1）临时消防车道宜为环形，设置环形车道确有困难时，应在消防车道尽端设置尺寸不小于 12m×12m 回车场。

（2）临时消防车道的净宽度和净空高度均不应小于 4m。

（3）临时消防车道的右侧应设置消防车行进路线指示标识。

（4）临时消防车道路基、路面及其下部设施应能承受消防车通行压力及工作荷载。

3）下列建筑应设置环形临时消防车道，设置环形临时消防车道确有困难时，除应设置回车场外，还应设置临时消防救援场地：

（1）建筑高度大于 2m 的在建工程。

（2）建筑工程单体占地面积大于 3000m² 的在建工程。

（3）超过 10 栋，且成组布置的临时用房。

4）临时消防救援场地的设置应符合下列规定：

（1）临时消防救援场地应在在建工程装饰装修阶段设置。

（2）临时消防救援场地应设置在成组布置的临时用房场地的长边一侧及在建工程的长边一侧。

（3）临时救援场地宽度应满足消防车正常操作要求，且不应小于 6m，与在建工程外脚手架的净距不宜小于 2m，且不宜超过 6m。

第二节　建筑防火

一、概述

（1）临时用房和在建工程应采取可靠的防火分隔和安全疏散等防火技术措施。

（2）临时用房的防火设计应根据其使用性质及火灾危险性等情况进行确定。

（3）在建工程防火设计应根据施工性质、建筑高度、建筑规模及结构特点等情况进行确定。

二、临时用房防火

1）宿舍、办公用房的防火设计应符合下列规定：

（1）建筑构件的燃烧性能等级应为 A 级。当采用金属夹芯板材时，其芯材的燃烧性能等级应为 A 级。

（2）建筑层数不应超过 3 层，每层建筑面积不应大于 300m²。

（3）层数为 3 层或每层建筑面积大于 200m² 时，应设置至少 2 部疏散楼梯，房间疏散门至疏散楼梯的最大距离不应大于 25m。

（4）单面布置用房时，疏散走道的净宽度不应小于 1.0m；双面布置用房时，疏散走道的净宽度不应小于 1.5m。

（5）疏散楼梯的净宽度不应小于疏散走道的净宽度。

（6）宿舍房间的建筑面积不应大于 30m²，其他房间的建筑面积不宜大于 100m²。

（7）房间内任一点至最近疏散门的距离不应大于 15m，房门的净宽度不应小于 0.8m；房间建筑面积超过 50m² 时，房门的净宽度不应小于 1.2m。

（8）隔墙应从楼地面基层隔断至顶板基层底面。

2）发电机房、变配电房、厨房操作间、锅炉房、可燃材料库房及易燃易爆危险品库房的防火设计应符合下列规定：

（1）建筑构件的燃烧性能等级应为 A 级。

（2）层数应为 1 层，建筑面积不应大于 200m²。

（3）可燃材料库房单个房间的建筑面积不应超过 30m²，易燃易爆危险品库房单个房间的建筑面积不应超过 20m²。

（4）房间内任一点至最近疏散门的距离不应大于 10m，房门的净宽度不应小于 0.8m。

3）其他防火设计应符合下列规定：

（1）宿舍、办公用房不应与厨房操作间、锅炉房、变配电房等组合建造。

（2）会议室、文化娱乐室等人员密集的房间应设置在临时用房的第一层，其疏散门应向疏散方向开启。

三、在建工程防火

1）在建工程作业场所的临时疏散通道应采用不燃、难燃材料建造，并应与在建工程结构施工同步设置，也可利用在建工程施工完毕的水平结构、楼梯。

2）在建工程作业场所临时疏散通道的设置应符合下列规定：

（1）耐火极限不应低于 0.5h。

（2）设置在地面上的临时疏散通道，其净宽度不应小于 1.5m。

（3）利用在建工程施工完毕的水平结构、楼梯作临时疏散通道时，其净宽度不宜小于 1.0m。

（4）用于疏散的爬梯及设置在脚手架上的临时疏散通道，其净宽度不应小于 0.6m。

（5）临时疏散通道不宜采用爬梯，确需采用时，应采取可靠固定措施。

（6）临时疏散通道为坡道，且坡度大于 25°时，应修建楼梯或台阶踏步或设置防滑条。

（7）临时疏散通道的侧面为临空面时，应沿临空面设置高度不小于 1.2m 的防护栏杆。

（8）临时疏散通道设置在脚手架上时，脚手架应采用不燃材料搭设。

（9）临时疏散通道应设置明显的疏散指示标志。

（10）临时疏散通道应设置照明设施。

3）既有建筑进行扩建、改建施工时，必须明确划分施工区和非施工区。施工区不得营业、使用和居住；非施工区继续营业、使用和居住时，应符合下列规定：

（1）施工区和非施工区之间应采用不开设门、窗、洞口的耐火极限不低于 3.0h 的不燃烧体隔墙进行防火分隔。

（2）施工区的消防安全应配有专人值守，发生火情应能立即处置。

（3）非施工区内的消防设施应完好和有效，疏散通道应保持畅通，并应落实日常值班及消防安全管理制度。

（4）施工单位应向居住和使用者进行消防宣传教育，告知建筑消防设施、疏散通道的位置及使用方法，同时应组织疏散演练。

（5）外脚手架搭设不应影响安全疏散、消防车正常通行及灭火救援操作，外脚手架搭设长度不应超过该建筑物外立面周长的1/2。

4）外脚手架、支模架的架体宜采用不燃或难燃材料搭设，下列工程的外脚手架、支模架的架体应采用不燃材料搭设：

（1）高层建筑。

（2）既有建筑改造工程。

5）下列安全防护网应采用阻燃型安全防护网：

（1）高层建筑外脚手架的安全防护网。

（2）既有建筑外墙改造时，其外脚手架的安全防护网。

（3）临时疏散通道的安全防护网。

6）作业场所应设置明显的疏散指示标志，其指示方向应指向最近的临时疏散通道入口。

7）作业层的醒目位置应设置安全疏散示意图。

第三节　临时消防设施

一、概述

（1）施工现场应设置灭火器、临时消防给水系统和应急照明等临时消防设施。

（2）临时消防设施应与在建工程的施工同步设置。房屋建筑工程中，临时消防设施的设置与在建工程主体结构施工进度的差距不应超过3层。

（3）在建工程可利用已具备使用条件的永久性消防设施作为临时消防设施。当永久性消防设施无法满足使用要求时，应增设临时消防设施，并应符合规范的有关规定。

（4）施工现场的消火栓泵应采用专用消防配电线路。专用消防配电线路应自施工现场总配电箱的总断路器上端接入，且应保持不间断供电。

（5）地下工程的施工作业场所宜配备防毒面具。

（6）临时消防给水系统的贮水池、消火栓泵、室内消防竖管及水泵接合器等应设置醒目标识。

二、灭火器

1）在建工程及临时用房的下列场所应配置灭火器：

（1）易燃易爆危险品存放及使用场所。

（2）动火作业场所。

（3）可燃材料存放、加工及使用场所。

（4）厨房操作间、锅炉房、发电机房、变配电房、设备用房、办公用房、宿舍等临时用房。

（5）其他具有火灾危险的场所。

2）施工现场灭火器配置应符合下列规定：

（1）灭火器的类型应与配备场所可能发生的火灾类型相匹配。

（2）灭火器的最低配置标准应符合相关规定。

（3）灭火器的配置数量应按现行国家标准《建筑灭火器配置设计规范》（GB 50140）的有关规定经计算确定，且每个场所的灭火器数量不应少于 2 具。

（4）灭火器的最大保护距离应符合相关规定。

三、临时消防给水系统

1）施工现场或其附近应设置稳定、可靠的水源，并应能满足施工现场临时消防用水的需要。

2）消防水源可采用市政给水管网或天然水源。当采用天然水源时，应采取确保冰冻季节、枯水期最低水位顺利取水的措施，并应满足临时消防用水量的要求。

3）临时消防用水量应为临时室外消防用水量与临时室内消防用水量之和。

4）临时室外消防用水量应按临时用房和在建工程的临时室外消防用水量的较大者确定，施工现场火灾次数可按同时发生 1 次确定。

5）临时用房建筑面积之和大于 1000m² 或在建工程单体体积大于 10000m³ 时，应设置临时室外消防给水系统。当施工现场处于市政消火栓 150m 保护范围内，且市政消火栓的数量满足室外消防用水量要求时，可不设置临时室外消防给水系统。

6）临时用房的临时室外消防用水量不应小于相关规定。

7）在建工程的临时室外消防用水量不应小于相关规定。

8）施工现场临时室外消防给水系统的设置应符合下列规定：

（1）给水管网宜布置成环状。

（2）临时室外消防给水干管的管径，应根据施工现场临时消防用水量和干管内水流计算速度计算确定，且不应小于 DN100。

（3）室外消火栓应沿在建工程、临时用房和可燃材料堆场及其加工场均匀布置，与在建工程、临时用房和可燃材料堆场及其加工场的外边线的距离不应小于 5m。

（4）消火栓的间距不应大于 120m。

（5）消火栓的最大保护半径不应大于 150m。

9）建筑高度大于 24m 或单体体积超过 30000m³ 的在建工程，应设置临时室内消防给水系统。

10）在建工程的临时室内消防用水量不应小于相关规定。

11）在建工程临时室内消防竖管的设置应符合下列规定：

（1）消防竖管的设置位置应便于消防人员操作，其数量不应少于 2 根，当结构封顶时，应将消防竖管设置成环状。

（2）消防竖管的管径应根据在建工程临时消防用水量、竖管内水流计算速度计算确定，且不应小于 DN100。

12）设置室内消防给水系统的在建工程，应设置消防水泵接合器。消防水泵接合器应设置在室外便于消防车取水的部位，与室外消火栓或消防水池取水口的距离宜为 15～40m。

13）设置临时室内消防给水系统的在建工程，各结构层均应设置室内消火栓接口及消防软管接口，并应符合下列规定：

（1）消火栓接口及软管接口应设置在位置明显且易于操作的部位。

（2）消火栓接口的前端应设置截止阀。

（3）消火栓接口或软管接口的间距，多层建筑不应大于50m，高层建筑不应大于30m。

14）在建工程结构施工完毕的每层楼梯处应设置消防水枪、水带及软管，且每个设置点不应少于2套。

15）高度超过100m的在建工程，应在适当楼层增设临时中转水池及加压水泵。中转水池的有效容积不应少于$10m^3$，上下两个中转水池的高差不宜超过100m。

16）临时消防给水系统的给水压力应满足消防水枪充实水柱长度不小于10m的要求；给水压力不能满足要求时，应设置消火栓泵，消火栓泵不应少于2台，且应互为备用；消火栓泵宜设置自动启动装置。

17）当外部消防水源不能满足施工现场的临时消防用水量要求时，应在施工现场设置临时贮水池。临时贮水池宜设置在便于消防车取水的部位，其有效容积不应小于施工现场火灾延续时间内一次灭火的全部消防用水量。

18）施工现场临时消防给水系统应与施工现场生产、生活给水系统合并设置，但应设置将生产、生活用水转为消防用水的应急阀门。应急阀门不应超过2个，且应设置在易于操作的场所，并应设置明显标识。

19）严寒和寒冷地区的现场临时消防给水系统应采取防冻措施。

四、应急照明

1）施工现场的下列场所应配备临时应急照明：

（1）自备发电机房及变配电房。

（2）水泵房。

（3）无天然采光的作业场所及疏散通道。

（4）高度超过100m的在建工程的室内疏散通道。

（5）发生火灾时仍需坚持工作的其他场所。

2）作业场所应急照明的照度不应低于正常工作所需照度的90%，疏散通道的照度值不应小于0.5lx。

3）临时消防应急照明灯具宜选用自备电源的应急照明灯具，自备电源的连续供电时间不应小于60min。

第四节　防火管理

一、概述

1）施工现场的消防安全管理应由施工单位负责。

实行施工总承包时，应由总承包单位负责。分包单位应向总承包单位负责，并应服从总承包单位的管理，同时应承担国家法律、法规规定的消防责任和义务。

2）监理单位应对施工现场的消防安全管理实施监理。

3）施工单位应根据建设项目规模、现场消防安全管理的重点，在施工现场建立消防安全管理组织机构及义务消防组织，并应确定消防安全负责人和消防安全管理人员，同时应落实相关人员的消防安全管理责任。

4）施工单位应针对施工现场可能导致火灾发生的施工作业及其他活动，制定消防安全管理制度。消防安全管理制度应包括下列主要内容：

（1）消防安全教育与培训制度。

（2）可燃及易燃易爆危险品管理制度。

（3）用火、用电、用气管理制度。

（4）消防安全检查制度。

（5）应急预案演练制度。

5）施工单位应编制施工现场防火技术方案，并应根据现场情况变化及时对其修改、完善。防火技术方案应包括下列主要内容：

（1）施工现场重大火灾危险源辨识。

（2）施工现场防火技术措施。

（3）临时消防设施、临时疏散设施配备。

（4）临时消防设施和消防警示标识布置图。

6）施工单位应编制施工现场灭火及应急疏散预案。灭火及应急疏散预案应包括下列主要内容：

（1）应急灭火处置机构及各级人员应急处置职责。

（2）报警、接警处置的程序和通信联络的方式。

（3）扑救初起火灾的程序和措施。

（4）应急疏散及救援的程序和措施。

7）施工人员进场时，施工现场的消防安全管理人员应向施工人员进行消防安全教育和培训。消防安全教育和培训应包括下列内容：

（1）施工现场消防安全管理制度、防火技术方案、灭火及应急疏散预案的主要内容。

（2）施工现场临时消防设施的性能及使用、维护方法。

（3）扑灭初起火灾及自救逃生的知识和技能。

（4）报警、接警的程序和方法。

8）施工作业前，施工现场的施工管理人员应向作业人员进行消防安全技术交底。消防安全技术交底应包括下列主要内容：

（1）施工过程中可能发生火灾的部位或环节。

（2）施工过程应采取的防火措施及应配备的临时消防设施。

（3）初起火灾的扑救方法及注意事项。

（4）逃生方法及路线。

9）施工过程中，施工现场的消防安全负责人应定期组织消防安全管理人员对施工现场的消防安全进行检查。消防安全检查应包括下列主要内容：

（1）可燃物及易燃易爆危险品的管理是否落实。

（2）动火作业的防火措施是否落实。

（3）用火、用电、用气是否存在违章操作，电、气焊及保温防水施工是否执行操作规程。

（4）临时消防设施是否完好有效。

（5）临时消防车道及临时疏散设施是否畅通。

10）施工单位应依据灭火及应急疏散预案，定期开展灭火及应急疏散的演练。

11）施工单位应做好并保存施工现场消防安全管理的相关文件和记录，并应建立现场消防安全管理档案。

二、可燃物及易燃易爆危险品管理

1）用于在建工程的保温、防水、装饰及防腐等材料的燃烧性能等级应符合设计要求。

2）可燃材料及易燃易爆危险品应按计划限量进场。进场后，可燃材料宜存放于库房内，露天存放时，应分类成垛堆放，垛高不应超过 2m，单垛体积不应超过 50m³，垛与垛之间的最小间距不应小于 2m，且应采用不燃或难燃材料覆盖；易燃易爆危险品应分类专库储存，库房内应通风良好，并应设置严禁明火标志。

3）室内使用油漆及其有机溶剂、乙二胺、冷底子油等易挥发产生易燃气体的物资作业时，应保持良好通风，作业场所严禁明火，并应避免产生静电。

4）施工产生的可燃、易燃建筑垃圾或余料，应及时清理。

三、用火、用电、用气管理

1）施工现场用火应符合下列规定：

（1）动火作业应办理动火许可证；动火许可证的签发人收到动火申请后，应前往现场查验并确认动火作业的防火措施落实后，再签发动火许可证。

（2）动火操作人员应具有相应资格。

（3）焊接、切割、烘烤或加热等动火作业前，应对作业现场的可燃物进行清理；作业现场及其附近无法移走的可燃物应采用不燃材料对其覆盖或隔离。

（4）施工作业安排时，宜将动火作业安排在使用可燃建筑材料的施工作业前进行。确需在使用可燃建筑材料的施工作业之后进行动火作业时，应采取可靠的防火措施。

（5）裸露的可燃材料上严禁直接进行动火作业。

（6）焊接、切割、烘烤或加热等动火作业应配备灭火器材，并应设置动火监护人进行现场监护，每个动火作业点均应设置 1 名监护人。

（7）遇五级（含五级）以上风力天气时，应停止焊接、切割等室外动火作业；确需动火作业时，应采取可靠的挡风措施。

（8）动火作业后，应对现场进行检查，并应在确认无火灾危险之后，动火操作人员再行离开。

（9）具有火灾、爆炸危险的场所严禁明火。

（10）施工现场不应采用明火取暖。

（11）厨房操作间炉灶使用完毕后，应将炉火熄灭，排油烟机及油烟管道应保证定期清理油垢。

2）施工现场用电应符合下列规定：

（1）施工现场供用电设施的设计、施工、运行和维护应符合现行国家标准《建设工程施工现场供用电安全规范》（GB 50194）的有关规定。

（2）电气线路应具有相应的绝缘强度和机械强度，严禁使用绝缘老化或失去绝缘性能的电气线路，严禁在电气线路上悬挂物品。破损、烧焦的插座、插头应及时更换。

（3）电气设备与可燃、易燃易爆危险品和腐蚀性物品应保持一定的安全距离。

（4）有爆炸和火灾危险的场所，应按危险场所等级选用相应的电气设备。

（5）配电屏上每个电气回路应设置漏电保护器、过载保护器，距配电屏 2m 范围内不应堆放可燃物，5m 范围内不应设置可能产生较多易燃易爆气体、粉尘的作业区。

（6）可燃材料库房不应使用高热灯具，易燃易爆危险品库房内应使用防爆灯具。

（7）普通灯具与易燃物的距离不宜小于 300mm，聚光灯、碘钨灯等高热灯具与易燃物的距离不宜小于 500mm。

（8）电气设备不应超负荷运行或带故障使用。

（9）严禁私自改装现场供用电设施。

（10）应定期对电气设备和线路的运行及维护情况进行检查。

3）施工现场用气应符合下列规定：

（1）储装气体的罐瓶及其附件应合格、完好和有效；严禁使用减压器及其他附件缺损的氧气瓶；严禁使用乙炔专用减压器、回火防止器及其他附件缺损的乙炔瓶。

（2）气瓶运输、存放、使用时，应符合下列规定：

① 气瓶应保持直立状态，并采取防倾倒措施，乙炔瓶严禁横躺卧放。

② 严禁碰撞、敲打、抛掷、滚动气瓶。

③ 气瓶应远离火源，与火源的距离不应小于 10m，并应采取避免高温和防止曝晒的措施。

④ 燃气储装瓶罐应设置防静电装置。

（3）气瓶应分类储存，库房内应通风良好；空瓶和实瓶同库存放时，应分开放置，空瓶和实瓶的间隔不应小于 1.5m。

（4）气瓶使用时，应符合下列规定：

① 使用前，应检查气瓶及气瓶附件的完好性，检查连接气路的气密性，并采取避免气体泄漏的措施，严禁使用已老化的橡皮气管。

② 氧气瓶与乙炔瓶的工作间距不应小于 5m，气瓶与明火作业点的距离不应小于 10m。

③ 冬季使用气瓶，气瓶的瓶阀、减压器等发生冻结时，严禁用火烘烤或用铁器敲击瓶阀，严禁猛拧减压器的调节螺钉。

④ 氧气瓶内剩余气体的压力不应小于 0.1 MPa。

⑤ 气瓶用后应及时归库。

四、其他防火管理

（1）施工现场严禁吸烟。

（2）施工现场的重点防火部位或区域应设置防火警示标志。

（3）施工单位应做好施工现场临时消防设施的日常维护工作，对已失效、损坏或丢失的消防设施应及时更换、修复或补充。

（4）临时消防车道、临时疏散通道、安全出口应保持畅通，不得遮挡、挪动疏散指示标识，不得挪用消防设施。

（5）施工期间，不应拆除临时消防设施及临时疏散设施。

复习思考题

13-1　施工现场总平面布局一般规定有哪些?

13-2　施工现场防火间距规定有哪些?

13-3　施工现场临时消防车道设置规定有哪些?

13-4　临时用房和在建工程建筑防火一般规定有哪些?

13-5　临时用房防火规定有哪些?

13-6　在建工程防火规定有哪些?

13-7　临时消防设施一般规定有哪些?

13-8　在建工程及临时用房配置灭火器的规定有哪些?

13-9　临时消防给水系统规定有哪些?

13-10　施工现场哪些场所应配备临时应急照明?

13-11　防火管理一般规定有哪些?

13-12　可燃物及易燃易爆危险品管理规定有哪些?

13-13　施工现场用火、用电、用气管理规定有哪些?

第十四章 施工安全事故处理及应急救援

第一节 施工安全事故分类及处理

一、安全事故的分类

在建筑施工的过程中，经常由于客观和主观的因素影响，使工作暂时停顿下来。例如：作为砌砖用的脚手架倒塌了，砌筑工作不得不暂时停止；吊车吊装构件时，构件碰伤了人等，这些都认为是事故。

所谓事故，从广义的角度可理解为：个人或集体在为了实现某一意图而采取行动的过程中，突然发生了与人意志相反的情况，迫使这种行动暂时或永久地停止的事件。

1. 按照事故发生的原因分类

根据《企业职工伤亡事故分类》（GB 6441）的规定分为 20 类。

2. 按照事故损失分类

中华人民共和国国务院令（第 493 号）《生产安全事故报告和调查处理条例》规定，根据生产安全事故造成的人员伤亡或者直接经济损失，事故一般分为以下等级：

（1）特别重大事故，是指造成 30 人以上死亡，或者 100 人以上重伤（包括急性工业中毒，下同），或者 1 亿元以上直接经济损失的事故。

（2）重大事故，是指造成 10 人以上 30 人以下死亡，或者 50 人以上 100 人以下重伤，或者 5000 万元以上 1 亿元以下直接经济损失的事故。

（3）较大事故，是指造成 3 人以上 10 人以下死亡，或者 10 人以上 50 人以下重伤，或者 1000 万元以上 5000 万元以下直接经济损失的事故。

（4）一般事故，是指造成 3 人以下死亡，或者 10 人以下重伤，或者 1000 万元以下直接经济损失的事故。

3. 按照事故后果分类

以客观的物质条件为中心来考察事故后果，事故可分为如下几类：

（1）物质遭受损失的事故。如火灾、质量缺陷返工、倒塌等发生的事故。

（2）物质完全没有受到损失的事故。有些事故虽然物质没有受到损失，但由于操作者或机械设备停止了工作，则生产不得不停顿下来，这种事件就可称为事故。需要说明一下，这里所说的物质未受损失是未受直接物质损失，间接损失是有的，生产停顿下来，就意味着不进行物质的生产，在停顿期间内，自然会受到经济损失。

从上述分析来看，做到安全生产，安全施工，就是要消除施工过程的各种不安全的因素和隐患，防止事故的发生，以避免人的伤害、物的损失。因此，研究安全的问题，涉及的面非常广，是一门综合性科学。

二、安全事故原因的分析

造成安全事故原因众多，归纳来说主要有三大方面：一是人的不安全因素；二是施工现场物的不安全状态；三是管理上的不安全因素等。

1. 人的不安全因素

人的不安全因素，是指对安全产生影响的人方面的因素，即能够使系统发生问题或发生意外事件的人员、个人的不安全因素、违背设计和安全要求的错误行为。据统计资料分析，88%的事故是由人的不安全行为所造成的，而人的生理和心理特点又直接影响人的不安全行为。所以，人的不安全因素可分为个人的不安全因素和人的不安全行为两个大类。

1）个人的不安全因素

个人的不安全因素是指人员的心理、生理、能力中所具有不能适应工作、作业岗位要求而影响安全的因素。个人不安全因素包括以下几个方面：

（1）心理因素：心理上具有影响安全的性格、气质、情绪。

（2）生理因素：

① 视觉、听觉等感觉器官不能适应工作、作业岗位的要求，影响安全的因素；

② 体能不能适应工作、作业岗位要求的影响安全的因素；

③ 年龄不能适应工作、作业岗位要求的因素；

④ 有不适应工作作业岗位要求的疾病；

⑤ 疲劳和酒醉或刚睡过觉，感觉朦胧。

⑥ 能力上包括知识技能、应变能力、资格不能适应工作作业岗位要求，影响安全的因素。

2）人的不安全行为

人的不安全行为是指违反安全规则（规程）或安全原则，使事故有可能或有机会发生的行为。不安全行为者可能是伤害者，也可能是非受伤害者。按《企业职工伤亡事故分类》（GB 6441），人的不安全行为可分为 13 个大类。

2. 施工现场的不安全状态

指直接形成或导致事故发生的物质（物体）条件，包括物、作业环境潜在的危险。按《企业职工伤亡事故分类》（GB 6441），物的不安全状态可分为四大类。

3. 管理上的不安全因素

管理上的不安全因素，通常也可称为管理上的缺陷，它也是事故潜在的不安全因素，作为间接的原因包括技术上的缺陷、教育上的缺陷、生理上的缺陷、心理上的缺陷、管理工作上的缺陷和学校教育和社会、历史上的原因造成的缺陷等。

三、事故的特征

1. 事故的因果性

所谓因果性一般是指某一现象作为另一现象发生的根据的两种现象的相关性。导致事故发生的原因是很多的，而且它们之间相互制约、互相影响而共同存在，事故有时是由于某种偶然因素而造成的。研究事故就是要比较全面地了解整个情况，找出直接的和间接的因素，进而深入分析和归纳。因此，在施工前应制订施工安全技术措施，然后加以认真实施，防止同类事故的发生。

2. 事故的偶然性、必然性和规律性

事故是由于客观上存在的不安全因素没有消除，随着时间的推移，导致了产生某些意外情况的出现，即事故的发生。从总体而言，它是随机事件，有一定的偶然性。但是在一定范围内，用一定的科学仪器手段及科学分析方法，是能够从繁多的因素、复杂的事物中找到内部的有机联系的，获得其规律性的。因此，要从偶然性中找出必然性，认识事故的规律性，并采取针对性措施，防止不安全因素的产生和发展，化险为夷。

科学的安全管理就是要研究事故的规律性、必然性，采用相应的手段和方法、措施，达到安全的生产、安全施工。

3. 事故的潜在性、再现性和预测性

无论人的全部活动或是机械系统作业的运动，在其所活动的时间内，不安全的隐患总是潜在的，造成事故的条件成熟时，就会发生。它的发生总具有时间的特征，事物在时间的进程中发展，事故可能会突然违反人的意愿而发生。所以，事故潜在于"绝对时间"之中，具有潜在性。由于事故在生产过程中经常发生，所以人们对已发生的事故积累了丰富的经验，对各种生产（施工）活动及有关因素有了深入的了解，掌握了一定的规律。所以对未来进行的工作、生产行动而提出各种预测，以期指导行动，采取各种措施，避免事故的发生，以达到预期的目的，这就是事故的预测。目前绝大多数是用"预测模型"对预测性进行研究的。一般情况，"预测模型"是对以往所发生的大量事故进行分类、归纳、演绎、抽象的结果。若"预测模型"的准确性高，则实际活动的发展，就会接近预测模型。但是客观条件情况是经常变化的，因此在施工时应正确掌握当时条件，根据经验及时进行调整，以达到安全生产的目的。

安全工作就是发现伤亡事故的潜在性之再现，提高预测的可靠性。

四、伤亡事故报告

1）事故发生后，事故现场有关人员应当立即向本单位负责人报告，单位负责人接到报告后，应当于1h内向事故发生地县级以上人民政府安全生产监督管理部门和负有安全生产监督管理职责的有关部门报告。

情况紧急时，事故现场有关人员可以直接向事故发生地县级以上人民政府安全生产监督管理部门和负有安全生产监督管理职责的有关部门报告。

2）安全生产监督管理部门和负有安全生产监督管理职责的有关部门接到事故报告后，应当依照下列规定上报事故情况，并通知公安机关、劳动保障行政部门、工会和人民检察院。

（1）特别重大事故、重大事故逐级上报至国务院安全生产监督管理部门和负有安全生产监督管理职责的有关部门。

（2）较大事故逐级上报至省、自治区、直辖市人民政府安全生产监督管理部门和负有安全生产监督管理职责的有关部门。

（3）一般事故上报至设区的市级人民政府安全生产监督管理部门和负有安全生产监督管理职责的有关部门。

安全生产监督管理部门和负有安全生产监督管理职责的有关部门依照上述规定上报事故情况，应当同时报告本级人民政府。国务院安全生产监督管理部门和负有安全生产监督管理职责的有关部门以及省级人民政府接到发生特别重大事故、重大事故的报告后，应当立即报告国务院。

必要时，安全生产监督管理部门和负有安全生产监督管理职责的有关部门可以越级上报事故情况。

3）安全生产监督管理部门和负有安全生产监督管理职责的有关部门逐级上报事故情况，每级上报的时间不得超过 2h。

4）报告事故应当包括下列内容：

（1）事故发生单位概况。

（2）事故发生的时间、地点以及事故现场情况。

（3）事故的简要经过。

（4）事故已经造成或者可能造成的伤亡人数（包括下落不明的人数）和初步估计的直接经济损失。

（5）已经采取的措施。

（6）其他应当报告的情况。

五、事故调查

1）特别重大事故由国务院或者国务院授权有关部门组织事故调查组进行调查。重大事故、较大事故、一般事故分别由事故发生地省级人民政府、设区的市级人民政府、县级人民政府负责调查。省级人民政府、设区的市级人民政府、县级人民政府可以直接组织事故调查组进行调查，也可以授权或者委托有关部门组织事故调查组进行调查。未造成人员伤亡的一般事故，县级人民政府也可以委托事故发生单位组织事故调查组进行调查。

2）事故调查组的组成应当遵循精简、效能的原则。根据事故的具体情况，事故调查组由有关人民政府、安全生产监督管理部门、负有安全生产监督管理职责的有关部门、监察机关、公安机关以及工会派人组成，并应当邀请人民检察院派人参加。事故调查组可以聘请有关专家参与调查。事故调查组成员应当具有事故调查所需要的知识和专长，并与所调查的事故没有直接利害关系。事故调查组组长由负责事故调查的人民政府指定。事故调查组组长主持事故调查组的工作。

3）事故调查组履行下列职责：

（1）查明事故发生的经过、原因、人员伤亡情况及直接经济损失。

（2）认定事故的性质和事故责任。

（3）提出对事故责任者的处理建议。

（4）总结事故教训，提出防范和整改措施。

（5）提交事故调查报告。

4）事故调查组有权向有关单位和个人了解与事故有关的情况，并要求其提供相关文件、资料，有关单位和个人不得拒绝。事故发生单位的负责人和有关人员在事故调查期间不得擅离职守，并应当随时接受事故调查组的询问，如实提供有关情况。事故调查中发现涉嫌犯罪的，事故调查组应当及时将有关材料或者其复印件移交司法机关处理。

5）事故调查中需要进行技术鉴定的，事故调查组应当委托具有国家规定资质的单位进行技术鉴定。必要时，事故调查组可以直接组织专家进行技术鉴定。技术鉴定所需时间不计入事故调查期限。

6）事故调查组应当自事故发生之日起 60 日内提交事故调查报告。特殊情况下，经负责事故调查的人民政府批准，提交事故调查报告的期限可以适当延长，但延长的期限最长不超过 60 日。

7）事故调查报告应当包括下列内容：

（1）事故发生单位概况。

（2）事故发生经过和事故救援情况。

（3）事故造成的人员伤亡和直接经济损失。

（4）事故发生的原因和事故性质。

（5）事故责任的认定以及对事故责任者的处理建议。

（6）事故防范和整改措施。

8）事故调查报告应当附具有关证据材料。事故调查组成员应当在事故调查报告上签名。

9）事故调查报告报送负责事故调查的人民政府后，事故调查工作即告结束。事故调查的有关资料应当归档保存。

六、事故处理

1）重大事故、较大事故、一般事故，负责事故调查的人民政府应当自收到事故调查报告之日起 15 日内做出批复；特别重大事故，30 日内做出批复，特殊情况下，批复时间可以适当延长，但延长的时间最长不超过 30 日。有关机关应当按照人民政府的批复，依照法律、行政法规规定的权限和程序，对事故发生单位和有关人员进行行政处罚，对负有事故责任的国家工作人员进行处分。事故发生单位应当按照负责事故调查的人民政府的批复，对本单位负有事故责任的人员进行处理。负有事故责任的人员涉嫌犯罪的，依法追究刑事责任。

2）事故发生单位应当认真吸取事故教训，落实防范和整改措施，防止事故再次发生。防范和整改措施的落实情况应当接受工会和职工的监督。安全生产监督管理部门和负有安全生产监督管理职责的有关部门应当对事故发生单位落实防范和整改措施的情况进行监督检查。

3）事故处理的情况由负责事故调查的人民政府或者其授权的有关部门、机构向社会公布，依法应当保密的除外。

4）事故发生单位主要负责人有下列行为之一的，处上一年年收入 40%～80% 的罚款；属于国家工作人员的，并依法给予处分；构成犯罪的，依法追究刑事责任。

（1）不立即组织事故抢救的。

（2）迟报或者漏报事故的。

（3）在事故调查处理期间擅离职守的。

5）事故发生单位及其有关人员有下列行为之一的，对事故发生单位处 100 万元以上 500 万元以下的罚款；对主要负责人、直接负责的主管人员和其他直接责任人员处上一年年收入 60%～100% 的罚款；属于国家工作人员的，并依法给予处分；构成违反治安管理行为的，由公安机关依法给予治安管理处罚；构成犯罪的，依法追究刑事责任。

（1）谎报或者瞒报事故的。

（2）伪造或者故意破坏事故现场的。

（3）转移、隐匿资金、财产，或者销毁有关证据、资料的。

（4）拒绝接受调查或者拒绝提供有关情况和资料的。

（5）在事故调查中作伪证或者指使他人作伪证的。

（6）事故发生后逃匿的。

6）事故发生单位对事故发生负有责任的，依照下列规定处以罚款。

（1）发生一般事故的，处 10 万元以上 20 万元以下的罚款。

（2）发生较大事故的，处 20 万元以上 50 万元以下的罚款。

（3）发生重大事故的，处 50 万元以上 200 万元以下的罚款。

（4）发生特别重大事故的，处 200 万元以上 500 万元以下的罚款。

7）事故发生单位主要负责人未依法履行安全生产管理职责，导致事故发生的，依照下列规定处以罚款；属于国家工作人员的，并依法给予处分；构成犯罪的，依法追究刑事责任。

（1）发生一般事故的，处上一年年收入 30％的罚款。

（2）发生较大事故的，处上一年年收入 40％的罚款。

（3）发生重大事故的，处上一年年收入 60％的罚款。

（4）发生特别重大事故的，处上一年年收入 80％的罚款。

8）有关地方人民政府、安全生产监督管理部门和负有安全生产监督管理职责的有关部门有下列行为之一的，对直接负责的主管人员和其他直接责任人员依法给予处分；构成犯罪的，依法追究刑事责任。

（1）不立即组织事故抢救的。

（2）迟报、漏报、谎报或者瞒报事故的。

（3）阻碍、干涉事故调查工作的。

（4）在事故调查中作伪证或者指使他人作伪证的。

9）事故发生单位对事故发生负有责任的，由有关部门依法暂扣或者吊销其有关证照；对事故发生单位负有事故责任的有关人员，依法暂停或者撤销其与安全生产有关的执业资格、岗位证书；事故发生单位主要负责人受到刑事处罚或者撤职处分的，自刑罚执行完毕或者受处分之日起，5 年内不得担任任何生产经营单位的主要负责人。

10）为发生事故的单位提供虚假证明的中介机构，由有关依法暂扣或者吊销其有关证照及其相关人员的执业资格；构成犯罪的，依法追究刑事责任。

第二节　施工安全事故应急救援

随着施工企业生产规模的日趋扩大，施工生产过程中巨大能量潜在着危险源，导致事故的危害也随之扩大。通过安全设计、操作、维护、检查等措施可以预防事故，降低风险，但达不到绝对的安全。因此，需要制定万一发生事故后，所采取的紧急措施和应急方法，即事故应急救援预案。应急救援预案又称事故应急计划，是事故控制系统的重要组成部分。应急预案的总目标是控制紧急事件的发展并尽可能消除事故，将事故对人、财产和环境的损失减少到最低限度。据有关数据统计表明，有效的应急系统可将事故损失降低到无应急系统的 6％。

建立重大事故应急救援预案和应急救援体系是一项复杂的安全系统工程。应急预案对于如何在事故现场组织开展应急救援工作具有重要的指导意义，它帮助实现应急行动的快速、有序、高效，以充分体现应急救援的"应急精神"，因此，研究如何制定有效完善的应急救援预案具有重要现实意义。

根据《安全生产法》第 69 条的规定，建筑施工单位应当建立应急救援组织。生产经营规模较小，可以不建立应急救援组织的，应当指定兼职的应急救援人员。危险物品的生产、经营、储存单位以及矿山、建筑施工单位应当配备必要的应急救援器材、设备，并进行经常性维护、保养，保证正常运转。

1. 目的

为快速科学应对建设工程施工中可能发生的重大安全事故，有效预防，及时控制和最大限度消除事故的危害，保护人民群众的生命财产安全，规范建筑工程安全事故的应急救援管理和应急救援响应程序，明确有关机构职责，建立统一指挥、协调的应急救援工作保障机制，保障建筑工程生产安全，维护正常的社会秩序和工作秩序。

2. 工作原则

保障人民群众的生命和财产安全，最大限度地减少人员伤亡和财产损失。不断改进和完善应急救援手段和装备，切实加强应急救援人员的安全防护，充分发挥专家、专业技术人员和人民群众的创造性，实现科学救援与指挥。

3. 编制依据

(1)《中华人民共和国安全生产法》。

(2)《建设工程安全生产管理条例》。

(3)《国务院关于特大安全事故行政责任追究的规定》。

(4)《国务院关于进一步加强安全生产工作的决定》。

(5) 原建设部《建设工程重大质量安全事故应急预案》。

(6)《生产经营单位安全生产事故应急预案编制导则》（AQ/T 9002—2006）。

4. 应急救援预案的分类

根据事故应急预案的对象和级别，应急预案可分为下列 3 种类型：

(1) 综合应急预案。综合应急预案是从总体上阐述处理事故的应急方针、政策，应急组织结构及相关应急职责，应急行动、措施和保障等基本要求和程序，是应对各类事故的综合性文件。此类预案适用于集团公司、子公司或分公司。

(2) 专项应急预案。这类预案是针对现场每项设施和危险场所可能发生的事故情况编制的应急预案，如现场防火、防爆的应急预案，高空坠落应急预案以及防触电应急预案等。应急预案要包括所有可能的危险状况，明确有关人员在紧急状况下的职责，这类预案仅说明处理紧急事务的必需的行动，不包括事前要求和事后措施，此类预案适用于所有工程指挥部、项目部。建筑施工企业常见的事故专项应急预案主要有坍塌事故应急预案、火灾事故应急预案、高处坠落事故应急预案、中毒事故应急预案等。

(3) 现场处置方案。现场处置方案是针对具体的装置、场所或设施、岗位所制定的应急处置措施。现场处置方案应具体、简单、针对性强，并且应根据风险评估及危险性控制措施逐一编制，做到事故相关人员应知应会，熟练掌握，并通过应急演练。做到迅速反应、正确处置。按照事故类型分，施工项目部现场处置方案主要包括高处坠落事故现场处置方案、物体打击事故现场处置方案、触电事故现场处置方案，机械伤害事故现场处置方案、坍塌事故现场处置方案、火灾事故现场处置方案、中毒事故现场处置方案等。

5. 应急救援预案的基本内容

1）组织机构及其职责

（1）明确应急响应组织机构、参加单位、人员及其作用。

（2）明确应急响应总负责人，以及每一具体行动的负责人。

（3）列出本施工现场以外能提供援助的有关机构。

（4）明确企业各部门在事故应急中各自的职责。

2）危害辨识与风险评价

（1）确认可能发生的事故类型、地点及具体部位。

（2）确定事故影响范围及可能影响的人数。

（3）按所需应急反应的级别，划分事故严重程度。

3）通告程序和报警系统

（1）确定报警系统及程序。

（2）确定现场 24h 的通告、报警方式，如电话、手机等。

（3）确定 24h 与地方政府主管部门的通信、联络方式，以便应急指挥和疏散人员。

（4）明确相互认可的通告、报警形式和内容（避免误解）。

（5）明确应急反应人员向外求援的方式。

（6）明确应急指挥中心怎样保证有关人员理解并对应急报警反应。

复习思考题

14-1 根据生产安全事故造成的人员伤亡或者直接经济损失，事故如何分类？

14-2 人的不安全因素有哪些？

14-3 人的不安全行为有哪些？

14-4 物的不安全状态有哪些？

14-5 事故的特征有哪些？

14-6 事故发生后应如何报告伤亡事故？

14-7 事故发生后应如何开展事故调查？

14-8 事故调查报告应当包括哪些内容？

14-9 事故发生后事故应如何处理？

14-10 如何编写施工安全事故的应急救援预案？

14-11 应急救援预案有哪些类型？

14-12 应急救援预案的基本内容有哪些？

参 考 文 献

[1] 全国一级建造师执业资格考试用书编写委员会. 全国一级建造师执业资格考试用书（第四版）［M］. 北京：中国建筑工业出版社，2011.

[2] 廖品槐. 建筑工程质量与安全管理［M］. 北京：中国建筑工业出版社，2005.

[3] 王作成. 建筑工程施工质量检查与验收［M］. 北京：中国建材工业出版社，2014.

[4] 张瑞生. 建筑工程质量与安全管理［M］. 北京：科学出版社，2011.

[5] 中华人民共和国住房和城乡建设部. 建筑工程施工质量验收统一标准（GB 50300—2013）［S］. 北京：中国建筑工业出版社，2014.

[6] 李明. 建设工程质量与安全管理［M］. 北京：中国铁道出版社，2007.

[7] 曾跃飞. 建筑工程质量检验与安全管理［M］. 北京：高等教育出版社，2007.

[8] 何向红. 建筑工程质量控制［M］. 郑州：黄河水利出版社，2011.

[9] 周连起，刘学应. 建筑工程质量与安全管理［M］. 北京：北京大学出版社，2010.

[10] 钟汉华. 建筑工程安全管理［M］. 北京：中国电力出版社，2008.